Invariância de escala em sistemas dinâmicos não lineares

Blucher

Invariância de escala em sistemas dinâmicos não lineares

Edson Denis Leonel

Invariância de escala em sistemas dinâmicos não lineares

Editora Edgard Blücher Ltda.

Blucher

Rua Pedroso Alvarenga, 1245, 4º andar
04531-934 – São Paulo – SP – Brasil
Tel.: 55 11 3078-5366
contato@blucher.com.br
www.blucher.com.br

Segundo o Novo Acordo Ortográfico, conforme 5. ed. do *Vocabulário Ortográfico da Língua Portuguesa*, Academia Brasileira de Letras, março de 2009.

Dados Internacionais de Catalogação na Publicação (CIP)
Angélica Ilacqua CRB-8/7057

Leonel, Edson Denis

Invariância de escala em sistemas dinâmicos não lineares / Edson Denis Leonel. -- São Paulo : Blucher, 2019.

476 p. : il.

Bibliografia

ISBN 978-85-212-1851-7 (impresso)

ISBN 978-85-212-1852-4 (e-book)

1. Mecânica 2. Física 3. Sistemas não-lineares 4. Dinâmica 5. Comportamento caótico nos sistemas I. Título.

19-1309 CDD 531

Índice para catálogo sistemático:

1. Sistemas não-lineares

Prefácio

Este livro tem por objetivo abordar a invariância de escala presente em alguns sistemas dinâmicos não lineares. Serão realizadas discussões tanto em equações diferenciais ordinárias (EDO) como em mapeamentos discretos. A perda de previsibilidade da evolução temporal a partir de duas condições iniciais próximas e o afastamento exponencial destas órbitas no espaço de fases remetem ao conceito de caos. Alguns observáveis estudados em sistemas não lineares exibem características que podem ser descritas a partir de leis de escala, levando a invariâncias de escala.

Vários sistemas não lineares apresentam evoluções temporais que podem ser descritas usando-se o formalismo de escala. Com a variação de parâmetros de controle, grandezas físicas e observáveis do espaço de fases podem ser caracterizadas utilizando-se leis de potência. Essas, por sua vez, podem levar à definição de expoentes críticos conduzindo a comportamentos universais. A aplicação desse formalismo tem sido muito bem aceita na comunidade científica na investigação de diversos problemas. Portanto, ao escrever este livro, tive em mente reunir minimamente resultados de pesquisa em alguns sistemas não lineares, utilizando, em parte, o formalismo de escala, os quais pudessem ser apresentados em nível de graduação e de pós-graduação. Ao mesmo tempo, o texto deveria ter originalidade suficiente a ponto de contribuir para a literatura existente sem ter sobreposição excessiva de temas já bem estabelecidos em livros-texto.

A maioria dos capítulos do livro traz um conjunto de exercícios de fixação. Recomenda-se aos alunos que os façam. Alguns dos exercícios são analíticos, outros são numéricos e, por vezes, têm algum grau de complexidade computacional.

O conteúdo do livro pode ser utilizado para introduzir o tema em diversos cursos de graduação, bem como na pós-graduação. Eu mesmo tive a oportunidade de lecionar esse conteúdo em uma disciplina optativa oferecida no curso de Física da Universidade Estadual Paulista "Júlio de Mesquita Filho" (Unesp) em Rio Claro. Em algumas ocasiões o conteúdo também foi lecionado aos alunos do programa de pós-graduação em Física do Instituto de Geociências e Ciências Exatas da Unesp, *campus* de Rio Claro. Por vezes, também, parte do conteúdo foi ministrada como disciplina optativa no programa de pós-graduação em Física da Universidade de São Paulo (USP).

No Capítulo 1 são discutidos os conceitos fundamentais, bem como os principais termos e definições usados ao longo do livro, que são comumente utilizados no estudo de sistemas dinâmicos não lineares.

O Capítulo 2 é dedicado a introduzir o conceito de atrator. Quatro tipos são apresentados: o atrator ponto fixo, obtido a partir do oscilador harmônico amortecido, o atrator ciclo limite, construído a partir do oscilador de Van der Pool, o atrator caótico, obtido do sistema de Lorenz e também do oscilador de Duffing e por fim o atrator estranho não caótico é apresentado.

A discussão do conceito de estabilidade e de como classificar os pontos fixos para sistemas de EDO lineares é feita no Capítulo 3. Após estabelecido o conceito, a generalização para sistemas não lineares é apresentada e, em seguida, discutem-se alguns exemplos específicos.

Os principais objetivos do Capítulo 4 são apresentar, discutir e classificar alguns tipos elementares de bifurcações locais que ocorrem em pontos fixos para EDO. Serão apresentadas as bifurcações sela-nó, transcrítica e forquilha, que se desdobra em duas: (i) supercrítica e (ii) subcrítica. As bacias de atração dos pontos fixos serão também apresentadas.

O Capítulo 5 é dedicado ao estudo de como se dá a evolução dinâmica para a convergência ao ponto fixo em EDO, seja ela na bifurcação ou nas vizinhanças da bifurcação. Na bifurcação, mostraremos que o decaimento para o ponto fixo é descrito por uma função homogênea generalizada com três expoentes críticos, α, β e z. Próximo à bifurcação, o decaimento para o ponto fixo se dá a partir de uma função exponencial com um tempo de relaxação descrito por uma lei de potência. Esta, por sua vez, é medida em relação à distância do parâmetro de controle onde ocorre a bifurcação, com um expoente δ. O conjunto desses quatro expoentes críticos pode ser utilizado para se definir a classe de universalidade à qual a bifurcação pertence.

O Capítulo 6 é dedicado à discussão do conceito de mapeamento discreto, surgindo a partir da ideia de seção de Poincaré. Após a introdução do conceito, são obtidos os pontos fixos e suas estabilidades. Uma aplicação será feita utilizando o mapa logístico.

No Capítulo 7 são discutidas algumas das principais propriedades dinâmicas e estatísticas para o mapa logístico. A análise será iniciada a partir da convergência para o ponto fixo nas bifurcações e em suas vizinhanças. A partir de um conjunto de hipóteses de escala e de uma função homogênea generalizada, determina-se uma relação envolvendo os expoentes críticos que definem uma lei de escala. É também discutida uma rota para o caos a partir da sequência de bifurcações de duplicação de período, em que será mostrada a existência de uma razão entre os parâmetros de controle que identificam as bifurcações de duplicação de período conduzindo a um dos expoentes de Feigenbaum. Será também apresentado o conceito e uma forma de se calcular o expoente de Lyapunov a partir da equação do mapeamento.

O Capítulo 8 é dedicado à discussão de uma versão generalizada do mapa logístico chamada de mapa *logistic-like*. Algumas propriedades dinâmicas do mapeamento serão discutidas, incluindo a determinação dos pontos fixos e suas classificações quanto à estabilidade, aos tipos de bifurcações presentes no mapa, bem como ao comportamento da convergência para o ponto fixo nas bifurcações e em suas vizinhanças. Será mostrado que os expoentes que caracterizam a lei de escala para a convergência ao ponto fixo na bifurcação, seja ela transcrítica ou supercrítica de forquilha, não são universais e dependem da não linearidade do mapa. Por outro lado, os expoentes medidos na bifurcação de duplicação de período são universais e independem da não linearidade do mapa. Duas abordagens serão consideradas: uma delas segue a caracterização a partir de um formalismo fenomenológico, com hipóteses de escala, e a outra, a aproximação que transforma a equação de diferenças do mapeamento em uma EDO, cuja solução fornece os expoentes analiticamente.

A generalização da discussão para mapeamentos discretos bidimensionais é realizada no Capítulo 9. A discussão é iniciada com mapas lineares determinando os pontos fixos e os autovalores que caracterizam suas estabilidades. Em seguida serão introduzidos os mapeamentos discretos não lineares e a forma de caracterizar a estabilidade dos pontos fixos. Dois exemplos serão discutidos de forma elementar: (i) mapa de Hénon; e (ii) mapa de Ikeda.

O Capítulo 10 é dedicado ao estudo do acelerador de Fermi não dissipativo. Será apresentada uma contextualização histórica do problema, e em seguida virá a construção das equações que descrevem a dinâmica do modelo. Algumas das propriedades do espaço de fases, incluindo uma análise de estabilidade dos pontos fixos, serão também apresentadas.

No Capítulo 11 serão discutidas algumas propriedades dinâmicas para o modelo do acelerador de Fermi na presença de dissipação. O primeiro tipo de dissipação considerado será via colisões inelásticas, que acarretam uma perda fracional de energia a cada impacto da partícula com as paredes. Dependendo da escolha dos parâmetros de controle, variedades estáveis podem cruzar com variedades instáveis de um mesmo ponto fixo do tipo sela, levando a uma crise de fronteira. Essa crise destrói o atrator caótico substituindo-o por um transiente caótico. Outro tipo de dissipação que será considerado é o arrasto viscoso, uma força que atua ao longo da trajetória da partícula reduzindo gradativamente sua velocidade. Serão considerados três tipos de força de arrasto: (i) linearmente proporcional à velocidade; (ii) proporcional ao quadrado da velocidade; e (iii) proporcional a uma potência da velocidade que não seja linear nem quadrática. Por fim, uma perturbação aleatória no movimento da parede móvel será introduzida e as consequências na dinâmica da partícula sofrendo colisões inelásticas serão estudadas.

Uma versão alternativa do modelo Fermi-Ulam, conhecido como modelo *bouncer*, será discutido no Capítulo 12. O mecanismo de reinjeção da partícula para uma próxima colisão com a parede móvel é feito a partir do campo gravitacional, e não a partir das colisões com uma parede fixa como no modelo Fermi-Ulam. A principal propriedade é que, dependendo dos parâmetros de controle e das condições iniciais, a difusão ilimitada de energia, um resultado não constatado no modelo Fermi-Ulam, pode ser observada no modelo *bouncer*.

O Capítulo 13 discute um procedimento que utiliza uma conexão com o mapa-padrão para determinar a localização aproximada da primeira curva invariante *spanning* acima do mar de caos. A ideia é utilizar a transição de caos local para caos global que o mapa-padrão exibe e descrever a localização da curva invariante *spanning* para uma família de mapeamentos discretos bidimensionais que admite a propriedade de que uma variável dinâmica diverge no limite em que a outra tende a zero continuamente. O conhecimento da posição da primeira curva invariante *spanning* pode ser muito útil nas investigações de escala de mares de caos.

No Capítulo 14 são discutidos três procedimentos para descrever a difusão caótica em uma família de mapeamentos discretos. O primeiro deles envolve uma descrição fenomenológica obtida a partir de hipóteses de escala, levando a uma função homogênea generalizada que conduz a uma lei de escala relacionando três expoentes críticos entre si. O segundo transforma a equação de diferenças do mapeamento discreto em uma EDO. A integração desta leva à descrição temporal que tem excelente concordância com os resultados numéricos para o regime de tempos curtos. Para tempos longos, a localização da primeira curva invariante *spanning* é obtida, permitindo encontrar os expoentes críticos. Finalmente, o terceiro procedimento considera a solução analítica da equação da difusão, que fornece a probabilidade de se observar uma partícula em uma determinada posição do espaço de fases em um determinado instante de tempo. A partir do conhecimento da probabilidade, podem-se obter os observáveis médios que conduzem aos expoentes críticos apropriados.

Os conceitos elementares associados a bilhares clássicos serão introduzidos no Capítulo 15. Em um bilhar, uma partícula – ou um conjunto não interagente delas – se movimenta no interior de uma região fechada do espaço delimitada por uma fronteira. A descrição da evolução temporal das partículas é feita utilizando um mapeamento discreto nas variáveis que definem a posição da partícula na fronteira, bem como a orientação da trajetória após o impacto. Uma variável pode ser o ângulo polar, e a outra, o ângulo que a trajetória da partícula faz com o vetor tangente à fronteira no instante da colisão. Três tipos de fronteira que levam a dinâmicas distintas serão discutidos. Um deles será o bilhar circular, cuja fronteira tem a forma circular. Outro será o bilhar elíptico e, por fim, a dinâmica com o bilhar ovoide será mostrada. Os dois primeiros conduzem a dinâmicas caracterizadas pela integrabilidade, ao passo que o último exibe espaço de fases contendo caos, ilhas de estabilidade e curvas invariantes *spanning*, que são destruídas a partir de um parâmetro crítico, portanto, dinâmica não integrável.

O Capítulo 16 é dedicado à discussão de algumas propriedades de bilhares com fronteira dependente do tempo. O mapeamento discreto que descreve a dinâmica das partículas será construído, usando que a velocidade da partícula a cada impacto é determinada pela aplicação da lei de conservação do momento linear no referencial da fronteira móvel. Após a colisão, a energia da partícula muda e, consequentemente, um novo par de variáveis deve ser adicionado ao par usual de variáveis angulares; trata-se da velocidade da partícula e do tempo. A conjectura Loskutov-Ryabov-Akinshin (LRA) sobre bilhares dependentes do tempo será introduzida. Ela diz que a existência de caos no bilhar com fronteira estática é condição suficiente para a existência de aceleração de Fermi no bilhar com fronteira dependente do tempo. A conjectura foi testada no bilhar ovoide conduzindo ao crescimento de energia. No bilhar elíptico, que é integrável para fonteira fixa, a dependência temporal transforma a curva separatriz em uma distribuição de pontos conhecida como *stochastic layer* ou simplesmente camada estocástica. Essa estrutura conduz ao crescimento da energia da partícula produzindo a aceleração de Fermi.

No Capítulo 17 abordaremos a introdução de força de arrasto viscoso na dinâmica do bilhar ovoide. Da discussão realizada no Capítulo 16, vimos que, a partir da conjectura LRA, que diz que a dinâmica caótica no bilhar com fronteira estática é condição suficiente para a observação de aceleração de Fermi quando a fronteira é dependente do tempo, o bilhar ovoide exibe crescimento ilimitado de energia. A essência do Capítulo 17 é introduzir a força de arrasto viscoso caracterizada por três tipos de funções: (i) $F \propto -V$; (ii) $F \propto -V^2$; e (iii) $F \propto -V^\delta$ com $1 < \delta < 2$, e mostraremos que a presença dessas forças de arrasto garantem a destruição do crescimento ilimitado de energia de um *ensemble* de partículas. Esse resultado é um indicativo de que a aceleração de Fermi não é um fenômeno robusto.

Por fim, no Capítulo 18 discutiremos algumas propriedades termodinâmicas de um conjunto de partículas que se movem confinadas ao interior de um bilhar ovoide. Duas abordagens serão consideradas na apresentação: uma delas considera a transferência de calor utilizando a solução direta da equação de Fourier, conduzindo à expressão da temperatura, e a outra envolve a evolução estatística de um *ensemble* de partículas em um bilhar com fronteira dependente do tempo. A conexão com o teorema de equipartição de energia, bem como o conhecimento da expressão da velocidade quadrática média permitem a determinação da temperatura do gás.

Essas notas foram digitadas por mim mesmo desde o título até os apêndices, usando o software LaTeX. Como editor gráfico utilizei o *xmgrace* e *gimp* na maioria das figuras.

Agradecimentos

A motivação principal da escrita deste livro surgiu da solicitação de um grupo de estudantes dos cursos de graduação e também da pós-graduação em Física da Universidade Estadual Paulista "Júlio de Mesquita Filho" (Unesp), *campus* de Rio Claro, para oferecimento de uma disciplina optativa que tratasse sobre dinâmica não linear. Ao mesmo tempo que discutisse sobre o assunto, deveria abranger os principais resultados do meu grupo de pesquisa de modo que os alunos pudessem ser introduzidos ao tema. Ministrei a disciplina algumas vezes e notei que existia espaço na literatura para a construção de um texto-padrão que reunisse o assunto de forma abrangente e que não apresentasse sobreposição demasiada com os livros já conhecidos na área. Agradeço aos alunos, cujos nomes são numerosos para serem listados, que me direcionaram a preparar este texto.

Agradeço ao Departamento de Física por ceder espaço para montar meu laboratório de pesquisa, onde boa parte das simulações numéricas foram realizadas. Sou grato também aos auxílios financeiros da Fundação de Amparo à Pesquisa do Estado de São Paulo (Fapesp), do Conselho Nacional de Desenvolvimento Científico e Tecnológico (CNPq) e da Fundação para o Desenvolvimento da Unesp (Fundunesp), que permitiram a aquisição dos computadores nos quais as simulações, várias delas de larga escala, foram realizadas.

Sou também muito grato aos colegas professores Paulo Cesar Rech, Iberê Luiz Caldas, Marcus Werner Beims, Holokx Abreu Albuquerque, Mário Roberto da Silva, Juliano Antônio de Oliveira e César Manchein, por comentários e observações valiosos sobre uma versão inicial destas notas. Qualquer falha técnica ao longo do livro não se deve a eles, e sim a mim mesmo.

Conteúdo

Capítulo 1

Discussão inicial

1.1 Objetivos

Este capítulo tem como objetivo apresentar uma breve discussão sobre alguns dos conceitos fundamentais que serão adotadas ao longo do livro e que são comumente utilizados no estudo de sistemas dinâmicos não lineares.

1.2 Conceitos iniciais

Os primeiros relatos que se tem das investigações sobre sistemas dinâmicos datam dos séculos XV e XVI e estão particularmente relacionados com o estudo da mecânica celeste. Entretanto, a modelagem matemática de um sistema evoluindo no tempo só teve progressos com Isaac Newton e suas leis do movimento. Em um sistema dinâmico existe uma relação matemática que, a partir do conhecimento de um estado configuracional em um determinado instante, geralmente caracterizado como a condição inicial do sistema, permite encontrar o estado em um instante de tempo posterior. Um estado fornece a caracterização da configuração de um sistema em um dado instante. Ao se estudar, por exemplo, o lançamento de um projétil, o estado inicial é caracterizado pelo conhecimento da posição e da velocidade no instante do lançamento, ou seja, um par posição e velocidade iniciais.

A partir do conhecimento das leis que descrevem a dinâmica, muitas vezes fornecidas a partir das leis de Newton para sistemas mecânicos, os conjuntos de equações determinando posição e velocidade em instantes futuros podem ser classificados como lineares ou não lineares. Em um sistema linear, as equações que descrevem a dinâmica assumem apenas potências de primeira ordem, sendo, portanto, equações lineares. Como exemplo, podemos considerar $\dot{x} = -ax$ em que $a \in \mathbb{R}$ e x é uma variável dinâmica. O termo $\dot{x} = \frac{dx}{dt}$ corresponde à derivada primeira de $x(t)$ em relação ao tempo t. Por outro lado, as equações não lineares são caracterizadas por potências diferentes de 1 nas variáveis dinâmicas, bem como podem assumir formas descritas por funções seno, cosseno, exponencial, dentre diversas outras possibilidades. Para ilustrar uma equação não linear, podemos considerar $\dot{x} = b\sin(x)$ sendo $b \in \mathbb{R}$. Equações não lineares podem depender de mais de uma variável. Considere o sistema de equações $\dot{x} = a - y$ e $\dot{y} = b + xy$. Nesse exemplo a não linearidade deve-se ao produto dos termos xy.

As equações não lineares não estão restritas somente a sistemas mecânicos descritos pelas equações de Newton. Elas vão muito além e podem incluir sistemas elétricos/eletrônicos com elementos de circuitos exibindo características não lineares, como transistores, diodos, dentre diversos outros. Em sistemas fluidos, a densidade, a viscosidade e outros parâmetros relevantes podem contribuir com termos não lineares nas equações dinâmicas. Sistemas de *lasers* também podem exibir equações com termos não lineares associados a acoplamentos e outros processos, como controle, retroalimentação, dentre outros. A própria mecânica celeste apresenta, em sua vasta maioria de sistemas investigados, dinâmicas que têm em suas equações termos não lineares.

A partir de um determinado estado inicial, a evolução dinâmica de um sistema fornece um conjunto de estados seguintes. A sequência cronológica desses estados recebe o nome de órbita, fornecendo assim a dinâmica temporal de um estado inicial. A partir da troca da configuração inicial, a evolução dinâmica fornece outra sequência de estados distintos e, consequentemente, outra órbita. O conjunto de todas as órbitas recebe o nome de espaço de fases ou espaço de estados e fornece informações a respeito de todos os estados permitidos do sistema dinâmico.

Muitas propriedades relevantes da dinâmica são obtidas a partir do conhecimento do espaço de fases. Dependendo do sistema considerado, o espaço de fases pode exibir três tipos característicos de comportamento: (i) periódico; (ii) quase-periódico; e (iii) caótico. Tais comportamentos podem coexistir no espaço de fases, bem como é possível observar sistemas que exibem comportamentos periódicos, outros com dinâmica quase-periódica e ainda outros como sistemas completamente caóticos. No comportamento periódico, pode-se perceber que a dinâmica se repete a intervalos de tempo regulares muito bem definidos, conduzindo a uma dinâmica regular e previsível. No caso de um movimento quase-periódico, a repetição da dinâmica a tempos bem determinados, característica de movimento periódico, não é mais observada. Entretanto, o fato de não poder se medir um determinado período não implica que a dinâmica seja completamente errática. De fato, a evolução dinâmica se dá ao longo de um conjunto supostamente compacto de pontos no espaço de fases e que não exibe afastamento, com o decorrer do tempo, de duas configurações iniciais bastante próximas. Por outro lado, o comportamento caótico é determinado a partir da evolução de duas condições iniciais próximas que se afastam uma da outra exponencialmente no tempo. Isso garante que o conhecimento de um determinado estado futuro a partir de uma das condições iniciais não permita dizer nada sobre o comportamento temporal da outra condição inicial. Essa separação exponencial de órbitas com condições iniciais vizinhas no espaço de fases conduz ao conceito de expoente de Lyapunov positivo. Esse expoente sendo positivo identifica a dinâmica como caótica. A dinâmica caótica é consequência da não linearidade nas equações que descrevem a evolução dos sistemas caóticos. A não linearidade é necessária para a existência de caos, entretanto, há sistemas não lineares que não apresentam dinâmica caótica.

O conhecimento das leis que descrevem a dinâmica dos sistemas permite estabelecer uma distinção entre determinismo e não determinismo. Quando se fala em determinismo, este está associado às leis que descrevem a dinâmica do sistema, conhecidas explicitamente, sendo portanto ausentes termos associados com estocasticidade.[1] Considere, por exemplo, a aplicação da segunda lei de Newton a um sistema massa-mola unidimensional na presença de arrasto viscoso conforme mostrado na Figura 1.1. A equação que rege

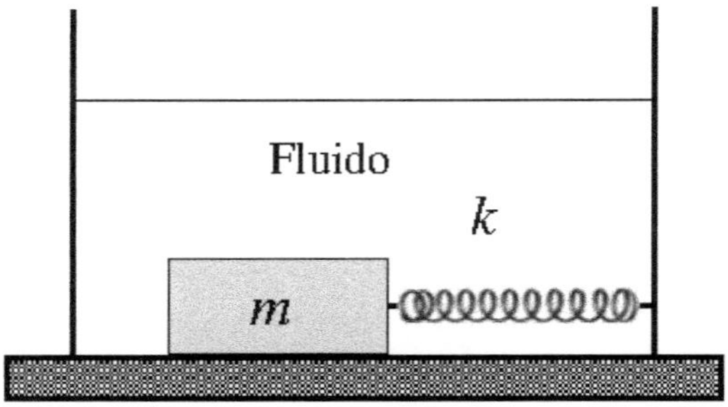

Figura 1.1 – Ilustração do oscilador amortecido.

a dinâmica do sistema é dada por $m\ddot{x} = -\gamma\dot{x} - kx$, em que m é a massa do oscilador, γ é o coeficiente que determina o arrasto viscoso e k é a constante elástica da mola. A variável dinâmica é representada por x, sendo a velocidade dada por $\dot{x} = \frac{dx}{dt}$, e a aceleração, por $\ddot{x} = \frac{d^2x}{dt^2}$. A partir de um determinado estado inicial $x(t = 0)$ e $\dot{x}(t = 0)$, todos os estados seguintes podem ser determinados a partir da solução explícita da equação do movimento, caracterizando portanto um sistema determinístico. A equação diferencial que descreve a dinâmica do oscilador amortecido é linear. Outro sistema que também é determinístico, porém descrito por uma equação não linear, é o pêndulo simples. A Figura 1.2 ilustra o modelo. Trata-se de uma

[1]Por estocasticidade queremos dizer forças aleatórias sem total conhecimento ou controle explícito no tempo.

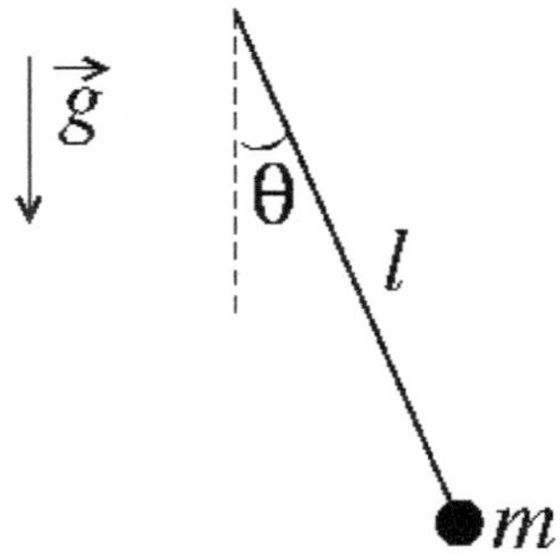

Figura 1.2 – Ilustração do pêndulo simples sem amortecimento.

partícula de massa m suspensa por um fio inextensível de comprimento l que oscila, em torno de uma origem, na vertical de um ângulo $\theta(t)$. A partícula sofre a ação do campo gravitacional $\vec{g}$, assumido como constante. A partir da segunda lei de Newton, podemos encontrar que a equação que governa a dinâmica é dada por $\ddot{\theta} + \frac{g}{l}\sin(\theta) = 0$. A solução dessa equação é simples no limite de ângulos pequenos a que a aproximação $\sin(\theta) \cong \theta$ se aplica. Quando a aproximação de ângulos pequenos não for válida, a solução pode ser obtida a partir de integrais elípticas.

Por outro lado, um sistema não determinístico tem em suas equações dinâmicas uma função que não é completamente conhecida e fornece a probabilidade de um determinado evento ocorrer. Por exemplo, o problema da caminhada aleatória unidimensional, no qual o caminhante pode dar um passo para direita com probabilidade p ou um passo para a esquerda com probabilidade q, em que a soma $p + q = 1$. A existência dessa componente estocástica caracteriza o sistema como não determinístico. Problemas envolvendo não determinismo são muito comuns na área de física estatística, particularmente associados à caminhada aleatória, em que se usa como técnica de estudo o formalismo envolvendo a equação de Fokker-Planck e também a equação de Langevin. Não se deve confundir aqui não determinístico com caótico. Em um sistema caótico determinístico, as leis que descrevem o movimento são conhecidas e não envolvem termos estocásticos.

Entretanto, a natureza não linear das equações que descrevem o movimento e a característica do afastamento exponencial no tempo a partir de duas condições iniciais vizinhas não permite o conhecimento de estados futuros, embora o sistema seja determinístico.

Ao resolver[2] as equações diferenciais, sejam elas lineares ou não lineares, encontra-se um fluxo de soluções com dimensão N no espaço de fases. A evolução temporal de tal fluxo descreve a dinâmica do sistema e, dependendo da complexidade do conjunto de equações que o descreve, pode ser bastante dispendioso obtê-lo, do ponto de vista numérico/computacional. Uma forma alternativa para investigar os sistemas é interceptar o fluxo de soluções no espaço de fases utilizando uma superfície[3] que corta o conjunto de soluções. Essa superfície é também conhecida como superfície de seção ou seção de Poincaré. Cada interseção do fluxo de soluções na superfície produz um ponto na seção de Poincaré com dimensão $N-1$. A sequência de pontos é descrita por um mapeamento discreto $F(\vec{x}_n) = \vec{x}_{n+1}$ em que F descreve o operador que evolui o vetor de soluções $\vec{x}$ de dimensão $N-1$ da interseção n para a respectiva interseção $n+1$. A Figura 1.3 mostra um fluxo de soluções sendo interceptado por um plano. A sequência de pontos localizados na seção de Poincaré é descrita por um mapeamento discreto.

A solução do modelo descrito na Figura 1.1, o oscilador amortecido, naturalmente exibe uma redução na energia mecânica[4] do sistema. Com o decorrer do tempo, a dinâmica evolui para o estado estacionário localizado em $x = 0$ e $\dot{x} = 0$. A existência da força de arrasto viscoso estabelece a

[2]Em sistemas não lineares, poucas são as soluções analíticas conhecidas. Um número significativo de métodos numéricos para integração de equações diferenciais pode ser utilizado para obter as soluções numéricas, em particular os métodos do tipo Runge-Kutta.

[3]Para fluxos com dimensões maiores que 3, utiliza-se uma hipersuperfície de dimensão $N-1$.

[4]A energia mecânica é composta pela soma da energia cinética, esta associada ao estado de movimento do bloco de massa m, com a energia potencial, que por sua vez está associada ao estado configuracional do sistema.

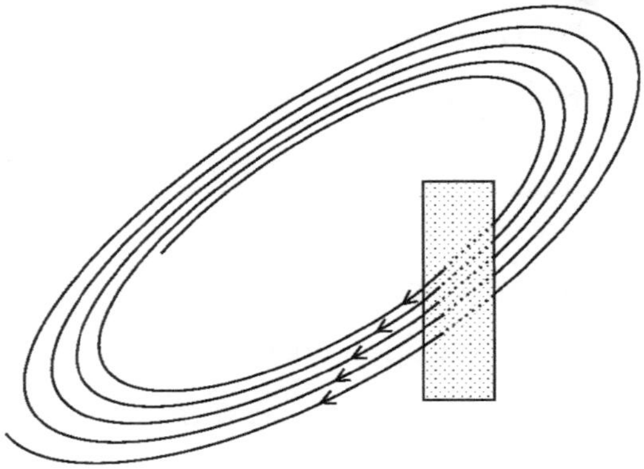

Figura 1.3 – Ilustração de uma seção de Poincaré.

presença de dissipação no sistema conduzindo à redução da energia, caracterizando, dessa forma, o sistema como dissipativo. Por outro lado, o modelo descrito na Figura 1.2, o pêndulo simples, não exibe dissipação. Uma vez afastada a massa m da condição de equilíbrio localizada na posição angular $\theta = 0$, com velocidade angular $\dot{\theta} = 0$ e ali abandonada, o sistema permanecerá permanentemente em situação de não equilíbrio independentemente de estar em libração, quando oscila em torno da condição de equilíbrio – essa situação é determinada no regime de baixas energias –, ou em rotação, quando o sistema gira em torno do ponto de rotação. Tal rotação pode ser tanto no sentido horário quanto anti-horário, e isso depende apenas da condição inicial para a velocidade: $\dot{\theta} > 0$ (sentido anti-horário) ou $\dot{\theta} < 0$ (sentido horário). Uma vez que o sistema não exibe dissipação de energia, é muitas vezes também chamado de sistema conservativo.

A terminologia conservativo ou não conservativo[5] pode ser rigorosamente determinada a partir do teorema de Liouville, que caracteriza o fluxo de soluções no espaço de fases. Em sistemas conservativos, a densidade de pontos no espaço de fases é constante e esse fato garante a inexistência de sorvedouros, comumente presentes em sistemas dissipativos. Sorvedouros

[5]Muitas vezes o termo dissipativo é atribuído a sistemas que não preservam a energia total.

são definidos como um conjunto de pontos que atraem as soluções para tempos suficientemente longos. Uma vez atingido o sorvedouro, a solução nunca mais escapa de lá, a menos que haja uma interferência externa. O conjunto de pontos para os quais as soluções convergem assintoticamente no tempo é denominado atrator. Ao longo do texto veremos que existem diversos tipos de atratores, que podem ser classificados como pontos fixos assintoticamente estáveis, ciclos limites, estranhos não caóticos e caóticos.

Como ilustração de um ponto fixo assintoticamente estável, podemos mencionar a solução assintótica do oscilador amortecido. Iniciando a dinâmica do sistema descrito na Figura 1.1 a partir de uma energia inicial não nula, com o decorrer do tempo a solução assintótica converge para $(x, \dot{x}) = (0, 0)$. Trata-se de um atrator de dimensão 0, ou seja, um ponto fixo. Uma vez atingida a condição de equilíbrio, a solução passa a ser atemporal. Em um ciclo limite, a convergência de uma condição inicial não evolui para um ponto no espaço de fases, e sim para uma curva fechada, que só é atingida assintoticamente no tempo. Nesse caso trata-se de um atrator de dimensão 1. O intervalo de tempo para que o atrator seja alcançado é chamado de transiente. A compreensão e a descrição dos transientes presentes em sistemas dissipativos são de crucial importância para a caracterização das suas propriedades dinâmicas. Um transiente fornece o tempo de evolução dinâmica até que o sistema atinja um determinado atrator.

Nos dois casos discutidos, temos dois tipos de atratores que têm geometrias muito bem definidas, sendo elas um ponto ou uma curva fechada. Entretanto, a geometria dos atratores nem sempre é tão simples assim. Em sistemas mais complicados, como osciladores amortecidos e forçados, dependendo da força externa, a evolução assintótica atinge um conjunto de pontos que não é um simples ponto fixo, tampouco uma curva fechada, mas sim uma distribuição complicada no espaço de fases e que tem uma forma geométrica não usual, ou uma forma estranha. Essa geometria não usual, com forma estranha, define o conjunto de pontos como atrator estranho. Tal atrator pode ainda ser caótico ou não. Partindo de duas condições iniciais bastante próximas e evoluindo-as no tempo, se as órbitas se afastarem exponencialmente uma da outra, diz-se que o atrator estranho é caótico. Um observável que caracteriza essa taxa de afastamento é chamado de expoente de Lyapunov. Um expoente de Lyapunov positivo é suficiente para garantir a existência de dinâmica caótica. Caso o afastamento não seja exponencial e a forma do atrator se mantenha não usual e com aparência estranha, o conjunto de pontos é dito um atrator estranho não caótico. Assim, uma das questões principais em sistemas dinâmicos descritos por equações não lineares é determinar se o atrator observado é realmente caótico ou não e caracterizá-lo quantitativamente.

Sistemas não lineares dissipativos, sejam eles descritos por equações diferenciais ou por mapeamentos discretos, podem admitir a existência de mais de um atrator simultaneamente, seja ele periódico ou caótico, muitas das vezes ambos. No espaço de fases, o conjunto de condições iniciais que convergem para um determinado atrator define o que é chamado de bacia de atração. Cada bacia de atração de um determinado atrator é formada por um conjunto de pontos, estabelecendo as condições iniciais, para os quais a evolução dinâmica converge para tempo suficientemente longo. Em sistemas determinísticos, o conhecimento da bacia de atração permite definir uma condição inicial que seguramente evolui para um determinado atrator.

Os atratores classificados como pontos fixos assintoticamente estáveis podem ser estudados a partir da variação dos parâmetros que controlam a dinâmica do sistema. Com a variação dos parâmetros de controle, um determinado ponto fixo, que admitia a condição de ser assintoticamente estável, pode mudar sua estabilidade, deixando assim de atrair condições iniciais próximas a ele, mudando para ponto fixo instável. O parâmetro de controle crítico onde ocorre essa mudança define o local de ocorrência de uma bifurcação. As bifurcações podem ser classificadas conforme seu tipo, sendo elas bifurcações locais ou bifurcações globais. Uma bifurcação local pode ser completamente determinada a partir da análise de estabilidade de ponto fixo, sendo portanto uma análise local. As bifurcações locais se classificam em bifurcação transcrítica, bifurcação de forquilha supercrítica ou subcrítica, bifurcação de duplicação de período, bifurcação tangente, dentre várias outras. É importante mencionar também que as bifurcações ocorrem não somente para pontos fixos, podendo ser observadas em órbitas de períodos maiores. Por outro lado, nas bifurcações globais o conhecimento da estabilidade de um ponto fixo não permite determinar quando elas ocorrerão. Em uma bifurcação global, o espaço de fases sofre uma mudança estrutural repentina a ponto de ocorrer a destruição de um atrator caótico, sendo este substituído por um transiente caótico ou mesmo outro atrator caótico com características diferentes. Bifurcações globais produzem no espaço de fases eventos de crise, que se classificam em crise de fronteira, crise unindo atratores e crise interior.

Tendo como motivação a descrição sobre as bifurcações, uma das questões centrais que se coloca no estudo de sistemas dinâmicos é como a dinâmica de um determinado sistema se modifica em decorrência da variação dos parâmetros de controle? Também, como os observáveis físicos que caracterizam as grandezas de interesse convergem para seu valor assintótico? Tal convergência é única e independente dos parâmetros de controle? Para ilustrar a discussão sobre a convergência para o estado assintótico, consideraremos um caso específico que ocorre no mapa logístico[6] escrito como $x_{n+1} = Rx_n(1-x_n)$ em que $R \in [0,4]$ corresponde ao parâmetro de controle e $x \in [0,1]$ é a variável dinâmica. O índice $n = 0, 1, 2, \ldots$ identifica o número de iterações do mapeamento, sendo sempre um número inteiro. Partindo-se de uma condição inicial x_0, evolui-se a dinâmica a partir da equação do mapa obtendo-se x_1, refaz-se o procedimento usando a equação do mapa para obter x_2 e assim por diante. A sequência discreta e cronológica de

[6] O mapa logístico foi proposto originalmente como uma forma discreta para a descrição da dinâmica de diversas populações incluindo insetos, peixes etc.

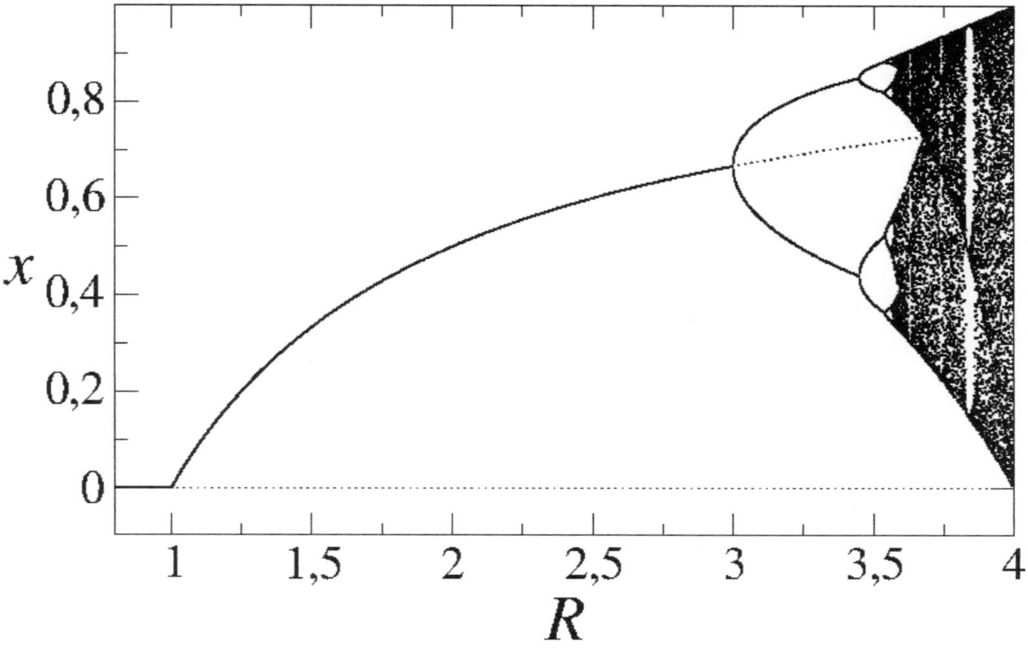

Figura 1.4 – Ilustração do diagrama de órbita para o mapa logístico.

pontos recebe o nome de órbita e corresponde à evolução temporal a partir da condição inicial x_0. Considerando um valor fixo para R, o correspondente atrator do mapeamento só é obtido a partir de uma longa evolução temporal de $x_0 \in (0, 1)$, rigorosamente falando, quando $n \to \infty$. Variando-se $R \in [0, 4]$, o comportamento do diagrama de órbitas é mostrado na Figura 1.4. As linhas pontilhadas identificam os pontos fixos instáveis. Em $R = 1$ ocorre uma bifurcação. Como o diagrama de órbita é construído considerando tempo suficientemente longo, a questão que se coloca é: como é a forma do diagrama de órbitas quando o tempo de transiente foi considerado pequeno? Como se dá o comportamento da convergência para o atrator no parâmetro de controle correspondente à bifurcação?

A Figura 1.5(a) mostra o diagrama de órbita construído com o tempo de transiente pequeno, de fato, 10 iterações apenas. Podemos ver claramente que próximo às bifurcações[7] existe um aglomerado de pontos que

[7]Uma das bifurcações é observada em $R = 1$ (bifurcação transcrítica) e outra em

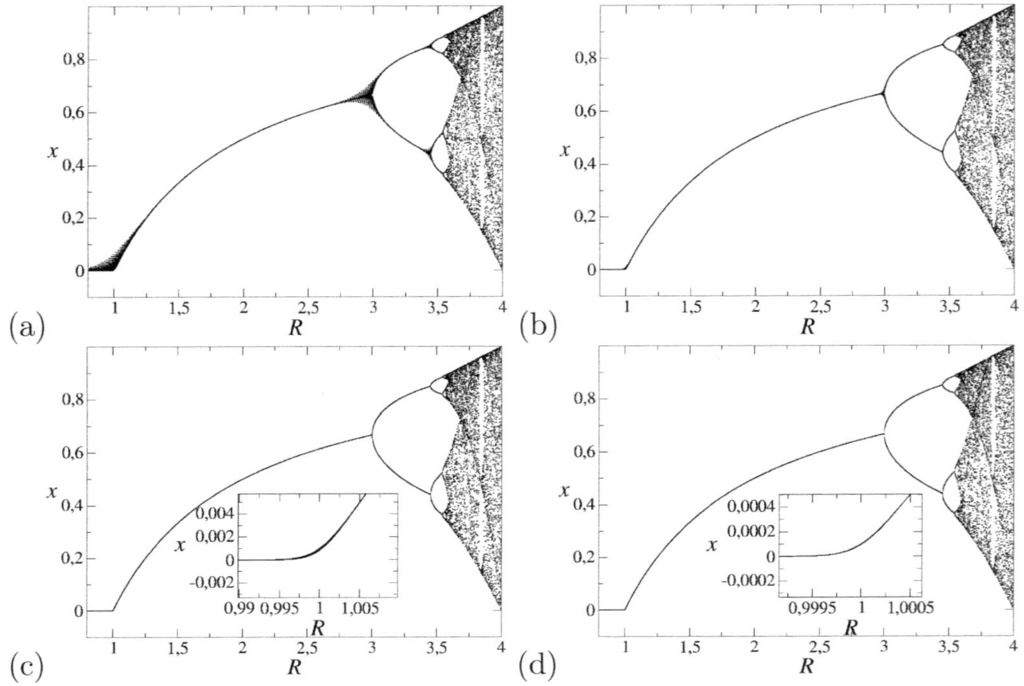

Figura 1.5 – Ilustração do diagrama de órbita para o mapa logístico construído para tempo de transiente finito. Os tempos de iterações considerados foram: (a) $n = 10$; (b) $n = 100$, (c) $n = 1000$ e (d) $n = 10000$.

estão afastados do atrator. Tais pontos são uma evolução da condição inicial $x_0 = 0,5$ que não tiveram ainda tempo suficiente para convergirem ao atrator. Aumentando o número de iterações para 100, conforme mostrado na Figura 1.5(b), podemos notar que o aglomerado de pontos diminuiu significativamente comparado com aquele observado na Figura 1.5(a), ficando quase imperceptível na figura, entretanto ainda persistindo. Aumentando ainda mais o número de iterações, dessa vez para 1000, o aglomerado de pontos afastados do atrator é pequeno, praticamente imperceptível na Figura 1.5(c), porém fica evidente quando a parte do diagrama próxima a $R = 1$ é amplificada, o que pode ser visto no gráfico interno da própria figura. Essa ampliação é ainda maior quando 10000 iterações são conside-

$R = 3$ (bifurcação de duplicação de período).

radas, conforme mostrado na Figura 1.5(d). Percebe-se que, ao aumentar o número de iterações, a distribuição de pontos está cada vez mais próxima do atrator. A escala de ampliação é inversamente proporcional ao número de iterações, conforme pode ser visto nas Figuras 1.5(c, d).

A dinâmica da convergência para o atrator pode ser descrita utilizando funções homogêneas generalizadas. Para ilustrar, considere que uma dada medida do sistema, por exemplo a distância do atrator, que representaremos aqui por f, seja descrita em termos de dois parâmetros, x e y. Logo, tem-se que $f(x,y)$ obedece a uma relação de escala se a seguinte relação for satisfeita:

$$f(x,y) = lf(l^a x, l^b y) \tag{1.1}$$

em que os expoentes a e b são os expoentes de escala e l é um fator de escala arbitrário. Como l é um fator de escala, podemos escolher, por exemplo, $l = y^{-1/b}$, o que leva a

$$f(x,y) = y^{-1/b} f(y^{-a/b} x, 1) \tag{1.2}$$

Nas vizinhanças da condição de equilíbrio, a função $f(x,y)$ é descrita por leis de potência em suas variáveis. Assim, o estudo das propriedades de escala de f permite que os expoentes a e b sejam obtidos, bem como a identificação de uma possível universalidade presente no sistema. A generalização para um número maior de variáveis é direta. Para o caso em que f é uma função das variáveis x, y e z, tem-se que

$$f(x,y,z) = lf(l^a x, l^b y, l^c z) \tag{1.3}$$

A questão que deve ser discutida é sobre a interpretação desse comportamento de escala e o que significa essa universalidade.

Em sistemas não lineares e com a ocorrência de caos, seja ele conservativo[8] ou dissipativo, o estudo de como as partículas se difundem é um tema

[8]O caos conservativo é observado quando não há violação do teorema de Liouville e o volume do espaço de fases é preservado.

em questão. Para investigações desse tipo, é comum determinar as variáveis representativas do sistema a partir da solução da equação da difusão, que fornece a probabilidade de encontrar uma determinada partícula na coordenada[9] x em um determinado instante de tempo t. Para determinar a probabilidade $\rho = \rho(x,t)$, a equação da continuidade é utilizada:

$$\frac{\partial \rho(x,t)}{\partial t} = -\frac{\partial j(x,t)}{\partial x} \tag{1.4}$$

em que $j(x,t)$ é a corrente de partículas que cruza um determinado ponto do espaço de fases x em um intervalo de tempo Δt. Por outro lado, a corrente $j(x,t)$ é escrita[10] como

$$j = -D\frac{\partial \rho}{\partial x} + \sigma F \rho \tag{1.5}$$

em que σ é a mobilidade das partículas, D é o coeficiente de difusão e F é a força que atua na partícula. Quando a Equação (1.5) é levada na Equação (1.4), obtém-se

$$\frac{\partial \rho}{\partial t} = D\frac{\partial^2 \rho}{\partial x^2} - \sigma\rho\frac{\partial F}{\partial x} - \sigma F\frac{\partial \rho}{\partial x} \tag{1.6}$$

Resolver a Equação (1.6) significa determinar a probabilidade de se encontrar uma partícula na coordenada x no instante t. O formalismo envolvendo a solução da equação da difusão será utilizado no estudo de difusão caótica em uma família de mapeamentos discretos ao longo do livro.

Ao se considerarem sistemas que exibem difusão, um fenômeno que tem recebido bastante atenção é a aceleração de Fermi. Embora os mecanismos de criação de tais partículas fossem conhecidos à época, suas energias observadas na produção não eram compatíveis com aquelas altas energias medidas em detectores de raios cósmicos. Assim, o fenômeno de aceleração de Fermi foi proposto originalmente pelo físico italiano Enrico Fermi na tentativa de explicar a origem das altas energias de tais partículas. Fermi

[9] Aqui coordenada tem uma conotação um pouco mais geral que a posição. Ela pode representar velocidade, energia, *momentum*, dentre outras grandezas.

[10] A corrente de partículas é determinada a partir da lei de Fick.

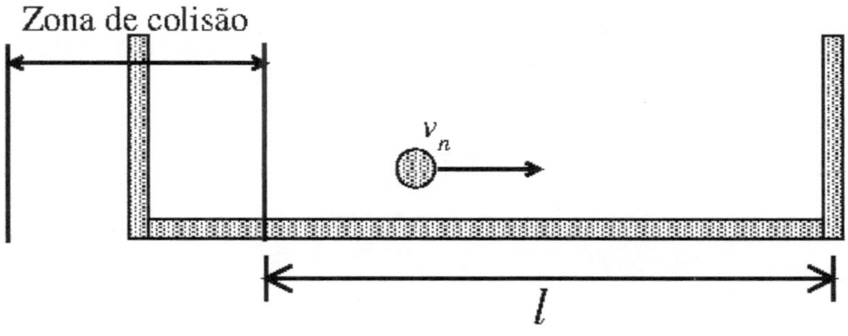

Figura 1.6 – Ilustração esquemática do modelo Fermi-Ulam.

acreditava que os raios cósmicos, partículas carregadas e com altas energias, interagiam com os campos elétricos e magnéticos presentes no meio interestelar e, nessa interação, ganhavam energia. Uma vez que tais campos são dependentes do tempo, a partícula, ao viajar sob influência deles, poderia ser defletida e, ao longo de sua trajetória, ganhar energia. Essa ideia foi modelada matematicamente por Stanislaw Ulam, que propôs um sistema mecânico que tem a essência idealizada por Fermi. O sistema consiste de uma partícula clássica de massa m que está confinada a se mover entre duas paredes rígidas. Uma delas é fixa e a outra se move periodicamente no tempo, conforme mostra o esboço esquemático da Figura 1.6. Quando a partícula colide com a parede móvel, pode ocorrer uma troca de energia e *momentum* de forma que a energia da partícula não é constante. A parede fixa tem a funcionalidade de reinjetar a partícula em direção à parede móvel para uma próxima colisão. As comparações com a ideia original de Fermi são imediatas. A partícula de massa m corresponde ao raio cósmico. A parede móvel seria equivalente aos campos elétricos e magnéticos dependentes do tempo, ao passo que a parede fixa tem a função de reinjetar a partícula para uma nova colisão, estabelecendo assim a analogia com os infinitos campos elétricos e magnéticos que existem atualmente no cosmos.

O modelo matemático construído por Ulam materializando a ideia de Fermi é descrito por um mapeamento discreto nas variáveis velocidade da partícula, V, e fase da parede móvel, ϕ, que é atualizado a cada colisão com

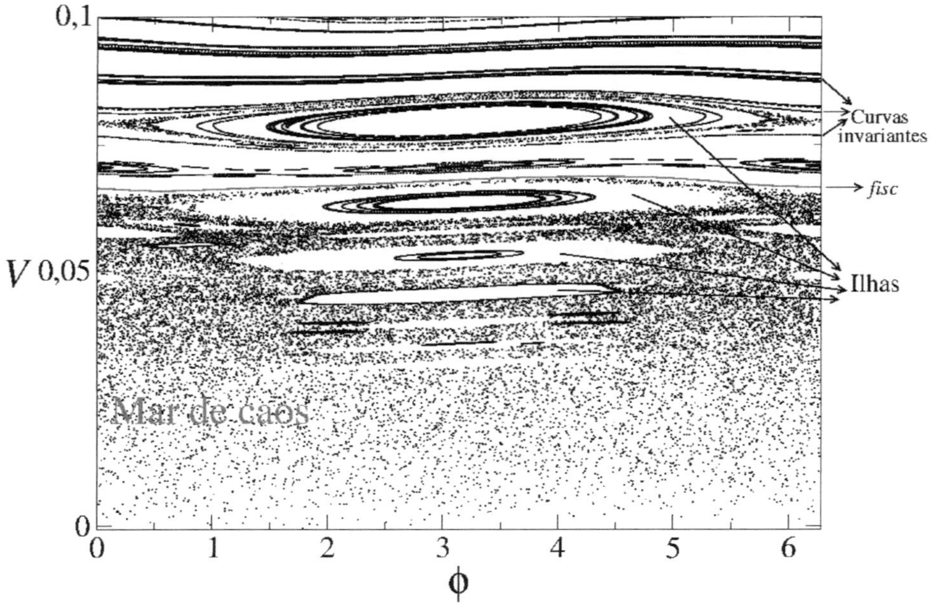

Figura 1.7 – Esboço do espaço de fases típico do modelo Fermi-Ulam. Aqui V identifica a velocidade da partícula e ϕ fornece a fase da parede móvel, sempre medidas no impacto n com a parede móvel.

a parede dependente do tempo. Quando as colisões são consideradas elásticas, ou seja, não existe perda fracional de energia a cada impacto, o espaço de fases do sistema exibe um conjunto de três regiões bem definidas, conforme mostrado na Figura 1.7. Uma delas é uma região de caos que existe no regime de baixas energias,[11] outras são ilhas de estabilidade, presentes em regiões intermediárias do espaço de fases, e a terceira são curvas invariantes *spanning* que impedem a difusão ilimitada das partículas na região de caos. Na Figura 1.7 a primeira delas é representada por *fisc*.[12] A existência delas, em particular a primeira, é fundamental para definir a amplitude da região de caos. Mais adiante veremos que ela tem um papel fundamental para determinar as propriedades de escala do mar de caos. Como ela impede a difusão ilimitada de partículas na região do caos, o modelo

[11] Como baixas energias nos referimos a energias da ordem da energia da parede móvel.

[12] Do inglês, corresponde a *first invariant spanning curve*.

não exibe o fenômeno de aceleração de Fermi. De fato, o fenômeno corresponde ao crescimento ilimitado de energia de uma partícula, ou de forma generalizada para um *ensemble* delas, em virtude de colisões elásticas com paredes que se movem no tempo. Uma simples modificação no mecanismo de retorno da partícula para a parede móvel pode conduzir à observação do fenômeno. Essa substituição pode ser feita, por exemplo, considerando que o mecanismo que produz o retorno da partícula para uma nova colisão com a parede móvel é realizado por um campo externo constante, como o campo gravitacional. Essa modificação no modelo Fermi-Ulam é conhecida como modelo *bouncer*. A dinâmica da partícula continua sendo feita por um mapeamento discreto, porém, dependendo do conjunto de parâmetros de controle considerados e das condições iniciais do sistema, o crescimento ilimitado de energia da partícula pode ser observado, conduzindo assim à observação da aceleração de Fermi.

Quando as colisões da partícula com a parede móvel, tanto no modelo Fermi-Ulam quanto no modelo *bouncer*, são consideradas elásticas, atratores não existem no espaço de fases. A dissipação muda substancialmente a estrutura do espaço de fases dos dois sistemas. No modelo Fermi-Ulam, dependendo da combinação de parâmetros de controle e condições iniciais, o mar de caos presente no espaço de fases pode se transformar em um atrator caótico. As curvas invariantes *spanning* são completamente destruídas e as ilhas de estabilidade, contendo pontos fixos elípticos em seu centro, se tornam regiões de atração para os pontos fixos assintoticamente estáveis, que substituem os pontos fixos elípticos. A área no espaço de fases não se preserva mais, garantindo a existência de atratores. Tais atratores podem ser repentinamente destruídos a partir de bifurcações globais via crise de fronteira, conforme veremos mais adiante. Após a destruição, uma condição inicial fornecida na região onde o atrator existia permanece naquela região por um tempo até que encontra a rota de escape e sai. O tempo gasto naquela região determina o transiente caótico. No modelo *bouncer*, além das crises e da existência de atratores, a dissipação produz um efeito ainda mais interessante. Como a área no espaço de fases não mais se preserva, a difusão ilimitada de energia, que acarreta o fenômeno de aceleração de Fermi, não é mais observada. Dependendo dos parâmetros de controle, a dissipação cria um atrator no espaço de fases, este distante do infinito, que admite propriedades de escala interessantes. A dissipação pode ser introduzida nos modelos não apenas a partir de colisões inelásticas, quando existe perda fracional de energia a cada colisão, mas também a partir de arrasto viscoso, quando a partícula atravessa um meio viscoso. Nesse caso, ocorre uma perda de energia continuamente ao longo da trajetória da partícula, uma vez que a força de arrasto é sempre contrária ao movimento e atua continuamente. Um ponto importante que se observa também é que a dissipação, seja ela de diferentes tipos, conduz à supressão da aceleração de Fermi, levando a crer que aceleração de Fermi não é um fenômeno robusto.

Um tema que também será abordado no livro trata da dinâmica de bilhares. Um bilhar é descrito como uma partícula, ou um conjunto não interagente delas, se movendo livremente no interior de uma fronteira fechada com a qual as partículas colidem. A Figura 1.8 ilustra o esboço de um bilhar

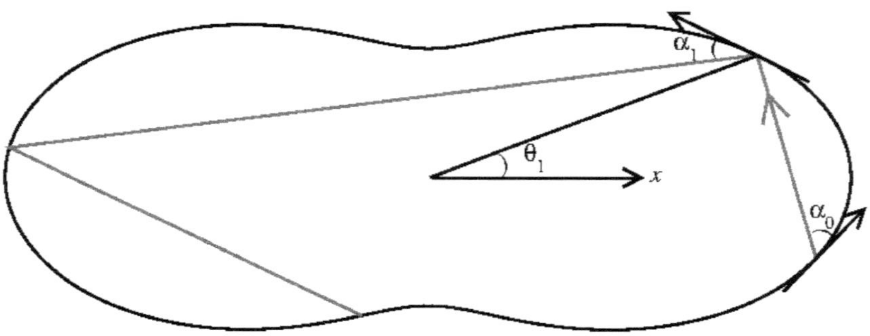

Figura 1.8 – Esboço de um bilhar e das variáveis usadas em sua descrição.

localizado no plano e das variáveis utilizadas em sua descrição. O sistema é bidimensional e contém dois graus de liberdade,[13] uma vez que precisamos

[13]Um grau de liberdade é determinado por um par de variáveis dinâmicas, como po-

conhecer os pares posição e velocidade ao longo dos eixos do plano. Como no interior do bilhar a partícula se move com velocidade constante e ao longo de uma trajetória retilínea, a descrição da dinâmica se dá todas as vezes que a partícula colide com a fronteira. Dessa forma, um conjunto possível de variáveis dinâmicas seria o ângulo polar, θ, que identifica a orientação ao longo da fronteira onde a colisão ocorreu, e o ângulo α que a trajetória da partícula faz com a reta tangente ao ponto da colisão. Dessa forma, pode-se construir um mapeamento discreto $F(\alpha_n, \theta_n) = (\alpha_{n+1}, \theta_{n+1})$. As características da dinâmica da partícula e a forma organizacional do espaço de fases são fortemente dependentes da geometria da fronteira do bilhar. Em bilhares bidimensionais com fronteira estática e considerando as colisões elásticas, a energia da partícula é constante. Da teoria da mecânica clássica, é conhecido que, para um sistema ser integrável, o número de constantes do movimento deve ser igual ao número de graus de liberdade. Quando a forma da fronteira é circular, duas quantidades se preservam, sendo elas a energia mecânica e o momento angular. Assim, o bilhar circular é integrável e caos não é observado no sistema. A Figura 1.9(a) ilustra o espaço de fases típico do bilhar circular onde pode-se perceber apenas linhas contínuas, correspondendo a órbitas quase-periódicas e uma sequência discreta de pontos fornecendo um conjunto de órbitas periódicas no espaço de fases. As Figuras 1.9(b, c) fornecem órbitas típicas no bilhar circular.

Uma perturbação imediata do círculo é a elipse. O bilhar elíptico também é um sistema bidimensional e exibe duas quantidades que se preservam. Uma delas é a energia do sistema e a outra é uma grandeza relacionada ao momento angular das partículas.[14] Dessa forma, o bilhar elíptico também

sição e velocidade. No caso do oscilador unidimensional, a dinâmica é completamente conhecida a partir da especificação do par posição x e velocidade $\dot{x}$ em um determinado instante.

[14]Essa quantidade foi primeiramente discutida a partir de uma publicação de Sir Michael Berry: BERRY, M. V. Regularity and chaos in classical mechanics, illustrated by three deformations of a circular billiard. *European Journal of Physics*, London, v. 2, n.

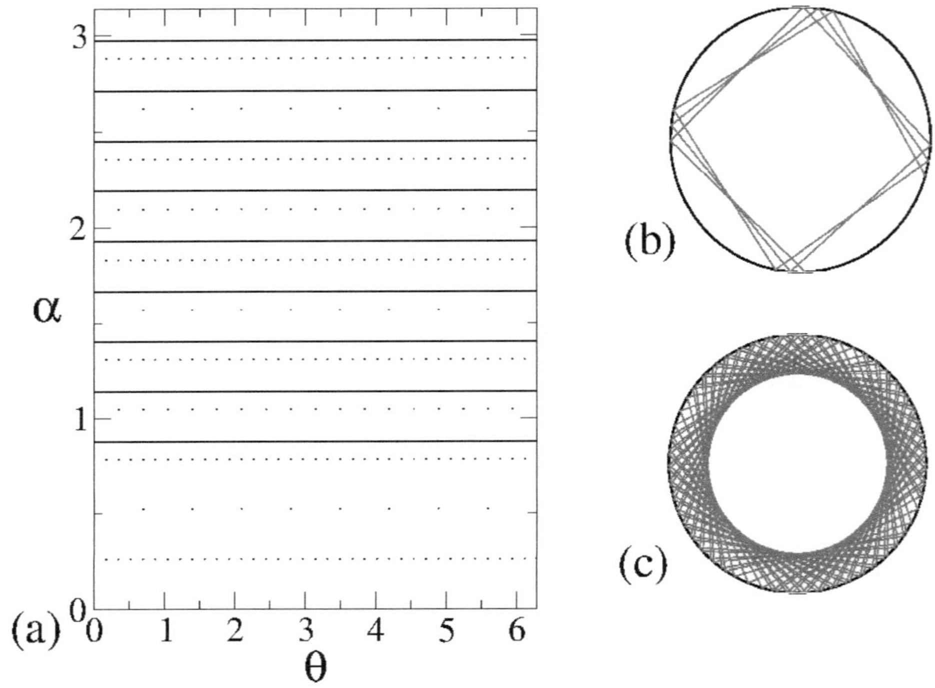

Figura 1.9 – (a) Esboço do espaço de fases; e (b) e (c) ilustração de órbitas típicas em um bilhar circular.

é integrável. A Figura 1.10(a) mostra o espaço de fases característico do bilhar elíptico. Podemos notar dois tipos distintos de dinâmica. Uma delas, bem ao centro da figura, identifica órbitas de libração. Correspondem a órbitas que ficam confinadas na parte interna dos dois focos da elipse e nunca abandonam tal região, conforme mostra a Figura 1.10(b). A parte complementar do espaço de fases é formada por órbitas de rotação, identificadas como órbitas que giram em sentido horário ou anti-horário. A Figura 1.10(c) mostra o comportamento típico de órbitas em rotação. A curva que separa os dois tipos de dinâmica é chamada de curva separatriz.

Uma perturbação do círculo que destrói a integrabilidade, observada em ambos os bilhares circular e elíptico, é o bilhar ovoide, cujo raio da fronteira

---

2, p. 91-102, 1981. Ela foi citada como: *product of angular momenta about the two foci.*

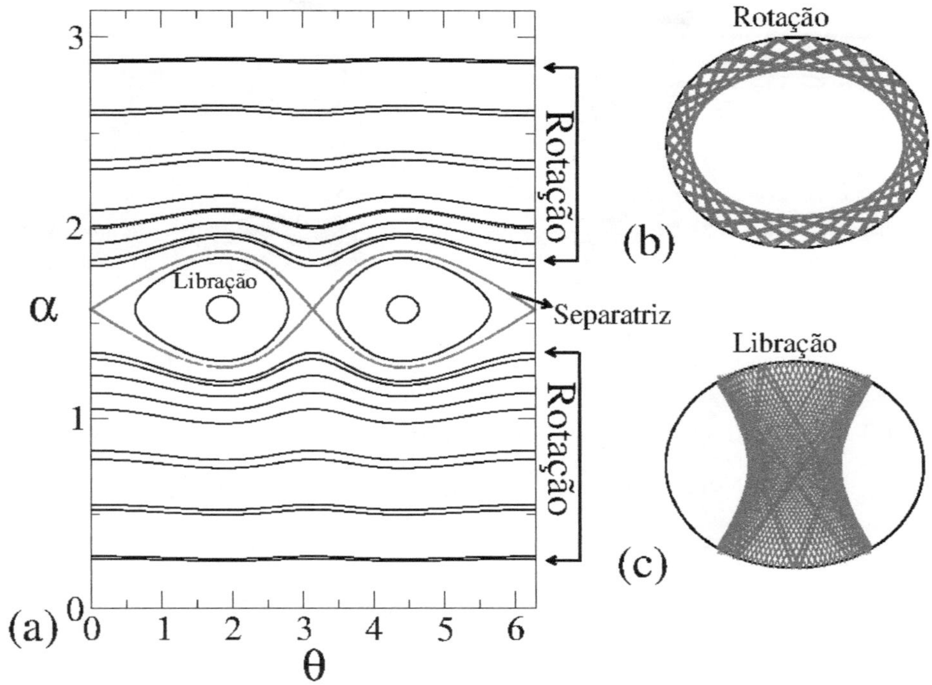

Figura 1.10 – (a) Esboço do espaço de fases; e ilustração de órbitas típicas no bilhar elíptico para: (b) órbitas de rotação e (c) órbitas de libração.

é escrito a partir da equação

$$R(\theta, p, \epsilon) = 1 + \epsilon \cos(p\theta) \tag{1.7}$$

em que θ corresponde ao ângulo polar, p é um número inteiro e $\epsilon \in [0, 1]$ é um parâmetro que controla a transição de integrabilidade, quando $\epsilon = 0$, para não integrabilidade, quando $\epsilon \neq 0$. A forma do bilhar para $p = 2$ é mostrada na Figura 1.8. O espaço de fases para o bilhar ovoide considerando $p = 2$, conforme mostrado na Figura 1.11(a, b), exibe uma estrutra mista que pode conter mares de caos, ilhas de estabilidade e curvas invariantes *spanning*, conforme mostrado na Figura 1.11(a) para o parâmetro de controle $\epsilon = 0,05$. As curvas invariantes correspondem a órbitas que rotacionam em torno da borda. O aumento do parâmetro de controle conduz à destruição das curvas invariantes, conforme pode-se observar na Figura 1.11(b).

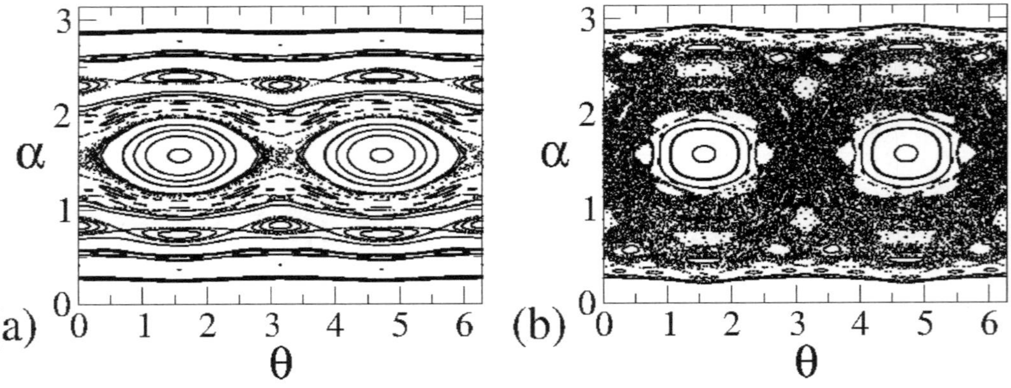

Figura 1.11 – Esboço do espaço de fases para o bilhar ovoide. Os parâmetros de controle usados foram $p = 2$ e: (a) $\epsilon = 0,05$ e (b) $\epsilon = 0,1$.

Outras formas de fronteira podem ser consideradas, dentre elas o bilhar *stadium* de Bunimovich, o bilhar de Sinai, o bilhar cogumelo e diversas outras. Quando as fronteiras do bilhar são estáticas, e as colisões, elásticas, a energia da partícula se preserva. A existência de caos dependerá única e exclusivamente da forma da fronteira. A questão que se coloca é: o que ocorre com a velocidade da partícula quando uma perturbação temporal na fronteira é introduzida? Pode-se observar difusão ilimitada de energia, conduzindo ao fenômeno de aceleração de Fermi? Um grupo de cientistas russos[15] liderados por Alexander Loskutov publicou[16] uma conjectura sobre o crescimento de energia em bilhares com fronteiras dependentes do tempo. A conjectura diz que a dinâmica caótica de um bilhar com fronteira fixa é uma condição suficiente para a ocorrência de aceleração de Fermi no sistema quando uma perturbação temporal é introduzida na fronteira. Essa conjectura foi testada e verificada em um número grande de bilhares, sendo sempre verificada e confirmada em bilhares caóticos. Entretanto, no ano de

[15] O grupo foi composto por Alexander Loskutov, Alexey B. Ryabov e L. G. Akinshin.

[16] LOSKUTOV, A.; RYABOV, A. B.; AKINSHIN, L.G. Properties of some chaotic billiards with time-dependent boundaries. *Journal of Physics A: Mathematical and General*, Bristol, v. 33, p. 7973-7986, 2000.

2007 um grupo da Alemanha[17] mostrou que o bilhar elíptico, sabidamente integrável para a versão estática da fronteira, conduz a crescimento ilimitado de energia quando a fronteira é perturbada no tempo. Contudo, esse fato não fere a conjectura, uma vez que ela diz que caos é condição suficiente. A partir desse exemplo podemos acrescentar à conjectura que caos não é necessário. O espaço de fases na versão de fronteira estática para o bilhar elíptico é regular com ausência de caos, uma vez que o sistema é integrável. Por outro lado, a introdução da perturbação temporal na fronteira transforma a curva separatriz em uma estrutura denominada *stochastic layer*.[18] Segundo os autores alemães, essa camada estocástica de pontos produz a condição para que a difusão ilimitada de energia seja observada no sistema, conduzindo assim ao fenômeno de aceleração de Fermi.

A introdução de dissipação nos bilhares transforma a dinâmica drasticamente. O espaço de fases admite a existência de atratores, que por sua vez suprimem a difusão ilimitada de energia. A dissipação, seja ela introduzida a partir de colisões inelásticas ou via arrasto viscoso, permite obter diversos observáveis físicos de interesse e que admitem propriedades de escala levando a comportamentos universais. Ao longo do livro, algumas dessas propriedades serão discutidas em diversos sistemas.

Por fim, uma discussão sobre termodinâmica de bilhares será realizada. A motivação para tal discussão vem do seguinte problema: considere um sistema em um laboratório que consiste de recipiente rígido em contato térmico com o ambiente a uma temperatura T_b. Retiram-se todas as partículas do recipiente, deixando apenas vácuo. Adiciona-se um conjunto de partículas a uma baixa densidade e a uma temperatura $T \ll T_b$. Da teoria da

[17] LENZ, F.; DIAKONOS, F. K.; SCHMELCHER, P. Tunable Fermi Acceleration in the Driven Elliptical Billiard. *Physical Review Letters*, v. 100, n. 1, p. 014103(1)-014103(4), 2008.

[18] O termo *stochastic layer* corresponde a um conjunto de pontos distribuídos ao longo de uma região denominada camada estocástica. Tal região exibe um expoente de Lyapunov positivo confirmando a ocorrência de caos.

termodinâmica, o equilíbrio térmico será obtido quando a temperatura do gás de partículas atingir a temperatura da fronteira. Espera-se também que, se o gás for injetado a uma temperatura $T \gg T_b$, a temperatura do gás será gradativamente reduzida até que o equilíbrio termodinâmico seja alcançado. Na descrição desse problema utilizando o formalismo dos bilhares, uma vez que o recipiente onde foi feito vácuo é composto por uma rede cristalina de partículas a uma temperatura $T_b > 0$, as partículas constituintes da rede oscilam em torno de uma posição de equilíbrio, equivalente a um bilhar com fronteira dependente do tempo. Dependendo da forma geométrica da fronteira, é esperado que a dinâmica das partículas no interior do bilhar seja caótica. Essa é a condição de que a conjectura Loskutov-Ryabov-Akinshin (LRA) precisa para garantir o crescimento ilimitado de energia do *ensemble*, conduzindo portanto ao fenômeno de aceleração de Fermi. Isso implica que a velocidade média do *ensemble* de partículas cresce acarretando o crescimento da velocidade quadrática média. O teorema de equipartição de energia utiliza a velocidade quadrática média, que define a energia cinética das partículas, para estabelecer a conexão com a temperatura. Dessa forma, a velocidade quadrática média é diretamente proporcional à temperatura. Se a velocidade quadrática média cresce com o decorrer do tempo, cresce também a temperatura. Entretanto, esse resultado está em desacordo com o conhecimento empírico da termodinâmica de que no estado estacionário ocorre equilíbrio entre temperatura do *ensemble* de partículas e temperatura da fronteira. Essa contradição entre os resultados esperados da teoria de bilhares dependentes do tempo e da termodinâmica pode ser resolvida quando as colisões entre as partículas e a fronteira são assumidas como inelásticas. Isso implica que a cada colisão existe uma perda fracional de energia, garantindo a existência de atratores no espaço de fases e, consequentemente, suprimindo o crescimento ilimitado de energia. Essa supressão permite que o equilíbrio termodinâmico seja alcançado.

1.3 Resumo

Neste capítulo, foi apresentada uma pequena contextualização de temas e terminologias que são abordados no estudo de sistemas dinâmicos e que serão considerados ao longo do livro.

Capítulo 2

O conceito de atrator

2.1 Objetivos

Os principais objetivos deste capítulo são introduzir, exemplificar e discutir o conceito de atrator. Começaremos introduzindo o conceito de ponto fixo, particularmente obtido em um modelo de oscilador amortecido. Em seguida apresentaremos o conceito de ciclo limite. Este, por sua vez, pode ser obtido a partir de uma equação diferencial ordinária (EDO) contendo um termo de amortecimento e outro de forçamento externo. Discutiremos depois o conceito de atrator caótico utilizando um conjunto de três EDO de primeira ordem acopladas. Por fim, um último tipo de atrator é discutido. Ele tem forma geométrica não usual, o que o caracteriza como um atrator estranho. Entretanto, o maior dos expoentes de Lyapunov, que é um dos indicadores de caos, é negativo, logo o atrator recebe o nome de atrator estranho não caótico.

2.2 Conceitos iniciais

Para introduzir o conceito de atrator neste capítulo, utilizaremos alguns sistemas dinâmicos que são descritos por EDO. Desse modo, faz-se necessária uma discussão mínima e elementar sobre conceitos e terminologias básicos.

Considere um sistema dinâmico cuja evolução temporal seja dada pelo seguinte conjunto de EDO

$$\begin{cases} \dot{x} = \frac{dx}{dt} = f(x, y, t) \\ \dot{y} = \frac{dy}{dt} = g(x, y, t) \end{cases} \tag{2.1}$$

em que f e g são funções não lineares quaisquer de suas variáveis. Se f e g não dependem explicitamente do tempo, o sistema é dito autônomo; caso contrário, o sistema descrito pelas Equações (2.1) é dito não autônomo.

É possível, entretanto, converter um sistema não autônomo em outro sistema equivalente autônomo pela introdução de uma variável $z = t$, tal que

$$\frac{dz}{dt} = \dot{z} = 1 \tag{2.2}$$

Esse procedimento é comumente realizado, visto que os métodos numéricos utilizados para solução de EDO requerem, geralmente, que estas sejam de primeira ordem. De fato, a ordem de uma EDO é definida pela ordem n da maior derivada na equação. Assim, uma EDO autônoma de segunda ordem é caracterizada pela derivada segunda da variável, geralmente em relação ao tempo. Essa equação pode ser convertida em um sistema de duas EDO de primeira ordem acopladas. Por outro lado, se a EDO for de segunda ordem, mas ao mesmo tempo for não autônoma, então ela dará origem a um sistema de três EDO de primeira ordem acopladas.

Para ilustrar o procedimento, considere o sistema descrito pelo oscilador amortecido e forçado, conforme mostrado na Figura 2.1. Da segunda lei de Newton, temos que $\sum \vec{F} = m\vec{a}$, em que $\sum \vec{F}$ envolve todas as forças que atuam no sistema e $\vec{a}$ é a aceleração. Na forma unidimensional, a aplicação da segunda lei de Newton ao oscilador amortecido e forçado conduz à

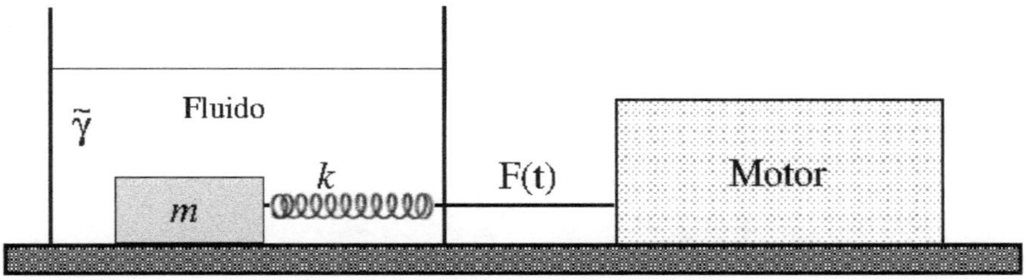

Figura 2.1 – Ilustração do oscilador amortecido e forçado.

seguinte EDO:

$$\begin{aligned} m\ddot{x} &= \sum F_x, \\ &= -kx - \tilde{\gamma}\dot{x} + F(t) \end{aligned} \tag{2.3}$$

em que m representa a massa do bloco, k é a constante elástica da mola, $\tilde{\gamma}$ é o coeficiente de arrasto e $F(t)$ é a força externa. Para uma força periódica, podemos utilizar $F(t) = F_0 \cos(\omega t)$, em que F_0 identifica a amplitude da força externa e ω é a frequência angular de oscilação. O termo $-kx$ corresponde à força da mola. É uma força do tipo elástica, sendo também conservativa, visto que o trabalho realizado por ela ao longo de um caminho cujo ponto de partida coincide com o ponto de chegada (caminho fechado) é nulo. A dissipação é introduzida pelo termo $-\tilde{\gamma}\dot{x}$ e é proporcional à velocidade com que o bloco se move no fluido. É uma força que atua sempre no sentido contrário ao deslocamento. Por fim, o termo $F_0 \cos(\omega t)$ fornece a força externa exercida pelo motor sobre o sistema. Chamando $\gamma = \tilde{\gamma}/m$, $\omega_0^2 = k/m$, a Equação (2.3) pode ser escrita como

$$\ddot{x} + \gamma\dot{x} + \omega_0^2 x = \frac{F_0}{m}\cos(\omega t) \tag{2.4}$$

em que o parâmetro ω_0 corresponde à frequência natural de oscilação do oscilador. Vemos que a Equação (2.4) é de segunda ordem, não autônoma. Podemos convertê-la em um sistema de três EDO de primeira ordem acopladas e investigar o sistema numericamente. Definimos uma nova variável $y = \dot{x}$, que, quando derivada em relação ao tempo t, conduz a $\dot{y} = \ddot{x}$.

Usando também $z = \omega t$, temos que $\frac{dz}{dt} = \dot{z} = \omega$. Assim, a EDO fica escrita como

$$\begin{cases} \dot{x} = y \\ \dot{y} = -\gamma y - \omega_0^2 x + \frac{F_0}{m}\cos(z) \\ \dot{z} = \omega \end{cases} \tag{2.5}$$

Para discutir o conceito de atrator ponto fixo, admitiremos nas próximas seções que a força externa é nula, ou seja, $F_0 = 0$.

2.3 O oscilador amortecido

Consideraremos nesta seção que a força externa seja nula ($F_0 = 0$). Desse modo, a EDO correspondente ao oscilador amortecido é escrita como

$$\ddot{x} + \gamma\dot{x} + \omega_0^2 x = 0 \tag{2.6}$$

Vemos que a Equação (2.6) é uma EDO de segunda ordem e apresenta coeficientes constantes. Uma possível solução seria do tipo

$$x(t) = Ae^{a_1 t} + Be^{a_2 t} \tag{2.7}$$

em que os coeficientes a_1 e a_2 são obtidos como solução da equação característica

$$a^2 + \gamma a + \omega_0^2 = 0 \tag{2.8}$$

Notamos que, quando os coeficientes $a_1 \neq a_2 \neq 0$, a Equação (2.7) apresenta duas soluções que são linearmente independentes. Essas condições são necessárias visto que $x(t)$, dado pela Equação (2.7), é a solução completa ou geral da Equação (2.6).

Resolvendo a Equação (2.8), encontramos

$$a_{1,2} = \frac{-\gamma \pm \sqrt{\gamma^2 - 4\omega_0^2}}{2} \tag{2.9}$$

Podemos notar que o argumento da raiz quadrada permite estabelecer três tipos de possíveis soluções:

1. $(\gamma^2 - 4\omega_0^2) > 0$, o que conduz a uma condição chamada de superamortecimento ou amortecimento supercrítico;

2. $(\gamma^2 - 4\omega_0^2) = 0$, o que fornece uma condição de amortecimento crítico;

3. $(\gamma^2 - 4\omega_0^2) < 0$, que leva ao subamortecimento ou amortecimento subcrítico.

2.3.1 Amortecimento supercrítico

No amortecimento supercrítico, a condição $\gamma^2 - 4\omega_0^2 > 0$ conduz a duas soluções distintas para a Equação (2.8). Como $\sqrt{\gamma^2 - 4\omega_0^2} < \gamma$ para $\omega_0 \neq 0$, temos que

$$a_1 = \frac{-\gamma + \sqrt{\gamma^2 - 4\omega_0^2}}{2} < 0 \tag{2.10}$$

$$a_2 = \frac{-\gamma - \sqrt{\gamma^2 - 4\omega_0^2}}{2} < 0 \tag{2.11}$$

Quando esses resultados são substituídos na Equação (2.7), encontramos duas soluções que são linearmente independentes. Entretanto, a solução da Equação (2.7) deve também satisfazer as condições iniciais. Isso implica que, para $t = 0$: (i) $x(0) = x_0$; e (ii) $\dot{x}(0) = v(0) = v_0$, em que v indica a velocidade do bloco, sendo v_0 a velocidade inicial.

A condição (i) leva a

$$x_0 = A + B \tag{2.12}$$

Por outro lado, a expressão da velocidade é dada por $\dot{x} = \frac{dx}{dt}$ e tem a forma

$$\dot{x} = a_1 A e^{a_1 t} + a_2 B e^{a_2 t} \tag{2.13}$$

Em $t = 0$, a condição (ii) fornece

$$v_0 = a_1 A + a_2 B \tag{2.14}$$

As Equações (2.12) e (2.14) compõem um sistema linear com duas equações e duas variáveis, ou seja,

$$\begin{cases} x_0 = A + B \\ v_0 = a_1 A + a_2 B \end{cases} \tag{2.15}$$

Resolvendo, podemos encontrar

$$A = \frac{v_0 - a_2 x_0}{a_1 - a_2} \tag{2.16}$$

$$B = \frac{a_1 x_0 - v_0}{a_1 - a_2} \tag{2.17}$$

Com os resultados mostrados nas Equações (2.16) e (2.17), a solução geral da Equação (2.7) é dada por

$$x(t) = \frac{1}{a_1 - a_2}\left[(v_0 - a_2 x_0)e^{a_1 t} + (a_1 x_0 - v_0)e^{a_2 t}\right] \tag{2.18}$$

Com isso, a expressão para a velocidade é

$$v(t) = \frac{1}{a_1 - a_2}\left[a_1(v_0 - a_2 x_0)e^{a_1 t} + a_2(a_1 x_0 - v_0)e^{a_2 t}\right] \tag{2.19}$$

Como $a_1 \neq a_2$ são constantes não nulas e negativas, podemos concluir que, para tempos suficientemente longos, tanto $x(t)$ quanto $v(t)$ aproximam-se de zero, ou seja,

$$\lim_{t\to\infty} x(t) = 0 \tag{2.20}$$

$$\lim_{t\to\infty} v(t) = 0 \tag{2.21}$$

Portanto, $(x, v) = (0, 0)$ é denominado o ponto de equilíbrio da Equação (2.6). A convergência para o ponto de equilíbrio é mostrada na Figura 2.2 para: (a) x *vs.* t; e (b) v *vs.* t. A condição inicial utilizada foi $(x_0, v_0) = (1, 0)$. Podemos perceber que a posição do bloco, $x(t)$, evolui de forma decrescente e monotônica para zero com o decorrer do tempo. Entretanto, o comportamento da velocidade é um pouco diferente. À medida que o bloco entra em movimento, parte da energia potencial armazenada na mola

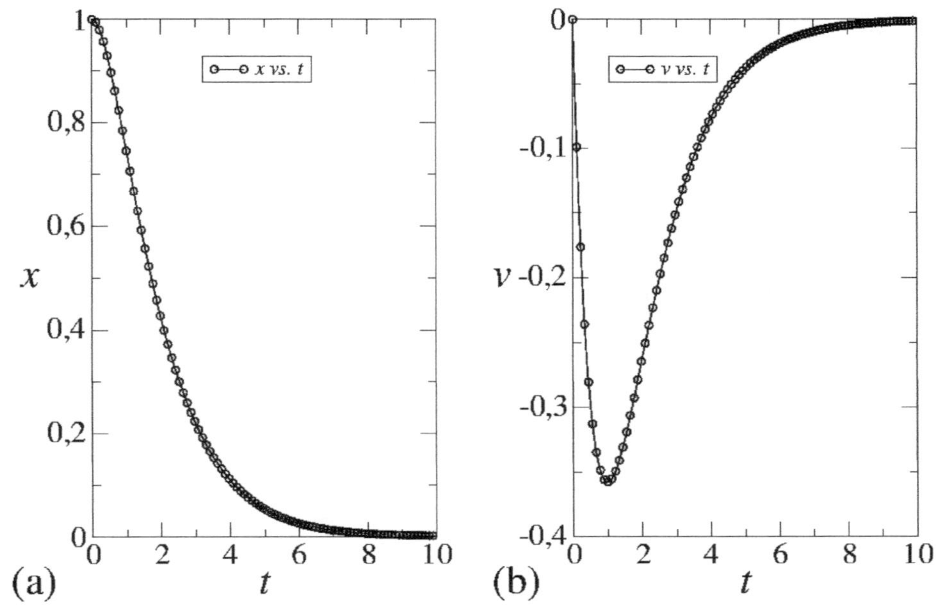

Figura 2.2 – Esboço da convergência para o ponto de equilíbrio no oscilador amortecido com $\gamma^2 - 4\omega_0^2 > 0$. A evolução de x *vs.* t é mostrada em (a), enquanto (b) mostra v *vs.* t. A condição inicial usada foi $(x_0, v_0) = (1, 0)$. Os parâmetros de controle utilizados foram $\omega_0 = 1$ e $\gamma = 2,1$.

é convertida em energia cinética, ou seja, a energia associada ao estado de movimento do bloco. Esta, por sua vez, aumenta seu valor em módulo e, após a curva v *vs.* t passar por um regime de valor mínimo, converge a zero monotônica e assintoticamente.

O estado final, determinado como aquele que foi obtido assintoticamente quando $t \to \infty$, é dado por $(x, v) = (0, 0)$ e estabelece a condição do estado estacionário. Uma vez atingido esse estado, o oscilador entra em repouso e mantém-se assim até que ocorra alguma perturbação externa. Esse resultado é também atemporal. Uma vez atingido o estado final, a história passada do sistema é perdida. Esse estado define um ponto de equilíbrio ou também ponto fixo. Discutiremos no próximo capítulo uma forma de determinar a estabilidade dos pontos de equilíbrio. Entretanto, pelo que foi discutido, podemos chegar a uma conclusão quanto à estabilidade do ponto de equilíbrio para o caso $\gamma^2 - 4\omega_0^2 > 0$. Como o ponto fixo só foi alcançado para $t \to \infty$, portanto assintótico, e uma vez atingido não muda, concluímos que o ponto fixo $(x^*, v^*) = (0, 0)$ é assintoticamente estável.

2.3.2 Amortecimento crítico

Discutiremos agora o caso do amortecimento crítico, ou seja, $(\gamma^2 - 4\omega_0^2) = 0$. Das soluções da equação característica, encontramos que $a_1 = a_2 = -\frac{\gamma}{2}$, o que conduz a

$$\begin{aligned} x(t) &= Ae^{-\frac{\gamma}{2}t} + Be^{-\frac{\gamma}{2}t} \\ &= [A + B]e^{-\frac{\gamma}{2}t} \end{aligned} \tag{2.22}$$

Embora a Equação (2.22) esteja correta, ela não é uma solução completa (geral) do sistema, uma vez que não apresenta duas soluções que sejam linearmente independentes. Assim, devemos tentar outra forma para obter a solução geral. Uma possibilidade que adotaremos aqui consiste em fatorar a Equação (2.6) usando a condição $(\gamma^2 - 4\omega_0^2) = 0$ da seguinte forma:

$$\begin{aligned} \frac{d}{dt}\left(\frac{d}{dt}\right)x + \gamma\frac{d}{dt}x + \frac{\gamma^2}{4}x &= 0 \\ \left[\frac{d}{dt} + \frac{\gamma}{2}\right]\left[\frac{d}{dt} + \frac{\gamma}{2}\right]x = 0 \end{aligned} \tag{2.23}$$

Chamando

$$\left[\frac{d}{dt} + \frac{\gamma}{2}\right]x = u \tag{2.24}$$

a Equação (2.24) fica reescrita como

$$\frac{d}{dt}u + \frac{\gamma}{2}u = 0 \tag{2.25}$$

Essa é uma EDO de primeira ordem simples que pode ser resolvida por separação de variáveis. Após a integração, obtemos

$$u(t) = be^{-\frac{\gamma}{2}t} \tag{2.26}$$

em que b é uma constante.

Da expressão de $u(t)$ dada pela Equação (2.26), podemos reescrever a Equação (2.25) como

$$\frac{dx}{dt} + \frac{\gamma x}{2} = be^{-\frac{\gamma}{2}t} \tag{2.27}$$

Isolando b, temos que

$$b = \left[\frac{dx}{dt} + \frac{\gamma x}{2}\right] e^{\frac{\gamma}{2}t} \tag{2.28}$$

A Equação (2.28) pode ainda ser escrita de forma mais apropriada como

$$b = \frac{d}{dt}\left[xe^{\frac{\gamma}{2}t}\right] \tag{2.29}$$

Reagrupando a Equação (2.29) de forma adequada, temos

$$bdt = d[xe^{\frac{\gamma}{2}t}] \tag{2.30}$$

que, quando integrado, conduz a

$$bt + c = xe^{\frac{\gamma}{2t}} \tag{2.31}$$

em que c é uma constante. Isolando x da Equação (2.31), temos

$$x(t) = [bt + c]e^{-\frac{\gamma}{2}t} \tag{2.32}$$

A Equação (2.32) já apresenta duas soluções que são linearmente independentes. Ela também deve satisfazer as condições iniciais $x(0) = x_0$ e $\dot{x}(0) = v_0$.

A condição $x(0) = x_0$ conduz a $x_0 = c$. A expressão da velocidade do bloco é dada por

$$\dot{x}(t) = v(t) = \left[b - \frac{\gamma}{2}(bt + c)\right] e^{-\frac{\gamma}{2}t} \tag{2.33}$$

Para $t = 0$ temos

$$v_0 = b - \frac{\gamma}{2}c \tag{2.34}$$

Usando que $c = x_0$, encontramos $b = v_0 + \frac{\gamma}{2}x_0$. Com isso, as equações da posição e da velocidade do oscilador amortecido, para o caso $\gamma^2 - 4\omega_0^2 = 0$, são dadas por

$$x(t) = \left[(v_0 + \frac{\gamma}{2}x_0)t + x_0\right] e^{-\frac{\gamma}{2}t} \tag{2.35}$$

$$v(t) = \left[\left(v_0 + \frac{\gamma}{2}x_0\right) - \frac{\gamma}{2}\left[\left(v_0 + \frac{\gamma}{2}x_0\right)t + x_0\right]\right] e^{-\frac{\gamma}{2}t} \tag{2.36}$$

O comportamento da convergência para o estado estacionário é mostrado nas Figuras 2.3(a, b). A dinâmica observada é bastante semelhante ao caso do amortecimento supercrítico. Parece estranho, à primeira vista, a

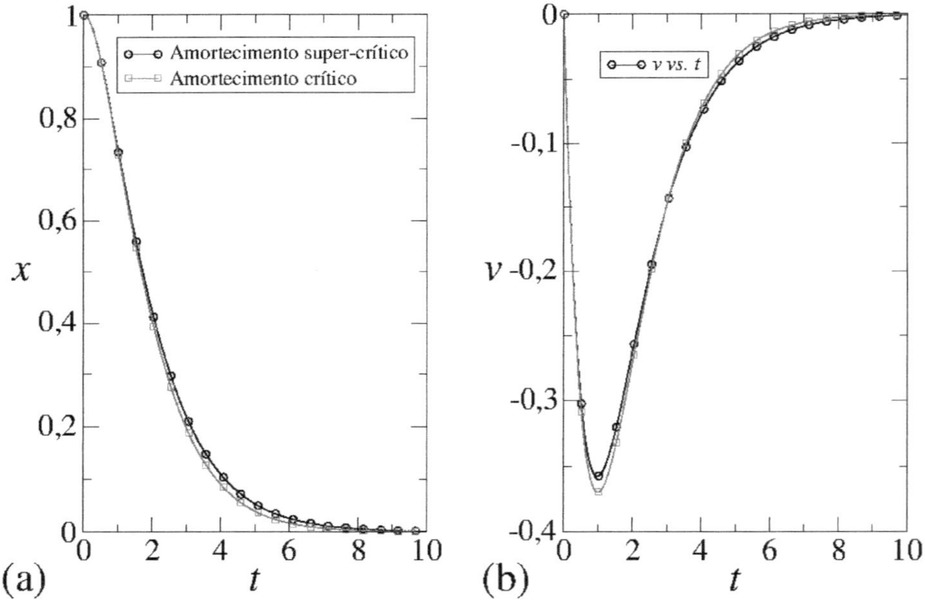

Figura 2.3 – Esboço da convergência para o ponto de equilíbrio no oscilador amortecido com $\gamma^2 - 4\omega_0^2 = 0$. A evolução de x *vs.* t é mostrada em (a), enquanto (b) mostra v *vs.* t. As curvas de decaimento para a condição $\gamma^2 - 4\omega_0^2 > 0$ são mostradas para efeito de comparação. A condição inicial usada foi $(x_0, v_0) = (1, 0)$. Os parâmetros de controle utilizados para a simulação foram: (i) amortecimento supercrítico $\omega_0 = 1$ e $\gamma = 2,1$; enquanto para (ii) amortecimento crítico foram $\omega_0 = 1$ e $\gamma = 2$.

presença do termo linear em t nas Equações (2.35) e (2.36), particularmente quando t é suficientemente grande. Entretanto, o termo negativo que está presente na função exponencial garante a convergência para $x = 0$ e $v = 0$ quando $t \to \infty$. Assim, encontramos novamente que

$$\lim_{t\to\infty} x(t) = 0 \tag{2.37}$$

$$\lim_{t\to\infty} v(t) = 0 \tag{2.38}$$

Mostramos que $(x, v) = (0, 0)$ é um ponto de equilíbrio alcançado quando $t \to \infty$. Como na seção anterior, $(x^*, v^*) = (0, 0)$ é um ponto fixo assintoticamente estável.

2.3.3 Amortecimento subcrítico

Discutiremos agora a dinâmica do oscilador amortecido quando $\gamma^2 - 4\omega_0^2 < 0$, o que é denominado amortecimento subcrítico. Chamando

$$\Delta = \frac{\sqrt{4\omega_0^2 - \gamma^2}}{2} \tag{2.39}$$

as soluções da Equação (2.8) assumem a forma

$$a_{1,2} = -\frac{\gamma}{2} \pm i\Delta \tag{2.40}$$

Levando as expressões de a_1 e a_2 na solução geral dada pela Equação (2.7), temos

$$x(t) = Ae^{\left(-\frac{\gamma}{2}+i\Delta\right)t} + Be^{\left(-\frac{\gamma}{2}-i\Delta\right)t} \tag{2.41}$$

Utilizando as relações de Euler (veja Apêndice A), temos que

$$x(t) = e^{-\frac{\gamma}{2}t}[A(\cos(\Delta t) + i\sin(\Delta t)) + B(\cos(\Delta t) - i\sin(\Delta t))] \tag{2.42}$$

que, quando agrupado apropriadamente, leva a

$$x(t) = e^{-\frac{\gamma}{2}t}[(A + B)\cos(\Delta t) + i(A - B)\sin(\Delta t)] \tag{2.43}$$

A Equação (2.43) apresenta duas soluções que são linearmente independentes e satisfazem matematicamente a Equação (2.6). Entretanto, como a solução de interesse físico deve pertencer ao conjunto dos números Reais ($\mathbb{R}$), devemos escolher que $A = B$. Para satisfazer as condições iniciais, $x(0) = x_0$, o que fornece $A + B = x_0$. A equação da velocidade é dada por

$$\dot{x}(t) = v(t) = \left[-\frac{\gamma}{2}x_0 \cos(\Delta t) - x_0 \Delta \sin(\Delta t)\right] e^{-\frac{\gamma}{2}t} \tag{2.44}$$

Chamando $v_0 = -\frac{\gamma}{2}x_0$, as equações para $x(t)$ e para $v(t)$ são dadas por

$$x(t) = x_0 e^{-\frac{\gamma}{2}t} \cos(\Delta t) \tag{2.45}$$

$$v(t) = (v_0 \cos(\Delta t) - x_0 \Delta \sin(\Delta t)) e^{-\frac{\gamma}{2}t} \tag{2.46}$$

A Figura 2.4 mostra a convergência assintótica para o ponto de equilíbrio das soluções dadas pelas Equações (2.45) e (2.46). Ao contrário dos casos discutidos anteriormente, essa convergência não é monotônica, e sim alternada. As oscilações são produzidas pelo termo imaginário nos autovalores da Equação (2.8).

As Equações (2.45) e (2.46) decaem a zero gradativamente com o decorrer do tempo. Ao contrário dos casos anteriores, o decaimento não é monotônico, mas alternado. Para $t \to \infty$, obtemos que

$$\lim_{t \to \infty} x(t) = 0 \tag{2.47}$$

$$\lim_{t \to \infty} v(t) = 0 \tag{2.48}$$

Como o ponto de equilíbrio $(x^*, v^*) = (0, 0)$ foi alcançado assintoticamente, podemos dizer que o ponto fixo é assintoticamente estável.

2.4 Oscilador de Van der Pol

A equação que descreve o oscilador harmônico sem amortecimento é escrita como $\ddot{x} = -\omega_0^2 x$. As soluções dessa EDO são dadas em termos de senos

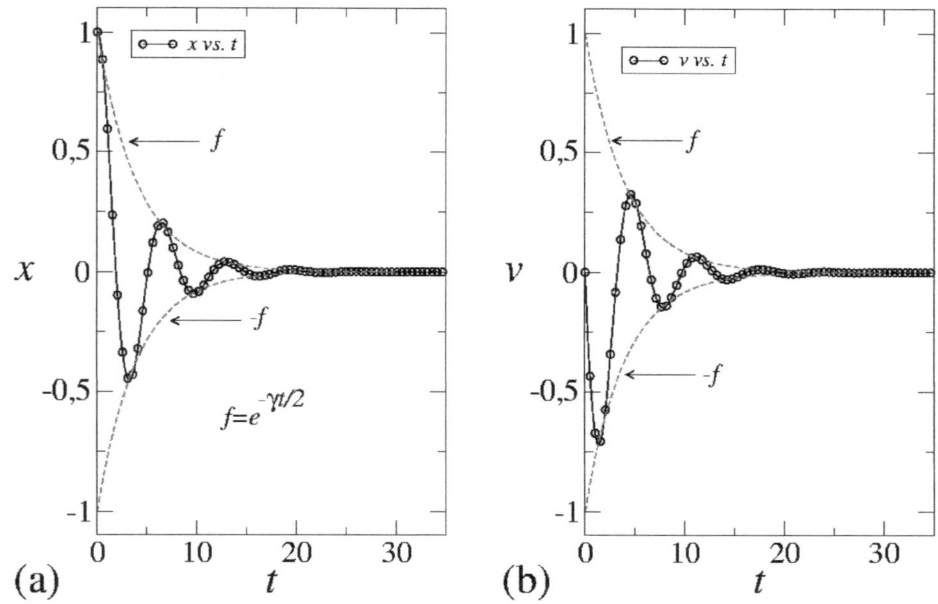

Figura 2.4 – Esboço da convergência para o ponto de equilíbrio no oscilador amortecido com $\gamma^2 - 4\omega_0^2 < 0$. A evolução de x *vs.* t é mostrada em (a), enquanto (b) mostra v *vs.* t. A condição inicial usada foi $(x_0, v_0) = (1, 0)$. Os parâmetros de controle utilizados para a simulação foram $\omega_0 = 1$ e $\gamma = 0,5$.

e cossenos que produzem oscilações em torno da posição de equilíbrio. Na seção anterior vimos que a introdução de um termo dissipativo faz as soluções convergirem para a origem, que é então um ponto fixo assintoticamente estável. De acordo com a definição euclidiana de dimensão, e considerando que todas as condições iniciais convergem para o ponto fixo quando $t \to \infty$, este é então um atrator de dimensão 0.

Nesta seção discutiremos a ocorrência de um atrator afastado da origem e que tem dimensão 1, sendo portanto uma curva fechada no espaço de fases. Um sistema que é considerado um protótipo para isso é o oscilador de Van der Pol, originalmente proposto para descrever uma condição de equilíbrio em um circuito elétrico. A equação que governa a dinâmica é dada por

$$\ddot{x} = -x + \gamma[1 - x^2]\dot{x} \tag{2.49}$$

em que $\gamma > 0$ é uma constante.

O termo $\gamma\dot{x}$ contribui para evitar que as trajetórias próximas à origem, que mostraremos no próximo capítulo, sejam um ponto fixo instável.[1] É proporcional a $\dot{x}$ e a taxa de repulsão depende de γ. Por outro lado, o termo $-\gamma x^2\dot{x}$ contribui para uma redução na amplitude de oscilação. É um termo que tem maior influência na dinâmica para valores elevados de x e quase nenhuma influência para x suficientemente pequeno. Deve, então, existir uma região no espaço de fases em que ocorre uma competição entre os termos $\gamma\dot{x}$ e $-\gamma x^2\dot{x}$, levando a um equilíbrio. Veremos que essa condição conduz a dinâmica a um ciclo limite.

A Equação (2.49) governa a dinâmica do sistema. Para localizar e investigar a estabilidade dos pontos fixos,[2] torna-se conveniente transformar a Equação (2.49) em um sistema de duas EDO de primeira ordem acopladas. Chamando $\dot{x} = y$, temos que $\dot{y} = -x + \gamma(1 - x^2)y$, assim o sistema de EDO é dado por

$$\dot{x} = y = f(x, y) \tag{2.50}$$

$$\dot{y} = -x + \gamma(1 - x^2)y = g(x, y) \tag{2.51}$$

O ponto fixo existente é $(x^*, y^*) = (0, 0)$ e veremos pela Figura 2.5 que ele é instável. Isso implica que qualquer condição inicial fornecida próxima ao ponto fixo se afasta dele com o decorrer do tempo. Entretanto, à medida que a trajetória se afasta da origem, o termo $-\gamma x^2\dot{x}$ torna-se mais relevante para a dinâmica, até que ocorra um balanço levando ao equilíbrio entre os termos $\gamma\dot{x}$ e $-\gamma x^2\dot{x}$.

Para evidenciar essa suposição, a Figura 2.5 mostra a evolução de duas condições iniciais distintas: (i) uma delas é escolhida próxima do ponto fixo

[1] Um ponto fixo é dito instável quando condições iniciais fornecidas próximas a ele se afastam dele com o decorrer do tempo.

[2] Em um sistema descrito por uma EDO 1-D do tipo $\dot{x} = f(x)$, os pontos fixos são obtidos fazendo-se $\dot{x} = 0$. Para um sistema 2-D em que $\dot{x} = f(x, y)$ e $\dot{y} = g(x, y)$, os pontos fixos são obtidos a partir da solução $\dot{x} = \dot{y} = 0$.

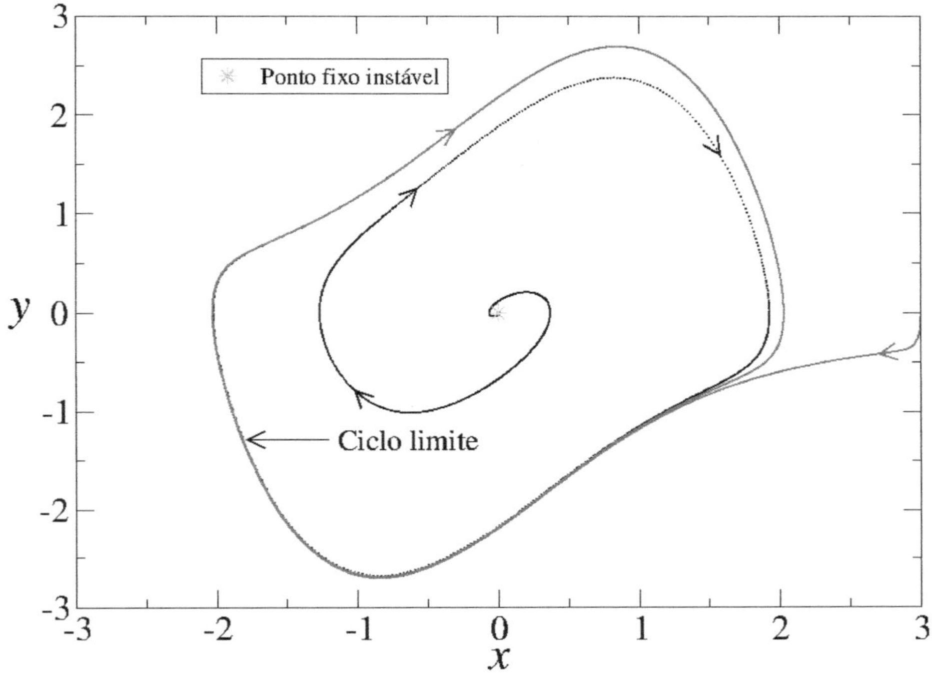

Figura 2.5 – Esboço da convergência para o ciclo limite. Os parâmetros de controle utilizados foram $\gamma = 1$ para as condições iniciais $(x_0, y_0) = (0,01;0)$ (interna ao ciclo limite) e $(x_0, y_0) = (3,0)$ (externa ao ciclo limite).

$(x_0, y_0) = (0,01;0)$; e (ii) a outra um pouco distante, sendo $(x_0, y_0) = (3,0)$, ambas no espaço de fases. A evolução temporal no plano x *vs.* y é mostrada na Figura 2.6.

Com o decorrer do tempo, a condição inicial próxima à origem se afasta até que converge para um ciclo limite, que é assintoticamente estável. Da mesma forma, a condição inicial externa ao ciclo limite dele se aproxima com o passar do tempo.

A evolução dinâmica assintótica é independente da condição inicial. Desde que a condição inicial não seja o próprio ponto fixo $(x^*, y^*) = (0,0)$, o comportamento assintótico conduz a dinâmica a uma curva fechada no espaço de fases que é chamada de ciclo limite. Este, por sua vez, é um

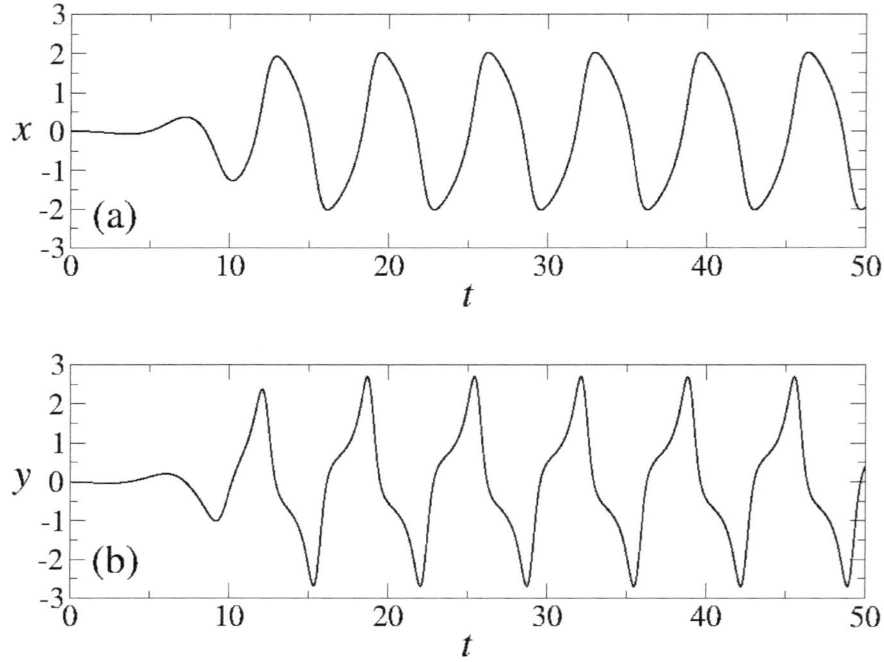

Figura 2.6 – Esboço da convergência para o ciclo limite mostrado nas variáveis: (a) x *vs.* t e (b) y *vs.* t para a condição inicial $(x_0, y_0) = (0,01; 0)$.

atrator unidimensional.

2.5 Atrator caótico

Para ilustrar o conceito de atrator caótico, consideraremos dois sistemas. O primeiro é o sistema proposto por Lorenz para o estudo de meteorologia. É descrito por um conjunto de três EDO de primeira ordem acopladas. O termo não linear dominante nelas é quadrático. Verificaremos que, dadas duas condições iniciais suficientemente próximas, com o decorrer do tempo, elas se afastam uma da outra e o conhecimento da evolução temporal de uma delas não permite concluir nada sobre a outra. Essa é a essência da perda de previsibilidade de condições iniciais próximas, levando, portanto, ao comportamento caótico.

O segundo sistema que consideraremos é o oscilador de Duffing. O sistema consiste de um oscilador com força de restituição com um termo linear e outro cúbico. O sistema está na presença de um arrasto viscoso e sob a ação de uma força externa que é periódica. Discutiremos primeiramente o sistema de Lorenz e, em seguida, abordaremos o estudo do oscilador de Duffing.

2.5.1 O sistema de Lorenz

O sistema que Lorenz estudou é baseado em uma aproximação para a descrição de convecção na atmosfera. As equações são escritas na forma

$$\begin{cases} \dot{x} = \sigma(y - x) \\ \dot{y} = rx - y - xz \\ \dot{z} = xy - bz \end{cases} \tag{2.52}$$

em que σ, r e b são parâmetros de controle. A não linearidade envolvida nas Equações (2.52) é quadrática em virtude dos termos cruzados xz e xy. O objetivo desta seção não é descrever o sistema de Lorenz em si, mas evidenciar a existência de um atrator caótico. A terminologia original (RUELLE; TAKENS, 1971) refere-se a um atrator estranho. O termo está ligado ao fato de o atrator observado não ter uma forma geométrica usual, tendo assim uma aparência estranha. Uma característica importante que deve ser considerada é que o atrator caótico exibe a propriedade de ser sensível às condições iniciais. Isso implica que, dadas duas condições iniciais bem próximas, rigorosamente falando tão próximas quanto se queira, estas podem evoluir próximas durante algum tempo, afastando-se uma da outra à medida que o tempo passa. Dessa forma, o conhecimento do estado de uma órbita não permite dizer nada sobre o estado da outra.

O parâmetro[3] σ corresponde ao número de Prandtl e está associado com a difusividade de um fluido. Fixaremos $\sigma = 10$. O parâmetro r corresponde

[3]Os parâmetros descritos nessa seção, inclusive os valores numéricos, foram exatamente os mesmos utilizados no trabalho de Ruelle e Takens (1971).

ao número de Rayleigh e está associado a uma medida da diferença de temperatura entre dois extremos de um fluido. Escolheremos como fixo $r = 28$. Finalmente, b é um parâmetro livre que está associado à razão entre a altura e a largura do fluxo convectivo. Utilizaremos $b = 8/3$.

Os pontos fixos[4] para as Equações (2.52) são obtidos de $\dot{x} = \dot{y} = \dot{z} = 0$. Encontramos três deles. O primeiro é escrito como $(x^*, y^*, z^*) = (0, 0, 0)$, o segundo tem a forma $(x^*, y^*, z^*) = (\sqrt{b(r-1)}, \sqrt{b(r-1)}, (r-1))$, ao passo que o terceiro é dado por $(x^*, y^*, z^*) = (-\sqrt{b(r-1)}, -\sqrt{b(r-1)}, (r-1))$. Todos são instáveis para $r > 1$.

Para ilustrar a dinâmica do sistema descrito pelas Equações (2.52), começaremos com a condição inicial $(x_0, y_0, z_0) = (0, 1, 0)$. A Figura 2.7 mostra o comportamento de y *vs.* t obtido a partir de integração numérica usando o método de Runge-Kutta de quarta ordem (ver Apêndice B para mais detalhes). Podemos perceber que depois de um transiente, para tem-

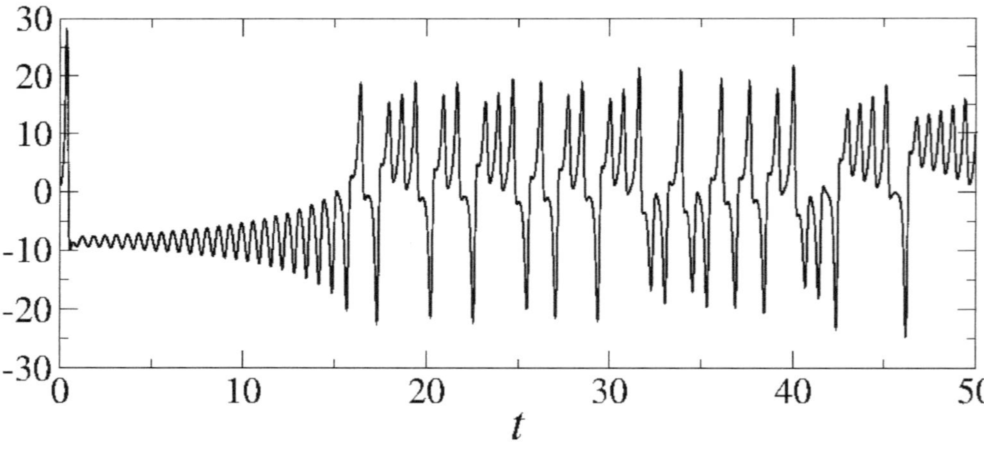

Figura 2.7 – Esboço do comportamento de y *vs.* t para o sistema de Lorenz a partir da condição inicial $(x_0, y_0, z_0) = (0, 1, 0)$.

pos curtos, em que a amplitude de y aumenta gradativamente, a solução cruza a origem passando de valores positivos a negativos, tornando-se uma dinâmica irregular. A evolução dinâmica dos observáveis $x(t)$, $y(t)$ e $z(t)$

[4]Discutiremos no próximo capítulo como obter e classificar os pontos fixos em EDO.

para os parâmetros de controle escolhidos a partir da condição inicial dada é aperiódica, ou seja, sem período.

A dinâmica pode também ser visualizada em planos do espaço de fases. A Figura 2.8(a) mostra a dinâmica no plano x $vs.$ z. O plano x $vs.$ y é

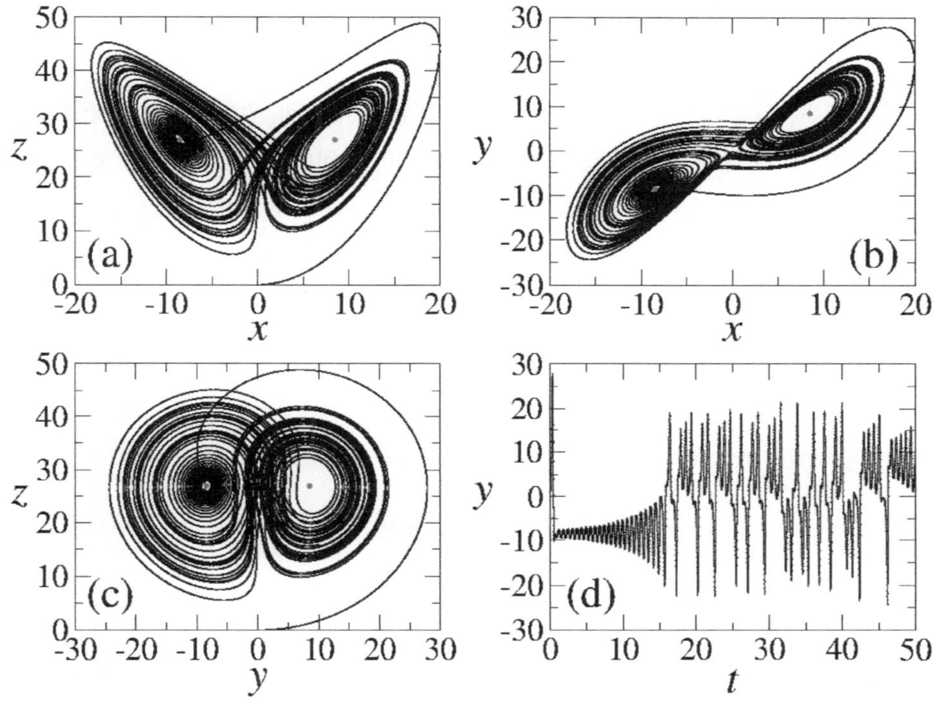

Figura 2.8 – Esboço do comportamento de: (a) x $vs.$ z; (b) x $vs.$ y; (c) y $vs.$ z; e (d) y $vs.$ t para o sistema de Lorenz considerando a condição inicial $(x_0, y_0, z_0) = (0, 1, 0)$.

mostrado na Figura 2.8(b), ao passo que a dinâmica no plano y $vs.$ z é apresentada em (c). Os pontos fixos também são mostrados nas figuras. A série temporal de $y(t)$ é mostrada em (d). Podemos perceber na Figura 2.8(a) que, a partir da condição inicial, a trajetória cresce evoluindo no sentido anti-horário e então faz um mergulho em direção ao ponto fixo $(-\sqrt{b(r-1)}, (r-1))$, passando próximo a ele. Depois, segue sua dinâmica espiralando em várias voltas para fora até que escapa em direção ao ponto fixo $(\sqrt{b(r-1)}, (r-1))$. Em seguida, repete o procedimento anterior, dando várias voltas até que retorna a espiralar em torno do outro ponto fixo e assim por diante. O processo nunca se repete. O teorema de unicidade de soluções garante que não ocorra cruzamento das curvas no espaço xyz. Entretanto, a projeção das curvas tridimensionais nos planos xz, yz e xy exibe tal cruzamento. É importante reforçar que se trata apenas de uma projeção de um fluxo tridimensional em um plano bidimensional.

Como a não linearidade apresentada pelas Equações (2.52) é quadrática e dada pelos termos xz e xy, é esperado que condições iniciais muito próximas se afastem com o decorrer do tempo, conduzindo assim a soluções totalmente diferentes para tempos longos. Isso implica que o conhecimento de uma delas não permite dizer nada sobre a outra. Consideraremos duas condições iniciais distintas. Uma delas é $(x_0, y_0, z_0) = (0, 1, 0)$, como usado na discussão anterior, e a outra, $(x_0, y_0, z_0) = (0; 1,001; 0)$. A Figura 2.9 mostra o comportamento de y *vs.* t para o modelo de Lorenz considerando

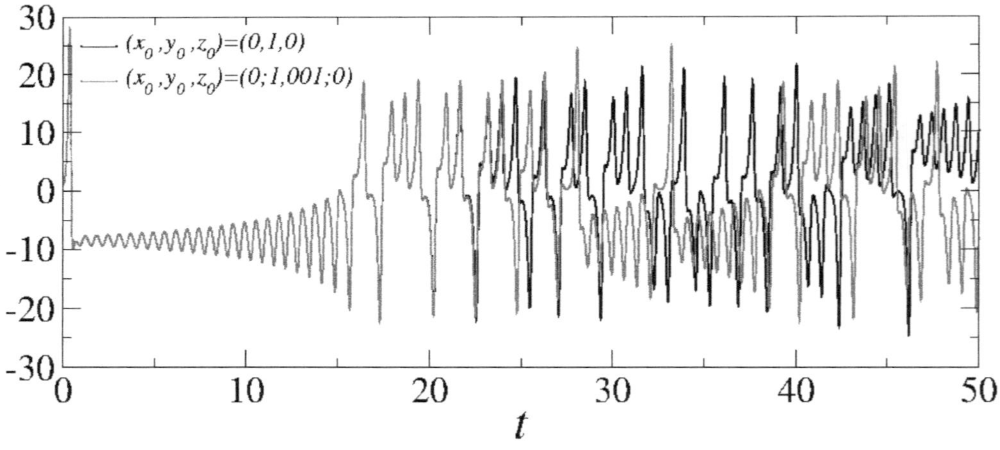

Figura 2.9 – Esboço do comportamento de y *vs.* t para o sistema de Lorenz, evidenciando o afastamento das trajetórias com o decorrer do tempo. As condições iniciais usadas foram $(x_0, y_0, z_0) = (0, 1, 0)$ e $(x_0, y_0, z_0) = (0; 1,001; 0)$.

as duas condições iniciais descritas. Podemos notar que, para tempos curtos, as duas evoluções são praticamente idênticas. Entretanto, com o passar do tempo, elas ocasionalmente se afastam e cada uma segue sua dinâmica aperiódica.

A Figura 2.10 mostra o comportamento de: (a, c) x *vs.* z; e (b, d) x *vs.* y

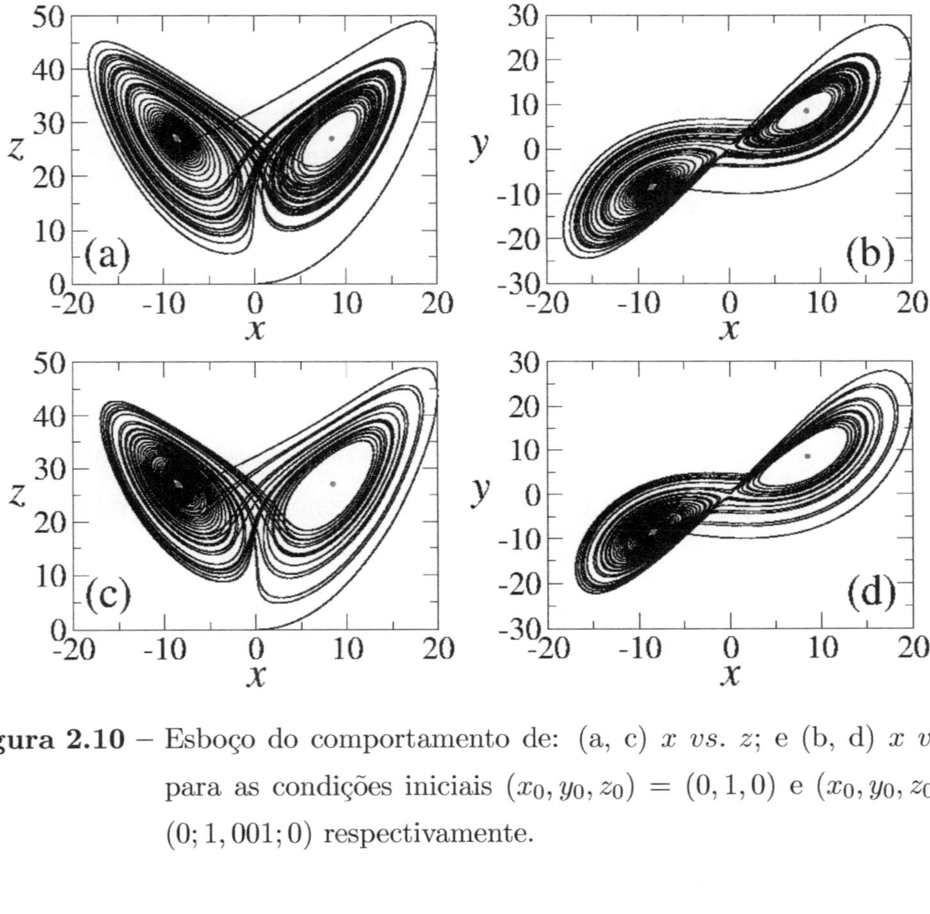

Figura 2.10 – Esboço do comportamento de: (a, c) x *vs.* z; e (b, d) x *vs.* y para as condições iniciais $(x_0, y_0, z_0) = (0, 1, 0)$ e $(x_0, y_0, z_0) = (0; 1,001; 0)$ respectivamente.

para as condições iniciais $(x_0, y_0, z_0) = (0, 1, 0)$ e $(x_0, y_0, z_0) = (0; 1,001; 0)$ respectivamente. Podemos notar que as trajetórias evoluem nos planos do espaço de fases sem se repetir. Embora semelhantes em um aspecto geral, as evoluções são claramente diferentes e sensíveis às condições iniciais.

A perda de previsibilidade da evolução temporal de condições iniciais próximas é uma das principais características do comportamento caótico. Uma das ferramentas usuais para a caracterização de dinâmica caótica são os expoentes de Lyapunov, que serão discutidos mais adiante.

2.5.2 Equação de Duffing

Vamos agora ilustrar a dinâmica caótica no oscilador de Duffing. A equação que rege a dinâmica do sistema, também um oscilador, é dada por

$$a\ddot{x} + b\dot{x} + cx + dx^3 = F_{ext}(t) \tag{2.53}$$

em que $F_{ext}(t) = e\cos(\omega t)$. O termo $b\dot{x}$ corresponde à dissipação devida a um arrasto viscoso. Os termos $(cx + dx^3)$ estão associados a uma força elástica, mas não do tipo Hooke. De fato, se x é pequeno, o termo x^3 se torna desprezível e o comportamento é determinado pelo termo linear, sendo este de menor importância para valores elevados de x, quando x^3 domina. O parâmetro c controla a intensidade da força linear, ao passo que d controla o termo cúbico. Finalmente, o termo $e\cos(\omega t)$ corresponde a uma força externa com frequência angular de oscilação ω. A Equação (2.53) descreve a dinâmica de uma barra (ou viga) submetida a uma força externa dependente do tempo. A Figura 2.11 ilustra tal sistema.

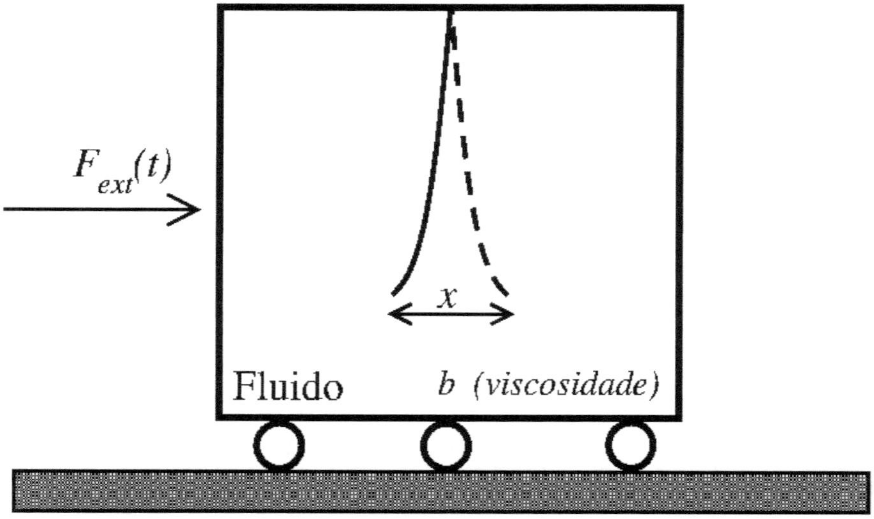

Figura 2.11 – Ilustração do modelo que descreve o sistema de Duffing.

Para investigar numericamente a dinâmica do sistema de Duffing, é conveniente reescrever a Equação (2.53) em termos de um conjunto de EDO de primeira ordem acopladas. Conforme discutido por Guckenheimer e Holmes (1983), utilizaremos $a = 1$, $c = -1$, $d = 1$ e $\omega = 1$, assim as equações são escritas como

$$\begin{cases} \dot{x} = y \\ \dot{y} = -by + x - x^3 + e\cos(z) \\ \dot{z} = 1 \end{cases} \tag{2.54}$$

A Figura 2.12(a) mostra o comportamento de x *vs.* t para a condição inicial $(x_0, y_0, z_0) = (0,001; 0; 0)$. Podemos notar que a variável dinâmica x muda

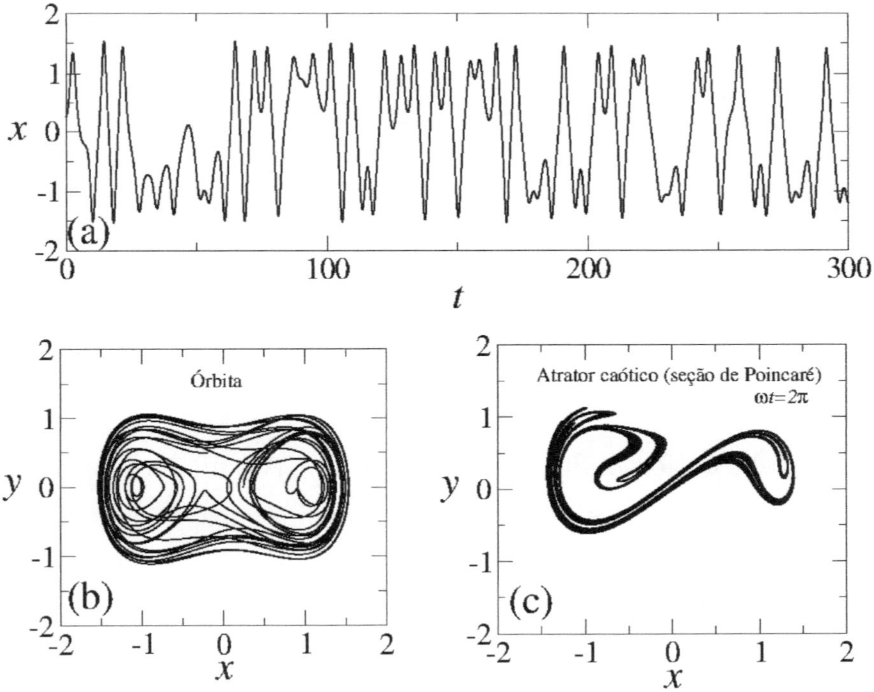

Figura 2.12 – Esboço do comportamento de: (a) x *vs.* t; (b) y *vs.* x; e (c) y *vs.* x, porém medido a cada intervalo de $\omega t = 2\pi$. As condições iniciais utilizadas foram $(x_0, y_0, t_0) = (0,001; 0; 0)$. Os valores usados para os parâmetros de controle foram $b = 0,15$ e $e = 0,3$.

de positiva para negativa várias vezes sem se repetir. A dinâmica no plano x *vs.* y é mostrada na Figura 2.12(b). Entretanto, o atrator caótico é mais facilmente visualizado quando a dinâmica é exibida todas as vezes que o

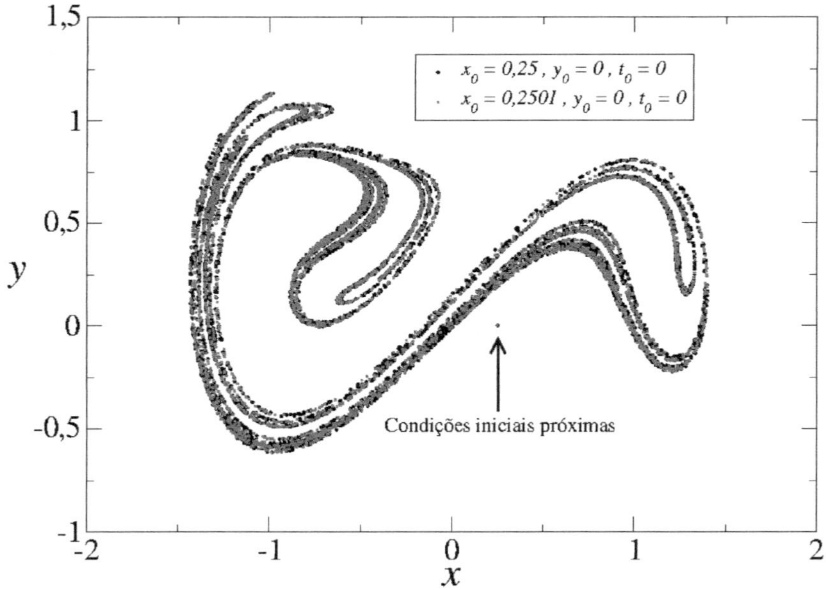

Figura 2.13 – Esboços de y *vs.* x medidos a cada intervalo de $\omega t = 2\pi$. As condições iniciais utilizadas foram: (pontos em preto) $(x_0, y_0, t_0) = (0,25; 0; 0)$ e (pontos em cinza) $(x_0, y_0, t_0) = (0,2501; 0; 0)$. Os parâmetros de controle usados foram $b = 0,15$ e $e = 0,3$.

tempo de evolução for múltiplo inteiro de 2π. Assim, teremos um plano x *vs.* $\dot{x}$ que caracteriza um instantâneo da dinâmica a cada período de oscilação externa. Esse plano é também chamado de seção de Poincaré. A Figura 2.12(c) ilustra o comportamento do atrator visto no plano x *vs.* $\dot{x}$ a tempos múltiplos de 2π.

Para ilustrar a perda de previsibilidade de condições iniciais, item essencial para a caracterização de um atrator caótico, evoluímos duas condições iniciais bastante próximas, conforme mostrado na Figura 2.13, sendo os símbolos em preto evoluídos a partir de $(x_0, y_0, t_0) = (0,25; 0; 0)$ e os símbolos em cinza dados pela sequência de $(x_0, y_0, t_0) = (0,2501; 0; 0)$. Os parâmetros de controle usados foram $b = 0,15$ e $e = 0,3$. Podemos notar que as órbitas partem de posições bastante próximas e rapidamente os pontos mostrados na figura já não se sobressaem uns aos outros como deveriam em comportamento periódico. Assim, o conhecimento de um estado em um determinado instante de tempo não permite dizer nada sobre o outro produzido por condição inicial bastante próxima.

2.6 Atrator estranho não caótico

Vamos agora discutir o conceito de atrator estranho não caótico. É assim chamado por exibir uma forma geométrica não usual no espaço de fases, mas, ao mesmo tempo, não apresentar um expoente de Lyapunov positivo, não exibindo, portanto, perda de previsibilidade de condições iniciais. Atratores estranhos não caóticos são comumente observados em osciladores amortecidos e forçados com perturbação externa não periódica. Entretanto, recentemente uma observação experimental deixou os astrofísicos impressionados. Analisando curvas de luz da estrela KIC 5520878 (LINDNER et al., 2015), os astrofísicos concluíram que ela pulsa de uma forma que não é periódica, tampouco caótica. As curvas de luz da estrela KIC 5520878 têm o perfil típico de um atrator estranho não caótico. Ao que parece, este é o primeiro sistema observado na natureza, sem construção em laboratório, que apresenta uma dinâmica que se assemelha a um atrator estranho não caótico.

Nesta seção, nosso objetivo principal é visualizar um atrator estranho não caótico. A investigação do expoente de Lyapunov será feita mais adiante. Consideraremos uma EDO que descreve a dinâmica de um pêndulo. Este, por sua vez, sofre a ação do campo gravitacional, de uma força de arrasto viscoso e também de uma força externa não periódica que é suave e diferenciável. A Figura 2.14 ilustra o modelo. A equação que governa o sistema é dada por

$$l^2 m\ddot{\theta} = -mgl\sin(\theta) - \nu\dot{\theta} + F_{ext}(t) \tag{2.55}$$

em que l é o comprimento do pêndulo, m é a massa, ν é o coeficiente de

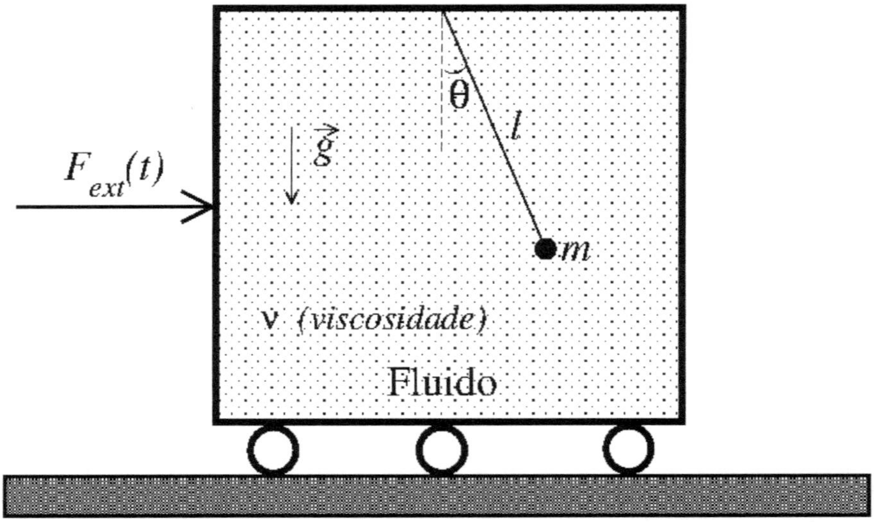

Figura 2.14 – Ilustração do modelo do pêndulo forçado e amortecido.

viscosidade, $F_{ext}(t)$ é a força externa e θ é a posição angular do pêndulo medida em relação à vertical. Chamando $\gamma = \nu/(ml^2)$, $\omega_0^2 = g/l$, $f(t) = F_{ext}(t)/(ml^2)$ e escolhendo $f(t) = A + B(\cos(\omega_1 t) + \cos(\omega_2 t))$, com A e B constantes, a EDO é reescrita como

$$\ddot{\theta} + \gamma\dot{\theta} + \omega_0^2 \sin(\theta) = A + B(\cos(\omega_1 t) + \cos(\omega_2 t)) \tag{2.56}$$

Chamando $z = \omega_1 t$, o que conduz a $\dot{z} = \omega_1$, a Equação (2.56) pode ser transformada em três EDO de primeira ordem como

$$\begin{cases} \dot{\theta} = \phi \\ \dot{\phi} = -\gamma\phi - \omega_0^2 \sin(\theta) + A + B\left[\cos(z) + \cos\left(\frac{\omega_2}{\omega_1} z\right)\right] \\ \dot{z} = \omega_1 \end{cases} \tag{2.57}$$

Esse conjunto de EDO pode ser integrado numericamente utilizando o método de Runge-Kutta de quarta ordem. Consideraremos $\omega_1 = 1$, $\omega_2 = \frac{\sqrt{5}-1}{2}$, que corresponde ao número de ouro,[5] $\omega_0^2 = \gamma = 3$, $A = 3,99$ e $B = 1,65$. Para construir e visualizar o atrator, utilizaremos uma seção de Poincaré com z múltiplo inteiro de 2π. A Figura 2.15 mostra o esboço do compor-

[5] *Golden number.*

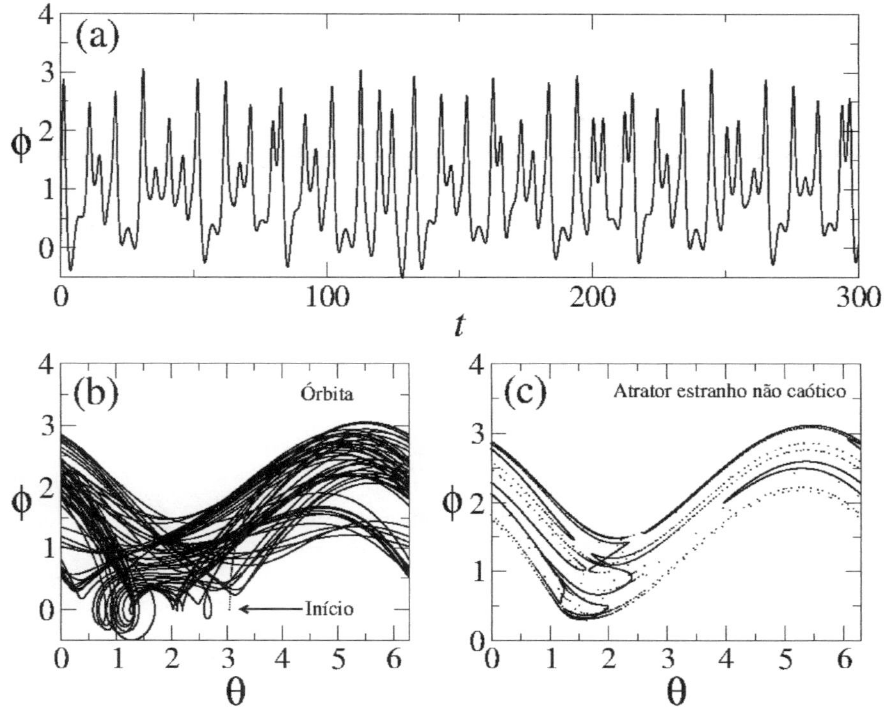

Figura 2.15 – Esboço do comportamento de: (a) ϕ *vs.* t; (b) órbita ϕ *vs.* θ; e (c) atrator estranho não caótico ϕ *vs.* θ construído quando z é múltiplo inteiro de 2π.

tamento: (a) de ϕ *vs.* t; (b) da órbita ϕ *vs.* θ; e finalmente (c) do atrator estranho não caótico ϕ *vs.* θ construído quando z é múltiplo inteiro de 2π. Notamos que, na Figura 2.15(a), a variável dinâmica ϕ parece oscilar em torno de um valor médio. Entretanto, as oscilações nunca se repetem. A Figura 2.15(b) mostra um esboço da dinâmica no plano ϕ *vs.* θ em que a variável θ foi modulada em 2π, por facilidade visual. Finalmente, o atrator estranho não caótico é mostrado na Figura 2.15(c) quando o tempo z é múltiplo inteiro de 2π, portanto, uma seção de Poincaré.

A Figura 2.16 mostra o esboço de duas órbitas geradas a partir de condições iniciais próximas. Os símbolos em preto foram evoluídos a partir de $\theta_0 = \pi - 0,1$, $\phi_0 = 0$ e $t_0 = 0$, enquanto os símbolos em cinza foram obtidos da evolução de $\theta_0 = \pi - 0,101$, $\phi_0 = 0$ e $t_0 = 0$. Ao contrário do que

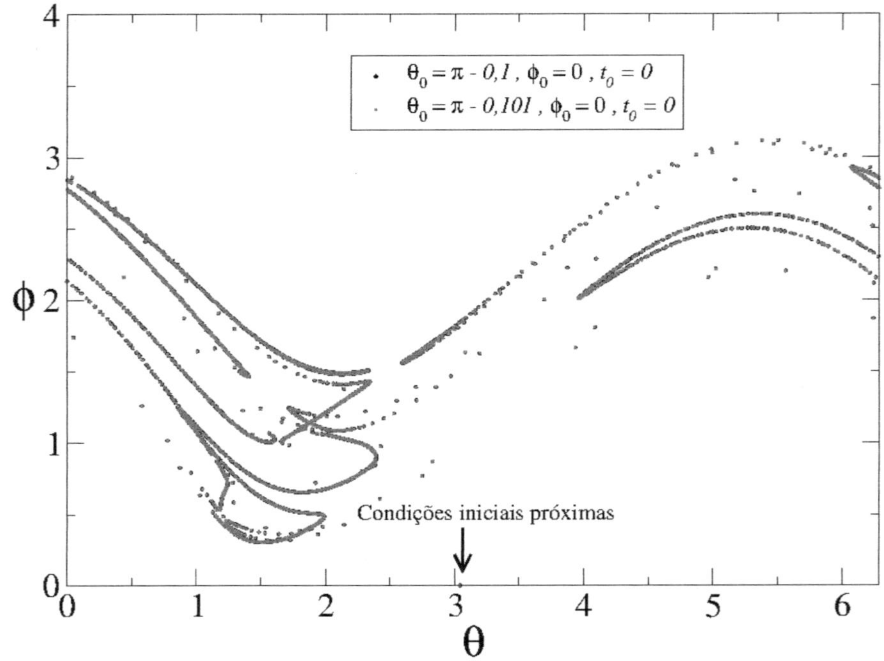

Figura 2.16 – Esboço do comportamento do atrator estranho não caótico ϕ *vs.* θ construído quando z é múltiplo inteiro de 2π a partir de duas condições iniciais bastante próximas. Pontos em preto foram evoluídos a partir de $\theta_0 = \pi - 0,1$, $\phi_0 = 0$ e $t_0 = 0$, ao passo que os símbolos em cinza foram obtidos da evolução de $\theta_0 = \pi - 0,101$, $\phi_0 = 0$ e $t_0 = 0$.

percebemos no oscilador de Duffing discutido na seção anterior, os pontos não se afastam uns dos outros com o decorrer do tempo.

2.7 Conceito de atrator

Com base no que discutimos anteriormente, podemos agora apresentar a definição de atrator. De fato, um atrator consiste de um ponto ou conjunto de pontos para os quais um conjunto de órbitas converge para tempos suficientemente longos. Uma vez atingido o atrator, perde-se a história da evolução e este torna-se atemporal no que tange a efeitos de transiente.

Rigorosamente, pode-se definir um atrator como um conjunto de pontos no espaço de fases que atendam às seguintes condições:

1. Qualquer condição inicial que comece no atrator deve permanecer nele durante todo o tempo. Essa condição estabelece que o atrator é invariante.

2. O atrator atrairá para si, para tempos suficientemente longos (aproximação assintótica), um conjunto de condições iniciais diferentes do próprio atrator. O conjunto total de condições iniciais que evolui para um determinado atrator é chamado de bacia de atração.

3. O atrator está em sua forma mínima, ou seja, não existem subconjuntos dele que satisfaçam, simultaneamente, as duas condições anteriores mencionadas.

2.8 Resumo

Neste capítulo, discutimos alguns sistemas dinâmicos e suas convergências para estados assintóticos. Mostramos que, para o oscilador amortecido, existem três tipos de evolução para o estado estacionário, caracterizados por três tipos de amortecimento: (i) supercrítico; (ii) crítico; e (iii) subcrítico. Em (i) e (ii), não são observadas oscilações em torno do equilíbrio, ao passo que (iii) exibe uma oscilação temporária que decai a zero com o decorrer do tempo. Para tempos suficientemente longos, quaisquer condições iniciais $x(0)$ e $\dot{x}(0)$ evoluem para $x(t) = 0$ e $\dot{x}(t) = 0$ para $t \to \infty$. O ponto $(x, \dot{x}) = (0, 0)$ define então um ponto fixo que é assintoticamente estável. Este, por sua vez, é um atrator.

O caso do oscilador de Van der Pol conduz a um atrator que tem uma dimensão a mais que aquela observada no oscilador amortecido. A competição entre o termo de amortecimento e o termo de forçamento conduz a dinâmica a um atrator chamado de ciclo limite.

O conceito de atrator caótico foi ilustrado a partir do sistema de Lorenz, bem como do oscilador de Duffing. O primeiro utiliza um conjunto de três EDO acopladas, ao passo que o segundo tem uma dependência explícita do tempo acoplada a uma força conservativa não linear. Vimos que a evolução dinâmica é sensível à condição inicial utilizada. Assim, uma pequena variação da condição inicial conduz a evoluções temporais distintas.

Por fim, utilizando uma perturbação externa descrita por duas funções periódicas em um pêndulo simples na presença de força de arrasto, a evolução dinâmica conduz a um conjunto de pontos no espaço de fases que tem aparência não usual, produzindo assim um atrator estranho não caótico.

2.9 Exercícios propostos

1. Partindo da Equação (2.4), faça todas as passagens matemáticas necessárias e obtenha o conjunto de Equações (2.5).

2. Resolva a Equação (2.15) e obtenha os resultados mostrados nas Equações (2.16) e (2.17).

3. Utilizando a condição $\gamma^2 - 4\omega_0^2 = 0$, fatore a Equação (2.6) e confirme o resultado mostrado na Equação (2.23).

4. Partindo da Equação (2.25), faça todas as passagens necessárias e obtenha o resultado mostrado na Equação (2.26).

5. Partindo da Equação (2.27), faça todas as passagens necessárias e obtenha o resultado mostrado na Equação (2.28).

6. Desenvolva o lado direito da Equação (2.29) e mostre que o resultado apresentado na Equação (2.28) é recuperado.

7. A partir da Equação (2.43) e usando a condição $A = B$ com $A + B = x_0$, faça as passagens matemáticas apropriadas e obtenha a Equação (2.44).

8. Construa um programa computacional para obter o esboço do espaço de fases para o oscilador amortecido considerando os três tipos de amortecimento: (i) subcrítico; (ii) crítico; e (iii) supercrítico.

9. Escreva uma rotina numérica usando o método de Runge-Kutta e integre a Equação (2.49), reproduzindo assim as Figuras 2.5 e 2.6(a, b).

10. Integre numericamente as equações de Lorenz e recupere os resultados mostrados nas Figuras 2.8(a, b, c, d).

11. Utilizando método de Runge-Kutta, integre as equações que descrevem o oscilador de Duffing e recupere os resultados mostrados na Figura 2.12(a, b, c).

12. A partir das Equações (2.57), escreva um programa computacional utilizando método de Runge-Kutta e construa o atrator estranho não caótico mostrado na Figura 2.15(c).

13. Considere a seguinte EDO

$$\ddot{x} + \mu(x^2 - 1)\dot{x} + x = 0 \tag{2.58}$$

em que $\mu \in \mathbb{R}^+$.

(a) Transforme a EDO de segunda ordem em 2 EDO de primeira ordem.

(b) Escreva uma rotina computacional e integre as duas EDO de primeira ordem obtidas usando o método de Euler. Escolha $\mu = 1$ e condições iniciais não nulas.

(c) Faça um gráfico de x *vs.* t e y *vs.* t. Discuta o resultado.

(d) Faça um esboço de y *vs.* x e discuta os resultados.

14. Considere o seguinte conjunto de EDO

$$\begin{aligned} \frac{du}{dt} &= \frac{1}{\tau}[z - k(t)]u \\ \frac{dz}{dt} &= [z_0 - z]\gamma - uz \end{aligned}$$

em que u e z são variáveis dinâmicas. A função $k(t) = k_0(1 + a\cos(2\pi f t))$ utilizou os parâmetros (em unidades arbitrárias) $\tau = 3,5 \times 10^{-9}$, $\gamma = 1,978 \times 10^5$, $z_0 = 0,175$, $k_0 = 0,1731$ e os parâmetros a e f, que podem variar ao longo de uma ampla faixa de valores. Considere o parâmetro f fixo em $f = 90 \times 10^3$ e utilize o método de

Runge-Kutta de segunda ordem para construir gráficos de u *vs.* t e u *vs.* z e mostrar que existem órbitas com os seguintes períodos:

(a) $a = 0,005$ produz uma órbita de período 1;

(b) $a = 0,018$ conduz a uma órbita de período 2;

(c) $a = 0,0285$ gera uma órbita de período 8;

(d) $a = 0,057$ acarreta uma órbita caótica.

Capítulo 3

Estabilidade de pontos fixos

3.1 Objetivos

Este capítulo tem como principais objetivos introduzir e discutir o conceito de estabilidade, bem como apresentar e classificar os pontos fixos para sistemas de equações diferenciais ordinárias (EDO) lineares. Em seguida, a ideia será generalizada para sistemas não lineares. Para sedimentar a teoria, alguns exemplos serão feitos ao longo do texto.

3.2 Equação diferencial linear de primeira ordem

Discutiremos nesta seção o conceito de estabilidade e instabilidade de pontos fixos. Utilizaremos, para guiar a discussão, uma EDO linear de primeira ordem, escrita na forma

$$\dot{x} = f(x) = \lambda x \tag{3.1}$$

em que $\lambda \in \mathbb{R}$ é uma constante não nula, $x = x(t)$ representa a variável dinâmica e $\dot{x} = dx/dt$. Essa EDO pode ser reescrita utilizando separação de variáveis, de modo que $dx/x = \lambda dt$. Devemos então integrar a seguinte equação

$$\int_{x_0}^{x(t)} \frac{dx}{x} = \int_0^t \lambda dt' \tag{3.2}$$

Após realizar a integração e agrupar os termos de forma apropriada, chegamos a

$$x(t) = x_0 e^{\lambda t} \tag{3.3}$$

em que x_0 é o valor da variável dinâmica em $t = 0$, ou seja, $x(0) = x_0$.

Um ponto fixo ou de equilíbrio para a Equação (3.1) é obtido a partir da condição $\dot{x} = 0$. Essa condição implica que a taxa de variação da variável x em relação a t é nula. Considerando que $\lambda \neq 0$, a única solução é $x^* = 0$. Assim, o ponto fixo para a Equação (3.1) é $x^* = 0$. Claramente, se iniciarmos com uma condição inicial $x_0 = 0$, não haverá evolução dinâmica alguma, visto que a condição inicial é o próprio ponto fixo. Entretanto, devemos nos perguntar: o que ocorre com a evolução dinâmica da Equação (3.1) quando $x_0 \neq 0$? A evolução leva a uma convergência ou a uma divergência em relação a $x^* = 0$? Caso ocorra convergência, o ponto fixo apresenta estabilidade assintótica, sendo então assintoticamente estável. Caso a solução divirja de $x^* = 0$, este é instável.

A caracterização da estabilidade é feita utilizando a condição

$$\left.\frac{df}{dx}\right|_{x=x^*} < 0 \tag{3.4}$$

Assim, vemos que

$$\frac{df}{dx} = \lambda \tag{3.5}$$

Portanto, o sinal de λ define a estabilidade do ponto fixo $x^* = 0$. Para $\lambda < 0$, qualquer condição inicial converge para $x^* = 0$ para tempos suficientemente longos. Dessa forma, para $\lambda < 0$, o ponto fixo $x^* = 0$ é dito assintoticamente estável, uma vez que o equilíbrio é alcançado para tempos suficientemente longos, ou seja, para $t \to \infty$. Para o caso $\lambda > 0$, condições iniciais próximas ao ponto fixo se afastam dele com o decorrer do tempo. Portanto, para $\lambda > 0$, o ponto fixo $x^* = 0$ é instável.

A Figura 3.1(a) mostra o comportamento de x *vs.* t para $\lambda < 0$, evidenciando a convergência para $x^* = 0$. Por outro lado, a Figura 3.1(b) mostra

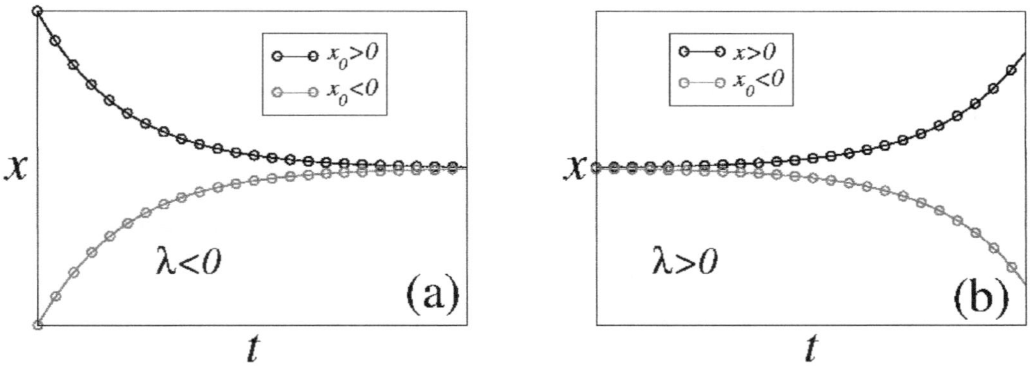

Figura 3.1 – Evolução da variável x *vs.* t para: (a) $\lambda < 0$, mostrando a convergência para o ponto fixo; (b) $\lambda > 0$, confirmando a divergência do ponto fixo.

a evolução dinâmica de x *vs.* t para $\lambda > 0$, confirmando o afastamento de $x^* = 0$ e reforçando assim sua instabilidade.

Vamos agora discutir o tipo de convergência para o ponto fixo $x^* = 0$ considerando $\lambda < 0$. Da Equação (3.3), podemos isolar t como

$$t = \frac{1}{\lambda} \ln \left[\frac{x(t)}{x_0} \right] \tag{3.6}$$

A Equação (3.6) mostra que o tempo de convergência para o ponto fixo $x^* = 0$ é logarítmico. O decaimento para o estado estacionário é, portanto, mais rápido no início quando $x(t)$ está afastado de x^* e se torna lento à medida que $x(t)$ se aproxima de x^*. A Equação (3.6) pode causar certa estranheza à primeira vista, dado que, para $|x(t)| \leq |x_0|$, $\ln(x(t)/x_0) \leq 0$. Entretanto, não podemos esquecer que $\lambda < 0$. A Figura 3.2(a) mostra a evolução de x *vs.* t, confirmando a convergência para o ponto fixo $x^* = 0$, utilizando diversos valores de $\lambda < 0$ e diferentes valores de x_0.

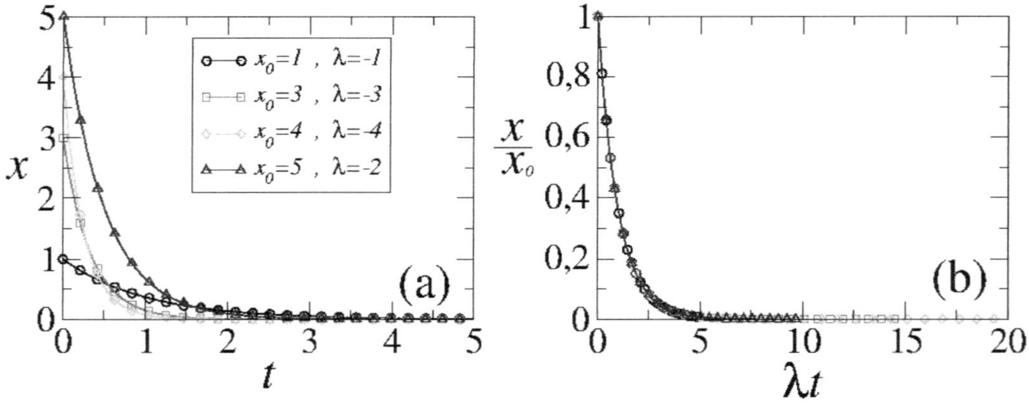

Figura 3.2 – Evolução da variável x *vs.* t para: (a) $\lambda < 0$, mostrando a convergência para o ponto fixo; (b) após a reescala apropriada dos eixos, todas as curvas se sobrepõem em uma única curva universal.

Vemos que todas as curvas convergem para $x^* = 0$ com velocidades de convergência diferentes, conforme o valor de λ. Quanto maior o valor de $|\lambda|$, mais rápida é a convergência. Naturalmente, as curvas de $x(t)$ dependem de x_0, que estabelece o ponto de partida de cada curva em $t = 0$. Embora as curvas sejam diferentes, elas exibem uma universalidade. Todas as curvas convergem para $x^* = 0$ quando $t \to \infty$ e têm concavidade voltada para cima. Essa universalidade pode ser explorada em mais detalhes. De fato, a Equação (3.3) já traz as informações relevantes. Ela pode ser escrita como

$$\frac{x(t)}{x_0} = e^{\lambda t} \tag{3.7}$$

A Equação (3.7) define a universalidade. Assim, se reescalarmos os eixos de cada curva utilizando as transformações $x(t) \to x(t)/x_0$ e $t \to \lambda t$, todas as curvas mostradas na Figura 3.2(a) se sobrepõem em uma única curva universal, conforme mostrado na Figura 3.2(b).

Resta também mencionar o caso em que $\lambda = 0$, que estabelece o ponto fixo $x^* = 0$ como de estabilidade neutra.

É conveniente observar que as definições de estabilidade são apenas locais. Isso implica que um ponto fixo assintoticamente estável pode atrair condições iniciais que estão próximas a ele. Entretanto, nada se pode afirmar para condições iniciais distantes do ponto fixo. Assim, em um sistema dinâmico, cada ponto fixo assintoticamente estável, e de modo geral cada atrator, tem sua própria bacia de atração. Podemos então estabelecer o conceito de bacia de atração. Esta é composta pelo conjunto de todas as possíveis condições iniciais, no espaço de configurações, que convergem assintoticamente para um determinado atrator.

3.3 Sistemas lineares

Discutiremos nesta seção a obtenção dos pontos fixos em sistemas de EDO lineares em duas dimensões, bem como os classificaremos quanto às suas estabilidades.

Considere o seguinte sistema linear

$$\begin{cases} \dot{x} = ax + by \\ \dot{y} = cx + dy \end{cases} \tag{3.8}$$

com a, b, c e $d \in \mathbb{R}$. Para se obter os pontos fixos das Equações (3.8), devemos resolver as seguintes equações: $\dot{x} = 0$ e $\dot{y} = 0$. Elas conduzem ao sistema

$$\begin{cases} ax + by = 0 \\ cx + dy = 0 \end{cases} \tag{3.9}$$

que pode ser escrito na forma matricial como

$$\begin{pmatrix} a & b \\ c & d \end{pmatrix} \begin{pmatrix} x \\ y \end{pmatrix} = \begin{pmatrix} 0 \\ 0 \end{pmatrix} \tag{3.10}$$

O caso em que $a = b = c = d = 0$ é trivial. Portanto, a situação de interesse é $x = y = 0$. Assim, o ponto fixo para as Equações (3.8) é $(x^*, y^*) = (0, 0)$. Uma vez que o sistema formado pelas Equações (3.8) é linear, podemos seguir o procedimento adotado na seção anterior e admitir como soluções as seguintes equações:

$$x(t) = x_0 e^{\lambda t} \tag{3.11}$$

$$y(t) = y_0 e^{\lambda t} \tag{3.12}$$

em que λ é um parâmetro a ser determinado e depende dos coeficientes a, b, c e d. Aqui x_0 e y_0 identificam as condições iniciais.

Derivando as soluções obtidas nas Equações (3.11) e (3.12), temos

$$\dot{x}(t) = \lambda x_0 e^{\lambda t} \tag{3.13}$$

$$\dot{y}(t) = \lambda y_0 e^{\lambda t} \tag{3.14}$$

Levando esses resultados no sistema formado pelas Equações (3.8) e após agrupá-los de forma conveniente, obtemos que

$$\begin{bmatrix} (a-\lambda) & b \\ c & (d-\lambda) \end{bmatrix} \begin{pmatrix} x_0 \\ y_0 \end{pmatrix} = \begin{pmatrix} 0 \\ 0 \end{pmatrix} \tag{3.15}$$

Uma vez que temos as condições iniciais $x_0 \neq 0$ e $y_0 \neq 0$, a solução das Equações (3.15) é obtida quando

$$det \begin{bmatrix} (a-\lambda) & b \\ c & (d-\lambda) \end{bmatrix} = 0 \tag{3.16}$$

Isso implica que $(a-\lambda)(d-\lambda) - bc = 0$. Reescrevendo em termos de uma equação de segundo grau, temos

$$\lambda^2 - (a+d)\lambda + (ad - bc) = 0 \tag{3.17}$$

Resolvendo a Equação (3.17), encontramos duas soluções

$$\lambda_{1,2} = \frac{(a+d) \pm \sqrt{(a+d)^2 - 4(ad-bc)}}{2} \tag{3.18}$$

O argumento da raiz quadrada pode satisfazer as seguintes condições:

1. $(a+d)^2 - 4(ad-bc) > 0$ – as soluções para $\lambda_{1,2}$ são reais e distintas;

2. $(a+d)^2 - 4(ad-bc) = 0$ – as soluções para $\lambda_{1,2}$ são reais e idênticas, assim, são degeneradas;

3. $(a+d)^2 - 4(ad-bc) < 0$ – as soluções para $\lambda_{1,2}$ compõem um par complexo conjugado.

Começaremos discutindo o caso em que $(a+d)^2 - 4(ad-bc) > 0$. Podemos notar da Equação (3.18) que $\lambda_1 \neq \lambda_2$ e o ponto fixo $(x^*, y^*) = (0, 0)$ pode ter classificações diferentes, conforme os valores numéricos de λ_1 e λ_2. Dois casos se destacam: no caso A, $\lambda_1\lambda_2 > 0$, ao passo que, no caso B, $\lambda_1\lambda_2 < 0$. Ambos definem o ponto fixo $(x^*, y^*) = (0, 0)$ como um nó,[1] que pode ser assintoticamente estável ou simplesmente instável. O caso A é degenerado e se desdobra em duas possibilidades:

- A_1: $\lambda_1 > 0$ e $\lambda_2 > 0$. Essas duas condições garantem um produto $\lambda_1\lambda_2 > 0$ e classificam o ponto fixo como um nó instável. Isso implica que condições iniciais próximas ao ponto fixo se afastam dele com o decorrer do tempo. A Figura 3.3(a) mostra as direções do fluxo de soluções para $\lambda_1 > 0$ e $\lambda_2 > 0$, confirmando o afastamento do ponto fixo.

- A_2: $\lambda_1 < 0$ e $\lambda_2 < 0$. Isso satisfaz a condição $\lambda_1\lambda_2 > 0$, entretanto, ao contrário do caso A_1, o fluxo de soluções converge para o ponto fixo. Assim, para $\lambda_1 < 0$ e $\lambda_2 < 0$, o ponto fixo $(x^*, y^*) = (0, 0)$ é dito um nó assintoticamente estável, ou também um *sink*. A Figura 3.3(b) mostra as direções do fluxo de soluções, confirmando a convergência assintótica para o ponto fixo.

Vamos agora discutir o caso B, ou seja, $\lambda_1\lambda_2 < 0$. Com essa possibilidade, o ponto fixo $(x^*, y^*) = (0, 0)$ é classificado como um ponto de sela

[1] O termo nó ou nodo é derivado do latim, da palavra *nodus*, e identifica um ponto, em um sistema dinâmico, que não sofre alteração com o decorrer do tempo, sendo classificado quanto à sua estabilidade a partir de análise de estabilidade local, podendo ser assintoticamente estável ou instável.

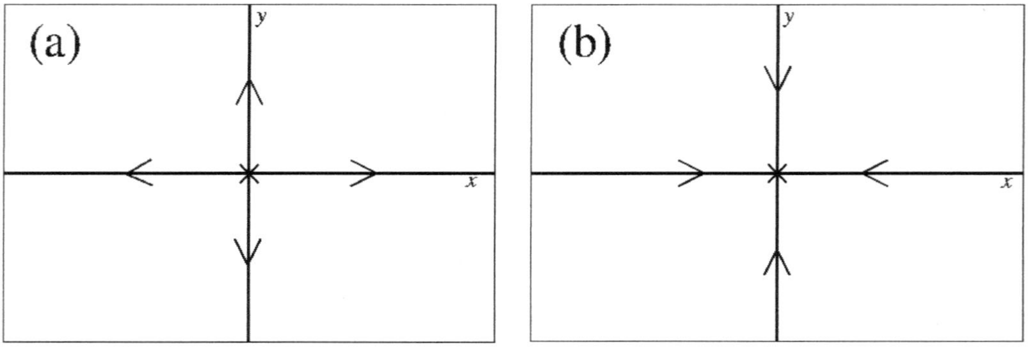

Figura 3.3 – Ilustração das direções do fluxo de soluções para o sistema formado pelas Equações (3.8) considerando: (a) $\lambda_1 > 0$ e $\lambda_2 > 0$ (nó instável); (b) $\lambda_1 < 0$ e $\lambda_2 < 0$ (nó assintoticamente estável).

hiperbólico sendo então instável. Para satisfazer a condição $\lambda_1\lambda_2 < 0$, claramente λ_1 deve ter sinal contrário a λ_2. O autovalor que tem sinal positivo produz um fluxo de soluções que se afasta do ponto fixo, ao passo que o autovalor negativo atrai o fluxo de soluções para o ponto fixo. A Figura 3.4(a) mostra uma possibilidade para o fluxo local de soluções e a Figura

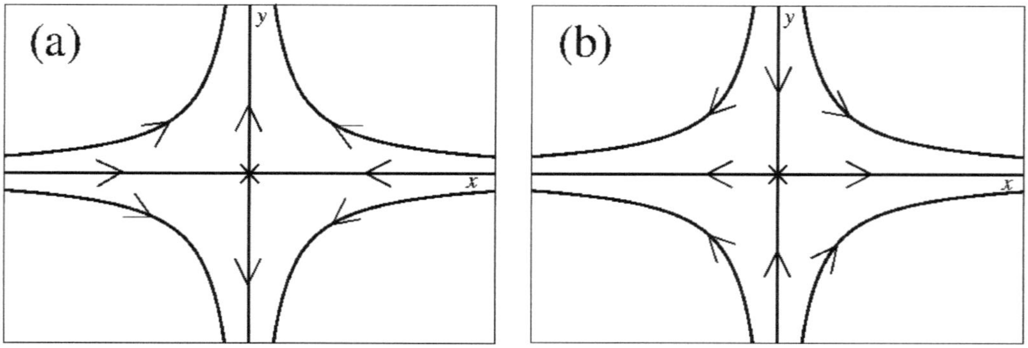

Figura 3.4 – Ilustração das direções do fluxo de soluções para o sistema formado pelas Equações (3.8) considerando: (a) $\lambda_1 < 0$ e $\lambda_2 > 0$; e (b) $\lambda_1 > 0$ e $\lambda_2 < 0$. Ambos os casos definem o ponto fixo $(x^*, y^*) = (0, 0)$ como ponto de sela.

3.4(b) mostra a outra possibilidade. Ambas levam o fluxo a se afastar do ponto fixo, confirmando a instabilidade.

Vamos agora discutir o caso 2, ou seja, o caso degenerado $(a+d)^2 - 4(ad-bc) = 0$, portanto $\lambda_1 = \lambda_2$, que assumiremos ser diferente de zero. A situação é semelhante ao caso A. Entretanto, a condição $\lambda_1\lambda_2 < 0$ não é observada. Assim, temos:

- $\lambda_1 = \lambda_2 > 0$. Isso caracteriza um ponto fixo instável classificado como nó impróprio instável. O fluxo de soluções é semelhante ao mostrado na Figura 3.3(a).

- $\lambda_1 = \lambda_2 < 0$. Essa condição classifica o ponto fixo como nó impróprio assintoticamente estável. O fluxo de soluções é semelhante ao mostrado na Figura 3.3(b).

Finalmente, podemos considerar o caso 3, ou seja, $(a+d)^2 - 4(ad-bc) < 0$. Essa condição impõe que os autovalores sejam complexos conjugados e dados por

$$\lambda_{1,2} = \alpha \pm i\beta \tag{3.19}$$

em que $\alpha = (a+d)/2$ e $\beta = \sqrt{4(ad-bc)-(a+d)^2}/2$. Quando esses autovalores são substituídos nas expressões das soluções de $x(t)$ e $y(t)$ dados pelas Equações (3.11) e (3.12), os termos complexos $\pm i\beta$ serão responsáveis por produzir oscilações temporais. O coeficiente α é que definirá a classificação do ponto fixo. Assim, temos os seguintes casos:

- C_1: $\alpha < 0$. Essa configuração define o ponto fixo como um foco assintoticamente estável. Condições iniciais escolhidas nas proximidades de $(x^*, y^*) = (0, 0)$ convergirão assintoticamente para o equilíbrio espiralando para o ponto fixo com o decorrer do tempo. As Figuras 3.5(a, b) mostram os possíveis tipos de convergência que podem ser observados para $\alpha < 0$. O ponto fixo $(x^*, y^*) = (0, 0)$ é classificado como um foco assintoticamente estável.

- C_2: $\alpha = 0$. Essa condição implica que os autovalores são imaginários puros, ou seja, $\lambda_{1,2} = \pm i\beta$. Como $\alpha = 0$, não há convergência ou

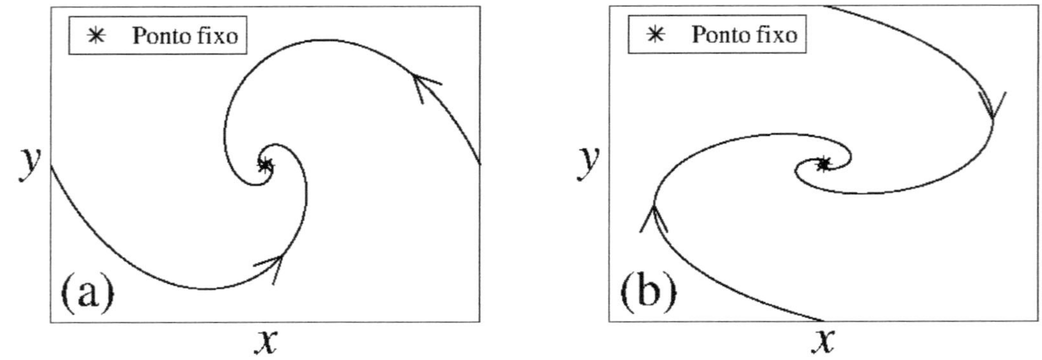

Figura 3.5 – Ilustração das direções do fluxo de soluções para o sistema formado pelas Equações (3.8) considerando $\alpha < 0$: (a) convergência anti-horária; (b) convergência horária.

divergência para/de $(x^*, y^*) = (0, 0)$. O ponto fixo é dito um centro estável. Por sua vez, centros são estáveis. Não se deve confundir aqui o termo estável com estabilidade assintótica, em que ocorre convergência para o ponto fixo com o decorrer do tempo. Uma vez iniciada a dinâmica, a órbita permanece próxima ao ponto fixo sem que ocorra

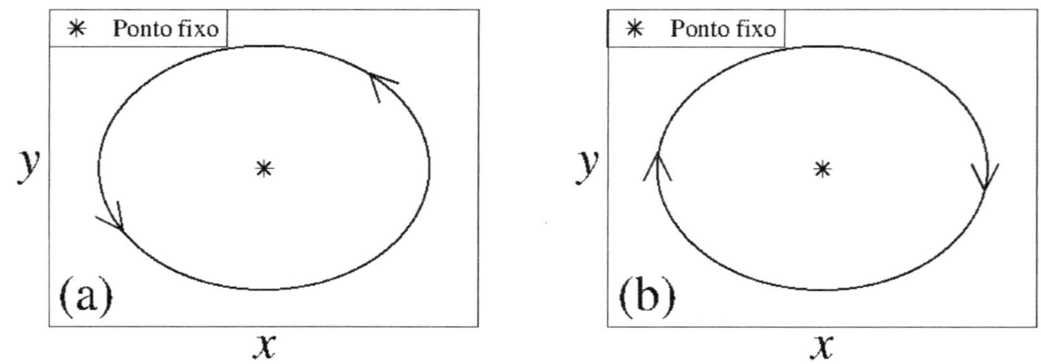

Figura 3.6 – Esboço das órbitas em torno de $(x^*, y^*) = (0, 0)$ considerando $\alpha = 0$: (a) giro anti-horário; (b) giro horário.

sua convergência ou sua divergência. A Figura 3.6 ilustra a dinâmica para $\alpha = 0$. O ponto fixo (x^*, y^*) é classificado como ponto fixo elíptico.

- C_3: $\alpha > 0$. Essa condição garante o afastamento do ponto fixo com o decorrer do tempo. A Figura 3.7 mostra o fluxo de soluções próximo

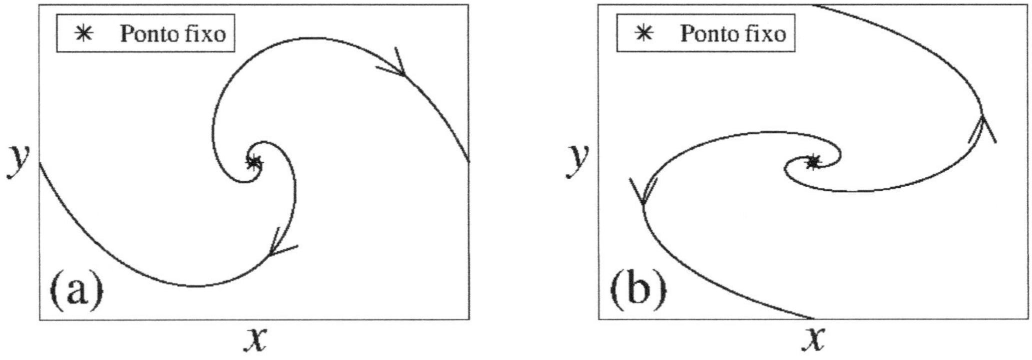

Figura 3.7 – Ilustração das direções do fluxo de soluções para o sistema formado pelas Equações (3.8) considerando $\alpha > 0$: (a) divergência horária; (b) divergência anti-horária.

ao ponto fixo, sendo: (a) divergência horária e (b) divergência anti-horária. O ponto fixo é classificado como foco instável.

3.4 Sistemas não lineares

Nesta seção estenderemos as discussões realizadas para sistemas lineares no que tange à obtenção e à caracterização de pontos fixos e suas estabilidades para sistemas não lineares. Discutiremos também três exemplos sobre classificação dos pontos fixos.

Considere que a dinâmica de um sistema seja dada pelas seguintes EDO

$$\begin{cases} \dot{x} = f(x, y) \\ \dot{y} = g(x, y) \end{cases} \tag{3.20}$$

em que $f(x, y)$ e $g(x, y)$ são funções não lineares quaisquer de suas variáveis. Assumiremos também que o sistema admite a existência de pontos fixos (x^*, y^*) tais que as condições $\dot{x} = \dot{y} = 0$ sejam satisfeitas. Com isso, as funções f e g avaliadas no ponto fixo conduzem a $f(x^*, y^*) = g(x^*, y^*) = 0$.

Para estudar e caracterizar a estabilidade de um ponto fixo, devemos verificar se uma condição inicial dada nas vizinhanças de (x^*, y^*) se aproxima ou se afasta do ponto fixo com o decorrer do tempo. Em termos gerais, a ideia é muito simples e pode ser implementada matematicamente utilizando uma análise local por meio de expansão em série de Taylor das funções f e g em torno do ponto fixo. Como a expansão em série de Taylor descreve o comportamento local, ou seja, próximo à condição de equilíbrio, a análise de estabilidade é apenas local. Expandindo $f(x, y)$ e $g(x, y)$ em torno de (x^*, y^*), as Equações (3.20) ficam escritas como

$$\begin{aligned} \dot{x} &= f(x^*, y^*) + \left.\frac{\partial f}{\partial x}\right|_{x^*,y^*}(x - x^*) + \left.\frac{\partial f}{\partial y}\right|_{x^*,y^*}(y - y^*) \\ &+ \bigcirc^2[(x - x^*), (y - y^*)] \qquad (3.21) \\ \dot{y} &= g(x^*, y^*) + \left.\frac{\partial g}{\partial x}\right|_{x^*,y^*}(x - x^*) + \left.\frac{\partial g}{\partial y}\right|_{x^*,y^*}(y - y^*) \\ &+ \bigcirc^2[(x - x^*), (y - y^*)] \qquad (3.22) \end{aligned}$$

Uma vez que $f(x^*, y^*) = g(x^*, y^*) = 0$ e chamando $X = x - x^*$ e $Y = y - y^*$, o que conduz respectivamente a $\dot{X} = \dot{x}$ e $\dot{Y} = \dot{y}$, podemos reescrever o conjunto das Equações (3.21) e (3.22) como

$$\dot{X} = \left.\frac{\partial f}{\partial x}\right|_{x^*,y^*} X + \left.\frac{\partial f}{\partial y}\right|_{x^*,y^*} Y \qquad (3.23)$$

$$\dot{Y} = \left.\frac{\partial g}{\partial x}\right|_{x^*,y^*} X + \left.\frac{\partial g}{\partial y}\right|_{x^*,y^*} Y \qquad (3.24)$$

As Equações (3.23) e (3.24) podem ser escritas na forma matricial como

$$\begin{pmatrix} \dot{X} \\ \dot{Y} \end{pmatrix} = \begin{pmatrix} \frac{\partial f}{\partial x} & \frac{\partial f}{\partial y} \\ \frac{\partial g}{\partial x} & \frac{\partial g}{\partial y} \end{pmatrix}_{x^*,y^*} \begin{pmatrix} X \\ Y \end{pmatrix} \qquad (3.25)$$

em que a matriz de coeficientes, avaliada no ponto fixo, corresponde à matriz jacobiana J_*.

Sabemos que, no ponto fixo, a condição $\dot{X} = \dot{Y} = 0$ é atendida. Para que o sistema formado pelas Equações (3.25) seja satisfeito, duas condições podem ocorrer: (i) $X = Y = 0$, o que caracteriza o próprio ponto fixo e não produz nenhuma dinâmica; (ii) o determinante de $(J_* - \lambda I) = 0$. Aqui λ representa os autovalores da matriz jacobiana e I é a matriz identidade 2×2. Assim, devemos resolver o seguinte determinante

$$det\left[\begin{pmatrix} \frac{\partial f}{\partial x} & \frac{\partial f}{\partial y} \\ \frac{\partial g}{\partial x} & \frac{\partial g}{\partial y} \end{pmatrix}_{x^*,y^*} - \begin{pmatrix} \lambda & 0 \\ 0 & \lambda \end{pmatrix}\right] = 0 \tag{3.26}$$

O determinante conduz à seguinte equação:

$$\left(\left.\frac{\partial f}{\partial x}\right|_{x^*,y^*} - \lambda\right)\left(\left.\frac{\partial g}{\partial y}\right|_{x^*,y^*} - \lambda\right) - \left.\frac{\partial f}{\partial y}\right|_{x^*,y^*}\left.\frac{\partial g}{\partial x}\right|_{x^*,y^*} = 0 \tag{3.27}$$

Podemos notar que a Equação (3.27) é, de fato, um polinômio de segundo grau na variável λ, que quando desenvolvido tem a forma funcional idêntica à Equação (3.17) e quando resolvido fornece duas raízes. Essas soluções correspondem aos dois autovalores da matriz J_*. A classificação dos pontos fixos quanto à sua estabilidade é idêntica à realizada na seção anterior. Para tornar a discussão mais fluente, consideraremos em seguida três exemplos.

3.4.1 Exemplo 1

Considere o seguinte sistema de EDO:

$$\begin{cases} \dot{x} = 4y^2 - x^2 \\ \dot{y} = 2y - 2 \end{cases} \tag{3.28}$$

Os pontos fixos são obtidos da condição $\dot{x} = \dot{y} = 0$, assim, temos que $4y^2 - x^2 = 0$ e $2y - 2 = 0$. A solução dessas duas equações fornece os seguintes pontos fixos:

- PF_1: $(x_1^*, y_1^*) = (2, 1)$;
- PF_2: $(x_2^*, y_2^*) = (-2, 1)$.

Para classificá-los quanto à estabilidade, devemos obter a matriz jacobiana, avaliá-la nos pontos fixos e, então, determinar seus autovalores. A matriz jacobiana é escrita como

$$J = \begin{pmatrix} -2x & 8y \\ 0 & 2 \end{pmatrix} \tag{3.29}$$

Os autovalores para a Equação (3.29), considerando o PF$_1$, são $\lambda_1 = 2$ e $\lambda_2 = -4$. Uma análise imediata permite concluir que: (i) $\lambda_1 \neq \lambda_2$; (ii) λ_1 e λ_2 pertencem ao conjunto dos Reais ($\in \mathbb{R}$); (iii) $\lambda_1\lambda_2 < 0$. Assim, conforme discutido na seção anterior, o ponto fixo $(x_1^*, y_1^*) = (2, 1)$ é classificado como um ponto de sela, sendo portanto instável.

Para esboçar o espaço de fases nas vizinhanças de (x_1^*, y_1^*) e consequentemente determinar o comportamento local do fluxo de soluções, precisamos conhecer os autovetores associados aos autovalores λ_1 e λ_2. Devemos então resolver

$$\begin{pmatrix} -4-\lambda_1 & 8 \\ 0 & 2-\lambda_1 \end{pmatrix} \begin{pmatrix} V_x \\ V_y \end{pmatrix} = \begin{pmatrix} 0 \\ 0 \end{pmatrix} \tag{3.30}$$

em que V_x e V_y correspondem aos eixos x e y respectivamente. Resolvendo a Equação (3.30), encontramos o primeiro autovetor associado a λ_1 como

$$V_y = \frac{3}{4}V_x \tag{3.31}$$

Para o autovalor λ_2, devemos resolver

$$\begin{pmatrix} -4-\lambda_2 & 8 \\ 0 & 2-\lambda_2 \end{pmatrix} \begin{pmatrix} V_x \\ V_y \end{pmatrix} = \begin{pmatrix} 0 \\ 0 \end{pmatrix} \tag{3.32}$$

A solução da Equação (3.32) permite concluir que $V_y = 0$ e V_x pode assumir qualquer valor. Um esboço do espaço de fases próximo ao ponto fixo (x_1^*, y_1^*) é mostrado na Figura 3.8(a).

O próximo passo é investigar a estabilidade do ponto fixo $(x_2^*, y_2^*) = (-2, 1)$. Os autovalores da matriz jacobiana são $\lambda_1 = 4$ e $\lambda_2 = 2$. Observamos que: (i) $\lambda_1 \neq \lambda_2$; (ii) λ_1 e λ_2 pertencem ao conjunto dos Reais

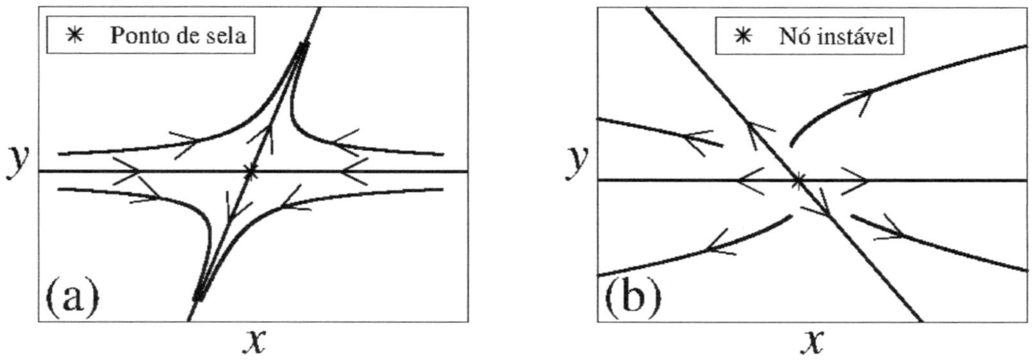

Figura 3.8 – Esboço do espaço de fases próximo ao ponto fixo: (a) (x_1^*, y_1^*); (b) (x_2^*, y_2^*).

$(\in \mathbb{R})$; (iii) $\lambda_1\lambda_2 > 0$ com $\lambda_1 > 0$ e $\lambda_2 > 0$. Assim, o ponto fixo (x_2^*, y_2^*) é classificado com um nó instável.

Os autovetores para λ_1 são obtidos de

$$\begin{pmatrix} 4-\lambda_1 & 8 \\ 0 & 2-\lambda_1 \end{pmatrix} \begin{pmatrix} V_x \\ V_y \end{pmatrix} = \begin{pmatrix} 0 \\ 0 \end{pmatrix} \tag{3.33}$$

e fornecem que $V_y = 0$ e V_x pode assumir qualquer valor.

Para o segundo autovalor temos que

$$\begin{pmatrix} 4-\lambda_2 & 8 \\ 0 & 2-\lambda_2 \end{pmatrix} \begin{pmatrix} V_x \\ V_y \end{pmatrix} = \begin{pmatrix} 0 \\ 0 \end{pmatrix} \tag{3.34}$$

que, quando resolvida, fornece

$$V_y = -\frac{1}{4}V_x \tag{3.35}$$

Um esboço do espaço de fases próximo ao ponto fixo (x_2^*, y_2^*) é mostrado na Figura 3.8(b).

3.4.2 Exemplo 2

Vamos agora discutir o comportamento da estabilidade para a EDO que descreve o oscilador harmônico amortecido, ou seja,

$$\ddot{x} + \gamma\dot{x} + \omega_0^2 x = 0 \tag{3.36}$$

Como vimos no Capítulo 2, é uma EDO de segunda ordem com coeficientes constantes. Pode ser transformada em duas EDO de primeira ordem, conduzindo a

$$\begin{cases} \dot{x} = y = f(x,y) \\ \dot{y} = -\gamma y - \omega_0^2 x = g(x,y) \end{cases} \tag{3.37}$$

O ponto fixo das EDO é obtido resolvendo $\dot{x} = \dot{y} = 0$, o que fornece $(x^*, y^*) = (0, 0)$. A matriz jacobiana do sistema é dada por

$$J = \begin{pmatrix} 0 & 1 \\ -\omega_0^2 & -\gamma \end{pmatrix} \tag{3.38}$$

Os autovalores da matriz são dados por $det(J - \lambda I) = 0$, o que conduz à seguinte equação característica a ser resolvida

$$\lambda^2 + \gamma\lambda + \omega_0^2 = 0 \tag{3.39}$$

Quando resolvida, fornece os seguintes autovalores

$$\lambda_{1,2} = \frac{-\gamma \pm \sqrt{\gamma^2 - 4\omega_0^2}}{2} \tag{3.40}$$

Esses autovalores são os mesmos obtidos a partir da solução da Equação (2.9) do Capítulo 2. As classificações do ponto fixo $(x^*, y^*) = (0, 0)$ dependem do argumento da raiz quadrada, ou seja, do sinal do termo $(\gamma^2 - 4\omega_0^2)$. Devemos então considerar três casos:

1. $\gamma^2 - 4\omega_0^2 > 0$. Assim, temos que λ_1 e λ_2 são reais ($\in \mathbb{R}$) e $\lambda_1\lambda_2 > 0$, sendo que $\lambda_1 < 0$ e $\lambda_2 < 0$. O ponto fixo é um nó assintoticamente estável.

2. $\gamma^2 - 4\omega_0^2 = 0$. Novamente encontramos que $\lambda_{1,2} \in \mathbb{R}$ com $\lambda_1\lambda_2 > 0$. Como $\lambda_1 = \lambda_2 < 0$, os autovalores são degenerados. Entretanto, como são negativos, o ponto fixo $(x^*, y^*) = (0, 0)$ é classificado como um nó impróprio assintoticamente estável.

3. $\gamma^2 - 4\omega_0^2 < 0$. Essa condição conduz a dois autovalores λ_1 e λ_2 que são complexos conjugados. Eles podem ser escritos na forma $\lambda_{1,2} = \alpha \pm i\beta$. Como $\alpha < 0$, o ponto fixo $(x^*, y^*) = (0, 0)$ é um foco assintoticamente estável.

3.4.3 Exemplo 3

Vamos agora retornar ao sistema descrito pelo oscilador de Van der Pol. A equação que descreve a dinâmica é dada por

$$\ddot{x} = -x + \gamma[1 - x^2]\dot{x} \tag{3.41}$$

onde $\gamma > 0$ é uma constante. O primeiro passo é converter a Equação (3.41) em um sistema de duas EDO de primeira ordem. Conforme discutido no capítulo anterior, podemos definir $\dot{x} = y$, o que conduz a

$$\dot{x} = y = f(x, y) \tag{3.42}$$

$$\dot{y} = -x + \gamma(1 - x^2)y = g(x, y) \tag{3.43}$$

Para obter os pontos fixos, devemos resolver as equações $\dot{x} = \dot{y} = 0$, o que conduz a $(x^*, y^*) = (0, 0)$. A estabilidade do ponto fixo é dada a partir dos autovalores da matriz jacobiana

$$J = \begin{pmatrix} \frac{\partial f(x,y)}{\partial x} & \frac{\partial f(x,y)}{\partial y} \\ \frac{\partial g(x,y)}{\partial x} & \frac{\partial g(x,y)}{\partial y} \end{pmatrix} = \begin{pmatrix} 0 & 1 \\ (-1 - 2\gamma xy) & \gamma(1 - x^2) \end{pmatrix} \tag{3.44}$$

Quando avaliamos a matriz jacobiana no ponto fixo temos

$$J_* = \begin{pmatrix} 0 & 1 \\ -1 & \gamma \end{pmatrix} \tag{3.45}$$

cujos autovalores são dados por

$$\lambda_{1,2} = \frac{\gamma \pm \sqrt{\gamma^2 - 4}}{2} \tag{3.46}$$

Como $\gamma > 0$, o ponto fixo $(x^*, y^*) = (0, 0)$ é sempre instável. Para $0 < \gamma < 2$, o ponto fixo é um foco instável e, para $\gamma > 2$, é um nó instável. Assim, as condições iniciais próximas a $(x^*, y^*) = (0, 0)$ se afastam de $(0, 0)$ com o passar do tempo.

3.5 Resumo

Neste capítulo discutimos o conceito de ponto fixo e sua classificação quanto à estabilidade. Iniciamos com a discussão de estabilidade de uma EDO linear de primeira ordem e, em seguida, avançamos para um sistema linear de EDO. Este, por sua vez, conduziu a uma equação característica, cujas soluções fornecem os autovalores usados na classificação dos pontos fixos. A condição $\lambda_1\lambda_2 > 0$ com $\lambda_1 > 0$ e $\lambda_2 > 0$ classifica o ponto fixo como um nó instável. Assim, condições iniciais próximas ao ponto fixo se afastam dele com o decorrer do tempo. Por outro lado, quando $\lambda_1\lambda_2 > 0$ com $\lambda_1 < 0$ e $\lambda_2 < 0$ fica caracterizado o ponto fixo como um nó assintoticamente estável, ou um *sink*. De fato, para esse caso, condições iniciais próximas ao ponto fixo convergem para ele com o passar do tempo. Um ponto de sela hiperbólico, ou simplesmente ponto de sela, é classificado por $\lambda_1\lambda_2 < 0$. Pontos de sela são também instáveis. A condição degenerada $\lambda_1 = \lambda_2$ com $\lambda_1\lambda_2 > 0$ classifica o ponto fixo como nó impróprio instável. Para $\lambda_1 < 0$ e $\lambda_2 < 0$, o ponto fixo é classificado como um nó impróprio assintoticamente estável. Nos casos degenerados, a condição $\lambda_1\lambda_2 < 0$ não ocorre, uma vez que $\lambda_1 = \lambda_2$. Quando os autovalores são complexos conjugados da forma $\lambda_{1,2} = \alpha \pm i\beta$, suas classificações são: (i) $\alpha > 0$ – foco instável; (ii) $\alpha = 0$ – centro estável; e (iii) $\alpha < 0$ – foco assintoticamente estável.

A generalização para sistemas não lineares é imediata a partir da construção da matriz jacobiana e da análise da estabilidade nas proximidades do ponto fixo. É importante reforçar que a análise de estabilidade de pontos fixos é apenas uma análise local e válida nas vizinhanças do ponto fixo.

3.6 Exercícios propostos

1. Considere as EDO a seguir. Determine os pontos fixos e os classifique quanto às suas estabilidades:

   (a) $\dot{x} = x(1-x)$; (b) $\dot{x} = x^2(2-x)$;
   (c) $\dot{x} = x(-1+x)(2-x)$; (d) $\dot{x} = 1 - e^{-x^2}$;
   (e) $\dot{x} = \ln(x)$; (f) $\dot{x} = \alpha - x^2$, $\alpha \in \mathbb{R}$.

2. Os sistemas de EDO deste exercício são lineares. As soluções são exponenciais e a estabilidade dos pontos fixos é dada pelos autovalores da Equação (3.18). Determine os pontos fixos e os classifique conforme a nomenclatura discutida neste capítulo (sela, nó, foco etc.), dizendo claramente se são instáveis, estáveis ou assintoticamente estáveis.

   (a) $\dot{x} = y,\ \dot{y} = -x - 5y$; (b) $\dot{x} = 3x + 4y,\ \dot{y} = 2x + y$;
   (c) $\dot{x} = x + 2y,\ \dot{y} = -5x + 4y$; (d) $\dot{x} = x + 3y,\ \dot{y} = -6x - 5y$.

3. Considere o sistema de EDO escrito a partir das Equações (3.8). Se os autovalores da equação característica são dados pela Equação (3.19), mostre que as Equações (3.8) são reais se as seguintes condições forem observadas: (i) $ax_0 = by_0$; (ii) $cx_0 = dy_0$; e (iii) $ad = cb$.

4. A partir do sistema de EDO

$$\begin{cases} \dot{x} = -x^2 + 4y^2 \\ \dot{y} = -1 + 2y \end{cases} \tag{3.47}$$

   (a) encontre os pontos fixos;

   (b) determine a estabilidade linear de cada um dos pontos fixos;

   (c) faça um esboço local do espaço de fases nas proximidades dos pontos fixos.

5. Transforme as EDO de segunda ordem deste exercício em EDO de primeira ordem acopladas. Então, obtenha os pontos fixos e classifique-os quanto às suas estabilidades:

   (a) $\ddot{x} - \dot{x} + x^2 - 2x = 0$;

   (b) $\ddot{x} - \dot{x}^3 + x + 2 = 0$;

   (c) $\ddot{x} + \alpha\dot{x} - x + x^3 = 0$;

   (d) $\ddot{x} + \alpha(x^2 - 1)\dot{x} + x = 0$.

   Nas letras (c) e (d), considere $\alpha < 0$, $\alpha = 0$ e $\alpha > 0$.

6. Determine a estabilidade dos pontos fixos do seguinte sistema

$$\ddot{x} = (x - \alpha)(x^2 - \alpha) \tag{3.48}$$

   em que α é um parâmetro de controle. Faça as análises considerando $\alpha < 0$, $\alpha = 0$ e $\alpha > 0$.

7. Considere o sistema de EDO acopladas

$$\begin{cases} \dot{x} = -y + \frac{x}{\sqrt{x^2+y^2}}(1 - x^2 - y^2) \\ \dot{y} = x + \frac{y}{\sqrt{x^2+y^2}}(1 - x^2 - y^2) \end{cases} \tag{3.49}$$

   (a) Determine os pontos fixos e os classifique.

   (b) Escreva um programa computacional usando o método de Runge-Kutta de segunda ordem e integre numericamente as EDO (3.49). Considere pelo menos duas condições iniciais distintas e que não sejam o próprio ponto fixo. Discuta o comportamento observado.

   (c) Usando coordenadas polares r e θ, em que $x = r\cos(\theta)$ e $y = r\sin(\theta)$, reescreva as Equações (3.49) na forma polar.

   (d) Integre numericamente o sistema de EDO obtido na letra (c), compare com os resultados obtidos na letra (b) e discuta-os.

8. Um modelo simples para descrever a coexistência de espécies de peixes como sardinhas (presas), cavalas (predador 1) e atuns (predador 2) é dado por

$$\begin{cases} \dot{x} = ax - bxy - cxz \\ \dot{y} = -dy + exy \\ \dot{z} = -fz + gxz \end{cases} \tag{3.50}$$

em que x identifica a população de sardinhas, y a população de cavalas e z a população de atuns. Os parâmetros de controle são: a corresponde à taxa de crescimento da população de sardinhas; b controla a intensidade de decréscimo na população de sardinhas devido à interação entre as populações de sardinhas e cavalas; c controla a intensidade de decréscimo da população de sardinhas devido à interação entre as populações de sardinhas e atuns; d corresponde à taxa de decréscimo da população de cavalas; e controla a intensidade de crescimento da população de cavalas devido à interação entre as populações de sardinha e cavalas; f corresponde à taxa de decréscimo da população de atuns; e g controla a intensidade de crescimento da população de atuns devido à interação entre as populações de sardinhas e atuns.

(a) Localize os pontos fixos do sistema de EDO.

(b) Escreva um programa usando algoritmo de Euler e integre as Equações (3.50) considerando os parâmetros: $a = 5$, $d = f = 1$, $e = g = 0,3$. Escolha os valores de b e c. Faça um esboço das curvas x $vs.$ t, y $vs.$ t e z $vs.$ t em um mesmo gráfico. Discuta os resultados.

(c) Refaça as atividades da letra (b), mas agora usando o método de Runge-Kutta de segunda ordem. Compare os resultados obtidos em (b) e (c).

(d) O que explica a diferença dos resultados usando o método de Euler ou o método de Runge-Kutta?

Capítulo 4

Algumas bifurcações locais

4.1 Objetivos

Os principais objetivos deste capítulo são apresentar, discutir e classificar alguns tipos elementares de bifurcações locais que ocorrem em pontos fixos em equações diferenciais ordinárias (EDO). Em particular, classificaremos as bifurcações sela-nó, transcrítica e forquilha, que se desdobra em duas: (i) supercrítica e (ii) subcrítica. Para cada ponto fixo assintoticamente estável, apresentaremos sua respectiva bacia de atração.

4.2 Bifurcações locais

A teoria de bifurcações estuda, particularmente, a mudança no comportamento topológico associado a um fluxo de soluções produzido por uma equação diferencial ou mapeamento discreto. Uma bifurcação ocorre quando uma pequena variação em um parâmetro de controle produz uma mudança repentina no comportamento do fluxo de soluções do sistema.

As bifurcações podem ser classificadas em pelo menos dois tipos: (i) locais; e (ii) globais. As bifurcações locais ocorrem quando uma variação em um parâmetro de controle acarreta uma mudança na estabilidade de um ponto fixo. As alterações topológicas ocorridas no sistema podem ser confirmadas a partir do estudo da dinâmica próximo ao ponto de equilíbrio utilizando análise de estabilidade linear. Discutiremos neste capítulo vários tipos diferentes de bifurcações e, para facilitar a compreensão do leitor, ilustraremos a ocorrência delas com alguns exemplos.

Por outro lado, as bifurcações globais ocorrem quando conjuntos invariantes, como atratores caóticos, colidem com variedades[1] instáveis, acarretando a destruição do atrator caótico. Essa destruição causa uma mudança global no sistema que não pode ser prevista apenas pela análise de estabilidade de pontos fixos. Um exemplo de bifurcação global são as crises de fronteira, dentre outras.

Antes de iniciarmos as discussões sobre bifurcações, é importante discutir o conceito de estabilidade estrutural. De fato, um sistema ou conjunto de EDO é dito estruturalmente estável se uma perturbação suficientemente pequena nas equações que definem o fluxo de soluções produz um novo fluxo de soluções topologicamente equivalente ao original. Diz-se então que o sistema é estruturalmente estável.

Discutidos os conceitos básicos, podemos agora estudar alguns tipos de bifurcações locais. Começaremos com a bifurcação sela-nó.

4.3 Bifurcação sela-nó

Consideremos a EDO

$$\dot{x} = \mu - x^2 = f(x) \tag{4.1}$$

[1]Para definir variedade, é importante que exista um conjunto X no espaço de fases e um operador f tal que $f : X \to X$. A partir de um ponto fixo classificado como ponto de sela p, existem dois tipos de variedades, sendo uma delas a estável e a outra a instável. A variedade estável W^s do ponto fixo p é obtida tal que $W^s(f,p) = q \in X : f^n(q) \to p$ no limite em que $n \to \infty$. Por outro lado, a variedade instável W^u do ponto fixo p deve satisfazer $W^u(f,p) = q \in X : f^{-n}(q) \to p$ no limite em que $n \to \infty$.

em que $x \in \mathbb{R}$ é a variável dinâmica e μ é o parâmetro de controle. Para obter os pontos fixos, devemos resolver a equação $\dot{x} = 0$, ou equivalentemente $\mu - x^2 = 0$. Essa solução conduz a dois pontos fixos

$$x_1^* = \sqrt{\mu} \quad (4.2)$$

$$x_2^* = -\sqrt{\mu} \quad (4.3)$$

Os pontos fixos são reais para $\mu \geq 0$. A estabilidade dos pontos fixos é obtida a partir da análise da derivada de $f(x)$ em relação a x, avaliada no ponto fixo. Assim, temos que

$$\frac{df}{dx} = -2x \quad (4.4)$$

Se $\left.\frac{df}{dx}\right|_{x^*} < 0$, o ponto fixo é dito assintoticamente estável. Para $\left.\frac{df}{dx}\right|_{x^*} > 0$, o ponto fixo é instável, ao passo que a condição $\left.\frac{df}{dx}\right|_{x^*} = 0$ estabelece a mudança de estabilidade e, portanto, caracteriza o ponto de bifurcação.

Consideraremos primeiramente o ponto fixo $x_1^* = \sqrt{\mu}$. Dessa forma temos que $\left.\frac{df}{dx}\right|_{x^*} = -2\sqrt{\mu} < 0$, portanto, o ponto fixo $x_1^* = \sqrt{\mu}$ é assintoticamente estável. Vamos agora considerar o segundo ponto fixo, ou seja, $x_2^* = -\sqrt{\mu}$. Como $\left.\frac{df}{dx}\right|_{x^*} = 2\sqrt{\mu} > 0$, o ponto fixo x_2^* é instável. Isso implica que qualquer condição inicial x_0 diferente de $-\sqrt{\mu}$ se afasta de x_2^* com o passar do tempo. A bacia de atração do ponto fixo x_1^* é $x \in (-\sqrt{\mu}, \infty)$, para $\mu \geq 0$. A Figura 4.1 mostra um esboço da bifurcação sela-nó. Convencionaremos o uso de linhas cheias para pontos fixos assintoticamente estáveis e linhas tracejadas para representar os instáveis. As setas próximas aos pontos fixos indicam o sentido do fluxo de soluções nas vizinhanças dos pontos fixos.

Resta ainda dizer que para $\mu < 0$ os pontos fixos não pertencem ao conjunto dos reais e o fluxo de soluções evolui para $x \to -\infty$ com o decorrer do tempo. Em $\mu = 0$ ocorre o nascimento dos pontos fixos $x_{1,2}^*$, sendo que x_1^* é assintoticamente estável ao passo que x_2^* é instável. Essa bifurcação é classificada como bifurcação sela-nó, ilustrada na Figura 4.1.

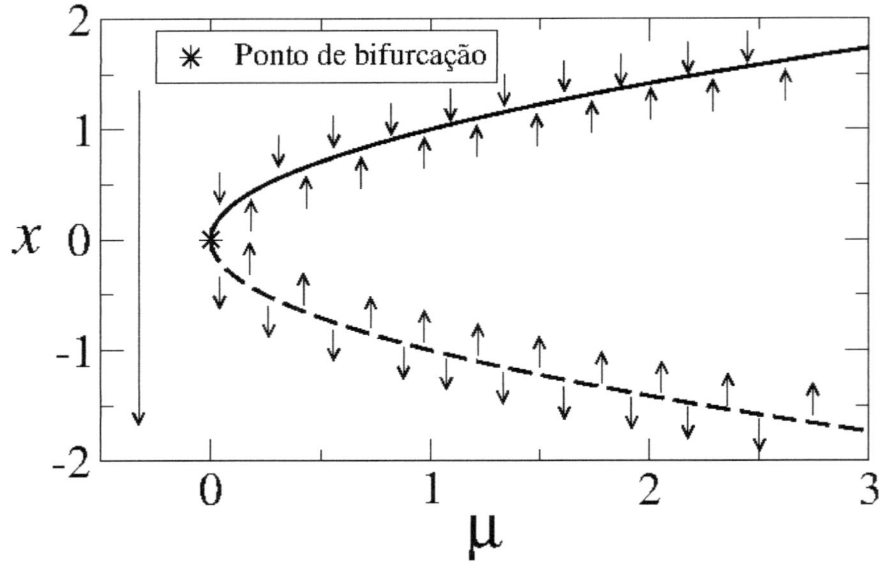

Figura 4.1 – Esboço de uma bifurcação sela-nó.

4.3.1 Exemplo de bifurcação sela-nó

Nesse exemplo, consideraremos a EDO

$$\dot{x} = 1 + \mu x + x^2 = f(x) \tag{4.5}$$

Determinaremos os pontos fixos e os caracterizaremos quanto às estabilidades. O objetivo é identificar o parâmetro em que ocorre a bifurcação sela-nó.

Os pontos fixos são obtidos resolvendo $\dot{x} = 0$, assim, temos que $1 + \mu x + x^2 = 0$, o que conduz a duas soluções:

$$x_1^* = \frac{-\mu + \sqrt{\mu^2 - 4}}{2} \tag{4.6}$$

$$x_2^* = \frac{-\mu - \sqrt{\mu^2 - 4}}{2} \tag{4.7}$$

Vemos claramente que os pontos fixos são reais somente para: (i) $\mu \leq -2$; ou (ii) $\mu \geq 2$. A estabilidade dos pontos fixos é obtida a partir da análise do sinal de $\frac{df}{dx}\big|_{x^*}$. Derivando $f(x)$ temos que

$$\frac{df}{dx} = \mu + 2x \tag{4.8}$$

Avaliando a Equação (4.8) no ponto fixo x_1^*, temos

$$\left.\frac{df}{dx}\right|_{x_1^*} = \sqrt{\mu^2 - 4} > 0 \tag{4.9}$$

para $\mu < -2$ ou $\mu > 2$. Assim, x_1^* é sempre instável. Avaliando agora o ponto fixo x_2^*, temos

$$\left.\frac{df}{dx}\right|_{x_2^*} = -\sqrt{\mu^2 - 4} < 0 \tag{4.10}$$

para $\mu < -2$ ou $\mu > 2$. Assim, o ponto fixo x_2^* é sempre assintoticamente estável. A bacia de atração para x_2^* é $x \in (-\infty, \frac{-\mu+\sqrt{\mu^2-4}}{2})$ para $\mu < -2$ ou $\mu > 2$.

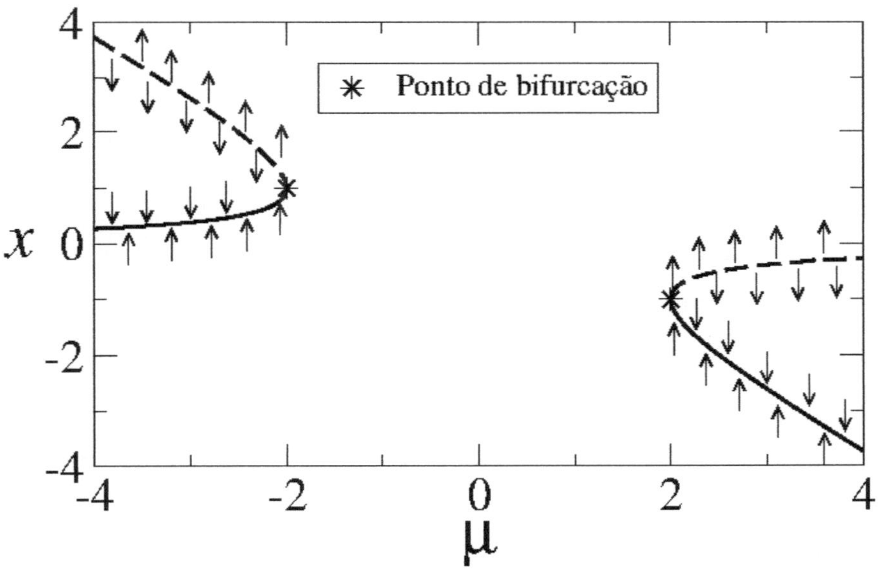

Figura 4.2 – Esboço das bifurcações sela-nó que ocorrem no sistema descrito pela Equação (4.5).

Existem duas bifurcações sela-nó neste sistema. Uma delas ocorre em $\mu = -2$ e a outra ocorre em $\mu = 2$. A Figura 4.2 ilustra um esboço do comportamento dos pontos fixos x^* *vs.* μ.

4.4 Bifurcação transcrítica

Discutiremos agora uma bifurcação que conduz a uma troca de estabilidades entre dois pontos fixos. Considere a EDO

$$\dot{x} = \mu x - x^2 = f(x) \tag{4.11}$$

Os pontos fixos são obtidos resolvendo $\dot{x} = 0$, logo, $\mu x - x^2 = 0$, que fornece como soluções os pontos fixos

$$x_1^* = 0 \tag{4.12}$$

$$x_2^* = \mu \tag{4.13}$$

A estabilidade é obtida a partir de $\frac{df}{dx}$, logo

$$\frac{df}{dx} = \mu - 2x \tag{4.14}$$

Avaliando a derivada nos pontos fixos temos: (i) $\frac{df}{dx}\big|_{x_1^*} = \mu$, que é instável para $\mu > 0$ e assintoticamente estável para $\mu < 0$; (ii) $\frac{df}{dx}\big|_{x_2^*} = -\mu$, que é assintoticamente estável para $\mu > 0$ e instável para $\mu < 0$. Em $\mu = 0$ ocorre uma mudança na estabilidade dos pontos fixos. O ponto fixo x_1^* é assintoticamente estável para $\mu < 0$ e se torna instável para $\mu > 0$, ao passo que ocorre o oposto com o ponto fixo x_2^*. Essa troca de estabilidades que ocorre em $\mu = 0$ é caracterizada como bifurcação transcrítica. A Figura 4.3 ilustra a bifurcação transcrítica que ocorre em $\mu = 0$ para o sistema descrito pela Equação (4.11). A bacia de atração para o ponto fixo x_1^* é $x \in (\mu, \infty)$ se $\mu < 0$, ao passo que a bacia de atração para x_2^*, com $\mu > 0$, é $x \in (0, \infty)$.

4.4.1 Exemplo de bifurcação transcrítica

Para reforçar a discussão, considere a seguinte equação diferencial

$$\dot{x} = x - \mu x(1 - x) = f(x) \tag{4.15}$$

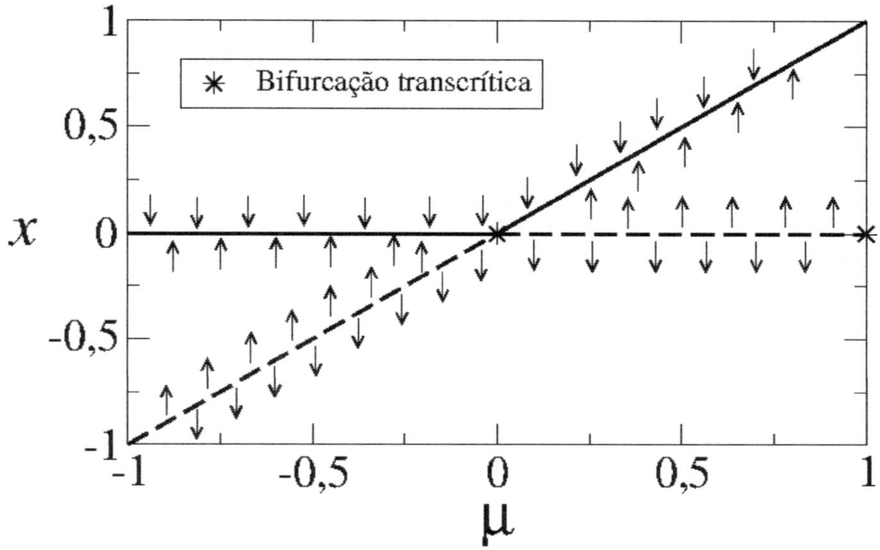

Figura 4.3 – Esboço da bifurcação transcrítica que ocorre em $\mu = 0$ para o sistema descrito pela Equação (4.11).

Os pontos fixos são obtidos de $\dot{x} = 0$ e assumem a forma

$$x_1^* = 0 \tag{4.16}$$

$$x_2^* = 1 - \frac{1}{\mu} \tag{4.17}$$

A estabilidade é dada pelo sinal da derivada $\frac{df}{dx}\big|_{x^*}$, logo

$$\frac{df}{dx} = 1 - \mu + 2\mu x \tag{4.18}$$

Avaliando a Equação (4.18) em x_1^*, temos que $\frac{df}{dx}\big|_{x_1^*} = 1 - \mu$. Assim, x_1^* é assintoticamente estável para $\mu > 1$ e instável para $\mu < 1$. Repetindo a análise para x_2^*, temos $\frac{df}{dx}\big|_{x_2^*} = -1 + \mu$. O ponto fixo $x_2^* = 1 - 1/\mu$ é instável para $\mu > 1$ e assintoticamente estável para $\mu < 1$. Em $\mu = 1$ ocorre a troca de estabilidade de x_1^* e x_2^*, caracterizando uma bifurcação transcrítica. A Figura 4.4 mostra o comportamento dos pontos fixos como função de μ ilustrando a bifurcação transcrítica. A bacia de atração para o ponto fixo x_1^*, considerando $\mu > 1$, é $x \in (-\infty, 1 - 1/\mu)$ enquanto, para $\mu < 1$ o ponto fixo x_2^* tem bacia de atração dada por $x \in (-\infty, 0)$.

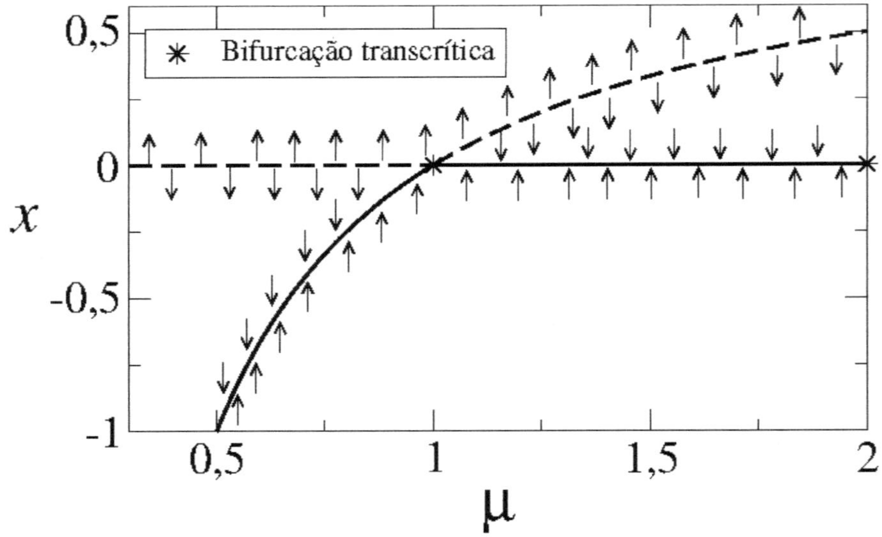

Figura 4.4 – Esboço da bifurcação transcrítica que ocorre em $\mu = 1$ para o sistema descrito pela Equação (4.15).

Discutiremos na próxima seção a bifurcação de forquilha (*pitchfork*). Existem dois tipos de bifurcações de forquilha, sendo uma delas a bifurcação supercrítica e a outra a subcrítica. Começaremos discutindo a supercrítica.

4.5 Bifurcação supercrítica de forquilha

Para ilustrar a bifurcação supercrítica de forquilha, consideraremos a seguinte equação

$$\dot{x} = \mu x - x^3 = f(x) \tag{4.19}$$

Os pontos fixos são obtidos da solução de $\dot{x} = 0$, ou seja, $\mu x - x^3 = 0$, o que conduz a

$$x_1^* = 0 \tag{4.20}$$

$$x_2^* = \sqrt{\mu} \tag{4.21}$$

$$x_3^* = -\sqrt{\mu} \tag{4.22}$$

As soluções $\pm\sqrt{\mu}$ são reais somente para $\mu \geq 0$. Para investigar a estabilidade dos pontos fixos, devemos conhecer a expressão de $\frac{df}{dx}$, que é dada por

$$\frac{df}{dx} = \mu - 3x^2 \tag{4.23}$$

Começaremos com o ponto fixo x_1^*, assim, temos que $\frac{df}{dx}\Big|_{x_1^*} = \mu$, sendo portanto instável para $\mu > 0$ e assintoticamente estável para $\mu < 0$. A bacia de atração de x_1^*, considerando $\mu < 0$, é $x \in (-\infty, \infty)$. Em $\mu = 0$ o ponto fixo x_1^* perde a estabilidade, marcando portanto o ponto de bifurcação. Passemos agora à investigação dos pontos fixos $\pm\sqrt{\mu}$. Avaliando a Equação (4.23) nos pontos fixos, temos

$$\begin{aligned} \frac{df}{dx}\bigg|_{x_{2,3}^*} &= \mu - 3(\pm\sqrt{\mu})^2 \\ &= -2\mu \end{aligned} \tag{4.24}$$

sabendo que $\mu \geq 0$ para os pontos fixos $x_{2,3}^*$. Assim, os pontos fixos $x_{2,3}^* = \pm\sqrt{\mu}$ nascem assintoticamente estáveis. A bacia de atração de x_2^* é $x \in (0, \infty)$ e de x_3^* é $x \in (-\infty, 0)$, ambos para $\mu > 0$. O parâmetro $\mu = 0$ define o nascimento de dois pontos fixos assintoticamente estáveis, $x_{2,3}^*$, ao passo que o ponto fixo x_1^* perde sua estabilidade em $\mu = 0$. A bifurcação que ocorre em $\mu = 0$ é chamada de bifurcação supercrítica de forquilha. A Figura 4.5 mostra o comportamento de x *vs.* μ, ilustrando a bifurcação supercrítica de forquilha.

4.5.1 Exemplo de bifurcação supercrítica de forquilha

Para reforçar a discussão e ilustrar a bifurcação com um exemplo, considere a equação

$$\dot{x} = \mu x - 4x^3 = f(x) \tag{4.25}$$

Mostre que a Equação (4.25) sofre uma bifurcação supercrítica de forquilha em $\mu = 0$.

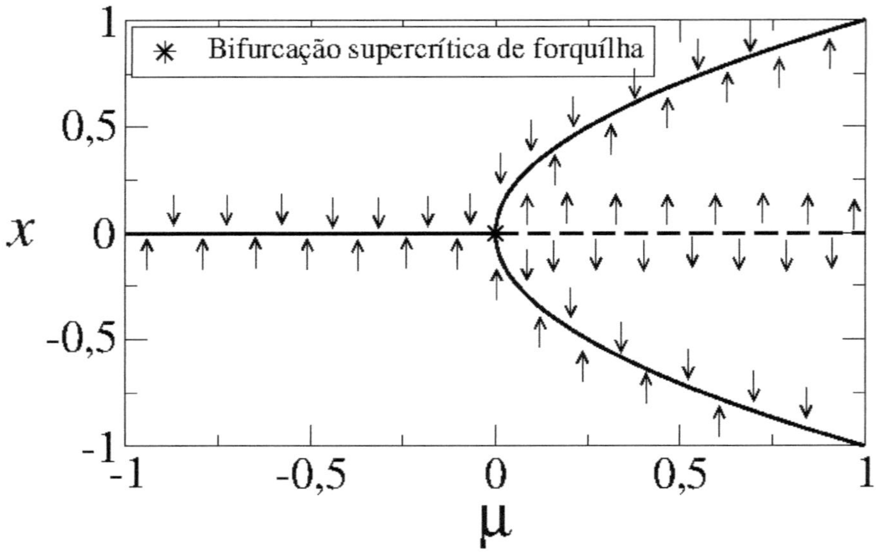

Figura 4.5 – Esboço da bifurcação supercrítica de forquilha que ocorre em $\mu = 0$ para o sistema descrito pela Equação (4.19).

Os pontos fixos são obtidos de $\dot{x} = 0$, que conduz a

$$x_1^* = 0 \tag{4.26}$$

$$x_2^* = \frac{1}{2}\sqrt{\mu} \tag{4.27}$$

$$x_3^* = -\frac{1}{2}\sqrt{\mu} \tag{4.28}$$

Os pontos fixos $x_{2,3}^*$ só existem para $\mu \geq 0$.

A estabilidade é obtida a partir da expressão da derivada, logo

$$\frac{df}{dx} = \mu - 12x^2 \tag{4.29}$$

Avaliando a Equação (4.29) em x_1^*, temos que $\frac{df}{dx}\big|_{x_1^*} = \mu$, portanto, instável quando $\mu > 0$ e assintoticamente estável para $\mu < 0$. A bacia de atração de x_1^* é $x \in (-\infty, \infty)$ para $\mu < 0$. Em $\mu = 0$ o ponto fixo x_1^* troca a estabilidade. Avaliando agora os pontos fixos $x_{2,3}^* = \pm\frac{1}{2}\sqrt{\mu}$, temos $\frac{df}{dx}\big|_{x_{2,3}^*} = -2\mu$. Para $\mu > 0$, os pontos fixos $x_{2,3}^*$ são assintoticamente estáveis. Concluímos dessa forma que em $\mu = 0$ ocorre uma bifurcação supercrítica de forquilha.

O esboço dessa bifurcação é bastante semelhante ao mostrado na Figura 4.5. A bacia de atração de x_2^* é $x \in (0, \infty)$ e de x_3^* é $x \in (-\infty, 0)$, ambos para $\mu > 0$.

4.6 Bifurcação subcrítica de forquilha

Considere agora a seguinte equação:

$$\dot{x} = \mu x + x^3 = f(x) \tag{4.30}$$

Os pontos fixos são obtidos de $\dot{x} = 0$ e dados por

$$x_1^* = 0 \tag{4.31}$$

$$x_2^* = \sqrt{-\mu} \tag{4.32}$$

$$x_3^* = -\sqrt{-\mu} \tag{4.33}$$

Os pontos fixos $x_{2,3}^*$ só existem para $\mu \leq 0$. A estabilidade dos pontos fixos é obtida a partir da expressão

$$\frac{df}{dx} = \mu + 3x^2 < 0 \tag{4.34}$$

Avaliando x_1^* na Equação (4.34), temos $\frac{df}{dx}\big|_{x_1^*} = \mu$, sendo portanto assintoticamente estável para $\mu < 0$ e instável para $\mu > 0$, trocando de estabilidade em $\mu = 0$. Avaliando a Equação (4.34) usando os pontos fixos $x_{2,3}^*$, temos

$$\begin{aligned} \left.\frac{df}{dx}\right|_{x_1^*} &= \mu + 3(\pm\sqrt{-\mu})^2 \\ &= 2|-\mu| \end{aligned} \tag{4.35}$$

que é uma quantidade não negativa, caracterizando os pontos fixos $x_{2,3}^*$ como instáveis. Um esboço da bifurcação subcrítica de forquilha é mostrado na Figura 4.6. Somente o ponto fixo x_1^* é assintoticamente estável para $\mu < 0$ e sua bacia de atração é $x \in (-\sqrt{\mu}, \sqrt{\mu})$.

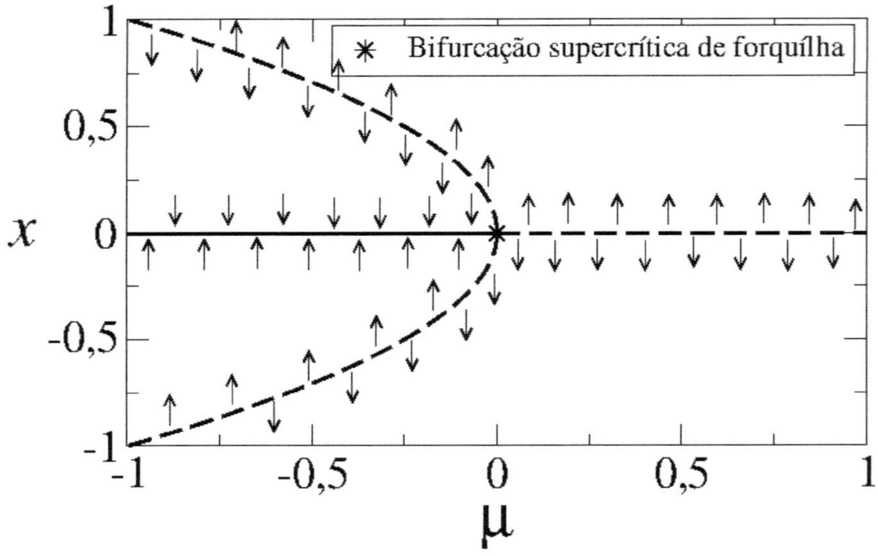

Figura 4.6 – Esboço da bifurcação subcrítica de forquilha que ocorre em $\mu = 0$ para o sistema descrito pela Equação (4.30).

4.7 Formas normais

Discutiremos nesta seção uma maneira de representar uma EDO em sua forma mais compacta próximo a uma bifurcação. O procedimento consiste em expandir a EDO em série de Taylor, próximo ao ponto fixo, até ser representada pela menor não linearidade. Esse procedimento conduz ao conceito de forma normal.

Considere a seguinte EDO

$$\dot{x} = f(x, \mu) \tag{4.36}$$

em que $x \in \mathbb{R}$ é a variável dinâmica e $\mu \in \mathbb{R}$ é o parâmetro de controle. Admitiremos que existe um ponto fixo x^* tal que $f(x^*, \mu) = 0$, bem como uma bifurcação em $\mu = \mu_c$. Assumiremos também que $f(x, \mu)$ é uma função contínua e com derivadas contínuas em x e μ. Expandindo a Equação (4.36) em série de Taylor próximo a x^* e μ_c, temos

$$\begin{aligned}
\dot{x} &= f(x^*, \mu_c) + (x - x^*)\frac{\partial f}{\partial x}\Big|_{x^*,\mu_c} + (\mu - \mu_c)\frac{\partial f}{\partial \mu}\Big|_{x^*,\mu_c} + \\
&+ \frac{1}{2}(x - x^*)^2\frac{\partial^2 f}{\partial x^2}\Big|_{x^*,\mu_c} + \frac{1}{2}(\mu - \mu_c)^2\frac{\partial^2 f}{\partial \mu^2}\Big|_{x^*,\mu_c} + \\
&+ (x - x^*)(\mu - \mu_c)\frac{\partial^2 f}{\partial x \partial \mu}\Big|_{x^*,\mu_c} + \frac{1}{3!}(x - x^*)^3\frac{\partial^3 f}{\partial x^3}\Big|_{x^*,\mu_c} + \\
&+ \frac{1}{2}(x - x^*)^2(\mu - \mu_c)\frac{\partial^3 f}{\partial x^2 \partial \mu}\Big|_{x^*,\mu_c} + \\
&+ \frac{1}{2}(x - x^*)(\mu - \mu_c)^2\frac{\partial^3 f}{\partial x \partial \mu^2}\Big|_{x^*,\mu_c} + \ldots
\end{aligned} \tag{4.37}$$

Se a função f é avaliada no ponto fixo, então $f(x^*, \mu) = 0$ e, consequentemente, o primeiro termo do lado direito da Equação (4.37) se anula. Consideraremos também apenas os termos lineares em μ na expansão em série de Taylor. Definindo variáveis auxiliares $X = x - x^*$, que conduz a $\dot{X} = \dot{x}$, e $\tilde{\mu} = \mu - \mu_c$, podemos reescrever a Equação (4.37) como

$$\begin{aligned}
\dot{X} &= X\frac{\partial f}{\partial x}\Big|_{x^*,\mu_c} + \tilde{\mu}\frac{\partial f}{\partial \mu}\Big|_{x^*,\mu_c} + \frac{1}{2}X^2\frac{\partial^2 f}{\partial x^2}\Big|_{x^*,\mu_c} + \\
&+ X\tilde{\mu}\frac{\partial^2 f}{\partial x \partial \mu}\Big|_{x^*,\mu_c} + \frac{1}{3!}X^3\frac{\partial^3 f}{\partial x^3}\Big|_{x^*,\mu_c} + \frac{1}{2}X^2\tilde{\mu}\frac{\partial^3 f}{\partial x^2 \partial \mu}\Big|_{x^*,\mu_c}
\end{aligned} \tag{4.38}$$

Para que as expressões obtidas na Equação (4.38) possam recuperar e descrever as Equações (4.1), (4.11), (4.19) e (4.30), as seguintes condições devem ser satisfeitas:

- Bifurcação sela-nó: Equação (4.1). Nesse caso temos que $\frac{\partial f}{\partial x}|_{x^*,\mu_c} = 0$, $\frac{\partial f}{\partial \mu}|_{x^*,\mu_c} = 1$, $\frac{\partial^2 f}{\partial x^2}|_{x^*,\mu_c} = -2$, $\frac{\partial^2 f}{\partial x \partial \mu}|_{x^*,\mu_c} = 0$, $\frac{\partial^3 f}{\partial x^3}|_{x^*,\mu_c} = 0$, $\frac{\partial^3 f}{\partial x^2 \partial \mu}|_{x^*,\mu_c} = 0$. É importante mencionar que as condições $\frac{\partial f}{\partial \mu}|_{x^*,\mu_c} = \pm 1$ e $\frac{\partial^2 f}{\partial x^2}|_{x^*,\mu_c} = \pm 2$ também correspondem à forma normal da bifurcação sela-nó.

- Bifurcação transcrítica: Equação (4.11). Para essa bifurcação, as seguintes condições devem ser satisfeitas: $\frac{\partial f}{\partial x}|_{x^*,\mu_c} = 0$, $\frac{\partial f}{\partial \mu}|_{x^*,\mu_c} = 0$, $\frac{\partial^2 f}{\partial x^2}|_{x^*,\mu_c} = -2$, $\frac{\partial^2 f}{\partial x \partial \mu}|_{x^*,\mu_c} = 1$, $\frac{\partial^3 f}{\partial x^3}|_{x^*,\mu_c} = 0$, $\frac{\partial^3 f}{\partial x^2 \partial \mu}|_{x^*,\mu_c} = 0$.

- Bifurcação supercrítica de forquilha: Equação (4.19). Essa bifurcação requer que $\frac{\partial f}{\partial x}|_{x^*,\mu_c} = 0$, $\frac{\partial f}{\partial \mu}|_{x^*,\mu_c} = 0$, $\frac{\partial^2 f}{\partial x^2}|_{x^*,\mu_c} = 0$, $\frac{\partial^2 f}{\partial x \partial \mu}|_{x^*,\mu_c} = 1$, $\frac{\partial^3 f}{\partial x^3}|_{x^*,\mu_c} = -3!$, $\frac{\partial^3 f}{\partial x^2 \partial \mu}|_{x^*,\mu_c} = 0$.

- Bifurcação subcrítica de forquilha: Equação (4.30). Para essa bifurcação as condições são $\frac{\partial f}{\partial x}|_{x^*,\mu_c} = 0$, $\frac{\partial f}{\partial \mu}|_{x^*,\mu_c} = 0$, $\frac{\partial^2 f}{\partial x^2}|_{x^*,\mu_c} = 0$, $\frac{\partial^2 f}{\partial x \partial \mu}|_{x^*,\mu_c} = 1$, $\frac{\partial^3 f}{\partial x^3}|_{x^*,\mu_c} = 3!$, $\frac{\partial^3 f}{\partial x^2 \partial \mu}|_{x^*,\mu_c} = 0$.

Podemos, então, resumir as formas normais para as bifurcações discutidas nesse capítulo na Tabela 4.1.

Tabela 4.1 – Condições das derivadas parciais na expansão em série de Taylor para as formas normais nas bifurcações sela-nó, transcrítica, supercrítica e subcrítica de forquilha.

Bifurcação	$\frac{\partial f}{\partial x}$	$\frac{\partial f}{\partial \mu}$	$\frac{\partial^2 f}{\partial x^2}$	$\frac{\partial^2 f}{\partial x \partial \mu}$	$\frac{\partial^3 f}{\partial x^3}$	$\frac{\partial^3 f}{\partial x^2 \partial \mu}$
Sela-nó	0	± 1	± 2	0	0	0
Transcrítica	0	0	-2	1	0	0
Supercrítica de forquilha	0	0	0	1	$-3!$	0
Subcrítica de forquilha	0	0	0	1	3!	0

4.8 Resumo

Neste capítulo discutimos alguns tipos de bifurcações locais que são observadas em EDO. Mostramos que uma pequena variação no parâmetro de controle acarreta uma mudança no comportamento do fluxo de soluções do ponto fixo. Assim, pudemos também discutir o conceito de estabilidade estrutural. Se uma pequena variação nas equações que definem o fluxo de soluções produz um novo fluxo de soluções que é topologicamente equivalente ao original, diz-se então que o sistema é estruturalmente estável. Se o fluxo é totalmente modificado, o sistema não exibe estabilidade estrutural.

As bifurcações discutidas neste capítulo foram: (i) sela-nó; (ii) transcrítica; e (iii) forquilha, que se apresenta como supercrítica e subcrítica. Na bifurcação sela-nó, ocorre o nascimento de dois pontos fixos, sendo um deles estável e o outro instável. Para a bifurcação transcrítica, dois pontos fixos coexistem, porém trocam de estabilidade na bifurcação. Por outro lado, na bifurcação de forquilha, geralmente um ponto fixo é sempre real e ocorre o nascimento de um par de outros pontos fixos. Considerando a bifurcação supercrítica de forquilha, o par que nasce é assintoticamente estável. Após o nascimento, o ponto fixo já existente, até então assintoticamente estável, perde sua estabilidade. Por fim, na bifurcação subcrítica de forquilha, o par de pontos fixos nasce instável e a estabilidade é atribuída ao ponto fixo existente, que era instável antes da bifurcação.

4.9 Exercícios propostos

1. Para cada uma das EDO deste exercício, obtenha e classifique os pontos fixos. Construa o diagrama de bifurcação e classifique o tipo de bifurcação existente:

(a) $\dot{x} = 4 + \mu x + x^2$;	(b) $\dot{x} = \mu + x - \ln(1 - x)$;
(c) $\dot{x} = (x - \mu)\sin(x)$;	(d) $\dot{x} = \mu^2 - x^2$;
(e) $\dot{x} = \mu^2 + x^2$;	(f) $\dot{x} = \mu e^x - x$;
(g) $\dot{x} = \mu x + x^2$;	(h) $\dot{x} = \mu x - \ln(1 + x)$;
(i) $\dot{x} = x - \mu x(1 - x)$;	(j) $\dot{x} = \mu x - 2x^3$;
(k) $\dot{x} = \mu x + 2x^3$;	(l) $\dot{x} = \mu - 4x^2$;
(m) $\dot{x} = \mu x - \frac{x}{1+x}$;	(n) $\dot{x} = \mu x - \frac{x}{1+x^2}$.

2. Após uma bifurcação subcrítica de forquilha, condições iniciais fornecidas próximas aos pontos fixos instáveis se afastam dele com o decorrer do tempo. Considerando a EDO

$$\dot{x} = \mu x + 4x^2$$

com $\mu \in \mathbb{R}$, determine a bacia de atração que conduz a evolução dinâmica ao único ponto fixo assintoticamente estável da EDO.

3. Obtenha a bacia de atração do ponto fixo assintoticamente estável para a EDO

$$\dot{x} = \mu - 9x^2$$

em que $\mu \in \mathbb{R}$. Qual a bifurcação envolvida?

4. Determine as bacias de atração dos dois pontos fixos assintoticamente estáveis da seguinte EDO

$$\dot{x} = x^2 + \mu x + 4$$

em que $\mu \in \mathbb{R}$.

5. Escreva uma rotina numérica para obter os pontos fixos assintoticamente estáveis, consequentemente exibindo a bifurcação, das seguintes EDO

$$\text{(a) } \dot{x} = x - \mu x(2 - x); \quad \text{(b) } \dot{x} = \mu x - 4x^3.$$

6. Considere o seguinte sistema de EDO

$$\begin{aligned} \dot{x} &= -y + x(\mu - x^2 - y^2) \\ \dot{y} &= x + y(\mu - x^2 - y^2) \end{aligned}$$

em que $\mu \in \mathbb{R}$.

(a) Obtenha os pontos fixos do sistema de EDO.

(b) Encontre os autovalores da matriz jacobiana.

(c) Que tipo de bifurcação ocorre quando $\mu = 0$?

(d) Escreva um programa computacional para obter o diagrama de bifurcação considerando valores negativos e positivos para μ.

Capítulo 5

Análise de escala em bifurcações locais

5.1 Objetivos

Discutiremos neste capítulo como se dá a evolução dinâmica e, portanto, a convergência para o ponto fixo. Consideraremos uma investigação na bifurcação e também em sua vizinhança. Mostraremos que, na bifurcação, o decaimento para o ponto fixo é descrito por uma função homogênea generalizada com três expoentes críticos α, β e z. Próximo à bifurcação, o decaimento para o ponto fixo é dado por uma função exponencial com um tempo de relaxação descrito por uma lei de potência medida em relação à distância do parâmetro de controle onde ocorre a bifurcação, com um expoente δ. Os quatro expoentes críticos definem a classe de universalidade à qual a bifurcação pertence.

5.2 Convergência para pontos fixos

Vimos que, em uma bifurcação, o ponto fixo sofre uma mudança na sua estabilidade. O fluxo de soluções antes e após a bifurcação é diferente, geralmente acarretando uma mudança de estabilidade do ponto fixo. O estudo da convergência para o ponto fixo é sempre caracterizado em termos da distância do ponto fixo. Mostraremos neste capítulo que a convergência para o ponto fixo na bifurcação é descrita por uma função homogênea generalizada conduzindo a três expoentes críticos: α, β e z. Esses expoentes estão relacionados entre si a partir de uma lei de escala. Nas proximidades da bifurcação, a convergência para o ponto fixo é dada por uma função exponencial. O tempo de relaxação é descrito a partir de uma lei de potência cujo argumento é o parâmetro que fornece a distância da bifurcação, caracterizado por um expoente δ. Os quatro expoentes definem a classe de universalidade da bifurcação.

5.3 Convergência para o ponto fixo: uma descrição fenomenológica

Para motivar a discussão, consideraremos a convergência para o ponto fixo da seguinte equação diferencial ordinária (EDO):

$$\dot{x} = \mu - x^2 \tag{5.1}$$

Em $\mu = 0$ ocorre uma bifurcação sela-nó. Os pontos fixos são $x^*_{1,2} = \pm\sqrt{\mu}$, para $\mu \geq 0$. O ponto fixo x^*_1 é assintoticamente estável para $\mu > 0$, ao passo que x^*_2 é instável. Isso implica que condições iniciais escolhidas nas vizinhanças de x^*_1 convergem para ele com o decorrer do tempo. Por outro lado, condições iniciais escolhidas próximas a x^*_2 se afastam dele com o passar do tempo. As questões que devem ser respondidas são: (i) quão rápida é essa convergência; e (ii) poderia essa convergência depender da condição inicial[1] x_0? Como mostraremos adiante, a convergência depende da condição inicial

[1]Na investigação de escala, a variável apropriada para a investigação é a distância do ponto fixo. No caso particular em que o ponto fixo é $x^* = 0$, a distância inicial do ponto fixo $d_0 = x_0 - x^*$ coincide com a própria condição inicial x_0.

x_0 e a velocidade de convergência depende da não linearidade da EDO. A Figura 5.1 mostra um esboço de x $vs.$ t para as soluções da Equação (5.1)

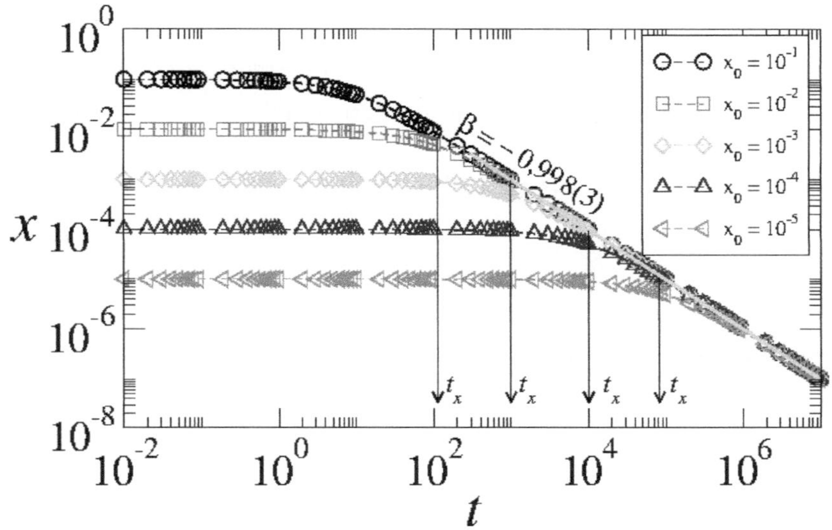

Figura 5.1 – Esboço do comportamento de x $vs.$ t para a Equação (5.1) considerando diferentes valores de x_0.

considerando diferentes valores para x_0. A integração numérica foi realizada usando o método de Runge-Kutta de segunda ordem.

Podemos notar que, dependendo do valor de x_0, a órbita fica estacionada em um regime constante por um longo intervalo de tempo. Ela, então, sofre uma mudança de comportamento e entra em um decaimento marcado por uma lei de potência. O tempo característico de *crossover* em que ocorre a mudança depende também da condição inicial x_0.

5.3.1 Hipóteses de escala

Com base na Figura 5.1, podemos propor as seguintes hipóteses de escala para a convergência para o ponto fixo:

1. Para tempos suficientemente curtos, o comportamento de x $vs.$ t é

dado por

$$x(t) \propto x_0^{\alpha} \tag{5.2}$$

para $t \ll t_x$, em que x_0 estabelece a distância inicial do ponto fixo, α é um expoente crítico e t_x define o tempo característico em que ocorre a mudança do platô constante para o regime de decaimento.

2. Para tempos suficientemente longos, temos que

$$x(t) \propto t^{\beta} \tag{5.3}$$

para $t \gg t_x$, em que β é um expoente crítico que define a velocidade de convergência para o estado estacionário.

3. O tempo característico t_x que marca a mudança do regime constante para o decaimento é dado por

$$t_x \propto x_0^{z} \tag{5.4}$$

em que z é o expoente crítico que define a dependência do *crossover* t_x da distância inicial x_0.

As três hipóteses de escala permitem descrever a convergência para o ponto fixo usando uma função homogênea generalizada da forma

$$x(x_0, t) = \ell x(\ell^a x_0, \ell^b t) \tag{5.5}$$

em que ℓ é um fator de escala e a e b são expoentes característicos.

Como ℓ é um fator de escala, podemos escolhê-lo como

$$\begin{aligned} \ell^a x_0 &= 1 \\ \ell &= x_0^{-1/a} \end{aligned} \tag{5.6}$$

Levando a Equação (5.6) na Equação (5.5), temos

$$x(x_0, t) = x_0^{-1/a} x(1, x_0^{-b/a} t) \tag{5.7}$$

em que assumiremos que a função $x(1, x_0^{-b/a}t)$ é constante para $t \ll t_x$. Comparando a Equação (5.7) com a Equação (5.2) da primeira hipótese de escala, chegamos à conclusão de que $\alpha = -\frac{1}{a}$.

Agora, escolheremos

$$\begin{aligned} \ell^b t &= 1 \\ \ell &= t^{-1/b} \end{aligned} \tag{5.8}$$

Substituindo a Equação (5.8) na Equação (5.5), temos que

$$x(x_0, t) = t^{-1/b} x(t^{-a/b} x_0, 1) \tag{5.9}$$

em que assumimos que $x(t^{-a/b}x_0, 1)$ é constante para $t \gg t_x$. Comparando a Equação (5.9) com a Equação (5.3) da segunda hipótese de escala, concluímos que $\beta = -\frac{1}{b}$.

Finalmente, podemos comparar as duas expressões obtidas para ℓ dadas pelas Equações (5.6) e (5.8), o que conduz a

$$\begin{aligned} t_x^{-1/b} &= x_0^{-1/a} \\ t_x &= x_0^{\alpha/\beta} \end{aligned} \tag{5.10}$$

Comparando agora a Equação (5.10) com a terceira hipótese de escala, dada pela Equação (5.4), temos que

$$z = \frac{\alpha}{\beta} \tag{5.11}$$

A Equação (5.11) define uma lei de escala. Isso implica que os expoentes críticos estão relacionados entre si de modo que o conhecimento de dois deles permite determinar o terceiro.

Os expoentes críticos α, β e z podem ser obtidos a partir de gráficos específicos. Vemos antecipadamente da Figura 5.1 que, para tempos curtos, $x(t) \cong x_0$, o que permite concluir que $\alpha = 1$, marcando assim o regime dado pelo platô constante para $t \ll t_x$. O expoente β é obtido simplesmente ajustando uma lei de potência ao regime de decaimento. Para a Figura 5.1, encontramos $\beta = -0,998(3) \cong -1$. Finalmente, o expoente z é obtido a partir do cruzamento do regime constante com a curva do decaimento. Dessa forma, temos que um ajuste em lei de potência para a curva t_x *vs.* x_0 fornece $z = -1,001(1) \cong -1$, conforme mostrado na Figura 5.2. Os erros

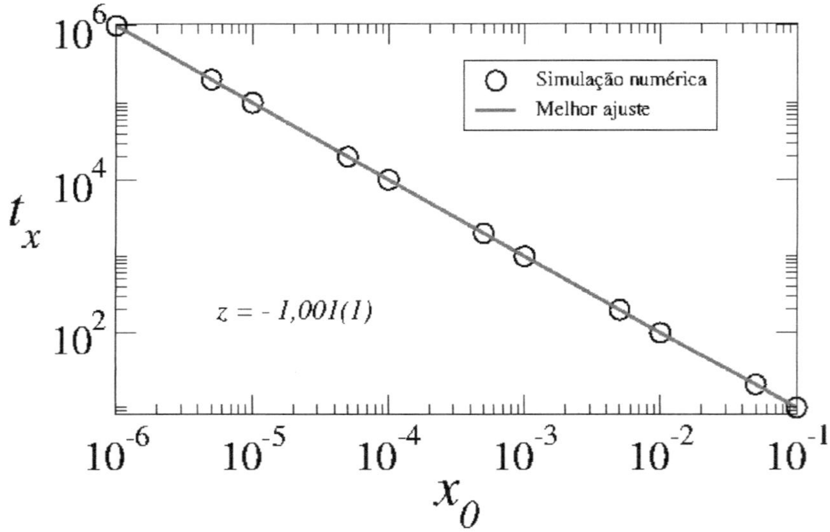

Figura 5.2 – Esboço do comportamento de t_x *vs.* x_0. Um ajuste em lei de potência fornece $z = -1,001(1)$.

experimentais da determinação do tempo de *crossover* t_x são menores que os símbolos usados na Figura 5.2.

O conhecimento dos expoentes α, β e z permite verificar a existência de um comportamento universal. Para isso devemos fazer duas mudanças nos eixos da Figura 5.1. A primeira mudança é a transformação $x(t) \rightarrow x(t)/x_0^{\alpha}$, e a segunda, $t \rightarrow t/x_0^{z}$. Com essas duas transformações, todas as curvas mostradas na Figura 5.1 se sobrepõem umas às outras em uma única curva, mostrando um comportamento universal. A Figura 5.3 ilustra a sobreposição das curvas mostradas na Figura 5.1 em uma única curva universal.

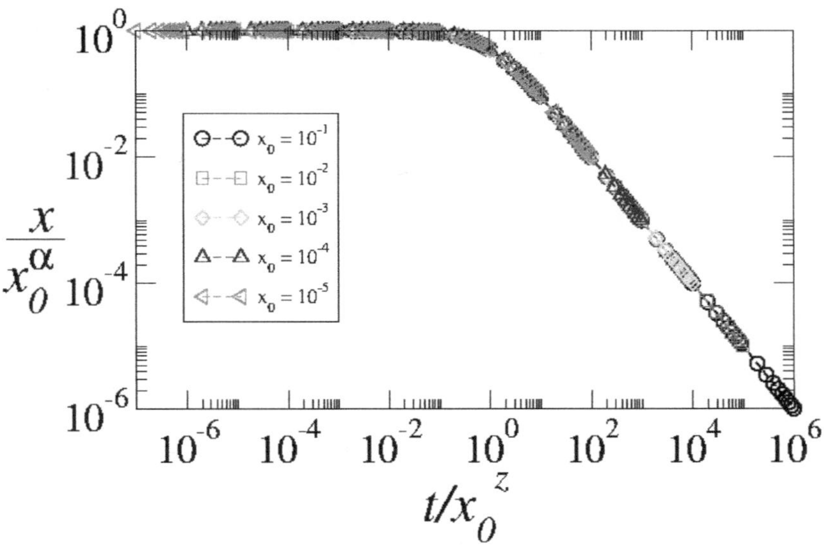

Figura 5.3 – Sobreposição das curvas mostradas na Figura 5.1 em uma única curva universal, após as transformações $x \to x/x_0^{\alpha}$ e $t \to t/x_0^z$.

Já discutimos o formalismo da convergência para o ponto fixo na bifurcação da Equação (5.1) em $\mu = 0$. Vamos agora discutir a convergência para o ponto fixo, mas considerando $\mu > 0$, ou seja, após o evento de bifurcação. A Figura 5.4(a) mostra o comportamento de x *vs.* t para diferentes valores de μ e a mesma condição inicial $x_0 = 0,1$. Podemos notar que todas as curvas convergem para o ponto fixo com o decorrer do tempo e com velocidades de convergência diferentes. Assim, podemos supor que

$$x(t) - x^* \propto e^{-\frac{t}{\tau}} \tag{5.12}$$

em que τ é o tempo de relaxação dado por

$$\tau \propto \mu^{\delta} \tag{5.13}$$

e δ é um expoente crítico. Podemos obter o expoente δ a partir de simulações numéricas. Para determiná-lo, devemos adotar um critério de convergência para o ponto fixo. Para um parâmetro de controle escolhido próximo da bifurcação e dada uma condição inicial x_0, com o decorrer do tempo

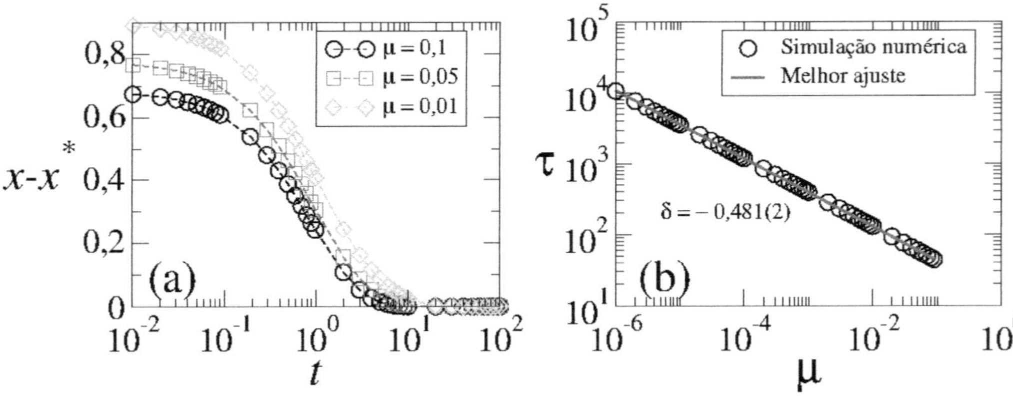

Figura 5.4 – (a) Esboço de x *vs.* t para a Equação (5.1) para $\mu \neq 0$. (b) Esboço do comportamento de τ *vs.* μ confirmando a existência de uma lei de potência com expoente $\delta = -0,481(2) \cong -0,5$.

a integração numérica fornece $x(t)$. Se a variável dinâmica $x(t)$ assumir uma distância do ponto fixo que seja menor que um parâmetro preestabelecido, por exemplo, $(x(t) - x^*) < 10^{-8}$, em que x^* identifica o ponto fixo, assumimos que houve a convergência para o ponto fixo. Neste ponto, anotamos então o parâmetro de controle utilizado na simulação e o tempo gasto até que a condição de convergência fosse atingida. O expoente δ é obtido do comportamento de τ *vs.* μ, assim, devemos variar o parâmetro de controle e repetir a simulação partindo da mesma condição inicial usada anteriormente. A Figura 5.4(b) mostra um esboço do tempo de relaxação τ *vs.* μ para a Equação (5.1) obtido utilizando o procedimento de convergência discutido anteriormente. Um ajuste em lei de potência fornece $\delta = -0,481(2) \cong -0,5$.

O conhecimento dos expoentes α, β, z e δ pode ser muito útil para a identificação de classes de universalidade. Discutiremos em sequência a aplicação do formalismo, bem como a descrição mais rigorosa da obtenção dos expoentes críticos em pelo menos três tipos de bifurcações: (i) sela-nó; (ii) transcrítica; e (iii) supercrítica de forquilha.

5.4 Análise de escala na bifurcação sela-nó

Discutiremos nesta seção um modo analítico para a obtenção dos expoentes críticos α, β, z e δ na bifurcação sela-nó. Considere a seguinte EDO:

$$\dot{x} = \mu - x^2 \tag{5.14}$$

Essa EDO tem pontos fixos reais para $\mu \geq 0$, sendo eles $x_1^* = \sqrt{\mu}$, que é assintoticamente estável para $\mu > 0$, e $x_2^* = -\sqrt{\mu}$, que é instável para $\mu > 0$. Em $\mu = 0$ ocorre a bifurcação sela-nó.

Os expoentes críticos α, β e z foram obtidos via simulação numérica na seção anterior. Usando argumentos de escala, mostramos que o comportamento de x *vs.* t é universal para $\mu = 0$, que define o parâmetro de bifurcação, e decai ao equilíbrio exponencialmente quando $\mu > 0$ (ligeiramente afastado do parâmetro de bifurcação). Vamos agora obter os expoentes críticos a partir da solução da Equação (5.14) diretamente. Começaremos com $\mu = 0$. Na bifurcação, a Equação (5.14) fica escrita como

$$\dot{x} = -x^2 \tag{5.15}$$

o que permite escrever a equação da seguinte forma:

$$\int_{x_0}^{x(t)} \frac{dx}{x^2} = -\int_0^t dt' \tag{5.16}$$

Efetuando a integração e agrupando apropriadamente os termos, obtemos

$$x(t) = \frac{x_0}{1 + x_0 t} \tag{5.17}$$

Uma análise mais direta da Equação (5.17) permite obter os expoentes críticos. Primeiramente, quando $x_0 t \ll 1$, temos que

$$x(t) \cong x_0 \tag{5.18}$$

Comparando esse resultado com a Equação (5.2) da primeira hipótese de escala, temos que $\alpha = 1$.

Para $x_0 t \gg 1$, temos que

$$x(t) \cong t^{-1} \tag{5.19}$$

Comparando esse resultado com a Equação (5.3) da segunda hipótese de escala, temos que $\beta = -1$, em bom acordo com os resultados numéricos.

Finalmente, quando $x_0 t = 1$, temos que

$$t_x \cong x_0^{-1} \tag{5.20}$$

Comparando esse resultado com a Equação (5.4), encontramos que $z = -1$, também em ótimo acordo com os dados obtidos numericamente.

Dessa maneira, encontramos de forma analítica os três expoentes críticos $\alpha = 1$, $\beta = -1$ e $z = -1$ para a bifurcação sela-nó. Falta agora obter o expoente crítico δ.

Passemos então ao estudo do expoente δ, ou seja, a caracterização da convergência para o ponto fixo quando $\mu > 0$. A equação a ser resolvida é

$$\int_{x_0}^{x(t)} \frac{dx}{\mu - x^2} = \int_0^t dt' \tag{5.21}$$

A integração da Equação (5.21) conduz ao seguinte resultado:

$$\text{arctanh}\left[\frac{x}{\sqrt{\mu}}\right]\Bigg|_{x_0}^{x(t)} = \sqrt{\mu}t \tag{5.22}$$

Aplicando os limites de integração e reagrupando os termos de forma conveniente, obtemos

$$x(t) = \sqrt{\mu}\tanh\left[\text{arctanh}\left(\frac{x_0}{\sqrt{\mu}}\right) + \sqrt{\mu}t\right] \tag{5.23}$$

Vemos claramente que essa solução tanto satisfaz a condição inicial, ou seja, $x(0) = x_0$ para $t = 0$, quanto fornece o estado estacionário. Para $t \to \infty$, temos que $\tanh(t) = 1$, logo $x(t \to \infty) \to \sqrt{\mu}$, como era de se esperar. Entretanto, a forma como o resultado está representado não permite, de maneira simples, uma análise da convergência para o estado estacionário, o que nos força a reescrever a solução de outro modo.

Da identidade matemática que diz

$$\text{arctanh}(x) = \frac{1}{2}\ln\left[\frac{1+x}{1-x}\right] \tag{5.24}$$

podemos reescrever a Equação (5.22) como

$$\ln\left[\frac{1+\frac{x}{\sqrt{\mu}}}{1-\frac{x}{\sqrt{\mu}}}\right]\Bigg|_{x_0}^{x(t)} = 2\sqrt{\mu}t \tag{5.25}$$

Usando a definição de logaritmo, agrupando apropriadamente os termos e isolando x, obtemos

$$x(t) = \sqrt{\mu}\left[\frac{(x_0-\sqrt{\mu})+(\sqrt{\mu}+x_0)e^{2\sqrt{\mu}t}}{(\sqrt{\mu}-x_0)+(\sqrt{\mu}+x_0)e^{2\sqrt{\mu}t}}\right] \tag{5.26}$$

Colocando o termo $(\sqrt{\mu}+x_0)e^{2\sqrt{\mu}t}$ em evidência tanto no numerador quanto no denominador, temos

$$x(t) = \sqrt{\mu}\left[1+\left(\frac{x_0-\sqrt{\mu}}{x_0+\sqrt{\mu}}\right)e^{-2\sqrt{\mu}t}\right]\left[1-\left(\frac{x_0-\sqrt{\mu}}{x_0+\sqrt{\mu}}\right)e^{-2\sqrt{\mu}t}\right]^{-1} \tag{5.27}$$

Expandindo em série de Taylor o termo dentro do segundo par de colchetes, aquele que tem expoente -1, e considerando apenas termos de ordem de $\sqrt{\mu}$, chegamos a

$$x(t) - x^* \cong \left[\frac{2\sqrt{\mu}x_0}{x_0+\sqrt{\mu}}\right]e^{-2\sqrt{\mu}t} \tag{5.28}$$

O termo do lado esquerdo da Equação (5.28) já fornece a distância do ponto fixo, ao passo que o termo do lado direito fornece o decaimento exponencial. A Equação (5.28) está escrita na mesma forma funcional da Equação (5.12). Uma comparação, particularmente voltada para o tempo de relaxação dado pela Equação (5.13), permite concluir que o expoente $\delta = -1/2$ está em bom acordo com o resultado obtido na Figura 5.4(b).

Concluímos que os expoentes críticos que definem a bifurcação sela-nó são $\alpha = 1$, $\beta = -1$, $z = -1$ e $\delta = -1/2$.

5.5 Análise de escala na bifurcação transcrítica

Vamos agora discutir os expoentes críticos para a bifurcação transcrítica. Considere a seguinte equação:

$$\dot{x} = \mu x - x^2 \tag{5.29}$$

Os pontos fixos são: $x_1^* = 0$, que é assintoticamente estável para $\mu < 0$ e instável para $\mu > 0$, e $x_2^* = \mu$, que é instável para $\mu > 0$ e assintoticamente estável para $\mu < 0$. Em $\mu = 0$ ocorre a troca de estabilidade dos pontos fixos, definindo assim uma bifurcação transcrítica. É importante mencionar que, em $\mu = 0$, a Equação (5.29) assume a mesma forma da Equação (5.15). O estudo da convergência para o ponto fixo conduz a uma figura idêntica à Figura 5.1, inclusive com os mesmos expoentes críticos $\alpha = 1$, $\beta = -1$ e $z = -1$. O único expoente diferente é o expoente crítico δ.

Para $\mu \neq 0$, a convergência para o ponto fixo deve se dar a partir de um decaimento exponencial. A Figura 5.5 mostra o comportamento de τ *vs.* μ. Um ajuste em lei de potência fornece $\delta = -0,95(1) \cong -1$.

Vamos agora discutir a obtenção dos expoentes críticos utilizando diretamente a solução da Equação (5.29). Considerando $\mu = 0$, a solução da Equação (5.29) é dada por

$$x(t) = \frac{x_0}{1 + x_0 t} \tag{5.30}$$

Os expoentes críticos são:

- α: para $x_0 t \ll 1$, temos $x(t) \cong x_0$, logo $\alpha = 1$;
- β: para $x_0 t \gg 1$, temos $x(t) \cong t$, logo $\beta = -1$;
- z: para $x_0 t_x = 1$, temos $t_x \cong x_0^{-1}$, logo $z = -1$.

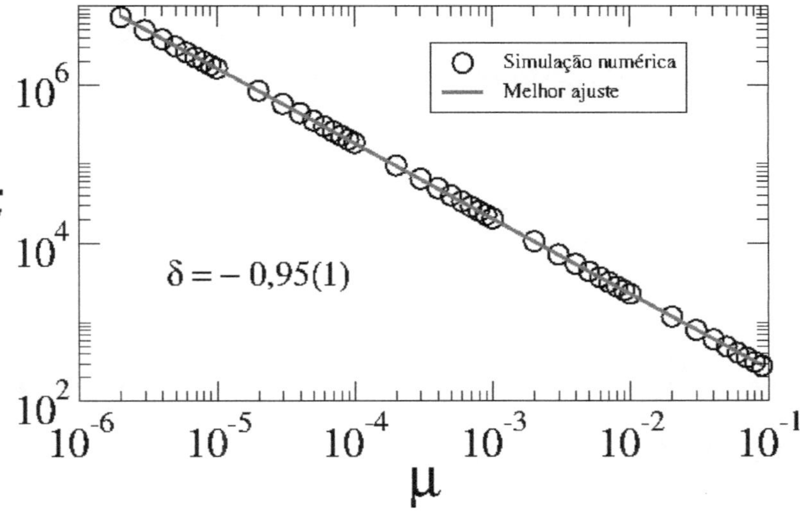

Figura 5.5 – Esboço do comportamento de τ *vs.* μ confirmando a existência de uma lei de potência com expoente $\delta = -0,95(1) \cong -1$.

Vamos agora considerar o caso $\mu \neq 0$. A EDO a ser resolvida é

$$\int_{x_0}^{x(t)} \frac{dx}{\mu x - x^2} = \int_0^t dt' \tag{5.31}$$

cuja solução é

$$[\ln(x) - \ln(x - \mu)]|_{x_0}^{x(t)} = \mu t \tag{5.32}$$

Aplicando os limites de integração e agrupando os termos de forma apropriada, temos

$$x(t) = \frac{\mu x_0}{x_0 - (x_0 - \mu)e^{-\mu t}} \tag{5.33}$$

que pode ser reescrito de forma conveniente como

$$x(t) = \mu \left[1 - \left(1 - \frac{\mu}{x_0}\right) e^{-\mu t}\right]^{-1} \tag{5.34}$$

Expandindo em série de Taylor e considerando apenas termos lineares em μ, encontramos

$$x(t) - \mu \cong \mu e^{-\mu t} \tag{5.35}$$

A Equação (5.35) está na mesma forma funcional da Equação (5.12). Quando comparamos com a Equação (5.13), temos que $\delta = -1$, o que está também em relativo bom acordo com a simulação mostrada na Figura 5.5.

Dessa forma, os expoentes críticos que classificam a bifurcação transcrítica são $\alpha = 1$, $\beta = -1$, $z = -1$ e $\delta = -1$.

5.6 Análise de escala na bifurcação supercrítica de forquilha

Discutiremos nesta seção a convergência para o ponto fixo na bifurcação supercrítica de forquilha. A EDO que descreve a bifurcação é escrita como

$$\dot{x} = \mu x - x^3 \tag{5.36}$$

Os pontos fixos são $x_1^* = 0$, que é assintoticamente estável para $\mu < 0$ e instável para $\mu > 0$, e $x_{2,3}^* = \pm\sqrt{\mu}$, com $\mu \geq 0$, que são assintoticamente estáveis. Em $\mu = 0$ ocorre a bifurcação supercrítica de forquilha. A Figura 5.6(a) mostra o comportamento de x *vs.* t na bifurcação.

Um ajuste em lei de potência fornece $\beta = -0,4994(1) \cong -0,5$. Sabendo que $\alpha = 1$ e utilizando a lei de escala da Equação (5.11), encontramos que $z = -2$. Uma reescala nos eixos mostra que as curvas se sobrepõem umas às outras em uma única curva universal, conforme mostrado na Figura 5.6(b).

Para $\mu \neq 0$, a relaxação para o ponto fixo é exponencial. A Figura 5.7 mostra o comportamento de τ *vs.* μ. Um ajuste em lei de potência fornece $\delta = -0,98(1) \cong -1$.

Vamos agora obter os expoentes críticos a partir da solução direta da Equação (5.36). Começaremos com $\mu = 0$, o que conduz à seguinte expressão:

$$\int_{x_0}^{x(t)} \frac{dx}{x^3} = -\int_0^t dt' \tag{5.37}$$

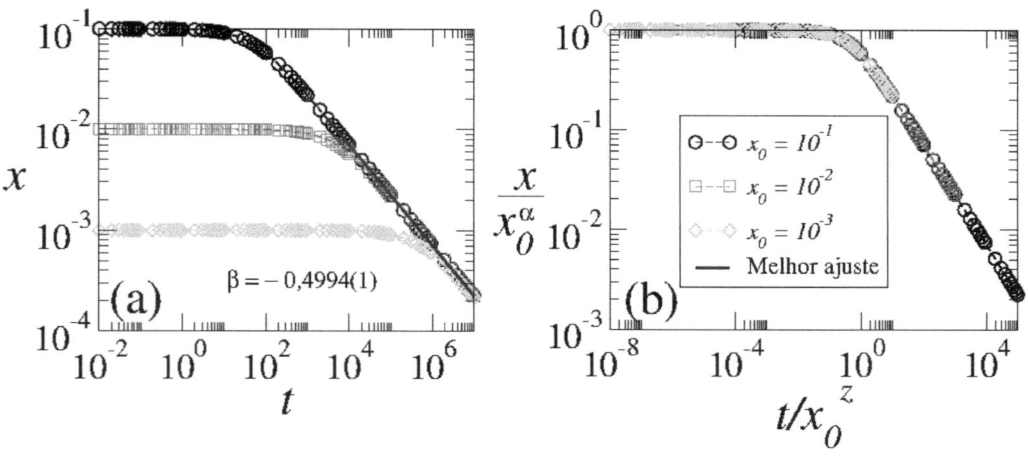

Figura 5.6 – (a) Esboço de x *vs.* t para a Equação (5.36) considerando $\mu = 0$ e assumindo diferentes valores de x_0, conforme mostrado na figura. (b) Sobreposição das curvas mostradas em (a) em uma única curva universal após as transformações: $x \to x/x_0^{\alpha}$ e $t \to t/x_0^{z}$.

Integrando, aplicando os limites de forma apropriada e isolando $x(t)$, encontramos

$$x(t) = \frac{x_0}{\sqrt{1 + 2x_0^2 t}} \tag{5.38}$$

Podemos chegar às seguintes conclusões:

- α: para $2x_0^2 t \ll 1$, temos que $x(t) \cong x_0$, o que conduz a $\alpha = 1$;
- β: para $2x_0^2 t \gg 1$, temos que $x(t) \cong \frac{1}{\sqrt{2}} t^{-1/2}$, logo $\beta = -1/2$;
- z: finalmente, para $2x_0^2 t = 1$, temos que $t = \frac{1}{2} x_0^{-2}$, portanto $z = -2$.

Os três expoentes obtidos analiticamente confirmam as simulações numéricas discutidas anteriormente.

O próximo passo é a solução da Equação (5.36) para $\mu \neq 0$. Devemos então integrar

$$\int_{x_0}^{x(t)} \frac{dx}{\mu x - x^3} = \int_0^t dt' \tag{5.39}$$

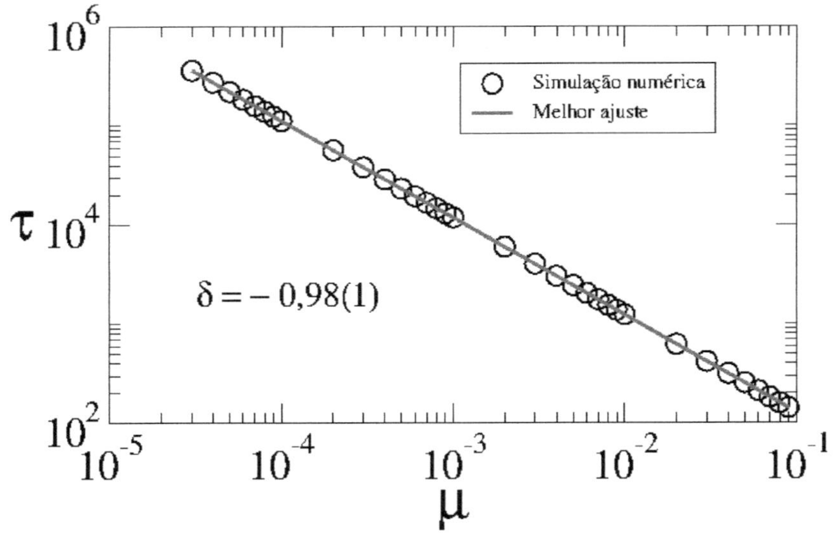

Figura 5.7 – Esboço do comportamento de τ *vs.* μ confirmando a existência de uma lei de potência com expoente $\delta = -0,98(1) \cong -1$.

O resultado da integral conduz a

$$[-\ln(x^2 - \mu) + \ln(x^2)]\Big|_{x_0}^{x(t)} = 2\mu t \tag{5.40}$$

Aplicando os limites de integração e agrupando apropriadamente os termos, obtemos

$$x(t) = \pm\sqrt{\mu}\left[1 - \left(\frac{x_0^2 - \mu}{x_0^2}\right)e^{-2\mu t}\right]^{-1/2} \tag{5.41}$$

Expandindo o termo entre colchetes em série de Taylor e considerando apenas termos da ordem de $\sqrt{\mu}$, encontramos

$$x(t) \mp \sqrt{\mu} \cong \pm\frac{\sqrt{\mu}}{2}e^{-2\mu t} \tag{5.42}$$

Notamos novamente que a Equação (5.42) está escrita na forma da Equação (5.12) e, portanto, fornece $\delta = -1$. Dessa maneira, podemos concluir que os expoentes críticos para a bifurcação supercrítica de forquilha são $\alpha = 1$, $\beta = -1/2$, $z = -2$ e $\delta = -1$.

5.7 Resumo

Discutimos neste capítulo o comportamento da convergência para o ponto fixo de três bifurcações locais diferentes em EDO. Mostramos que, na bifurcação, a convergência é descrita por uma função homogênea generalizada que depende da distância inicial do ponto fixo, bem como do tempo. Por meio de três hipóteses de escala, mostramos que existe uma lei de escala escrita como $z = \alpha/\beta$ de modo que, a partir do conhecimento de apenas dois expoentes críticos, determina-se o terceiro. A Tabela 5.1 mostra os expoentes críticos para as três bifurcações discutidas neste capítulo.

Tabela 5.1 – Tabela para os valores dos expoentes críticos α, β, z e δ para as três bifurcações discutidas neste capítulo.

Bifurcação	α	β	z	δ
Sela-nó	1	-1	-1	$-\frac{1}{2}$
Transcrítica	1	-1	-1	-1
Supercrítica de forquilha	1	$-\frac{1}{2}$	-2	-1

Após a discussão do procedimento fenomenológico que conduziu à obtenção de cada um dos expoentes críticos para a três bifurcações consideradas, a solução analítica delas foi obtida. Os expoentes críticos puderam então ser obtidos considerando uma comparação dos resultados para tempos curtos ($t \ll t_x$), antes da mudança do regime de platô constante para o decaimento em lei de potência, para tempos longos ($t \gg t_x$) e também para o regime do *crossover* quando $t = t_x$.

O formalismo utilizado neste capítulo pode ser útil e mostra-se como uma possível alternativa para caracterizar o tipo de bifurcação ocorrido, por exemplo, em sistemas experimentais como circuitos eletrônicos, sistemas do tipo osciladores amortecidos e forçados, dentre outros, em que as equações que descrevem a dinâmica não são devidamente conhecidas.

5.8 Exercícios propostos

1. Considere as seguintes EDO:

(a) $\dot{x} = 1 + \mu x + x^2$;	(b) $\dot{x} = \mu + x - \ln(1 + x)$;
(c) $\dot{x} = x - \mu x(1 - x)$;	(d) $\dot{x} = \mu x - 2x^3$;
(e) $\dot{x} = \mu x + 2x^3$;	(f) $\dot{x} = \mu - 4x^2$;
(g) $\dot{x} = \mu x - \frac{x}{1+x}$;	(h) $\dot{x} = \mu x - \frac{x}{1+x^2}$.

Todas elas admitem bifurcações. Faça uma análise fenomenológica da convergência para o ponto fixo na bifurcação e determine os expoentes críticos α, β e z numericamente. Para tal, execute diversas simulações numéricas com valores distintos para a condição inicial x_0. Uma vez obtidos os expoentes críticos, verifique a validade da Equação (5.11). Após a bifurcação, a convergência para o ponto fixo é dada por uma função exponencial e o tempo de relaxação é escrito como $\tau \propto \mu^\delta$, em que μ mede a distância da bifurcação e δ é o expoente da relaxação. Determine também o expoente δ para todas as EDO. De posse dos expoentes críticos, classifique o tipo de bifurcação com base na Tabela 5.1. Compare o resultado obtido com o Exercício 1 do Capítulo 4.

2. Resolva analiticamente a EDO

$$\dot{x} = \mu - 9x^2 \tag{5.43}$$

com $\mu \in \mathbb{R}$, e determine os expoentes críticos α, β e z na bifurcação. Determine também, por integração direta, o expoente crítico δ. A partir do conhecimento dos expoentes críticos, classifique a bifurcação.

3. Um mapeamento discreto unidimensional é um operador que transforma uma variável x_n em outra x_{n+1}, em que o índice n identifica a enésima iteração do mapeamento. O mapeamento logístico é dado por

$$x_{n+1} = Rx_n(1 - x_n) \tag{5.44}$$

em que $R \in [0, 4]$ é um parâmetro de controle e $x \in [0, 1]$ representa a variável dinâmica. Para determinar os expoentes críticos que caracterizam a bifurcação que acontece em $R = 1$, forneça um conjunto de valores iniciais distintos para x_0, como $x_0 = 10^{-1}$, $x_0 = 10^{-2}$, $x_0 = 10^{-3}$, $x_0 = 10^{-4}$, e faça um esboço de x *vs.* n. Determine os expoentes críticos α, β e z a partir da análise das curvas obtidas por simulação numérica. Considere agora $R > 1$ e determine o expoente δ. Por fim, classifique a bifurcação observada em $R = 1$.

4. Os expoentes críticos obtidos no exercício anterior usando uma descrição fenomenológica podem também ser obtidos utilizando um procedimento analítico mais robusto que transforma a equação de diferenças do mapeamento discreto em uma EDO. Para tal, a seguinte aproximação deve ser realizada

$$x_{n+1} - x_n = \frac{x_{n+1} - x_n}{(n+1) - n} \cong \frac{dx}{dn} \tag{5.45}$$

Considere $R = 1$. Usando a aproximação descrita, a EDO a ser resolvida é dada por

$$\frac{dx}{dn} = -x^2 \tag{5.46}$$

Integre essa EDO e faça as análises necessárias para obter os expoentes críticos α, β e z. Compare os resultados encontrados aqui com aqueles obtidos no problema anterior. Considere agora $R \neq 1$, refaça o procedimento e obtenha o expoente δ. A EDO a ser resolvida é dada por

$$\frac{dx}{dn} = -\mu x - Rx^2 \tag{5.47}$$

em que $\mu = R - 1$. Considere que x é suficientemente pequeno de modo que x^2 possa ser desprezado. Compare o resultado obtido da integração direta com aquele encontrado no exercício anterior.

5. O mapa cúbico é escrito como

$$x_{n+1} = Rx_n(1 - x_n^2) \tag{5.48}$$

em que $R \in [0,3]$. Semelhante ao mapa logístico, em $R = 1$ ocorre uma bifurcação. Usando um procedimento análogo ao realizado no exercício anterior, obtenha os expoentes críticos α, β, z e δ. Discuta os resultados norteando-se na não linearidade do mapeamento.

6. Considere agora uma generalização dos mapas logístico e cúbico, que será denotada por mapa logístico-*like*, escrito como

$$x_{n+1} = Rx_n(1 - x_n^{\gamma}) \tag{5.49}$$

em que R é um parâmetro de controle e $\gamma \geq 1$ é o parâmetro que controla a não linearidade do mapeamento. Para $\gamma = 1$ o mapa logístico tradicional é recuperado, ao passo que $\gamma = 2$ fornece o mapa cúbico. Em $R = 1$ ocorre uma bifurcação. Quando x é suficientemente pequeno, o mapeamento discreto pode ser transformado em uma EDO que tem a forma

$$\frac{dx}{dn} = -x^{\gamma+1} \tag{5.50}$$

Proceda com a integração analítica dessa equação e obtenha os expoentes críticos α, β e z. Os expoentes β e z devem ser escritos em termos do parâmetro γ. Compare os resultados obtidos da integração com aqueles obtidos nos Exercícios 3, 4 e 5 deste capítulo.

Capítulo 6

Mapeamentos discretos unidimensionais

6.1 Objetivos

Este capítulo é dedicado à discussão do conceito de mapeamento discreto. Mostraremos que aplicações envolvendo mapeamento discreto podem emergir da ideia de seção de Poincaré. Discutiremos também o conceito de ponto fixo e sua estabilidade em mapeamentos discretos e faremos uma discussão simples aplicada ao mapa logístico.

6.2 Introdução

Denominamos por mapeamento discreto, também por mapa discreto ou simplesmente mapa, um sistema dinâmico que evolui no tempo de forma discreta. Isso implica que o conhecimento de um dado estado dinâmico, por exemplo uma variável x, de um sistema em um instante n permite determinar qual será seu estado futuro no instante $(n + 1)$. Portanto, deve existir um operador matemático f tal que $x_{n+1} = f(x_n)$. Para ilustrar o procedimento, considere que um sistema dinâmico seja descrito por um conjunto de equações diferenciais ordinárias (EDO) não lineares da forma

$$\dot{x} = F(x, y) \tag{6.1}$$

$$\dot{y} = G(x, y) \tag{6.2}$$

em que F e G são funções não lineares quaisquer de suas variáveis. A solução das Equações (6.1) e (6.2) produz um fluxo de soluções no espaço de fases ϕ_t que evolui com o decorrer do tempo. A interseção desse fluxo de soluções por um plano Γ produz uma sequência discreta de pontos ao longo do plano que pode ser representada por $x_0 \to x_1 \to x_2 \to x_3 \ldots$. O plano Γ corresponde a uma seção de Poincaré e a sequência de pontos que intercepta o plano pode ser descrita por um mapeamento discreto. A sequência cronológica dos pontos recebe o nome de órbita. A Figura 6.1 ilustra a construção de uma seção de Poincaré, bem como a sequência discreta de pontos.

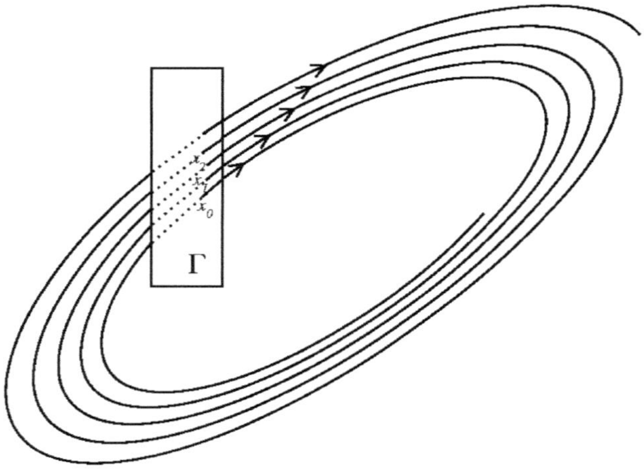

Figura 6.1 – Ilustração esquemática da construção de uma seção de Poincaré e da sequência de pontos $x_0 \to x_1 \to x_2 \to x_3 \ldots$ que podem ser descritos por um mapeamento discreto.

Mapeamentos discretos fornecem a dinâmica de uma determinada variável x que evolui no tempo de forma discreta. A dinâmica é descrita por uma equação de recorrência, sendo um método iterativo[1]. Aplicações en-

[1]Existem vários mapeamentos discretos que são transcendentais. Muitas vezes, preci-

volvendo mapeamentos discretos ocorrem em várias áreas da ciência. Seu estudo engloba diversos tópicos, incluindo análise de ponto fixo e sua estabilidade, órbitas periódicas ou caos em seções de Poincaré. Tal investigação pode ser feita em modelos que descrevem a dinâmica de populações, em que a variável discreta está associada à população de uma espécie em uma determinada geração, em eletrônica digital, em finanças ou simplesmente como um modelo para ilustrar comportamento caótico.

6.3 O conceito de estabilidade

Esta seção é dedicada à discussão do conceito de estabilidade de pontos fixos. Assumiremos que existe um mapeamento discreto escrito como

$$x_{n+1} = f(x_n) \tag{6.3}$$

em que f é uma função não linear de sua variável x. Para existir um ponto fixo, a seguinte condição deve ser satisfeita

$$x_{n+1} = x_n = x^* = f(x^*) \tag{6.4}$$

Isso implica que existe um valor x^* que, quando substituído na função $f(x^*)$, produz como resultado o próprio valor x^*. Portanto, aplicações sucessivas de $f(x^*)$ conduzem sempre ao mesmo valor x^*. Existem pelo menos três tipos de classificação quanto à estabilidade de x^*, sendo elas: (i) assintoticamente estável; (ii) estabilidade neutra; e (iii) instável. A caracterização da estabilidade depende, essencialmente, da sequência de pontos $x_0 \to x_1 \to x_2 \ldots$. Se a sequência converge para o ponto fixo x^* com o decorrer do tempo, aproximando-se dele assintoticamente, diz-se então que o ponto fixo é assintoticamente estável, satisfazendo a classificação (i). Se com o decorrer do tempo a sequência não se afasta, tampouco se aproxima, diz-se que o

sam do auxílio de métodos numéricos para obtenção de raízes de equações não lineares, como o método de bisseção ou o método de Newton-Raphson.

ponto fixo tem estabilidade neutra, perfazendo a classificação (ii). Por fim, a classificação (iii) é aquela em que a evolução dinâmica da variável x se afasta de x^* com o passar do tempo.

O conceito de estabilidade em si é bastante simples e consiste em verificar se, após uma dada condição inicial, a sequência de pontos se aproxima ou se afasta do ponto fixo. Matematicamente, isso pode ser realizado a partir de uma expansão em série de Taylor da função $f(x)$ próximo ao ponto fixo. Dessa forma, consideraremos que existe um ponto fixo x^* que satisfaz a Equação (6.4) e também uma pequena perturbação, ϵ_n, próximo ao ponto fixo, de tal forma que $x_n = x^* + \epsilon_n$. Levando essa perturbação na Equação (6.3), temos $x_{n+1} = f(x^*+\epsilon_n)$. Expandindo em série de Taylor encontramos

$$\begin{aligned} x_{n+1} &= x^* + \epsilon_{n+1} = \\ &= f(x^*) + \epsilon_n \frac{df}{dx}\bigg|_{x^*} + \frac{1}{2}\epsilon_n^2 \frac{d^2 f}{dx^2}\bigg|_{x^*} + \ldots \end{aligned} \tag{6.5}$$

Da definição de ponto fixo sabemos que $f(x^*) = x^*$, logo o termo $f(x^*)$ do lado direito da Equação (6.5) cancela com x^* presente no lado esquerdo. Se assumirmos que ϵ_n seja suficientemente pequeno, podemos interromper a expansão em série de Taylor em primeira ordem por assumir que os termos de potências iguais ou maiores que ϵ^2 não contribuem para a análise. Assim, encontramos que

$$\epsilon_{n+1} = \epsilon_n \frac{df}{dx}\bigg|_{x^*} \tag{6.6}$$

Notamos que a amplitude da perturbação ϵ_{n+1} pode crescer ou decrescer comparada com ϵ_n e isso depende apenas do módulo de $\frac{df}{dx}\Big|_{x^*}$. Se $\left|\frac{df}{dx}\Big|_{x^*}\right| < 1$, o ponto fixo é assintoticamente estável. Dois tipos de convergência podem ocorrer: convergência monotônica ou convergência alternada. Por outro lado, o ponto fixo é instável caso $\left|\frac{df}{dx}\Big|_{x^*}\right| > 1$. Discutiremos ambos os casos agora.

6.3.1 Ponto fixo assintoticamente estável

A condição que fornece um ponto fixo assintoticamente estável é $\left|\frac{df}{dx}\Big|_{x^*}\right| < 1$, mas podem existir dois tipos de convergência, monotônica ou alternada. Na convergência monotônica temos que $0 < \frac{df}{dx}\Big|_{x^*} < 1$, logo a sequência $x_0 \to x_1 \to x_2 \ldots x^*$ converge monotonicamente para x^*. A Figura 6.2(a) ilustra a convergência monotônica quando a condição inicial está dada à

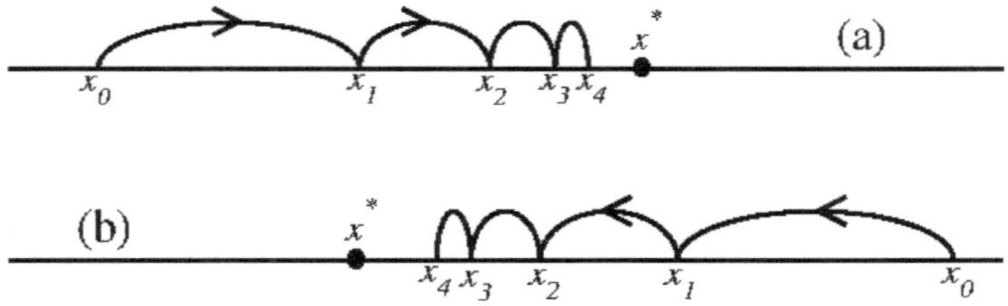

Figura 6.2 – Ilustração esquemática de duas convergências monotônicas para o ponto fixo x^*.

esquerda de x^*, enquanto a Figura 6.2(b) ilustra a convergência monotônica para uma condição inicial dada à direita de x^*.

Por outro lado, a convergência alternada é caracterizada por $-1 < \frac{df}{dx}\Big|_{x^*} < 0$. Isso faz com que, a cada iteração, a amplitude da perturbação diminua, porém uma vez do lado direito do ponto fixo e outra do lado esquerdo. A Figura 6.3 mostra uma ilustração esquemática desse tipo de convergência.

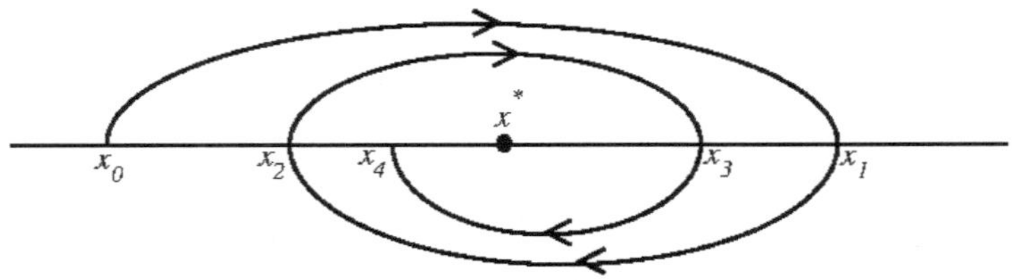

Figura 6.3 – Ilustração esquemática da convergência alternada para o ponto fixo x^*.

Uma forma prática de analisar a convergência para o ponto fixo, seja ela de forma monotônica ou alternada, é a partir da análise gráfica da função

$f(x)$. O princípio consiste em esboçar simultaneamente em um mesmo gráfico a curva $f(x)$ e a reta $y = x$. Dada uma condição inicial x_0, começamos no ponto (x_0, x_0) ao longo da diagonal diretamente acima de x_0. Desenhamos então uma linha vertical até a função $f(x_0)$. A partir daí desenhamos uma linha horizontal desse ponto até a linha da diagonal, que nos fornece x_1. A partir do ponto (x_1, x_1), repetimos o procedimento anterior até onde for de interesse. A Figura 6.4(a) mostra a convergência para o ponto fixo de forma monotônica na qual foi usada a função $x_{n+1} = 2x_n(1 - x_n)$, ao passo que a Figura 6.4(b) mostra uma convergência alternada obtida para a função $x_{n+1} = 2,8x_n(1 - x_n)$.

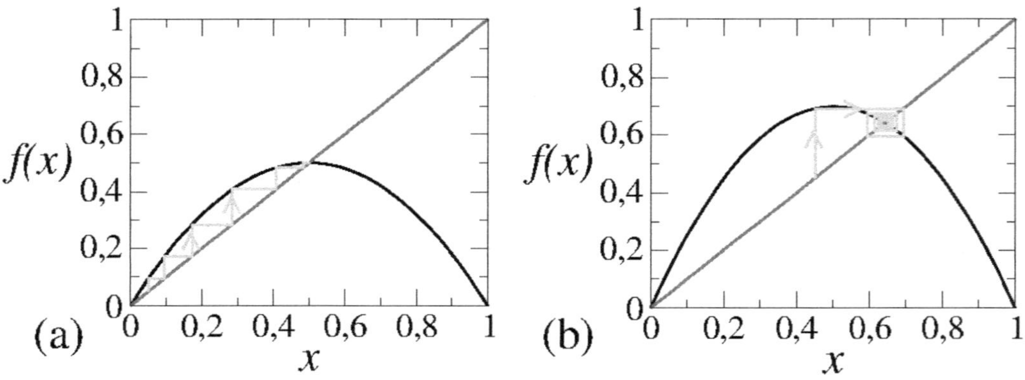

Figura 6.4 – Análise gráfica mostrando convergência para o ponto fixo. (a) Convergência monotônica para a função $x_{n+1} = f(x_n) = 2x_n(1 - x_n)$. (b) Convergência alternada para $x_{n+1} = f(x_n) = 2,8x_n(1 - x_n)$.

6.3.2 Estabilidade neutra

Duas situações críticas merecem atenção. A primeira delas está relacionada ao caso $\left.\frac{df}{dx}\right|_{x^*} = 1$. Essa condição estabelece que o ponto fixo tem estabilidade neutra. Não se pode confirmar se x^* é assintoticamente estável ou não. Para proceder com a investigação, devem-se considerar termos de mais altas ordens na expansão em série de Taylor, em particular o termo $\left.\frac{d^2f}{dx^2}\right|_{x^*}$.

O caso $\left.\frac{df}{dx}\right|_{x^*} = -1$ é idêntico ao anterior em termos da estabilidade. Entretanto, nessa condição, o ponto fixo apresenta-se em um estado definido como *flip* incipiente. Essa condição é observada em pontos fixos que estão em vias de sofrer uma bifurcação denominada bifurcação de duplicação de período. Abordaremos essa bifurcação mais adiante.

6.3.3 Ponto fixo instável

Quando $\left|\left.\frac{df}{dx}\right|_{x^*}\right| > 1$, o ponto fixo é dito instável. Isso implica que condições iniciais fornecidas próximas ao ponto fixo se afastam dele com o decorrer do tempo. Dois tipos de afastamento podem ocorrer. O primeiro deles é observado quando $\left.\frac{df}{dx}\right|_{x^*} > 1$. Essa condição produz um afastamento do ponto fixo que é monotônico e sempre crescente. As Figuras 6.5(a, b) ilustram os possíveis afastamentos monotônicos que podem ocorrer em um ponto fixo instável

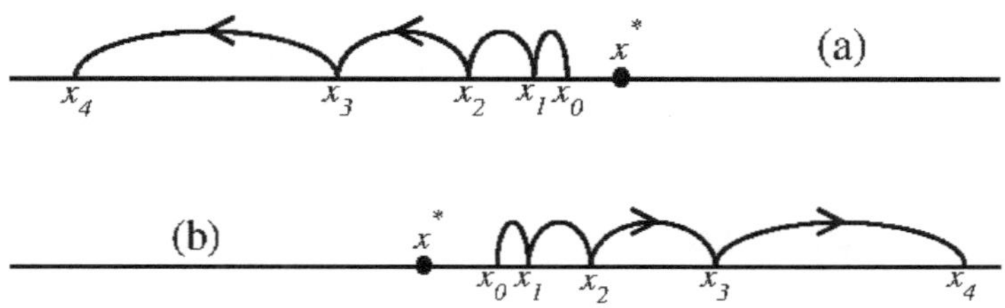

Figura 6.5 – Ilustração esquemática de duas divergências monotônicas do ponto fixo x^*.

Por outro lado, quando $\left.\frac{df}{dx}\right|_{x^*} < -1$, a sequência de pontos se afasta do ponto fixo de modo alternado. Notamos que a evolução dinâmica sempre alterna em torno do ponto fixo aumentando a distância deste, conforme mostrado na Figura 6.6.

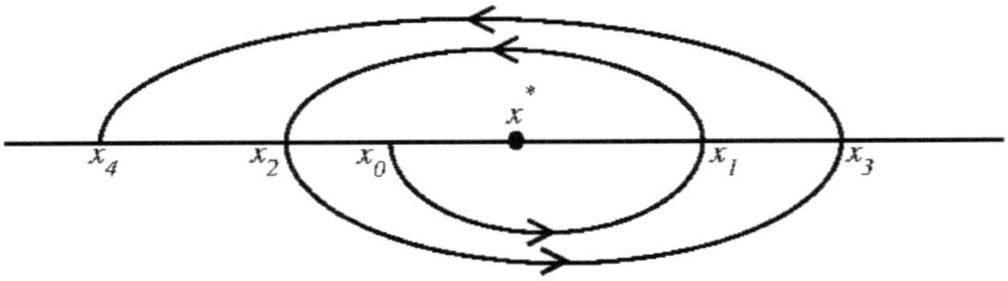

Figura 6.6 – Ilustração esquemática de uma divergência alternada do ponto fixo x^*.

6.4 Aplicações de cálculo de ponto fixo no mapa logístico

Discutiremos aqui a obtenção dos pontos fixos para o mapa logístico, bem como sua caracterização quanto à estabilidade. O mapa logístico é escrito como

$$x_{n+1} = f(x_n) = Rx_n(1 - x_n) \tag{6.7}$$

em que $R \in [0, 4]$ é um parâmetro de controle e x é a variável dinâmica. A faixa de valores que na qual estamos interessados é $x \in [0, 1]$. Os pontos fixos são obtidos a partir da condição $x_{n+1} = x_n = x^*$, o que conduz à seguinte equação a ser resolvida:

$$x - Rx(1 - x) = 0 \tag{6.8}$$

Suas soluções são: $x_1^* = 0$ e $x_2^* = 1 - 1/R$. A estabilidade de cada um dos pontos fixos é obtida a partir de $\left.\frac{df}{dx}\right|_{x^*}$, em que a função $f(x)$ é dada pela Equação (6.8). Para o ponto fixo x_1^*, temos que

$$\left.\frac{df}{dx}\right|_{x^*} = R \tag{6.9}$$

Portanto, para que o ponto fixo x_1^* seja assintoticamente estável, a seguinte condição deve ser atendida: $-1 < \left.\frac{df}{dx}\right|_{x^*} < 1$, o que fornece $-1 < R < 1$. Como o valor do parâmetro R considerado é $R \in [0, 4]$, o ponto fixo x_1^* é assintoticamente estável para $R \in [0, 1)$. Análise semelhante para o ponto fixo x_2^* mostra que ele é assintoticamente estável para $R \in (1, 3)$. A Figura 6.7 mostra o diagrama de órbita para o mapa logístico dado pela Equação (6.8). O diagrama de órbita ilustra o comportamento assintótico

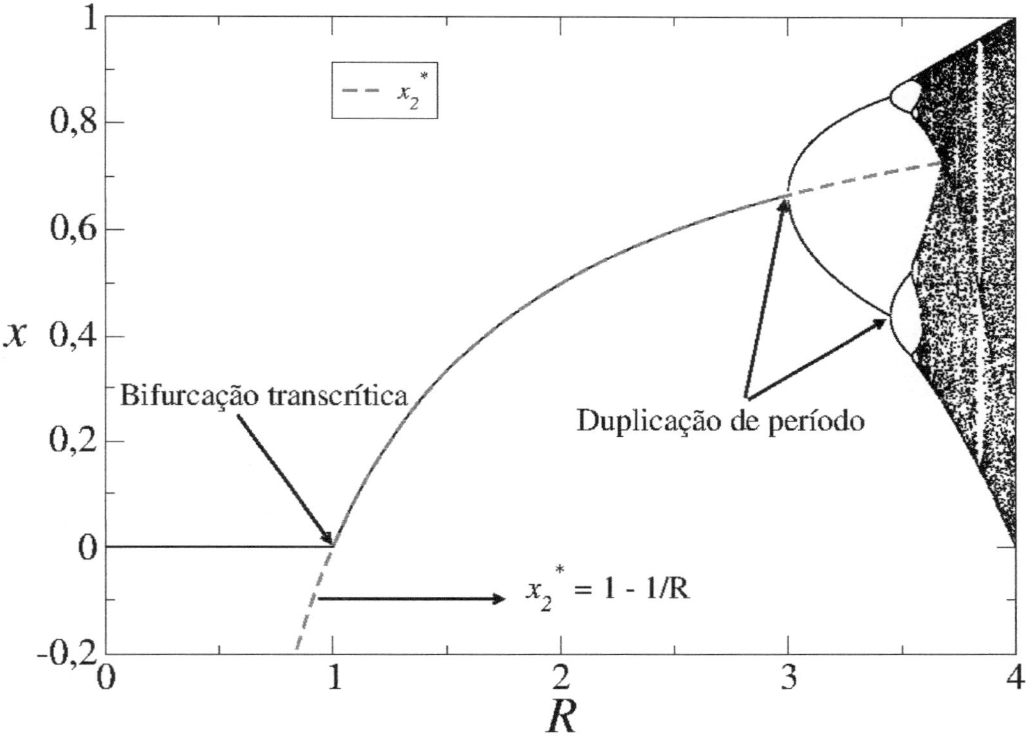

Figura 6.7 – Esboço do diagrama de órbita obtido para o mapa logístico dado pela Equação (6.8).

da variável dinâmica x em função do parâmetro de controle R. A Figura 6.7 foi construída da seguinte forma: o intervalo $R \in [0, 4]$ foi dividido em 1000 partes igualmente espaçadas. Para cada valor de R, a dinâmica foi iterada 10^6 vezes a partir da condição inicial $x_0 = 0,5$. Apenas os últimos 100 pontos da série temporal foram salvos. Os demais pontos foram descartados e são considerados transiente.

Podemos notar que, para $R \in [0, 1]$, a dinâmica evolui para o estado final $x = x_1^* = 0$. Para o intervalo $R \in [1, 3]$, a dinâmica converge para o ponto fixo $x_2^* = 1 - \frac{1}{R}$. A linha tracejada na figura mostra que o ponto fixo

x_2^* existe para $R \ni [1,3]$, porém é instável. Para $R = 3$, o ponto fixo x_2^* perde a estabilidade e uma órbita de período 2 é observada.

Órbita periódicas de período m são obtidas usando procedimento semelhante àquele usado para obtenção dos pontos fixos, entretanto utilizando m iterações do mapa. Para se obter uma órbita de período 2, devemos resolver a seguinte equação: $x_{n+2} = x_n$, o que conduz a $x_{n+2} = f(x_{n+1}) = f(f(x_n)) = x_n$. De forma análoga, para períodos maiores, temos de resolver $x_{n+m} = x_n$. Para o caso em que $m = 2$, a equação a ser resolvida para o mapa logístico é

$$x_{n+2} = f(x_{n+1}) = R[Rx_n(1 - x_n)][1 - Rx_n(1 - x_n)] = x_n \tag{6.10}$$

A equação é um polinômio de grau 4 na variável x e fornece 4 soluções, que são $x_1^* = 0$, $x_2^* = 1 - \frac{1}{R}$,

$$x_3^* = \frac{1}{2} + \frac{1}{2R} + \frac{1}{2R}\sqrt{R^2 - 2R - 3} \tag{6.11}$$

$$x_4^* = \frac{1}{2} + \frac{1}{2R} - \frac{1}{2R}\sqrt{R^2 - 2R - 3} \tag{6.12}$$

A estabilidade dos pontos é obtida usando $-1 < \left.\frac{df^m}{dx}\right|_{x^*} < 1$. Para o caso de $m = 2$, temos que $-1 < \left.\frac{df}{dx}\right|_{x_1} \left.\frac{df}{dx}\right|_{x_0} < 1$. Fica o exercício para o leitor mostrar que os pontos fixos x_3^* e x_4^* são assintoticamente estáveis para $R \in (3, 1 + \sqrt{6})$.

Em $R = 1 + \sqrt{6}$, cada um dos pontos fixos x_3^* e x_4^* perde sua estabilidade dando lugar a uma órbita de período 4. O processo se repete passando de período 4 para 8, de 8 para 16 e assim por diante até o limite de $T = \lim_{m\to\infty} 2^m$. Como o período diverge no limite em que $m \to \infty$, essa é a indicação da primeira ocorrência de caos no mapa logístico.

6.5 Bifurcações

Discutiremos nesta seção três tipos de bifurcações locais, obtidas a partir de análise de estabilidade de ponto fixo, que são observadas no mapa logístico, sendo elas: (i) bifurcação transcrítica; (ii) bifurcação de duplicação de período; e (iii) bifurcação tangente.

6.5.1 Bifurcação transcrítica

Como vimos na seção anterior, os pontos fixos são obtidos da solução da equação $x_{n+1} = x_n = x^*$ e conduzem às expressões $x_1^* = 0$ e $x_2^* = 1 - \frac{1}{R}$. O ponto fixo x_1^* é assintoticamente estável para $R \in [0, 1)$, sendo instável para $R \in (1, 4]$. Já o ponto fixo x_2^* é assintoticamente estável para $R \in (1, 3)$, sendo instável para $R < 1$ e $R > 3$. Os pontos fixos x_1^* e x_2^* coexistem para o intervalo $R \in [0, 4]$, entretanto, em $R = 1$ o ponto fixo x_1^* se torna instável, ao passo que o ponto fixo x_2^* fica assintoticamente estável. Desse modo, em $R = 1$ ocorre uma troca de estabilidades entre os pontos fixos e essa troca define uma bifurcação transcrítica. A Figura 6.7 mostra a localização da bifurcação transcrítica.

6.5.2 Bifurcação de duplicação de período

Conforme vimos, o ponto fixo $x_2^* = 1 - \frac{1}{R}$ é assintoticamente estável para $R \in (1, 3)$. Em $R = 3$, a derivada $\left.\frac{df}{dx}\right|_{R=3;x_2^*} = -1$, identificando um ponto *flip* incipiente. Para $R > 3$, o ponto fixo $x_2 = 1 - \frac{1}{R}$ se torna instável, dando origem a uma órbita de período 2 cujas soluções são obtidas de $x_{n+2} = x_n = x^*$, levando ao nascimento de x_3^* e x_4^*, conforme discutido na Seção 6.4. A bifurcação que ocorre em $R = 3$ é denominada bifurcação de duplicação de período. Cada um dos pontos fixos x_3^* e x_4^* também perde sua respectiva estabilidade com a variação de R, dando origem a novas bifurcações de duplicação de período, e assim por diante. A sequência dessas bifurcações evolui até a ocorrência de caos.

6.5.3 Bifurcação tangente

Para descrever com maiores detalhes a bifurcação tangente, faz-se importante uma ampliação do diagrama de órbitas na região da janela de período 3. A Figura 6.8 ilustra tal região para o mapa logístico. Podemos notar

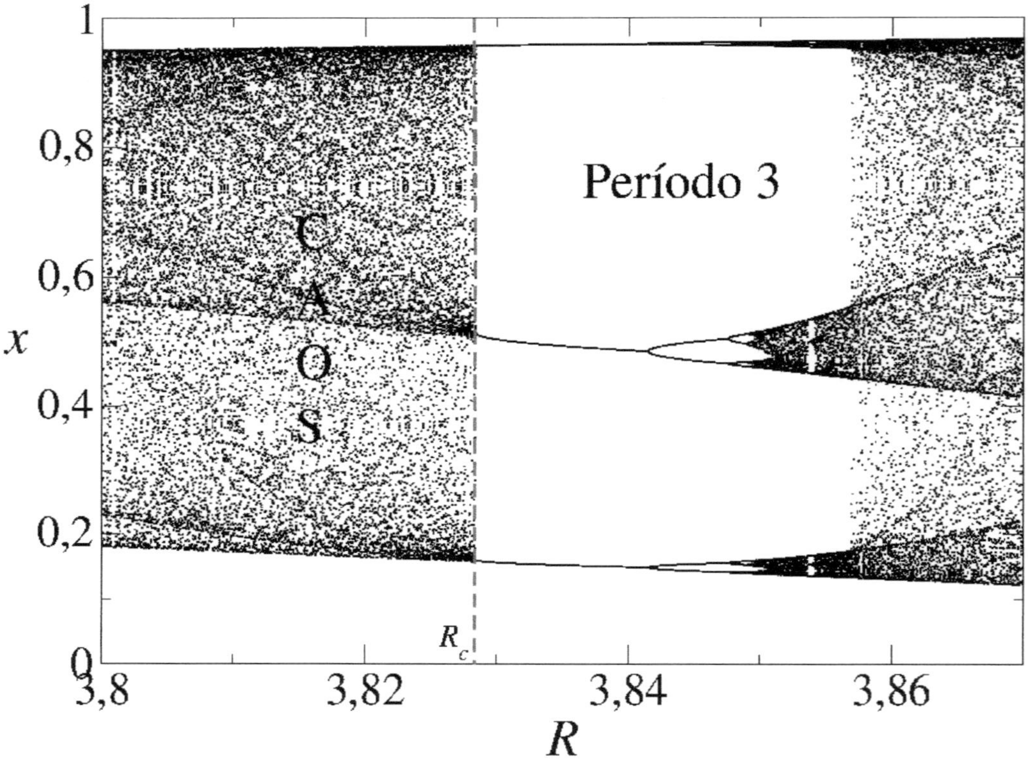

Figura 6.8 – Esboço do diagrama de órbita obtido para o mapa logístico dado pela Equação (6.8) enfatizando o nascimento da janela de período 3 oriunda de uma bifurcação tangente.

uma região de caos entre $R \in [3,8; R_c]$ em que R_c identifica o parâmetro onde ocorre a bifurcação, que é subitamente interrompida e transformada em uma janela de período 3. Após a destruição do comportamento caótico, ocorre o nascimento de um ponto fixo de período 3. Com o crescimento do parâmetro de controle, cada um dos ramos identificando o período 3 passa por uma bifurcação de duplicação de período. Outra bifurcação ocorre em sequência e assim por diante, até o surgimento do caos novamente. A destruição repentina do caos e o nascimento de uma janela de período 3 se dá por uma bifurcação tangente. O nome tangente se deve à forma como ocorre o cruzamento da função $F^3(x_n)$ com a reta $F(x) = x$. A Figura 6.9(a) mostra o esboço típico do comportamento de x_{n+1} *vs.* x_n conside-

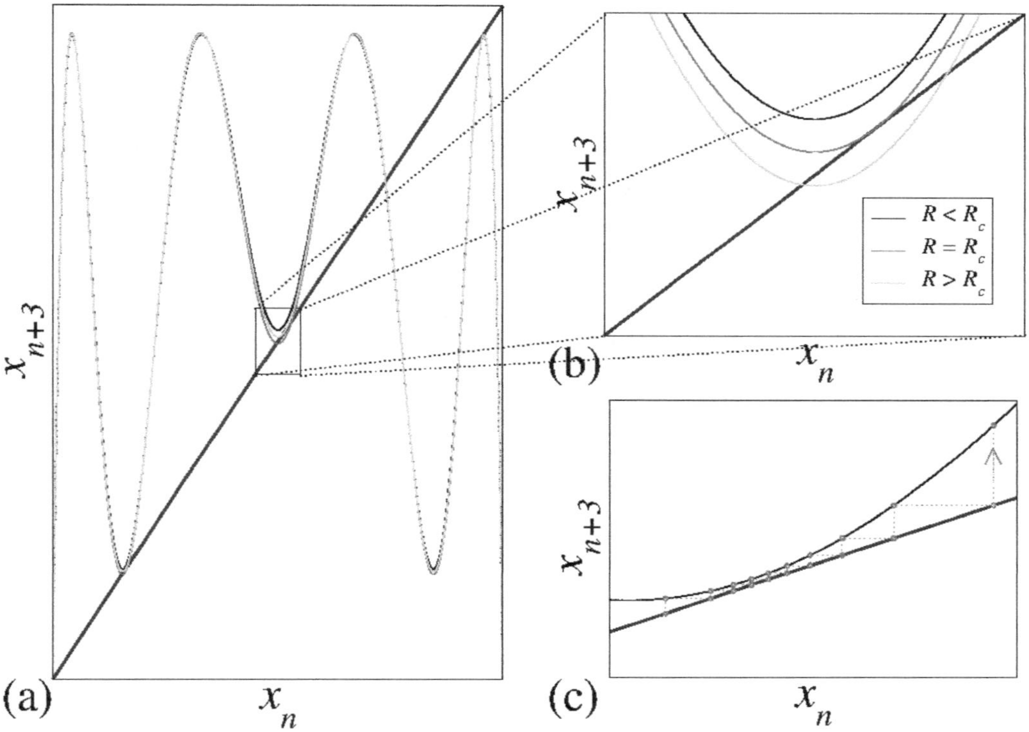

Figura 6.9 – (a) Esboço do comportamento de x_{n+3} *vs.* x_n para três parâmetros de controle diferentes. (b) Ampliação da região central de (a) evidenciando a aproximação de x_{n+3} da reta $x_{n+3} = x_n$ com os parâmetros de controle, antes $R < R_c$, em $R = R_c$ e $R > R_c$. (c) Canal formado pela função x_{n+3} e pela reta $x_{n+3} = x_n$ e ilustração da evolução temporal de uma órbita próxima ao canal.

rando três parâmetros de controle R diferentes. Em (b) vemos a ampliação da região central de (a) confirmando a aproximação da função x_{n+3} da reta $x_{n+3} = x_n$, com os parâmetros de controle determinados como $R < R_c$ em

$R = R_c$ e $R > R_c$. Por fim, em (c) pode-se ver o canal formado pela função x_{n+3} e pela reta $x_{n+3} = x_n$, bem como a ilustração característica da evolução temporal de uma órbita próxima ao canal. O parâmetro de controle $R = R_c$ que conduz a função x_{n+3} a tangenciar a reta $x_{n+3} = x_n$ determina a bifurcação tangente.

6.6 Resumo

Neste capítulo, introduzimos o conceito de mapeamento discreto a partir de uma seção de Poincaré. Definimos o conceito de ponto fixo para mapeamento discreto e o classificamos quanto à sua estabilidade. Os pontos fixos podem ser separados em três classes distintas, sendo elas: (i) assintoticamente estável; (ii) instável; e (iii) estabilidade neutra. Para ilustrar o procedimento, fizemos uma aplicação utilizando o mapa logístico, em que definimos as bifurcações transcrítica, de duplicação de período e tangente.

6.7 Exercícios propostos

1. Considere o seguinte mapeamento discreto de Hassell:

$$x_{n+1} = \frac{\alpha x_n}{(1 + a x_n)^{\gamma}} \tag{6.13}$$

com $\alpha > 0$, $a > 0$ e $\gamma > 0$.

(a) Obtenha os pontos fixos do mapeamento discreto descrito pela Equação (6.13).

(b) Determine a estabilidade dos pontos fixos.

(c) Mostre que para $\alpha = 1$ ocorre uma bifurcação transcrítica.

2. Construa o diagrama de órbita para os seguintes mapeamentos discretos:

(a) Mapa logístico: $x_{n+1} = Rx_n(1 - x_n)$, com $R \in [0, 4]$.

(b) Mapa quadrático: $x_{n+1} = c - x_n^2$, com $c \in [-1/4, 2]$.

(c) Mapa Gaussiano: $x_{n+1} = e^{-bx_n^2} + c$, com $c \in [-1, 1]$ e considerando dois valores distintos para b, sendo $b = 4$ e $b = 7,5$.

(d) Mapa cúbico: $x_{n+1} = Rx_n(1 - x_n^2)$, com $R \in [0, 3]$.

3. Dado o mapa discreto de Smith-Slatkin

$$x_{n+1} = \frac{r x_n}{1 + a x_n^{\gamma}} \tag{6.14}$$

com $r > 0$, $a > 0$ e $\gamma > 0$:

(a) Determine os pontos fixos.

(b) Classifique-os quanto a suas estabilidades.

(c) Determine as condições para que os pontos fixos tenham convergência monotônica.

(d) Determine as condições para que os pontos fixos tenham convergência alternada.

(e) Construa o diagrama de órbita para o mapeamento discreto determinado pela Equação (6.14).

4. Determine as condições e o valor do parâmetro de controle c em que o mapa quadrático $x_{n+1} = -c + x_n^2$ experimenta uma bifurcação de duplicação de período.

5. Que tipo de bifurcação ocorre em $(x, c) = (-1/2, -1/4)$ para o mapa quadrático $x_{n+1} = c - x_n^2$?

6. Considere o mapa cúbico $x_{n+1} = Rx_n - x_n^3$, com $R > 0$.

   (a) Determine os pontos fixos.

   (b) Classifique-os quanto a suas estabilidades.

   (c) Qual bifurcação ocorre em $R = 1$? Discuta.

   (d) Encontre o parâmetro de controle que produz um bifurcação de duplicação de período.

   (e) Construa o diagrama de órbita e em seguida o compare com o resultado obtido na letra (d) do exercício 2.

7. Construa o diagrama de órbita e discuta os tipos de bifurcações observados para os seguintes mapeamentos discretos:

   (a) $x_{n+1} = x_n e^{-r(1-x_n)}$, com $r > 0$;

   (b) $x_{n+1} = e^{-rx_n}$, com $r > 0$;

   (c) $x_{n+1} = r\cos(x_n)$, com $r > 0$.

8. Considere os pontos fixos dados pelas Equações (6.11) e (6.12). Usando a condição de estabilidade para uma órbita de período 2, mostre que esses pontos fixos são assintoticamente estáveis para $3 < R < 1 + \sqrt{6}$.

Capítulo 7

Algumas propriedades dinâmicas e estatísticas para o mapa logístico

7.1 Objetivos

Discutiremos neste capítulo algumas das principais propriedades dinâmicas e estatísticas para o mapa logístico. Começaremos analisando a convergência para o ponto fixo nas bifurcações e em suas vizinhanças. Para tal usaremos um conjunto de hipóteses de escala, bem como uma função homogênea generalizada que conduzirá a uma lei de escala. Em seguida discutiremos uma rota para o caos a partir da sequência de bifurcações de duplicação de período. Mostraremos que existe uma razão entre os parâmetros de controle que identificam as bifurcações de duplicação de período que levam a um dos expoentes de Feigenbaum. Em seguida apresentaremos o conceito e como se calcula o expoente de Lyapunov a partir da equação do mapeamento para sistemas unidimensionais.

7.2 Convergência para o estado estacionário

Vimos no capítulo anterior que o mapa logístico é escrito como $x_{n+1} = Rx_n(1 - x_n)$ com $R \in [0, 4]$. Os pontos fixos são $x_1^* = 0$, que é assintoticamente estável para $R \in [0, 1)$, e $x_2^* = 1 - \frac{1}{R}$, que é assintoticamente estável para $R \in (0, 3)$. Em $R = 1$ ocorre uma bifurcação transcrítica em virtude da troca de estabilidade dos pontos fixos. Em $R = 3$ observa-se uma bifurcação de duplicação de período em que o ponto fixo x_2^* fica instável e surge uma órbita de período 2 cujos pontos fixos são

$$x_3^* = \frac{1}{2} + \frac{1}{2R} + \frac{1}{2R}\sqrt{R^2 - 2R - 3} \tag{7.1}$$

$$x_4^* = \frac{1}{2} + \frac{1}{2R} - \frac{1}{2R}\sqrt{R^2 - 2R - 3} \tag{7.2}$$

Vimos também que uma bifurcação tangente pode ser observada a partir da solução de $x_{n+3} = x_n = x^*$. A solução da equação resultante produz um polinômio de oitavo grau, o que conduz a uma órbita periódica de período 3 cujos pontos são dados por $x_5^* = 0,15992881587733748$, $x_6^* = 0,51435527037284545$ e finalmente $x_7^* = 0,95631784270886966$, que são observados em $R = 1 + \sqrt{8}$. Começaremos investigando a convergência para o ponto fixo na bifurcação transcrítica. A investigação que será descrita neste capítulo é empírica. No próximo, discutiremos um formalismo que conduz à obtenção dos resultados encontrados aqui, porém usando uma aproximação que transforma a equação de diferenças do mapeamento discreto em uma equação diferencial que admite solução analítica, dando suporte aos resultados descritos neste capítulo.

7.2.1 Bifurcação transcrítica

Na bifurcação transcrítica observada no mapa logístico em $R = 1$, a dinâmica converge para $x = 0$ no limite em que $n \to \infty$, iniciando o sistema a partir de uma condição inicial $x_0 \in (0, 1)$. As questões a serem respondidas são: como se dá a convergência para $x^* = 0$? Essa convergência depende da condição inicial x_0?

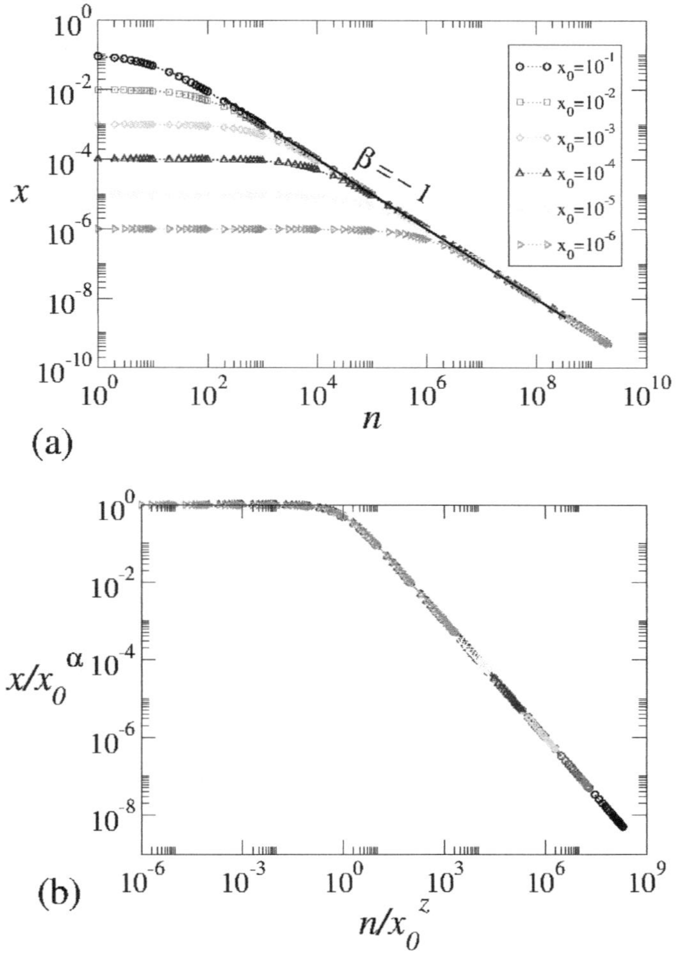

Figura 7.1 – (a) Gráfico de x *vs.* n considerando $R = 1$ e diversos valores de x_0. (b) Sobreposição das curvas mostradas em (a) em uma única curva universal. As transformações de escala realizadas foram $x \to x^\alpha$ e $n \to n/x_0^z$, em que $\alpha = 1$ e $z = -1$.

Para responder a essas questões, podemos evoluir a dinâmica x *vs.* n usando um programa computacional e analisar seu comportamento. A Figura 7.1 ilustra o comportamento de x *vs.* n para diversas condições iniciais considerando $R = 1$. Podemos notar[1] na Figura 7.1(a) que, para n pequeno, a variável dinâmica permanece estacionada sobre um regime constante. A curva então passa por um número de iterações de *crossover* e muda de regime decaindo a zero por meio de uma lei de potência com expoente β, para n suficientemente longo. O comportamento observado na Figura 7.1 pode ser descrito a partir das seguintes hipóteses de escala:

1. $x(n) \propto x_0^{\alpha}$, para $n \ll n_x$, no qual α é um expoente crítico e n_x identifica o número de iterações de *crossover*. Uma análise imediata da figura permite concluir que $\alpha = 1$, uma vez que o platô está estacionado sobre x_0 por um longo intervalo de n.

2. $x(n) \propto n^{\beta}$, para $n \gg n_x$, sendo β o expoente que fornece o decaimento de x para o ponto fixo.

3. $n_x \propto x_0^{z}$, em que z é um expoente crítico e n_x fornece o número de iterações de *crossover*.

Essas três hipóteses de escala podem ser descritas a partir de uma função homogênea generalizada do tipo

$$x(x_0, n) = \ell x(\ell^a x_0, \ell^b n) \tag{7.3}$$

em que ℓ é um fator de escala e a e b são expoentes característicos. Usando um procedimento semelhante ao realizado no Capítulo 5, chegamos à seguinte lei de escala:

$$z = \frac{\alpha}{\beta} \tag{7.4}$$

O expoente β pode ser obtido diretamente da figura. Um ajuste em lei de potência fornece $\beta = -1$. Consequentemente, obtemos da lei de escala que $z = -1$.

O expoente z também pode ser obtido a partir de um ajuste numérico. A Figura 7.2 mostra o comportamento de n_x *vs.* x_0. Um ajuste em lei de

[1] A discussão apresentada aqui é similar àquela feita no Capítulo 5 e será mantida por questões de clareza para o leitor.

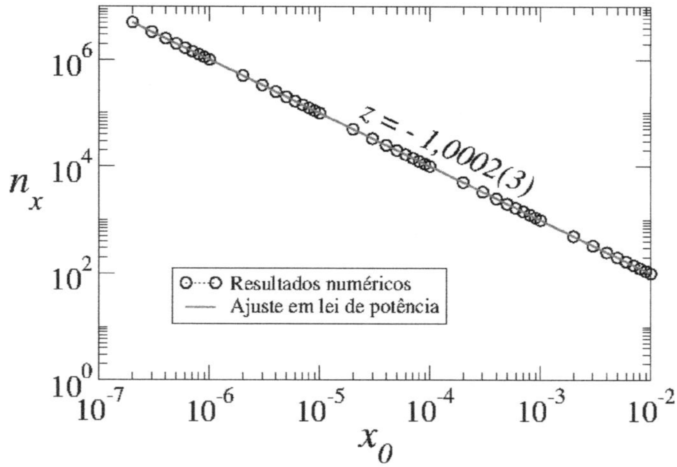

Figura 7.2 – Esboço de n_x *vs.* x_0. Um ajuste em lei de potência fornece $z = -1$.

potência fornece $z = -1$, em bom acordo com o resultado obtido da lei de escala. Dessa forma, para a bifurcação transcrítica, os três expoentes críticos são $\alpha = 1$, $\beta = -1$ e $z = -1$. As transformações de escala a serem feitas para se obter a curva universal são: $x \to x/x_0^{\alpha}$ e $n \to n/x_0^{z}$. A Figura 7.1(b) mostra a sobreposição das curvas mostradas na Figura 7.1(a) em uma única curva universal, após feitas as devidas transformações de escala.

Discutiremos agora o comportamento da convergência para o ponto fixo $x^* = 0$, porém considerando $R < 1$ sendo $R \cong 1$. A Figura 7.3 mostra o gráfico de x *vs.* n para $R = 0,99$ e $R = 0,999$. Vemos que o comportamento exibido na Figura 7.3 é diferente daquele mostrado na Figura 7.1(a). A função que ajusta este decaimento é uma exponencial e a velocidade de convergência depende do parâmetro $\mu = |R - R_c|$, sendo R_c o parâmetro que define a bifurcação. Uma descrição empírica para o comportamento de $x(n)$ é dada por

$$x(n) - x^* = (x_0 - x^*)e^{-\frac{n}{\tau}} \tag{7.5}$$

em que $x_0 - x^*$ representa a distância inicial do ponto fixo e τ corresponde ao tempo de relaxação e é dado por $\tau \propto \mu^{\delta}$, em que δ é o expoente de relaxação.

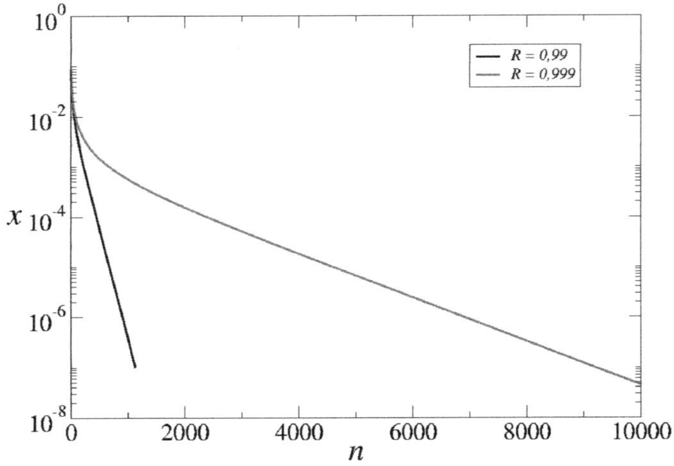

Figura 7.3 – Esboço de x *vs.* n considerando $x_0 = 0,1$ e dois valores para R, sendo $R = 0,99$ e $R = 0,999$.

O tempo de relaxação é obtido da seguinte forma: dada uma condição inicial, esta é iterada a partir do mapa logístico até que a distância ao ponto fixo seja menor que uma determinada distância preestabelecida, que chamaremos aqui de *tol*. Atingida essa distância, a dinâmica é então interrompida, o número de iterações até que a condição de convergência seja atingida é registrado e uma nova simulação é iniciada com um parâmetro μ diferente, repetindo-se o processo. A Figura 7.4 mostra um gráfico de τ *vs.* μ considerando $tol = 10^{-10}$. Um ajuste em lei de potência fornece $\delta = -0,994(1)$.

O expoente δ pode ser obtido de outra forma bastante interessante. Faremos a análise a partir da estabilidade do ponto fixo. Sabemos que $x_{n+1} = f(x_n)$. Partindo de uma condição inicial $x_0 = x^* + \epsilon_0$, em que x^* corresponde ao ponto fixo e ϵ_0 é uma ligeira perturbação inicial do ponto fixo, temos que

$$\begin{aligned} x_1 &= f(x_0) \\ &= f(x^* + \epsilon_0) \end{aligned} \qquad (7.6)$$

Se ϵ_0 é suficientemente pequeno, podemos expandir f em série de Taylor e

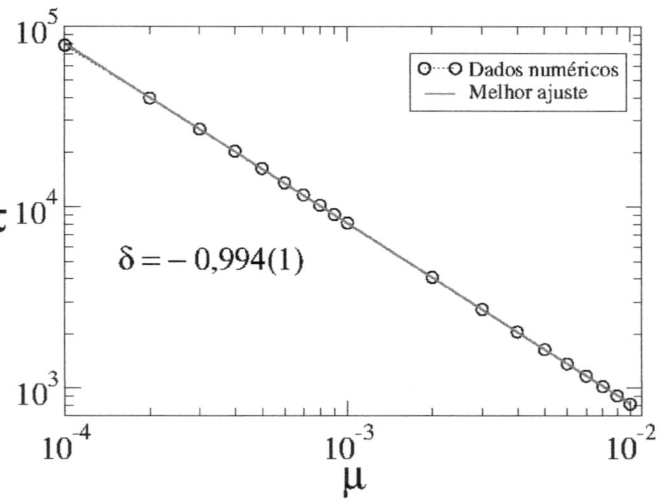

Figura 7.4 – Esboço de τ *vs.* μ considerando $tol = 10^{-10}$. Um ajuste em lei de potência fornece $\delta = -0,994(1)$.

considerar apenas termos de primeira ordem, o que conduz a

$$x_1 = f(x^*) + \epsilon_0 \frac{\partial f}{\partial x}\bigg|_{x^*} \tag{7.7}$$

Como $f(x^*) = x^*$, logo $x_1 - x^* = \epsilon_1$, correspondendo à distância do ponto fixo na primeira iteração quando a órbita parte de $x_0 = x^* + \epsilon_0$. Assim, $\epsilon_1 = \epsilon_0 \frac{\partial f}{\partial x}\big|_{x^*}$.

Considerando agora a segunda iteração, temos que

$$\begin{aligned} x_2 &= f(x_1) = f(x^* + \epsilon_1) \\ &= f(x^*) + \epsilon_1 \frac{\partial f}{\partial x}\bigg|_{x^*} \end{aligned} \tag{7.8}$$

o que leva à expressão $\epsilon_2 = \epsilon_1 \frac{\partial f}{\partial x}\big|_{x^*}$. Como $\epsilon_1 = \epsilon_0 \frac{\partial f}{\partial x}\big|_{x^*}$, temos que $\epsilon_2 = \epsilon_0 \frac{\partial f}{\partial x}\big|_{x^*} \frac{\partial f}{\partial x}\big|_{x^*}$, ou ainda

$$\epsilon_2 = \epsilon_0 \left[\frac{\partial f}{\partial x}\bigg|_{x^*} \right]^2 \tag{7.9}$$

Podemos generalizar a expressão para a iteração n como

$$\epsilon_n = \epsilon_0 \left[\frac{\partial f}{\partial x}\bigg|_{x^*} \right]^n \tag{7.10}$$

Assumindo que ocorre convergência para o ponto fixo, então $\left.\frac{\partial f}{\partial x}\right|_{x^*} < 1$, logo $\epsilon_n = \epsilon_0 e^{\tilde{\lambda} n}$, o que nos permite escrever

$$\begin{aligned}\epsilon_n &= \epsilon_0 e^{\ln\left(\left.\frac{\partial f}{\partial x}\right|_{x^*}\right)^n} \\ &= \epsilon_0 e^{n\ln\left(\left.\frac{\partial f}{\partial x}\right|_{x^*}\right)} \end{aligned} \tag{7.11}$$

o que fornece $\tilde{\lambda} = n \ln \left.\frac{\partial f}{\partial x}\right|_{x^*}$.

Para que a Equação (7.11) seja equivalente à Equação (7.5), devemos ter que $\tilde{\lambda} = \frac{1}{\tau}$. Como $f(x) = Rx(1-x)$, então para $x^* = 0$ temos que $\left.\frac{\partial f}{\partial x}\right|_{x^*=0} = R$, logo

$$\tau = \frac{1}{\ln R} \tag{7.12}$$

Vemos que, em $R = 1$, o tempo de relaxação diverge, fazendo-nos concluir que o procedimento utilizado não pode ser aplicado em $R = 1$. Devemos então considerar a investigação próximo à bifurcação, ou seja, considerando $R = R_c + \Delta R$, em que R_c identifica a bifurcação e $\Delta R \ll R_c$ é uma ligeira perturbação do parâmetro. Dessa forma, temos que $\ln R = \ln(R_c + \Delta R)$, ou ainda $\ln R = \ln\left[R_c\left(1 + \frac{\Delta R}{R_c}\right)\right]$. Expandindo o termo do lado direito em série de Taylor, temos

$$\begin{aligned}\ln R &= \ln R_c + \ln\left(1 + \frac{\Delta R}{R_c}\right) \\ &\cong \ln R_c + \frac{\Delta R}{R_c}\end{aligned} \tag{7.13}$$

Como trata-se da bifurcação transcrítica, então $R_c = 1$, logo $\ln R_c = 0$, portanto $\ln \cong \frac{R-R_c}{R_c} = R - 1 = -\mu$. Levando esse resultado na expressão de τ, bem como em ϵ_n, obtemos

$$\epsilon_n = \epsilon_0 e^{-\mu n} \tag{7.14}$$

o que permite concluir que $\delta = -1$.

7.2.2 Bifurcação de duplicação de período

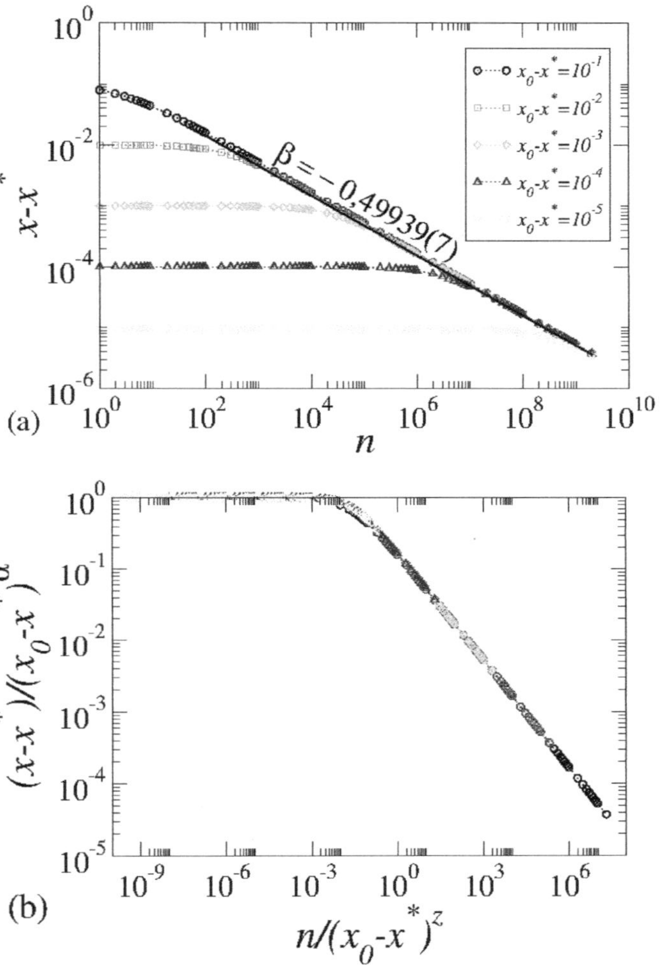

Figura 7.5 – (a) Esboço de $x(n) - x^*$ *vs.* n para diferentes condições iniciais. O ajuste em lei de potência fornece $\beta = -0,49939(7)$. (b) Sobreposição das curvas mostradas em (a) em uma única curva universal após as transformações $(x(n) - x^*) \to (x(n) - x^*)/(x_0 - x^*)^\alpha$ e $n \to n/(x_0 - x^*)^z$.

A primeira bifurcação de duplicação de período é observada em $R = 3$ quando o ponto fixo $x_2^* = 1 - \frac{1}{R}$ torna-se instável e uma órbita de período 2 nasce assintoticamente estável, convergindo em alternância para $x_3^* =$

$\frac{1}{2} + \frac{1}{2R} + \frac{1}{2R}\sqrt{R^2 - 2R - 3}$ e $x_4^* = \frac{1}{2} + \frac{1}{2R} - \frac{1}{2R}\sqrt{R^2 - 2R - 3}$. A variável ideal para estudar a convergência para o ponto fixo não é $x(n)$, mas a distância do ponto fixo $x(n) - x^*$. A Figura 7.5(a) mostra o comportamento de $x(n) - x_3^*$ para $R = 3$, exatamente na primeira bifurcação de duplicação de período.

O comportamento observado na Figura 7.5(a) é semelhante ao discutido na seção anterior e os ajustes numéricos conduzem aos seguintes expoentes: $\alpha = 1$, $\beta = -0,49939(7)$ e $z = -2,001(4)$. Com esses exponentes, as transformações de escala que conduzem a uma curva universal são $(x(n) - x^*) \to (x(n) - x^*)/(x_0 - x^*)^\alpha$ e $n \to n/(x_0 - x^*)^z$. A aplicação dessas transformações de escala nas curvas mostradas na Figura 7.5(a) produziram as curvas mostradas na Figura 7.5(b), confirmando a universalidade.

Para $R \neq 3$, a convergência deixa de ser descrita por uma função homogênea generalizada e passa a ser descrita pelo decaimento exponencial da Equação (7.5). O exponente δ observado para a bifurcação de duplicação de período foi $\delta = -1$. Da mesma forma que ocorre em $R = 3$, o parâmetro $R = 1 + \sqrt{6}$ conduz a outra bifurcação de duplicação de período. Os exponentes críticos obtidos para $R = 1 + \sqrt{6}$ são os mesmos para $R = 3$.

7.2.3 Rota para o caos via duplicação de período

Vimos que em $R = 3$ ocorre a primeira bifurcação de duplicação de período. Na bifurcação um ponto fixo de período 1 perde a estabilidade e dois novos pontos fixos, visitados em sequência ao longo da evolução dinâmica, nascem assintoticamente estáveis. A segunda bifurcação de duplicação de período ocorre em $R = 1 + \sqrt{6}$ e os dois pontos fixos tornam-se instáveis, nascendo outros quatro pontos fixos assintoticamente estáveis. O processo com o período 4 se tornando instável e nascendo o período 8, e assim sucessivamente. Essa sequência de bifurcações constitui o que é denominado rota para o caos via bifurcação de duplicação de período. Durante a sequência de bifurcações, o período da nova órbita periódica é dado por

$$T = T_0 2^k \tag{7.15}$$

em que T_0 identifica o período da órbita inicial que deu origem ao processo de bifurcação de duplicação de período. Percebemos a partir da Equação (7.15) que, no limite em que $k \to \infty$, o período T diverge. Tal fato é interpretado como aperiodicidade na evolução dinâmica, um primeiro indicativo de comportamento caótico. Podemos notar a partir da Figura 7.6 que as

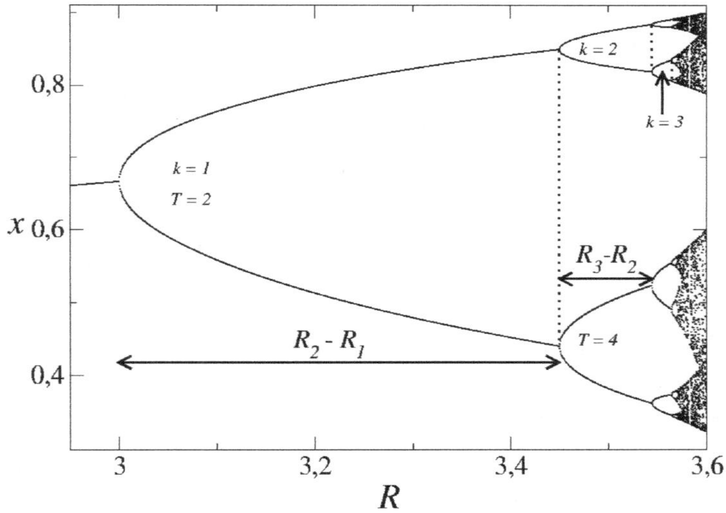

Figura 7.6 – Ilustração da cascata de bifurcação do mapa logístico evidenciando as bifurcações de duplicação de período.

diferenças entre os parâmetros em que ocorrem as bifurcações ficam cada vez menores.

Michel Feigenbaum observou que a razão entre as distâncias onde ocorriam as bifurcações era constante e independente da ordem da bifurcação. Ele definiu o expoente

$$\delta_f = \lim_{1 \ll k < \infty} \frac{R_k - R_{k-1}}{R_{k+1} - R_k} \tag{7.16}$$

em que R_k corresponde ao parâmetro de controle que determina a bifurcação de ordem k. A Tabela 7.1 mostra alguns parâmetros em que ocorrem as bifurcações, bem como a estimativa do expoente δ_f. O expoente δ_f converge

Tabela 7.1 – Tabela ilustrando a ordem da bifurcação, o período da órbita, os valores dos parâmetros onde ocorrem as bifurcações e uma estimativa do expoente δ_f.

Bifurcação	Período	Parâmetro R	Expoente δ_f
1	2	3	–
2	4	$1+\sqrt{6}$	$4,7514\ldots$
3	8	$3,5440903$	$4,6562\ldots$
4	16	$3,5644073$	$4,6683\ldots$
5	32	$3,5687594$	$4,6686\ldots$
6	64	$3,5696916$	$4,6680\ldots$
7	128	$3,5698913$	$4,6768\ldots$
8	256	$3,5699340$	–

assintoticamente para $\delta_f = 4,66920161\ldots$.

O conhecimento de δ_f pode ser utilizado para estimar a ocorrência de caos via duplicação de período. Da definição de δ_f temos que $R_2 = R_1 + \frac{R_1-R_0}{\delta_f}$. Por composição, temos que

$$\begin{aligned} R_3 &= R_2 + \frac{R_2 - R_1}{\delta_f} \\ &= R_1 + (R_1 - R_0)\left(\frac{1}{\delta_f} + \frac{1}{\delta_f^2}\right) \end{aligned}$$

Continuando o procedimento de composição obtemos

$$R_\infty = R_1 + (R_1 - R_0)\frac{1}{\delta_f}\left(1 + \frac{1}{\delta_f} + \frac{1}{\delta_f^2} + \frac{1}{\delta_f^3} + \ldots\right) \tag{7.17}$$

A série geométrica admite convergência de forma que a estimativa de R_∞ pode ser feita. A aproximação para o valor de convergência do expoente δ_f

só é observada para valores $1 \ll k < \infty$, de forma que podemos escrever como

$$R_\infty = \lim_{1 \ll k < \infty} \left[R_k + \frac{R_k - R_{k-1}}{\delta_f - 1} \right] \tag{7.18}$$

Usando os valores obtidos da condição em que $1 \ll k < \infty$, pode-se encontrar uma estimativa para o valor onde ocorre caos via duplicação de período em $R_\infty \cong 3,569946\ldots$.

7.2.4 Bifurcação tangente

Vimos no Capítulo 6 que uma bifurcação tangente ocorre em $R_c = 1 + \sqrt{8}$ e produz o nascimento de uma janela de período 3. As questões que queremos abordar aqui são: como se dá a convergência para os pontos fixos na bifurcação? Quais são os valores dos expoentes críticos α, β e z? Após a bifurcação, qual o valor do expoente δ?

A convergência para o estado estacionário no parâmetro crítico que caracteriza a bifurcação é determinada aqui a partir do observável $y_n = f^{(3)}(x_n) - x^*$, em que x^* identifica um dos três pontos fixos escritos da seguinte forma: $x_5^* = 0,15992881587733748$, $x_6^* = 0,51435527037284545$ ou $x_7^* = 0,95631784270886966$. O comportamento de y *vs.* n é bastante semelhante àquele mostrado nas Figuras 7.1 (para a bifurcação transcrítica) e 7.5 (para a bifurcação de duplicação de período). Os expoentes críticos obtidos para essas bifurcações são $\alpha = 1$, $\beta = -1$ e finalmente, pela lei de escala, $z = -1$.

Após a bifurcação a convergência para o estado estacionário é dada por $y(n) = y_0 e^{-\frac{n}{\tau}}$, em que $\tau \propto \mu^\delta$. O valor numérico obtido para o expoente foi $\delta = -0,503(2)$. A determinação numérica dos quatro expoentes críticos é deixada como exercício ao leitor.

7.3 Expoentes de Lyapunov

Discutiremos nesta seção uma maneira de se classificar uma órbita como caótica ou não. O procedimento é genérico e tem utilidade para qualquer mapeamento discreto unidimensional. Faremos uma aplicação e discutiremos os resultados utilizando o mapa logístico.

Um dos indicadores mais comuns para caracterizar a dinâmica caótica é a existência de expoentes de Lyapunov positivos. Se um sistema dinâmico exibe dinâmica caótica, o expoente de Lyapunov para tal comportamento é positivo. O procedimento para calcular os expoentes de Lyapunov consiste em iterar duas condições iniciais próximas e acompanhar a evolução das duas no espaço de fases. Se a distância de ambas reduzir com o passar do tempo, as órbitas são ditas regulares. Entretanto, caso a distância entre as órbitas aumente[2] exponencialmente, o conhecimento de uma delas não permite dizer nada sobre a outra. Diz-se então que o sistema exibe uma componente caótica.

Para ilustrar o procedimento, considere que a dinâmica de um mapeamento discreto unidimensional seja dada por $x_{n+1} = f(x_n)$, em que f é uma função não linear qualquer. Podemos definir a distância entre duas condições iniciais na enésima iteração como

$$d = |f^{(n)}(x_0 + \epsilon) - f^{(n)}(x_0)| \tag{7.19}$$

em que ϵ é arbitrariamente pequeno e x_0 define a condição inicial. Podemos definir a distância relativa como d/ϵ e admitir que esta tenha um comportamento exponencial em n de modo que $\frac{d}{\epsilon} = e^{\lambda n}$, em que λ é o expoente de Lyapunov. Considerando a situação-limite em que $\epsilon \to 0$, temos

$$\lim_{\epsilon \to 0} \left| \frac{f^{(n)}(x_0 + \epsilon) - f^{(n)}(x_0)}{\epsilon} \right| = e^{\lambda n} \tag{7.20}$$

o que nos leva a $|f'^{(n)}(x_0)| = e^{\lambda n}$. Isolando λ encontramos $\lambda n = \ln |f'^{(n)}(x_0)|$.

[2]Esse aumento deve ser considerado na média.

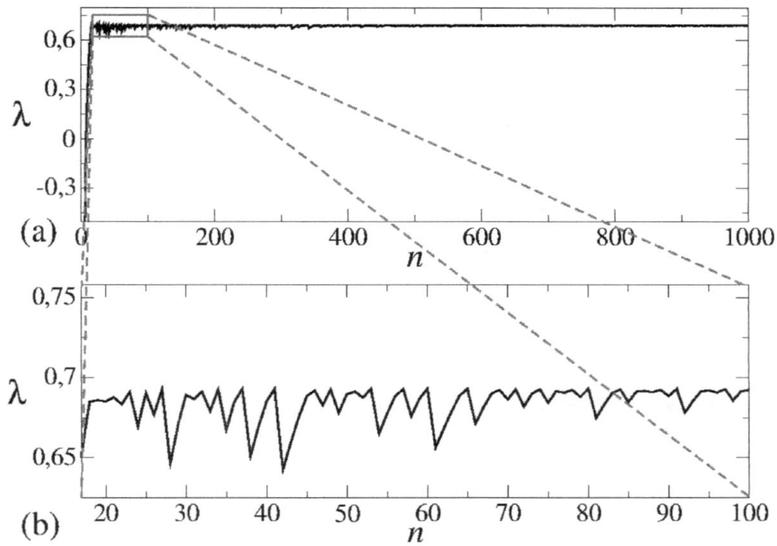

Figura 7.7 – (a) Esboço de λ *vs.* n considerando $R = 4$ e $x_0 = 0,499$ para o mapa logístico. (b) Ampliação da caixa mostrada em (a) evidenciando a flutuação do expoente de Lyapunov para pequenos valores de n.

Entretanto, da regra da cadeia, temos que

$$\ln |f'^{(n)}(x_0)| = \ln |f'(x_{n-1})f'(x_{n-2})f'(x_{n-3})\ldots f'(x_0)| \tag{7.21}$$

Usando a propriedade do produto do logaritmo, obtemos que

$$\lambda = \frac{1}{n}\sum_{i=0}^{n-1} \ln |f'(x_i)| \tag{7.22}$$

Para garantir a convergência do expoente de Lyapunov, devemos assegurar que $n \to \infty$, assim, a definição formal requer que $\epsilon \to 0$ e

$$\lambda = \lim_{n\to\infty} \frac{1}{n}\sum_{i=0}^{n-1} \ln |f'(x_i)| \tag{7.23}$$

Para comportamento caótico, temos que $\lambda > 0$. Por outro lado, para comportamento periódico ou quase-periódico, temos que $\lambda \leq 0$.

```
      program Lyapunov
c Este programa calcula o expoente de Lyapunov para o mapa logistico
c Autor: Edson Denis Leonel - Fevereiro de 2017
      implicit real*8(a-h,o-z)
      parameter(r=4.0d0,tol=1.0d-3,iter=1e8)
      open(1,file='Saida_lyap.dat',status='unknown')
      x0=0.499d0
      xlyap=0.0d0
      aux2=0.0d0
      do i=1,iter
        x1=r*x0*(1.0d0-x0)
        df=r*(1.0d0-2.0d0*x0)
        aux=dlog(dabs(df))
        xlyap=xlyap+aux
        xl1=xlyap/i
        aux2=aux2+(aux-xl1)**2
        sigma=dsqrt(aux2)/i
        d=sigma/xl1
        if ((dabs(d).lt.tol).and.(i.gt.1)) then
          write(*,*)'Convergencia atingida em',i,'iteracoes'
          stop
        else
          write(1,*)i,xl1
          x0=x1
        endif
      end do
      end
```

Figura 7.8 – Exemplo de programa escrito em Fortran para cálculo de expoente de Lyapunov aplicando o critério de convergência.

A definição matemática do expoente de Lyapunov requer que $n \to \infty$. Entretanto, em um experimento computacional não é possível fazer $n \to \infty$. Dessa forma, deve-se adotar um critério para interromper a simulação e aceitar a convergência de λ. Para pequenos valores de n, o expoente de Lyapunov médio varia bastante, porém ele converge para um valor médio constante após um determinado número n_x de iterações, conforme mostra a Figura 7.7.

Um critério que poderia ser adotado como convergência para interromper a simulação seria a razão $r = \sigma/\bar{\lambda}$, em que σ representa o desvio-padrão do expoente de Lyapunov. É escrito como $\sigma = \frac{\sqrt{\sum_{i=1}^{n}(\lambda_i - \bar{\lambda})^2}}{n}$, em que $\bar{\lambda}(n) =$

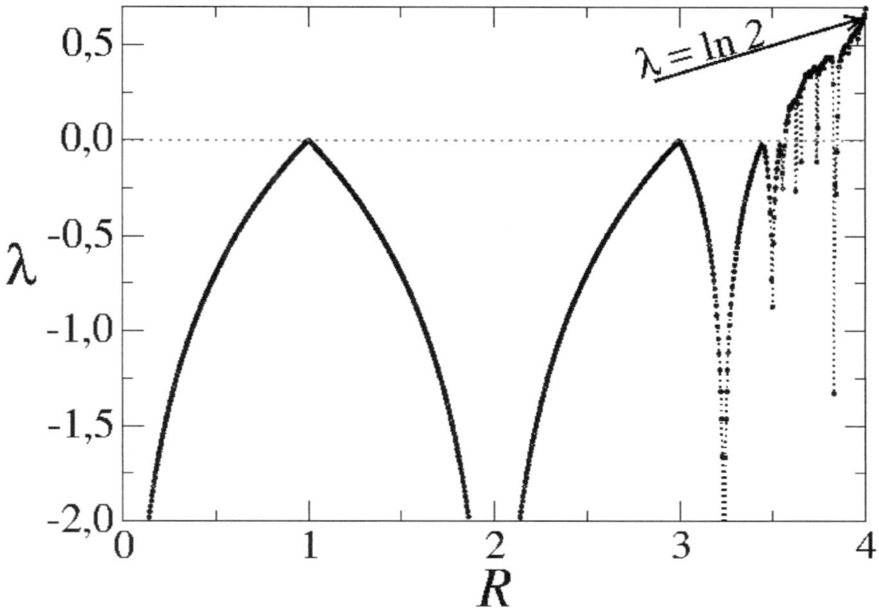

Figura 7.9 – Gráfico mostrando o comportamento de λ *vs.* R no mapa logístico considerando $x_0 = 0,499$.

$\frac{1}{n}\sum_{i=1}^{n}\lambda_i$. Se $r < 10^{-3}$, aceita-se que houve convergência do expoente de Lyapunov. Para ilustrar o cálculo do expoente de Lyapunov para o mapa logístico, temos que $x_{n+1} = Rx_n(1 - x_n) = f(x_n)$, o que conduz a $\frac{df}{dx} = R(1-2x)$. Um exemplo de programa em Fortran é mostrado na Figura 7.8.

Implementando esse programa para uma faixa de $R \in [0, 4]$ no mapa logístico e iniciando a dinâmica com $x_0 = 0,499$, obtemos o comportamento mostrado na Figura 7.9. Notamos que existem parâmetros de controle específicos que conduzem o expoente de Lyapunov a assumir o valor nulo. Esses pontos são obtidos a partir da condição $\left|\frac{df}{dx}\right| = 1$. Essa condição é observada nas bifurcações. Dessa forma, $\lambda = 0$ corresponde a uma bifurcação. Um tipo raro de órbita que deve ser mencionado é observado quando $\left|\frac{df}{dx}\right| = 0$. Isso implica que $\lambda \to -\infty$, o que caracteriza uma órbita superestável.

7.4 Resumo

Estudamos neste capítulo algumas propriedades do mapeamento logístico unidimensional. Discutimos a convergência para o estado estacionário nas bifurcações transcrítica, de duplicação de período e tangente. Vimos que a convergência na bifurcação é descrita por uma função homogênea generalizada com um conjunto de três expoentes críticos. Após a bifurcação, a convergência deixa de ser descrita por uma função homogênea passando a ser um decaimento exponencial. O conjunto dos quatro expoentes críticos é resumido na Tabela 7.2 para as três bifurcações de ponto fixo discutidas para o mapa logístico.

Tabela 7.2 – Tabela apresentando os expoentes críticos α, β, z e δ para as três bifurcações de ponto fixo observadas no mapa logístico.

Bifurcação	α	β	z	δ
Transcrítica	1	-1	-1	-1
Dup. período	1	$-0,5$	-2	-1
Tangente	1	-1	-1	$-0,5$

Observamos que as bifurcações de duplicação ocorrem a uma taxa em que a razão entre os parâmetros que determinam as bifurcações é sempre constante e dada por

$$\delta_f = \lim_{1 \ll k < \infty} \frac{R_k - R_{k-1}}{R_{k+1} - R_k} = 4,66920161\ldots$$

caracterizando o expoente de Feigenbaum, δ_f. Por fim, discutimos um algoritmo simples para o cálculo do expoente de Lyapunov em mapeamentos discreto unidimensionais.

7.5 Exercícios propostos

1. Escreva um programa para construir o diagrama de órbita do mapa logístico.

2. Identifique no diagrama obtido no exercício anterior os tipos de bifurcação visíveis.

3. Construa um gráfico que mostre os expoentes de Lyapunov $\lambda \times R$ considerando os seguintes números de iterações de transiente: (a) $n = 0$; (b) $n = 100$; (c) $n = 10^4$; e (d) $n = 10^6$. Discuta os resultados.

4. Considere o parâmetro de controle $R = 4{,}001$. Evolua a órbita do mapa logístico partindo da condição inicial $x_0 = 0{,}1$ e discuta os resultados obtidos. Por que a órbita se aproxima de $x \to -\infty$ para tempos suficientemente longos?

5. Considere a série geométrica escrita como

$$S = 1 + r + r^2 + r^3 + r^4 + \dots$$

em que $0 < r < 1$. Determine a expressão analítica que fornece a convergência da série.

6. Escreva um programa computacional para determinar os valores dos parâmetros de controle R identificando as 8 primeiras bifurcações de duplicação de período.

7. Mostre que a expressão

$$R_\infty = R_1 + (R_1 - R_0)\frac{1}{\delta_f}\left(1 + \frac{1}{\delta_f} + \frac{1}{\delta_f^2} + \frac{1}{\delta_f^3} + \dots\right)$$

converge para

$$R_\infty = R_1 + \frac{(R_1 - R_0)}{\delta_f - 1} \tag{7.24}$$

8. Escreva um programa computacional para determinar os expoentes críticos α, β e z considerando o parâmetro de controle $R_c = 1 + \sqrt{8}$ no mapa logístico. Utilize sempre a terceira iteração do mapeamento e escolha a convergência para um desses pontos fixos: $x_5^* = 0,15992881587733748$, $x_6^* = 0,51435527037284545$ ou alternativamente $x_7^* = 0,95631784270886966$.

9. Imediatamente após a bifurcação tangente que ocorre em $R_c = 1+\sqrt{8}$, a convergência para o ponto fixo é dada a partir de um decaimento exponencial do tipo $y(n) = y_0 e^{-\frac{n}{\tau}}$, em que $\tau \propto \mu^{\delta}$. Escreva um programa computacional e determine o expoente crítico δ.

10. Considere o seguinte mapeamento discreto bidimensional

$$\begin{cases} I_{n+1} = (1-\gamma)I_n + K\sin(\theta_n) \\ \theta_{n+1} = [\theta_n + I_{n+1}] \mod 2\pi \end{cases} \tag{7.25}$$

em que I e θ são variáveis dinâmicas, K é o parâmetro de não linearidade e $\gamma \in [0, 1]$ corresponde a um parâmetro que determina a intensidade da dissipação.

(a) Construa o diagrama de órbitas para o mapeamento considerando $\gamma = 0,8$ e variando $K \in [5,5; 5,9]$.

(b) Identifique os tipos de bifurcação observados.

(c) Determine os expoentes críticos α, β e z na primeira bifurcação de duplicação de período observada.

(d) Obtenha o expoente δ que determina a convergência para o estado estacionário após a bifurcação de duplicação de período e compare com o resultado obtido ao longo do texto.

(e) Escreva um programa computacional para determinar os valores dos parâmetros de controle onde ocorrem as bifurcações e determine o expoente de Feigenbaum, δ_f. Compare com o resultado obtido ao longo do texto.

Capítulo 8

O mapa *logistic-like*

8.1 Objetivos

Este capítulo é dedicado à discussão de uma versão generalizada do mapa logístico discutido no Capítulo 7, a qual chamaremos de mapa *logistic-like*. Discutiremos algumas propriedades dinâmicas do mapeamento incluindo os pontos fixos e suas classificações, os tipos de bifurcações presentes no mapa e o comportamento da convergência para o ponto fixo nas bifurcações e em suas vizinhanças. Mostraremos que os expoentes que caracterizam a lei de escala da convergência para o ponto fixo na bifurcação, estes medidos nas bifurcações transcrítica e supercrítica de forquilha, não são universais e dependem da não linearidade do mapa. Por outro lado, os expoentes medidos na bifurcação de duplicação de período são universais e independem da não linearidade do mapa. Utilizaremos tanto o formalismo fenomenológico, com hipóteses de escala, quanto a aproximação que transforma a equação de diferenças do mapeamento em uma equação diferencial ordinária (EDO), cuja solução fornece os expoentes analiticamente.

8.2 A equação do mapeamento

O mapa *logistic-like* é escrito como uma versão generalizada do mapa logístico quadrático e dado por

$$x_{n+1} = f(x_n) = Rx_n(1 - x_n^{\gamma}) \tag{8.1}$$

em que $R \in \mathbb{R} \geq 0$, $\gamma \geq 1$ e x é a variável dinâmica. Se $\gamma = 1$ recuperamos o mapa logístico convencional. O caso $\gamma = 2$ fornece o mapa cúbico, e é importante mencionar que outros valores de γ podem ser considerados também. Como queremos apenas não linearidades maiores ou iguais à quadrática, restringiremos os valores de $\gamma \geq 1$. O índice n identifica a iteração do mapeamento. Os pontos fixos do mapeamento descrito pela Equação (8.1) são obtidos da condição $x_{n+1} = x_n = x^*$, o que conduz às seguintes expressões: (i) $x_1^* = 0$; (ii) se γ não for um número par,[1]

$$x_2^* = \left[1 - \frac{1}{R}\right]^{\frac{1}{\gamma}} \tag{8.2}$$

enquanto (iii) se γ for par,

$$x_{2,3}^* = \pm\left[1 - \frac{1}{R}\right]^{\frac{1}{\gamma}} \tag{8.3}$$

em que x_2^* é determinado pelo sinal (+) e x_3^* é caracterizado pelo sinal (−).

A estabilidade dos pontos fixos é obtida da condição $\left|\frac{df}{dx}\bigg|_{x^*}\right| < 1$. O ponto fixo $x_1^* = 0$ é assintoticamente estável para $R \in [0, 1)$ independentemente do valor de γ. Por outro lado, os pontos fixos $x_{2,3}^*$ são assintoticamente estáveis para $R \in (1, \frac{2+\gamma}{\gamma})$. O parâmetro $R = 1$ determina a ocorrência de uma bifurcação. Para γ par, a bifurcação observada em $R = 1$ é denominada bifurcação supercrítica de forquilha[2] e caracterizada pela perda de estabilidade de x_1^* e pelo nascimento de dois pontos fixos $x_{2,3}^*$, que têm suas próprias

[1] γ pode ser ímpar, racional ou irracional.

[2] Também conhecida como *supercritical pichfork bifurcation.*

bacias de atração. Quando γ não é par, a bifurcação em $R = 1$ é denominada bifurcação transcrítica. O ponto fixo x_1^* perde sua estabilidade, ao passo que x_2^* se torna assintoticamente estável, perfazendo assim uma troca de estabilidades entre os pontos fixos. Os pontos fixos $x_{2,3}^*$ perdem suas estabilidades em $R = \frac{2+\gamma}{\gamma}$ dando origem a uma bifurcação de duplicação de período. Faremos uma análise do comportamento da convergência para os pontos fixos nas três bifurcações mencionadas aqui. Começaremos com a bifurcação transcrítica.

8.3 Bifurcação transcrítica

A bifurcação transcrítica ocorre em $R = 1$ quando γ assume valores não pares, o ponto fixo $x_1^* = 0$ perde estabilidade e $x_2^* = (1 - 1/R)^{1/\gamma}$ torna-se assintoticamente estável. A evolução para o ponto fixo a partir de diversas condições iniciais é mostrada na Figura 8.1 considerando dois valores distintos de γ, sendo: (a) $\gamma = 1$ e (b) $\gamma = 3/2$.

As características das curvas mostradas na Figura 8.1 são semelhantes àquelas discutidas nos Capítulos 5 e 7. Podemos notar claramente que para tempos curtos,[3] tipicamente $n \ll n_x$, a órbita fica estacionada em um regime constante e, em $n = n_x$, ocorre uma mudança para um decaimento dado por uma lei de potência. O número de iterações que define o *crossover* n_x depende da condição inicial[4] x_0.

Conforme discutido no Capítulo 7 e com base na característica das curvas mostradas na Figura 8.1, as três hipóteses de escala podem ser propostas como: (i) para $n \ll n_x$, temos que $x(n) \propto x_0^\alpha$, sendo α um expoente crítico, e da análise das Figuras 8.1(a, c) vemos que $\alpha = 1$; (ii) para $n \gg n_x$, o

[3] Aqui é equivalente a um número pequeno de iterações.

[4] De fato, a dependência se deve à distância inicial do ponto fixo. Na bifurcação transcrítica, bem como na bifurcação supercrítica de forquilha, x_0 coincide com a distância inicial.

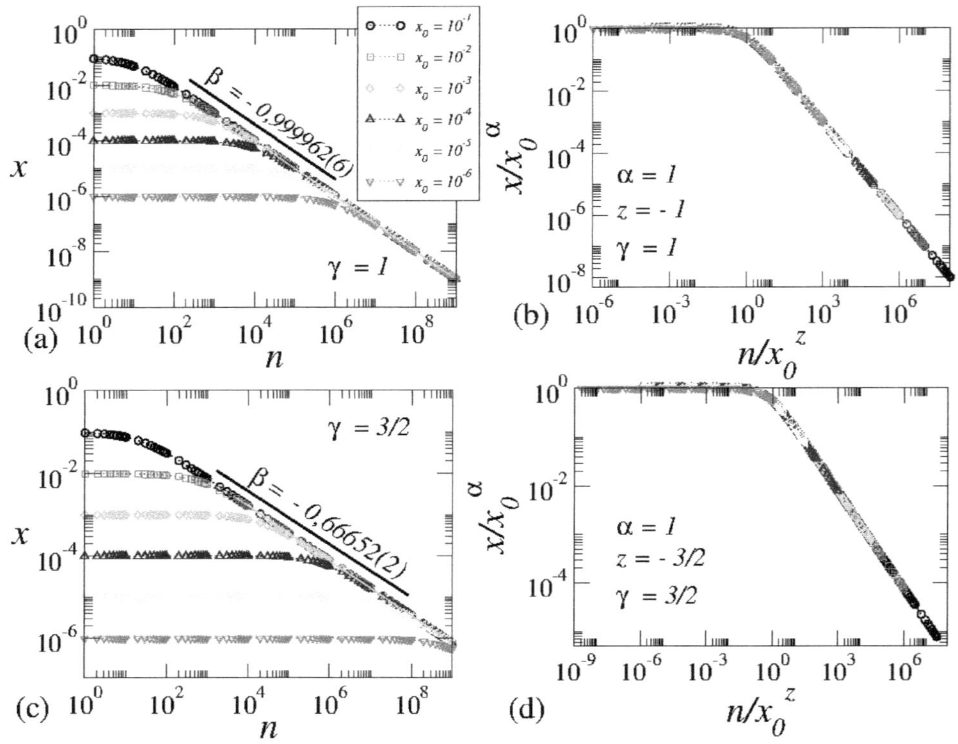

Figura 8.1 – (a, c) Gráfico de x *vs.* n considerando $R = 1$, $\gamma = 1$ e $\gamma = 3/2$ respectivamente, e diversos valores de x_0. (b, d) Sobreposição das curvas mostradas em (a) e (c) em curvas universais. As transformações de escala realizadas foram $x \to x/x_0^{\alpha}$ e $n \to n/x_0^{z}$, em que $\alpha = 1$ e $z = -1$ para (b) e $\alpha = 1$ e $z = -3/2$ para (d).

comportamento do decaimento de $x(n)$ é dado por $x(n) \propto n^{\beta}$, sendo β o expoente do decaimento, e podemos ver que o valor de β obtido numericamente para a Figura 8.1(a) é diferente do valor obtido para (c), fazendo-nos concluir que β depende do parâmetro γ e, consequentemente, da não linearidade do mapeamento discreto; (iii) o número de iterações de *crossover* n_x é descrito por $n_x \propto x_0^{z}$, sendo z o terceiro expoente crítico.

As três hipóteses de escala permitem descrever o comportamento da distância ao ponto fixo, neste caso $x(n, x_0)$, como uma função homogênea generalizada escrita na forma $x(n, x_0) = \ell x(\ell^{a} n, \ell^{b} x_0)$, sendo ℓ um fator de

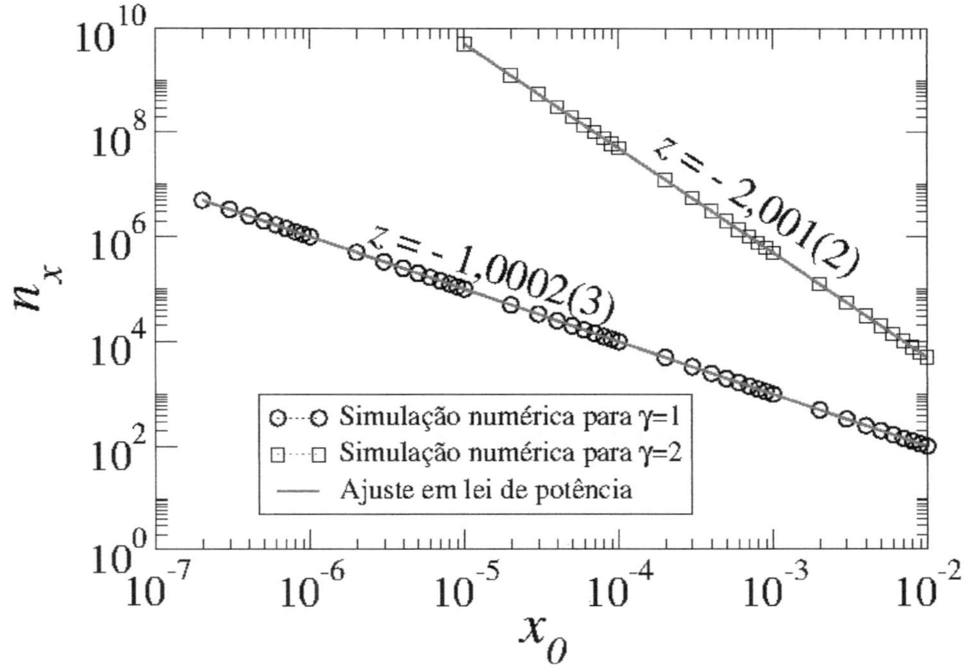

Figura 8.2 – Gráfico de n_x *vs.* x_0 para os valores $\gamma = 1$ e $\gamma = 2$. Ajustes em lei de potência fornecem $z = -1,0002(3)$ e $z = -2,001(2)$.

escala, e a e b, expoentes característicos. Usando o procedimento discutido no Capítulo 7 e estabelecendo comparações entre as três hipóteses de escala, podemos mostrar que a relação entre os três expoentes críticos é mantida na forma obtida no Capítulo 7, ou seja, $z = \alpha/\beta$, e define uma lei de escala.

Os expoentes α, β e z podem ser obtidos a partir de gráficos específicos. O expoente α, ao que tudo indica e conforme discutido nos capítulos anteriores, assume o valor $\alpha = 1$. A partir de uma condição inicial x_0, a órbita fica estacionada em um platô constante. O expoente β é obtido por meio de um ajuste em lei de potência para o regime de decaimento e depende do parâmetro γ, que controla a não linearidade do modelo. A Figura 8.1(a) mostra que um ajuste em lei de potência para $\gamma = 1$ fornece $\beta = -0,999962(6) \cong -1 \cong -\gamma$, ao passo que a Figura 8.1(c), construída para $\gamma = 3/2$, fornece $\beta = -0,66652(2) \cong -\gamma$. O expoente z pode ser determinado de duas formas distintas: (i) usando a expressão da lei de escala $z = \alpha/\beta$; ou (ii) a partir de um ajuste nos dados de n_x *vs.* x_0. Os valores numéricos obtidos para o expoente z também dependem de γ. Para $\gamma = 1$ foi obtido $z = -1,0002(3)$, ao passo que para $\gamma = 2$ encontramos $z = -2,001(2)$, conforme pode ser visto na Figura 8.2.

Para verificar as hipóteses de escala e, consequentemente, a invariância de escala, as seguintes transformações devem ser feitas: (i) $x \to x/x_0^{\alpha}$; e (ii) $n \to n/x_0^{z}$. Com essas duas transformações de escala, temos que todas as curvas de x *vs.* n se sobrepõem em uma única curva universal, conforme mostrado nas Figuras 8.1(b, d).

Os resultados obtidos até então ocorrem na bifurcação. Nas vizinhanças da bifurcação a dinâmica não é mais descrita por uma função homogênea generalizada, mas por um decaimento exponencial do tipo

$$x(n) - x^* \cong (x_0 - x^*)e^{-n/\tau} \tag{8.4}$$

em que τ é o tempo de relaxação dado por $\tau \propto \mu^{\delta}$, em que $\mu = R - R_c$, sendo R_c o valor do parâmetro onde ocorre a bifurcação e δ um expoente crítico.

Para determinar o expoente δ, consideramos um *ensemble* de condições iniciais próximas[5] a x_0 e evoluímos a dinâmica no tempo. Quando a distância da variável dinâmica ao ponto fixo se torna menor que uma determinada tolerância, tipicamente $tol < 10^{-8}$, então o número de iterações gastas no processo é armazenado para cada partícula (condição inicial) do *ensemble*. Ao término do *ensemble*, uma média é realizada e um novo parâmetro de controle é definido. O processo se repete até que todas as partículas do *ensemble* sejam evoluídas e todos os parâmetros de controle sejam utilizados. O comportamento de τ *vs.* μ é mostrado na Figura 8.3, em que podemos notar que o ajuste em lei de potência fornece $\delta \cong -1$.

O resultado obtido na Figura 8.3 é independente do parâmetro γ, bem

[5] É também comum dizer que cada condição inicial corresponde a uma partícula.

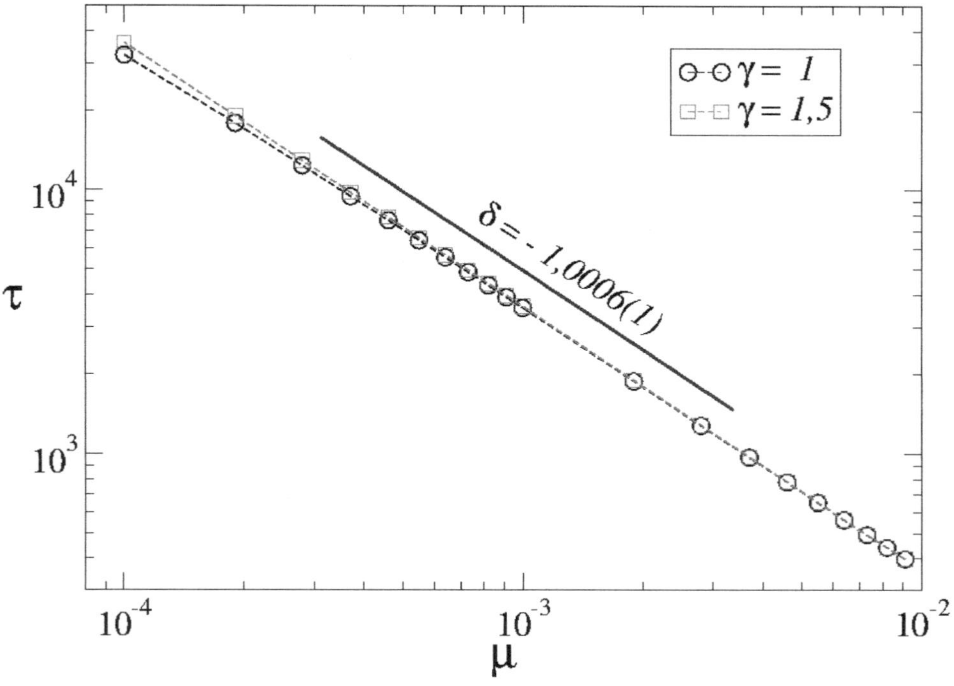

Figura 8.3 – Gráfico de τ $vs.\mu$ para os valores $\gamma = 1$ e $\gamma = 3/2$. Um ajuste em lei de potência fornece $\delta = -1$ e independe de γ.

como não distingue entre as bifurcações estudadas, assumindo o mesmo valor numérico para as bifurcações transcrítica, supercrítica de forquilha ou de duplicação de período. Na seção seguinte, discutiremos uma maneira analítica de obter os expoentes críticos α, β, z e δ.

8.3.1 Obtenção analítica dos expoentes α, β, z e δ

Os expoentes de escala que encontramos na seção anterior foram obtidos de forma numérica e fenomenológica. Nesta seção discutiremos uma forma de obter os expoentes α, β, z e δ analiticamente. Consideraremos a primeira descrição em $R = R_c = 1$, ou seja, na bifurcação. Se γ for par, temos a bifurcação supercrítica de forquilha, ao passo que outros valores de γ

fornecem uma a bifurcação transcrítica. O mapeamento é escrito como

$$\begin{aligned} x_{n+1} &= x_n(1 - x_n^{\gamma}) \\ &= x_n - x_n^{\gamma+1} \end{aligned} \tag{8.5}$$

A Equação (8.5) pode ser escrita como

$$x_{n+1} - x_n = \frac{x_{n+1} - x_n}{(n+1) - n} \cong \frac{dx}{dn} = -x^{\gamma+1} \tag{8.6}$$

Essa aproximação é válida no regime em que $x_{n+1} - x_n$ é pequeno. De fato, isso é verdade próximo ao ponto fixo, portanto, a aproximação se aplica. Assim, temos uma EDO de primeira ordem a ser resolvida, ou seja,

$$\frac{dx}{x^{\gamma+1}} = -dn \tag{8.7}$$

o que conduz a

$$\int_{x_0}^{x(n)} x^{-(\gamma+1)} dx = -\int_0^n dn' \tag{8.8}$$

Após integrar e agrupar os termos apropriadamente, obtemos que

$$x(n) = \frac{x_0}{(1 + \gamma x_0^{\gamma} n)^{1/\gamma}} \tag{8.9}$$

Podemos agora extrair os resultados importantes da Equação (8.9).

1. Se $\gamma x_0^{\gamma} n \ll 1$, o que é equivalente a $n \ll n_x$, temos que $x(n) \sim x_0$. A partir desse resultado concluímos que o expoente crítico $\alpha = 1$, conforme obtido anteriormente.

2. Se $\gamma x_0^{\gamma} n \gg 1$, temos que

$$x(n) \sim n^{-1/\gamma} \tag{8.10}$$

   Esse resultado descreve o comportamento do decaimento ao ponto fixo, que é uma lei de potência em n com expoente $\beta = -\frac{1}{\gamma}$. Essa expressão descreve, de forma analítica, os expoentes obtidos anteriormente para valores distintos de γ.

3. Se $\gamma x_0^\gamma n_x = 1$, isso conduz a $n_x \sim x_0^{-\gamma}$. Essa expressão fornece o expoente $z = -\gamma$, em excelente concordância com os resultados obtidos anteriormente.

Resta agora determinar o expoente δ. Se $R \neq R_c$, não estamos mais sobre a bifurcação, e sim próximos a ela. O mapeamento é escrito em sua forma completa, ou seja,

$$x_{n+1} = Rx_n - Rx_n^{\gamma+1} \tag{8.11}$$

Entretanto, para utilizar a aproximação da derivada devemos subtrair de ambos os lados da Equação (8.11) o termo $-x_n$, o que conduz a

$$x_{n+1} - x_n = -\mu x_n + Rx_n^{\gamma+1} \tag{8.12}$$

em que $\mu = R - R_c = R - 1$. Quando x_n está suficientemente próximo do ponto fixo $x^* = 0$, o termo $x_n^{\gamma+1}$ vai a zero mais rápido que x_n. Isso permite desconsiderar a contribuição do termo $x_n^{\gamma+1}$. Dessa forma, a equação que deve ser analisada é

$$x_{n+1} - x_n \cong \frac{dx}{dn} = -\mu x \tag{8.13}$$

Trata-se de uma EDO de primeira ordem cuja solução é da forma

$$x(n) = x_0 e^{-\mu n} \tag{8.14}$$

Comparando esse resultado com a Equação (8.4), encontramos que $\delta = -1$, o que está em total acordo com os resultados obtidos anteriormente.

8.3.2 Expoentes críticos na bifurcação de duplicação de período

Para obter a bifurcação de duplicação de período devemos encontrar onde $\left.\frac{\partial f}{\partial x}\right|_{x^*} = -1$, o que identifica um ponto *flip* incipiente. A bifurcação de duplicação de período é caracterizada em $R_c = \frac{2+\gamma}{\gamma}$. Em uma bifurcação de

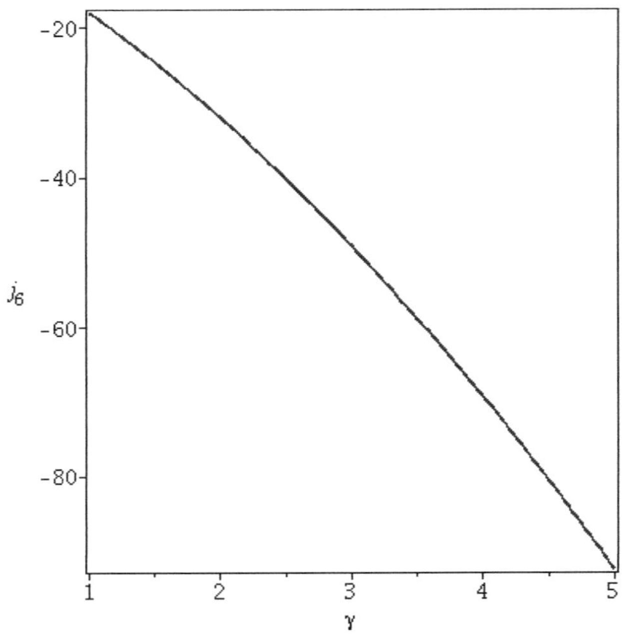

Figura 8.4 – Esboço do coeficiente j_6 *vs.* γ avaliado em $x^* = (1 - 1/R)^{1/\gamma}$ e $R_c = \frac{2+\gamma}{\gamma}$.

duplicação de período, as órbitas são obtidas a partir da segunda iteração do mapeamento, ou seja,

$$x_{n+2} = f_R^{(2)}(x_n) = R[Rx_n(1 - x_n^{\gamma})][1 - [Rx_n(1 - x_n)^{\gamma}]^{\gamma}] \quad (8.15)$$

Sabemos bem que na bifurcação a convergência para o ponto fixo é descrita por uma função homogênea generalizada cujos expoentes queremos determinar. Próximo da bifurcação o decaimento para o ponto fixo é descrito por uma exponencial cujo tempo de relaxação é descrito por uma lei de potência em $\mu = R - R_c$, sendo $R < R_c$. A ideia central é expandir a Equação (8.15) em série de Taylor nas vizinhanças do ponto fixo, ou seja, $x_n = x^* + y_n$, em que y_n é uma pequena perturbação em torno de x^*, bem como nas proximidades da bifurcação onde $R = R_c + \mu$, com μ pequeno, considerando dessa forma uma abordagem dinâmica em torno da criticalidade.

Procedendo com a expansão em série, temos

$$\begin{aligned} f_R^{(2)}(x^* + y_n) &= j_0 + y_n j_1 + \mu j_2 + y_n^2 j_3 + \mu^2 j_4 + y_n \mu j_5 + y_n^3 j_6 + \mu^3 j_7 + \\ &+ y_n^2 \mu j_8 + y_n \mu^2 j_9 + \ldots \end{aligned} \tag{8.16}$$

em que os coeficientes j_i com $i = 0, 1, 2 \ldots 9$ são escritos como

$$j_0 = f_{R_c}^{(2)}(x^*) = \left[\frac{2}{2+\gamma}\right]^{1/\gamma} \tag{8.17}$$

$$j_1 = \left.\frac{\partial f^{(2)}}{\partial x}\right|_{x^*, R_c} = 1 \tag{8.18}$$

$$j_2 = \left.\frac{\partial f^{(2)}}{\partial R}\right|_{x^*, R_c} = 0 \tag{8.19}$$

$$j_3 = \left.\frac{1}{2}\frac{\partial^2 f^{(2)}}{\partial x^2}\right|_{x^*, R_c} = 0 \tag{8.20}$$

$$j_4 = \left.\frac{1}{2}\frac{\partial^2 f^{(2)}}{\partial R^2}\right|_{x^*, R_c} \text{ (ver apêndice C)} \tag{8.21}$$

$$j_5 = \left.\frac{\partial^2 f^{(2)}}{\partial x \partial R}\right|_{x^*, R_c} = 2\gamma \tag{8.22}$$

$$j_6 = \left.\frac{1}{6}\frac{\partial^3 f^{(2)}}{\partial x^3}\right|_{x^*, R_c} \text{ (ver apêndice C)} \tag{8.23}$$

$$j_7 = \left.\frac{1}{6}\frac{\partial^3 f^{(2)}}{\partial R^3}\right|_{x^*, R_c} \text{ (ver apêndice C)} \tag{8.24}$$

$$j_8 = \left.\frac{1}{2}\frac{\partial^3 f^{(2)}}{\partial x^2 \partial R}\right|_{x^*, R_c} \text{ (ver apêndice C)} \tag{8.25}$$

$$j_9 = \left.\frac{1}{2}\frac{\partial^3 f^{(2)}}{\partial x \partial R^2}\right|_{x^*, R_c} = \gamma^2 \tag{8.26}$$

As expressões para j_4, j_6, j_7 e j_8 são extensas e trabalhosas. Entretanto, são funções bem comportadas dos parâmetros. Elas são apresentadas no Apêndice C juntamente com seus gráficos em função de γ. Nos próximos passos, precisaremos saber apenas que o coeficiente j_6 é negativo. A Figura 8.4 mostra um esboço de j_6 *vs.* γ.

Incorporando as expressões dos coeficientes j na expressão da segunda iteração do mapeamento f, temos que

$$\begin{aligned} y_{n+1} &= g(y_n, \mu) = f_R^{(2)}(x_n) - f_{R_c}^{(2)}(x^*) \\ &= y_n + \mu^2 j_4 + 2\gamma\mu y_n + y_n^3 j_6 + \mu^3 j_7 + y_n^2 \mu j_8 + y_n \mu^2 \gamma^2 \end{aligned} \quad (8.27)$$

em que $y_n = f_R^{(2)}(x_n)$. Vamos considerar primeiramente a situação em que $\mu = 0$, ou seja, uma análise na bifurcação. Dessa forma, temos que $y_{n+1} = y_n + j_6 y_n^3$. Usando a aproximação de que próximo ao ponto fixo a variação $y_{n+1} - y_n$ é pequena, temos

$$y_{n+1} - y_n \cong \frac{dy}{dn} = j_6 y^3 \quad (8.28)$$

Deparamos com uma EDO de primeira ordem que deve ser integrada conforme

$$\int_{y_0}^{y(n)} \frac{dy}{y^3} = \int_0^n dn' \quad (8.29)$$

Integrando a Equação (8.29) e agrupando os termos apropriadamente, chegamos à seguinte expressão:

$$y(n) = \pm \frac{y_0}{\sqrt{1 + 2|j_6| y_0^2 n}} \quad (8.30)$$

A Equação (8.30) permite analisar as seguintes condições:

1. Se $2|j_6|y_0^2 n \ll 1$, o que equivale a $n \ll n_x$, podemos concluir que $y(n) \sim y_0$, logo $\alpha = 1$.

2. Se $2|j_6|y_0^2 n \gg 1$, correspondendo a $n \gg n_x$, temos que $y(n) \sim n^{-1/2}$, permitindo concluir que $\beta = -1/2$.

3. Se $2|j_6|y_0^2 n_x = 1$, temos que $n_x \sim y_0^{-2}$, de onde obtemos que $z = -2$.

Os três expoentes obtidos, $\alpha = 1$, $\beta = -1/2$ e $z = -2$, independem do parâmetro γ e da ordem da bifurcação de duplicação de período, sendo portanto universais.

O próximo passo é a análise nas vizinhanças da bifurcação de duplicação de período, ou seja, quando $\mu \neq 0$. Nesse caso, consideraremos apenas o termo de mais baixa ordem na Equação (8.27), que define y_{n+1}, o que conduz a $y_{n+1} = y_n + 2\gamma\mu y_n + y_n^3 j_6$. A partir disso, podemos aproximar que

$$y_{n+1} - y_n \cong \frac{dy}{dn} = y(2\gamma\mu + j_6 y^2) \tag{8.31}$$

A integral que deve ser resolvida é

$$\int_{y_0}^{y(n)} \frac{dy}{y(2\gamma\mu + j_6 y^2)} = \int_0^n dn' \tag{8.32}$$

Integrando e agrupando os termos de forma conveniente, obtemos que

$$y(n) = \sqrt{\frac{2\mu\gamma}{|j_6|}} \left[1 + \left(\frac{2\mu\gamma}{y_0^2|j_6|} - 1\right) e^{-4\gamma\mu n}\right]^{-1/2} \tag{8.33}$$

Expandindo em série de Taylor e considerando apenas termos de primeira ordem em μ, temos

$$y(n) - \sqrt{\frac{2\mu\gamma}{|j_6|}} \cong \sqrt{\frac{2\mu\gamma}{|j_6|}} e^{-4\mu\gamma n} \tag{8.34}$$

Comparando a Equação (8.34) com a Equação (8.4), podemos concluir que $\delta = -1$, em acordo com os resultados apresentados anteriormente e confirmando sua independência do parâmetro γ.

8.4 Extensão dos resultados para outros mapeamentos

Discutiremos nesta seção uma extensão do formalismo que foi apresentado até o momento para outros mapeamentos discretos unidimensionais. Inciaremos a discussão com o mapa de Hassell e em seguida apresentaremos o mapa de Maynard. As investigações sobre o mapa gaussiano serão deixadas como exercício.

8.4.1 Mapa de Hassell

O mapa de Hassell é escrito como

$$N_{n+1} = \frac{\lambda N_n}{(1 + aN_n)^{\gamma}} \tag{8.35}$$

em que $\lambda > 0$, $a > 0$ e $\gamma > 0$ são parâmetros de controle. A variável dinâmica é N_n. Os pontos fixos são obtidos quando $N_{n+1} = N_n = N^*$, o que conduz às seguintes expressões: (i) $N^* = 0$; e (ii) $N^* = \frac{\lambda^{1/\gamma}-1}{a}$. Em $\lambda = 1$ ocorre uma bifurcação transcrítica. A análise da convergência para o ponto fixo pode ser feita usando expansão em série de Taylor nas proximidades do ponto fixo. Quando expandida, a Equação (8.35) pode ser reescrita como

$$N_{n+1} \cong \lambda N_n(1 - a\gamma N_n) \tag{8.36}$$

Podemos notar claramente que o mapa de Hassell tem propriedades semelhantes ao mapa logístico convencional, tendo como fator dominante a não linearidade quadrática.

8.4.2 Mapa de Maynard

A expressão do mapa de Maynard é dada por

$$x_{n+1} = \frac{\lambda x_n}{1 + ax_n^{\gamma}} \tag{8.37}$$

com $\lambda > 0$, $a > 0$ e $\gamma > 0$ sendo os parâmetros de controle. Os pontos fixos são: (i) $x^* = 0$; e (ii) $x^* = [\frac{\lambda-1}{a}]^{1/\gamma}$. Em $\lambda = 1$ ocorre uma bifurcação transcrítica se γ não for par e uma bifurcação supercrítica de forquilha caso γ seja par. Novamente podemos estudar o comportamento da convergência ao ponto fixo a partir de uma expansão em série de Taylor da Equação (8.37), o que conduz a

$$x_{n+1} = \lambda x_n - \lambda a x_n^{\gamma+1} \tag{8.38}$$

Nas vizinhanças da bifurcação em $\lambda = 1$, o mapeamento descrito pela Equação (8.38) tem propriedades semelhantes ao mapa *logistic-like*.

8.5 Resumo

Neste capítulo introduzimos o mapa *logistic-like*, que tem a forma $x_{n+1} = Rx_n(1-x_n^\gamma)$, e estudamos algumas de suas propriedades dinâmicas. Os pontos fixos e suas estabilidades foram obtidos em função dos parâmetros de controle, bem como a evolução da dinâmica em direção ao estado assintótico. Os expoentes críticos que definem a convergência para o atrator foram obtidos nas bifurcações e em suas vizinhanças. Mostramos que os expoentes β e z nas bifurcações transcrítica e supercrítica de forquilha não são universais e dependem do expoente γ. Por outro lado, os expoentes nas bifurcações de duplicação de período são universais. A determinação dos expoentes críticos foi feita utilizando tanto simulações numéricas como a transformação da equação de diferenças em uma EDO, a qual pode ser resolvida analiticamente. Próximo da bifurcação a equação que determina o mapeamento foi expandida em série de Taylor tanto na variável dinâmica x quanto no parâmetro de controle R. A partir da transformação da equação de diferenças em EDO, o expoente crítico δ foi obtido analiticamente.

8.6 Exercícios propostos

1. Determine as expressões para os pontos fixos do mapeamento descrito pela Equação (8.1) e discuta suas estabilidades.

2. Quais tipos de bifurcação podem ocorrer em $R = 1$ no mapeamento descrito pela Equação (8.1)? Justifique.

3. Construa o diagrama de órbita para o mapeamento da Equação (8.1) considerando $\gamma = 1$ e $\gamma = 2$. Classifique as bifurcações observadas.

4. Faça a expansão em série de Taylor da Equação (8.15) e recupere o resultado apresentado na Equação (8.16).

5. Determine os pontos fixos do mapa de Hassell dado pela Equação (8.35) e discuta suas estabilidades.

6. Construa o diagrama de órbita para o mapa de Hassell considerando $a = 1$ e $\gamma = 1$. Classifique as bifurcações observadas.

7. Encontre os pontos fixos para o mapa de Maynard descrito pela Equação (8.37).

8. Construa o diagrama de órbita para o mapa da Equação (8.37).

9. Considere o mapa gaussiano escrito como

$$x_{n+1} = e^{-ax_n^2} + b \tag{8.39}$$

em que a e b são parâmetros de controle. Construa o diagrama de órbita para $a = 4,9$ considerando $b \in [-1, 1]$. Discuta as bifurcações observadas.

Capítulo 9

Introdução aos mapeamentos discretos bidimensionais

9.1 Objetivos

Nesse capítulo apresentaremos o conceito de mapeamentos discretos bidimensionais. Iniciaremos a discussão com mapas lineares determinando os pontos fixos e os autovalores que caracterizam suas estabilidades. Em seguida introduziremos os mapeamentos discretos não lineares, bem como apresentaremos uma forma de determinar a estabilidade linear dos pontos fixos a partir das equações linearizadas. Por fim discutiremos alguns exemplos de mapeamentos discretos conhecidos na literatura.

9.2 Mapeamentos lineares

Nesta seção discutiremos como obter os pontos fixos de um mapeamento linear e como caracterizar sua estabilidade. Para isso, consideraremos o seguinte mapeamento discreto:

$$\begin{cases} x_{n+1} = ax_n + by_n \\ y_{n+1} = cx_n + dy_n \end{cases} \tag{9.1}$$

em que a, b, c e $d \in \mathbb{R}$ e x e y são variáveis dinâmicas. O índice n identifica a ordem da iteração, sendo $n = 0, 1, 2, \ldots$. A sequência cronológica de pares $(x_0, y_0) \rightarrow (x_1, y_1) \rightarrow (x_2, y_2) \rightarrow \ldots$ identifica uma órbita da condição inicial (x_0, y_0).

Para determinar os estados de equilíbrio ou os pontos fixos do mapa descrito pela Equação (9.1), devemos resolver as seguintes equações:

$$x_{n+1} = x_n = x^* \tag{9.2}$$

$$y_{n+1} = y_n = y^* \tag{9.3}$$

Caso existam pares (x^*, y^*) que satisfaçam simultaneamente as Equações (9.2) e (9.3), então (x^*, y^*) é um ponto fixo do mapeamento da Equação (9.1). Um par que satisfaz a condição de ponto fixo é $(x^*, y^*) = (0, 0)$. A estabilidade do ponto fixo é obtida a partir da condição

$$\det\left[\begin{pmatrix} a & b \\ c & d \end{pmatrix} - \begin{pmatrix} \lambda & 0 \\ 0 & \lambda \end{pmatrix}\right] = 0 \tag{9.4}$$

em que λ corresponde aos autovalores que caracterizam a estabilidade dos pontos fixos. A expressão do determinante da matriz conduz a uma equação característica de segundo grau que deve ser resolvida e é escrita como

$$\lambda^2 - \lambda(a + d) + (ad - bc) = 0 \tag{9.5}$$

cujas soluções são dadas por

$$\lambda_{1,2} = \frac{(a + d) \pm \sqrt{(a + d)^2 - 4(ad - bc)}}{2} \tag{9.6}$$

A estabilidade dos pontos fixos depende dos valores numéricos de $\lambda_{1,2}$. As seguintes classificações podem ser observadas:

1. Para $|\lambda_1| < 1$ e $|\lambda_2| < 1$, o ponto fixo é assintoticamente estável. A convergência é dita monotônica se $0 < \lambda_1 < 1$ e $0 < \lambda_2 < 1$ e alternada caso: (i) $-1 < \lambda_1 < 0$ e $-1 < \lambda_2 < 0$; (ii) $-1 < \lambda_1 < 0$ e $0 < \lambda_2 < 1$; ou (iii) $0 < \lambda_1 < 1$ e $-1 < \lambda_2 < 0$.

2. Para $|\lambda_1| < 1$ e $|\lambda_2| > 1$ ou $|\lambda_1| > 1$ e $|\lambda_2| < 1$, o ponto fixo $(x^*, y^*) = (0, 0)$ é instável e classificado como ponto de sela. O afastamento é monotônico caso $\lambda_1 > 1$ e $\lambda_2 > 1$, sendo alternado em qualquer outra combinação.

3. Caso o argumento da raiz quadrada da Equação (9.6) seja negativo, os autovalores são complexos conjugados e escritos como $\lambda_{1,2} = A \pm iB$, em que $A = (a+d)/2$ e $B = \sqrt{4(ad - bc) - (a + d)^2}/2$. Se $|\lambda_{1,2}| < 1$, o ponto fixo é um foco assintoticamente estável, em que $|\lambda| = \sqrt{A^2 + B^2}$. Por outro lado, caso $|\lambda_1| = |\lambda_2| > 1$, o ponto fixo é um foco instável. A condição $|\lambda_1| = |\lambda_2| = 1$ classifica o ponto fixo como um centro estável.

As classificações discutidas nesta seção foram obtidas a partir de mapeamentos lineares, que são raramente observados. O interesse maior na caracterização das estabilidades dos pontos fixos se dá em mapeamentos não lineares, os quais discutiremos na próxima seção.

9.3 Mapeamentos não lineares

Consideraremos nesta seção os mapeamentos não lineares. Assumiremos que a dinâmica de um dado sistema possa ser descrita por

$$\begin{cases} x_{n+1} = F(x_n, y_n) \\ y_{n+1} = G(x_n, y_n) \end{cases} \tag{9.7}$$

em que F e G são funções não lineares de suas variáveis. Os pontos fixos, caso existam, são obtidos da condição $x^* = F(x^*, y^*)$ e $y^* = G(x^*, y^*)$. A estabilidade do ponto fixo pode ser obtida a partir do conhecimento da evolução de uma condição inicial dada bem próxima ao ponto fixo. Caso o ponto fixo seja assintoticamente estável, a evolução da órbita de uma condição inicial próxima ao ponto fixo convergirá para ele assintoticamente. Por outro lado, se o ponto fixo for instável, a órbita divergirá do ponto fixo com o decorrer do tempo. Tendo como base essa análise inicial, essa investigação pode ser feita matematicamente considerando uma análise local obtida a partir de expansão em série de Taylor do mapeamento. Assumiremos então que as variáveis dinâmicas (x_n, y_n) possam ser escritas como $x_n = x^* + \epsilon_n$ e $y_n = y^* + \eta_n$, em que ϵ_n e $\eta_n \in \mathbb{R}$ são constantes pequenas que podem ser assumidas como ligeira perturbação do ponto fixo. Substituindo essas expressões nas Equações (9.7), encontramos

$$\begin{cases} x^* + \epsilon_{n+1} = F(x^* + \epsilon_n, y^* + \eta_n) \\ y^* + \eta_{n+1} = G(x^* + \epsilon_n, y^* + \eta_n) \end{cases} \tag{9.8}$$

Expandindo em série de Taylor as expressões do lado direito da Equação (9.8), temos

$$\begin{cases} x^* + \epsilon_{n+1} = F(x^*, y^*) + \epsilon_n \frac{\partial F}{\partial x}\Big|_{x^*,y^*} + \eta_n \frac{\partial F}{\partial y}\Big|_{x^*,y^*} + \ldots \\ y^* + \eta_{n+1} = G(x^*, y^*) + \epsilon_n \frac{\partial G}{\partial x}\Big|_{x^*,y^*} + \eta_n \frac{\partial G}{\partial y}\Big|_{x^*,y^*} + \ldots \end{cases} \tag{9.9}$$

em que a expansão foi considerada até primeira ordem. Reescrevendo o resultado em termos matriciais encontramos que

$$\begin{pmatrix} \epsilon_{n+1} \\ \eta_{n+1} \end{pmatrix} = \begin{pmatrix} \frac{\partial F}{\partial x} & \frac{\partial F}{\partial y} \\ \frac{\partial G}{\partial x} & \frac{\partial G}{\partial y} \end{pmatrix}_{x^*,y^*} \begin{pmatrix} \epsilon_n \\ \eta_n \end{pmatrix} \tag{9.10}$$

A matriz jacobiana que fornece os coeficientes é escrita como

$$J = \begin{pmatrix} \frac{\partial F}{\partial x} & \frac{\partial F}{\partial y} \\ \frac{\partial G}{\partial x} & \frac{\partial G}{\partial y} \end{pmatrix}_{x^*,y^*} \tag{9.11}$$

A estabilidade dos pontos fixos é determinada a partir dos autovalores da matriz jacobiana, ou seja,

$$\det\left[\begin{pmatrix} j_{11} & j_{12} \\ j_{21} & j_{22} \end{pmatrix} - \begin{pmatrix} \lambda & 0 \\ 0 & \lambda \end{pmatrix}\right] = 0 \tag{9.12}$$

em que $j_{11} = \left.\frac{\partial F}{\partial x}\right|_{x^*,y^*}$, $j_{12} = \left.\frac{\partial F}{\partial y}\right|_{x^*,y^*}$, $j_{21} = \left.\frac{\partial G}{\partial x}\right|_{x^*,y^*}$ e $j_{22} = \left.\frac{\partial G}{\partial y}\right|_{x^*,y^*}$. Desenvolvendo a expressão do determinante chegamos à seguinte equação:

$$\lambda_{1,2} = \frac{(j_{11} + j_{22}) \pm \sqrt{(j_{11} + j_{22})^2 - 4(j_{11}j_{22} - j_{12}j_{21})}}{2} \tag{9.13}$$

A classificação dos pontos fixos se dá da mesma forma discutida na seção anterior, bastando para isso conhecer as expressões dos elementos da matriz jacobiana. Discutiremos na próxima seção algumas aplicações envolvendo mapeamentos discretos bidimensionais.

9.4 Aplicações de mapeamentos bidimensionais

Nesta seção discutiremos algumas aplicações envolvendo mapeamentos bidimensionais conhecidos na literatura. Começaremos com o mapa de Hénon e em seguida abordaremos o mapa de Ikeda. Dependendo dos parâmetros de controle utilizados, ambos os mapeamentos discretos exibem atratores caóticos.

9.4.1 Mapa de Hénon

O mapa de Hénon é escrito como

$$\begin{cases} x_{n+1} = y_n + 1 - ax_n^2 \\ y_{n+1} = bx_n \end{cases} \tag{9.14}$$

em que a e $b \in \mathbb{R}$. Conforme visto na Equação (9.14), a não linearidade é quadrática em virtude do termo x^2. Os pontos fixos são obtidos da condição $x_{n+1} = x_n = x^*$ e $y_{n+1} = y_n = y^*$, conduzindo a

$$x_{1,2} = \frac{(b-1) \pm \sqrt{(1-b)^2 + 4a}}{2a} \tag{9.15}$$

A matriz jacobiana do mapeamento é escrita como

$$J = \begin{pmatrix} -2ax_n & 1 \\ b & 0 \end{pmatrix} \tag{9.16}$$

o que fornece o determinante como $\det J = -b$. De acordo com o teorema de Liouville,[1] a área no espaço de fases só será preservada quando $b = \pm 1$.

Os parâmetros de controle usados para a investigação realizada pelo cientista Michel Hénon, que propôs o mapeamento, foram $a = 1,4$ e $b = 0,3$. Para esses parâmetros, os pontos fixos são

$$(x_1^*, y_1^*) = (0,63135447708950465; 0,18940634312685140) \tag{9.17}$$

$$(x_2^*, y_2^*) = (-1,1313544770895048; -0,33940634312685142) \tag{9.18}$$

ambos instáveis. Além dos pontos fixos instáveis, o mapeamento discreto apresenta um atrator caótico. Existe uma região no espaço de condições iniciais que define a bacia de atração do atrator caótico. As condições iniciais externas à bacia de atração conduzem a dinâmica para $x \to -\infty$. A Figura 9.1 mostra o atrator obtido pela evolução da condição inicial $(x_0, y_0) = (0,1; 0,1)$. A região cinza mostra o conjunto de condições iniciais que divergem para $x \to -\infty$, enquanto a região branca corresponde à bacia de atração do atrator mostrado na figura. A bacia de atração foi construída da seguinte forma: cada um dos intervalos $x \in [-2, 2]$ e $y \in [-2, 2]$ foi dividido em 1000 intervalos, totalizando 10^6 condições iniciais. Cada uma delas foi iterada até 10^5 vezes. O critério de escolha para a convergência ao atrator caótico foi a ausência de divergência para $x \to -\infty$. Caso ocorresse a divergência, uma nova condição inicial era escolhida e o processo se repetia até que todas as condições iniciais fossem consideradas.

[1] Uma discussão mais iluminativa sobre preservação de área no espaço de fases será realizada no Capítulo 10.

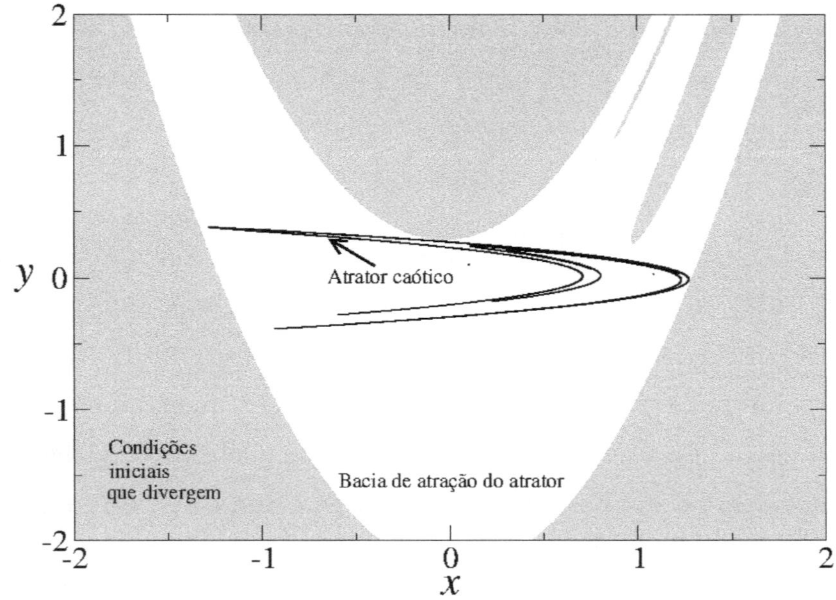

Figura 9.1 – Ilustração do atrator gerado a partir da condição inicial $(x_0, y_0) = (0,1; 0,1)$ para os parâmetros de controle $a = 1,4$ e $b = 0,3$. A região branca identifica a bacia de atração para o atrator mostrado, ao passo que a região cinza define a bacia de atração que diverge para $x \to -\infty$.

9.4.2 Expoentes de Lyapunov

Um observável de grande importância na caracterização da dinâmica é o expoente de Lyapunov. No Capítulo 7 discutimos como determinar o expoente de Lyapunov para mapeamentos discretos unidimensionais. Nesta seção, discutiremos um algoritmo para determinar os expoentes de Lyapunov para mapeamentos discretos bidimensionais. Para o caso unidimensional, a expressão que se deve avaliar para obter o expoente de Lyapunov é dada pela Equação (7.23), ou seja,

$$\lambda = \lim_{n \to \infty} \frac{1}{n} \sum_{i=0}^{n-1} \ln |f'(x_i)| \tag{9.19}$$

em que a função f fornece o mapeamento discreto unidimensional. Para o caso bidimensional, os expoentes de Lyapunov são obtidos a partir da expressão

$$\lambda_j = \lim_{n\to\infty} \frac{1}{n} \ln |\Lambda_n^{(j)}| \tag{9.20}$$

com $j = 1, 2$, em que $\Lambda_n^{(j)}$ identifica os autovalores da matriz jacobiana $M = \Pi_{i=1}^{n} J_i(V_i, \phi_i) = J_n J_{n-1} J_{n-2} \dots J_2 J_1$. Considerando que a convergência ocorre para valores elevados de n, o acúmulo do produto das matrizes J_i pode gerar indeterminação de seus coeficientes, tornando impraticável o cálculo de λ. Podemos evitar esse problema utilizando o algoritmo de triangularização no qual a matriz J é reescrita como $J = \Theta T$, em que Θ é uma matriz ortogonal[2] e T é uma matriz triangular superior.[3] Dessa forma, temos que

$$\Theta = \begin{pmatrix} \cos(\theta) & -\sin(\theta) \\ \sin(\theta) & \cos(\theta) \end{pmatrix}$$

ao passo que

$$T = \begin{pmatrix} T_{11} & T_{12} \\ 0 & T_{22} \end{pmatrix}$$

Para utilizar essas duas matrizes, notamos que a matriz M pode ser escrita de forma conveniente como

$$\begin{aligned} M &= J_n J_{n-1} J_{n-2} \dots J_2 J_1 \\ &= J_n J_{n-1} J_{n-2} \dots J_2 \Theta_1 \Theta_1^{-1} J_1 \end{aligned} \tag{9.21}$$

Chamando $T_1 = \Theta_1^{-1} J_1$ e $\tilde{J}_2 = J_2 \Theta_1$, podemos determinar os coeficientes da matriz T_1 como

$$\begin{pmatrix} T_{11} & T_{12} \\ 0 & T_{22} \end{pmatrix} = \begin{pmatrix} \cos(\theta) & \sin(\theta) \\ -\sin(\theta) & \cos(\theta) \end{pmatrix} \begin{pmatrix} j_{11} & j_{12} \\ j_{21} & j_{22} \end{pmatrix}$$

---

[2] Uma matriz é dita ortogonal quando a sua inversa é igual à sua transposta, ou seja, $\Theta^{-1} = \Theta^T$.

[3] O procedimento poderia ser igualmente utilizado ao se considerar uma matriz triangular inferior.

Comparando o coeficiente $T_{21} = 0$, temos que $0 = -j_{11}\sin(\theta) + j_{21}\cos(\theta)$, o que conduz à seguinte equação:

$$\frac{j_{21}}{j_{11}} = \frac{\sin(\theta)}{\cos(\theta)} \tag{9.22}$$

Em vez de calcular a função $\theta = \arctan(j_{21}/j_{11})$, que é uma função cara do ponto de vista computacional, podemos obter as expressões para $\sin(\theta)$ e $\cos(\theta)$ diretamente das relações de J, ou seja,

$$\cos(\theta) = \frac{j_{11}}{\sqrt{j_{11}^2 + j_{21}^2}} \tag{9.23}$$

$$\sin(\theta) = \frac{j_{21}}{\sqrt{j_{11}^2 + j_{21}^2}} \tag{9.24}$$

Dessa forma, as expressões para T_{11} e T_{22} podem ser escritas como $T_{11} = j_{11}\cos(\theta) + j_{21}\sin(\theta)$ e $T_{22} = -j_{12}\sin(\theta) + j_{22}\cos(\theta)$, o que conduz às seguintes equações:

$$T_{11} = \frac{j_{11}^2 + j_{21}^2}{\sqrt{j_{11}^2 + j_{21}^2}} \tag{9.25}$$

$$T_{22} = \frac{j_{11}j_{22} - j_{12}j_{21}}{\sqrt{j_{11}^2 + j_{21}^2}} \tag{9.26}$$

Uma vez que as expressões para T_{11} e T_{22} são conhecidas, podemos agora determinar a matriz $\tilde{J}_2$ como $\tilde{J}_2 = J_2\Theta_1$

$$\begin{pmatrix} \tilde{j}_{11} & \tilde{j}_{12} \\ \tilde{j}_{21} & \tilde{j}_{22} \end{pmatrix} = \begin{pmatrix} j_{11} & j_{12} \\ j_{21} & j_{22} \end{pmatrix} \begin{pmatrix} \cos(\theta) & -\sin(\theta) \\ \sin(\theta) & \cos(\theta) \end{pmatrix}$$

O procedimento feito para a determinação de T_{11} e T_{22} para a primeira iteração do mapeamento deve ser repetido até que toda a série de matrizes J_n, J_{n-1}, J_{n-2}, e assim por diante seja percorrida. Após todas a matrizes jacobianas ao longo da órbita serem percorridas, os expoentes de Lyapunov são escritos como

$$\lambda_j = \lim_{n\to\infty} \sum_{i=1}^{n} \ln|T_{jj}^{(i)}|,\ j = 1, 2 \tag{9.27}$$

Algumas propriedades para os expoentes de Lyapunov são:

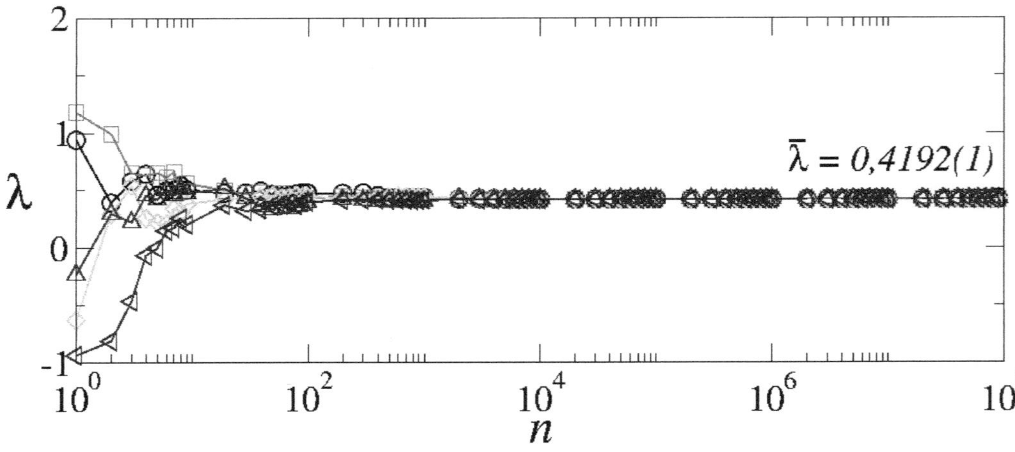

Figura 9.2 – Convergência do expoente de Lyapunov positivo para o mapa de Hénon descrito na Equação (9.14). Foram utilizadas 5 condições iniciais posicionadas na região da bacia de atração do atrator caótico. A valor médio das 5 séries temporais foi $\overline{\lambda} = 0,4192(1)$.

1. Para sistemas hamiltonianos, devemos ter $\lambda_1 + \lambda_2 = 0$, ou seja, $\sum_{i=1}^{N} \lambda_i = 0$, em que N identifica o número de equações do mapeamento discreto.

2. Para sistemas dissipativos, deve-se sempre observar $\sum_{i=1}^{N} \lambda_i < 0$.

A Figura 9.2 mostra o comportamento da convergência do expoente de Lyapunov positivo para o atrator mostrado na Figura 9.1. Consideramos a evolução de 5 condições iniciais localizadas na região da bacia de atração do atrator caótico. Após 10^8 iterações, o valor médio obtido para o expoente de Lyapunov foi $\overline{\lambda} = 0,4192(1)$.

9.4.3 Mapa de Ikeda

Proposto originalmente por K. Ikeda, o mapa descreve um modelo de *laser* em uma cavidade óptica. Na forma complexa, o mapeamento discreto é escrito como

$$z_{n+1} = p + z_n B e^{i\left(k - \frac{\tilde{\alpha}}{1+|z_n|^2}\right)} \tag{9.28}$$

em que o parâmetro p está relacionado com a amplitude de entrada do *laser*, B identifica o coeficiente de reflexividade dos espelhos da cavidade, k corresponde ao parâmetro de dessintonização da cavidade e $\tilde{\alpha}$ mede a dessintonização devida à presença de um meio não linear na cavidade. A variável dinâmica z é escrita no plano dos complexos como $z = x + iy$, de tal forma que o mapeamento discreto pode ser reescrito em variáveis retangulares como

$$x_{n+1} = p + x_n B \cos(T_n) - y_n B \sin(T_n) \quad (9.29)$$

$$y_{n+1} = x_n B \sin(T_n) + y_n B \cos(T_n) \quad (9.30)$$

$$T_n = k - \frac{\tilde{\alpha}}{1 + (x_n^2 + y_n^2)} \quad (9.31)$$

Um conjunto de parâmetros de controle que Ikeda utilizou em suas investigações foi $p = 1$, $B = 0,9$, $k = 0,4$ e $\tilde{\alpha} = 6$. O sistema admite, para essa combinação de parâmetros de controle, um atrator caótico que coexiste com um atrator ponto fixo. A Figura 9.3 mostra o atrator caótico obtido para essa combinação de parâmetros. A bacia de atração para o atrator caótico é mostrada em branco, ao passo que os pontos em cinza correspondem à bacia de atração de um atrator periódico que não é mostrado na figura. Para a construção da bacia de atração, cada um dos intervalos $x \in [-1, 2]$ e $y \in [-3, 2]$ foi dividido em 1000 partes, totalizando 10^6 condições iniciais diferentes. Cada uma das condições iniciais foi iterada até 10^5 vezes. Caso a convergência para o ponto fixo fosse observada antes das 10^5 iterações, a simulação era interrompida e uma nova condição inicial era fornecida. Caso não se observasse convergência ao atrator ponto fixo e considerando a existência de apenas dois atratores para essa combinação de parâmetros de controle, assumia-se que a dinâmica convergia para o atrator caótico. É deixado como exercício ao leitor a determinação numérica do atrator periódico não mostrado, bem como do expoente de Lyapunov positivo para o atrator caótico mostrado na figura.

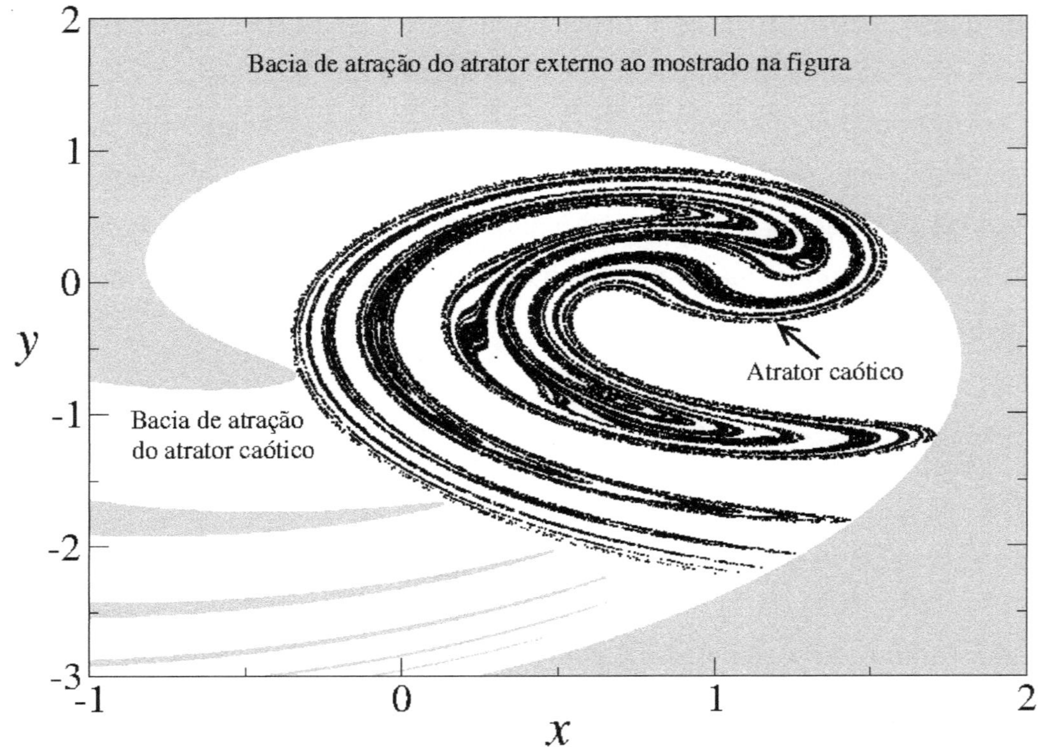

Figura 9.3 – Ilustração do atrator caótico gerado a partir da condição inicial $(x_0, y_0) = (0,1; 0,1)$ para os parâmetros de controle $p = 1$, $B = 0,9$, $k = 0,4$ e $\tilde{\alpha} = 6$. A região branca identifica a bacia de atração para o atrator mostrado, ao passo que a região cinza define a bacia de atração para um atrator periódico existente fora da região mostrada.

9.5 Resumo

Neste capítulo, apresentamos o conceito de mapeamento discreto bidimensional. Iniciamos com o caso linear mostrando como determinar os pontos fixos e classificá-los quanto à estabilidade. Em seguida foram apresentadas a discussão para mapeamentos não lineares e a análise a partir da expansão em série de Taylor. A estabilidade dos pontos fixos é determinada a partir dos autovalores da matriz jacobiana. Discutimos também um algoritmo para calcular os expoentes de Lyapunov de um mapeamento bidimensional. Por fim, dois mapeamentos discretos foram discutidos, sendo eles o mapa de Hénon e o mapa de Ikeda.

9.6 Exercícios propostos

1. Partindo da Equação (9.4), encontre o determinante da matriz e recupere a Equação (9.5).

2. Partindo da condição inicial $(x_0, y_0) = (0,1; 0,1)$:

   (a) Construa o diagrama de órbita para o Mapa de Hénon

   $$\begin{cases} x_{n+1} = y_n + 1 - ax_n^2 \\ y_{n+1} = bx_n \end{cases}$$

   considerando $b = 0,3$ no intervalo $a \in [1; 1,5]$.

   (b) Discuta as bifurcações observadas no diagrama de órbita.

   (c) Determine os expoentes críticos α, β, z e δ para a primeira bifurcação de duplicação de período observada no diagrama de órbita obtido na letra (a).

   (d) Escreva um programa computacional para determinar o comportamento do maior expoente de Lyapunov para o diagrama de órbita obtido na letra (a).

3. Mostre que os dois pontos fixos (x^*, y^*) obtidos para o mapeamento descrito pela Equação (9.14) considerando os parâmetros $a = 1,4$ e $b = 0,3$ são instáveis.

4. Determine os elementos da matriz jacobiana para o mapeamento de Ikeda escrito como

   $$\begin{aligned} x_{n+1} &= p + x_n B \cos(T_n) - y_n B \sin(T_n) \\ y_{n+1} &= x_n B \sin(T_n) + y_n B \cos(T_n) \\ T_n &= k - \frac{\tilde{\alpha}}{1 + (x_n^2 + y_n^2)} \end{aligned}$$

5. Escreva um programa computacional para determinar o expoente de Lyapunov para o atrator mostrado na Figura 9.3.

6. Determine numericamente as coordenadas (x^*, y^*) do atrator periódico para as quais as condições iniciais apresentadas em cinza na Figura 9.3 convergem.

7. Discuta o que ocorre com o atrator caótico presente no mapa de Ikeda utilizando os parâmetros $p = 1,0027$, $B = 0,9$, $k = 0,4$ e $\tilde{\alpha} = 6$. Com essa combinação de parâmetros, o sistema experimenta uma crise de fronteira e o atrator caótico é destruído. Para mais detalhes, consultar o artigo de Grebogi, Ott e Yorke (1986).

8. Considere o seguinte mapeamento discreto

$$\begin{aligned} x_{n+1} &= y_n \\ y_{n+1} &= -bx_n + ay_n - y_n^3 \end{aligned}$$

em que a e b são parâmetros de controle reais.

(a) Determine, caso existam, os pontos fixos do mapeamento e discuta suas estabilidades a partir das faixas dos parâmetros de controle.

(b) Escreva um programa computacional para determinar o atrator do mapeamento considerando os parâmetros de controle $a = 2,75$ e $b = 0,15$.

(c) Faça um esboço da bacia de atração do atrator observado em (b).

9. Faça uma simulação numérica para construir o atrator do seguinte mapeamento

$$\begin{aligned} x_{n+1} &= x_n^2 - y_n^2 + ax_n + by_n \\ y_{n+1} &= 2x_n y_n + cy_n + dy_n \end{aligned}$$

considerando os seguintes parâmetros: $a = 0,9$, $b = -0,6013$, $c = 2$ e $d = 0,5$.

Capítulo 10

O modelo do acelerador de Fermi: versão não dissipativa

10.1 Objetivos

No capítulo anterior discutimos os conceitos fundamentais para o estudo de mapeamentos discretos bidimensionais. Este capítulo é dedicado ao estudo de um sistema descrito por um mapeamento discreto bidimensional conhecido na literatura como modelo do acelerador de Fermi, ou simplesmente modelo Fermi-Ulam. Apresentaremos uma contextualização histórica do problema, em seguida construiremos as equações que descrevem a dinâmica do modelo. Discutiremos também algumas propriedades do espaço de fases, incluindo uma análise de estabilidade dos pontos fixos. Este capítulo será dedicado somente à descrição do problema na ausência de dissipação, de modo que o espaço de fases exibe características mistas com mares de caos, curvas invariantes *spanning* e ilhas de estabilidade. Mostraremos que o mar de caos admite a propriedade de ser invariante de escala com relação ao parâmetro de controle do sistema.

10.2 O modelo Fermi-Ulam

Nesta seção apresentaremos as equações do modelo que será investigado neste capítulo. A origem do modelo remonta ao ano de 1949, quando o cientista italiano Enrico Fermi apresentou suas ideias para explicar a origem dos raios cósmicos de altas energias que eram medidos na Terra. Fermi assumiu que os raios cósmicos, que sabidamente são partículas carregadas, poderiam ser acelerados por campos magnéticos de estrelas e galáxias distantes do planeta Terra. Quando a partícula passava suficientemente próximo da influência do campo magnético, ela podia ser defletida. Como o campo magnético não era constante, e sim dependente do tempo, a partícula poderia ser acelerada pela influência dos campos magnéticos dos objetos extrassolares. Essa ideia perdurou por alguns anos até que Stanislaw Ulam propôs um modelo matemático que pudesse descrever a proposta original de Fermi. Ulam assumiu que os raios cósmicos poderiam ser descritos como partículas clássicas com massa não nula e a influência dos campos magnéticos poderia ser produzida por paredes rígidas oscilantes. Pelos menos dois possíveis modelos podem ser propostos utilizando essa aproximação de Ulam. Um deles é o modelo Fermi-Ulam, que discutiremos neste capítulo, e o outro, ligeiramente diferente, é o modelo *bouncer*, que será discutido no Capítulo 12.

O modelo que consideramos neste capítulo consiste de uma partícula clássica de massa m que se move no interior de duas paredes rígidas e infinitamente massivas. Uma delas está localizada em $x = l$, ao passo que a outra tem sua posição descrita por $x_w(t) = \varepsilon \cos(\omega t)$,[1] em que ε identifica a amplitude de oscilação da parede móvel, ω fornece a frequência de oscilação e t é o tempo. Uma ilustração esquemática do modelo é mostrada na Figura 10.1.

[1] O índice w utilizado na expressão de $x_w(t)$ corresponde à parede e foi importado da palavra em inglês, *wall*.

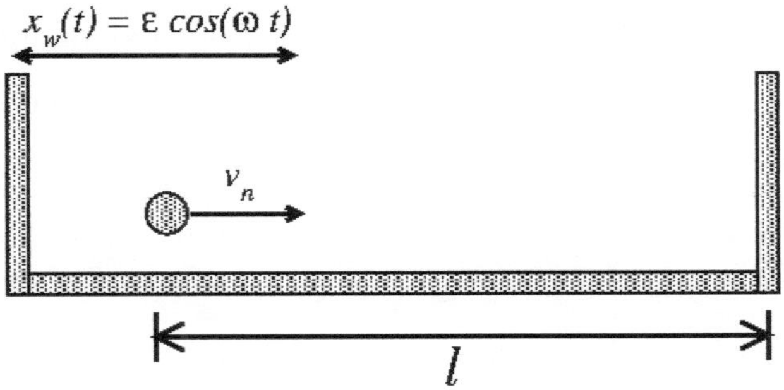

Figura 10.1 – Ilustração esquemática do modelo Fermi-Ulam. O movimento da parede móvel é dado por $x_w(t) = \varepsilon \cos(\omega t)$. A parede fixa está localizada em $x = l$.

No formalismo de Ulam, a parede móvel seria equivalente aos campos magnéticos oscilantes. A parede fixa funciona como um mecanismo de reinjeção da partícula para uma próxima colisão com a parede móvel, ao passo que a partícula clássica corresponderia ao raio cósmico. A parede móvel é assumida como tendo massa infinita, de forma que o seu movimento não é influenciado pelas colisões da partícula. Como não existem forças externas que atuam na partícula, durante o voo ela viaja com velocidade constante. Sofre mudança na velocidade apenas quando colide com as paredes. A colisão com a parede fixa inverte o sentido da velocidade, preservando o módulo. As colisões com a parede móvel afetam diretamente o módulo da velocidade da partícula. Dependendo da fase da parede móvel no momento da colisão, a partícula pode ganhar ou perder energia. A forma natural de descrever a dinâmica do modelo é a partir da utilização de mapeamento discreto. O procedimento consiste em obter um operador T_{fum} tal que, dado um par (v_n, t_n), em que v identifica a velocidade da partícula e t o instante da colisão no impacto n, a aplicação de T_{fum} determine o novo par no instante $n + 1$. Existem dois tipos distintos de colisões que devem ser consideradas: (i) colisões sucessivas ou colisões múltiplas; e (ii) colisões indiretas. Em uma colisão múltipla, após a partícula sofrer uma colisão com a parede móvel, antes que ela saia da zona de colisão,[2] ela sofre uma segunda e, portanto, sucessiva colisão. Muitas outras colisões podem vir em sequência e dependem da combinação da velocidade da partícula com a fase da parede móvel. Já em uma colisão indireta, a partícula colide com a fronteira móvel, abandona a zona de colisão e viaja em direção à parede fixa. Colide com a parede fixa, tem sua velocidade invertida em sentido e retorna em direção à parede móvel para um próximo impacto.

Para construir o mapeamento assumiremos que, no instante $t = t_n$, a posição da partícula é a mesma da parede móvel, ou seja, $x_p(t_n) = x_w(t_n) = \varepsilon\cos(\omega t_n)$, e a partícula se move para a direita com velocidade $v_p = v_n > 0$, em que o índice p identifica partícula. A posição da partícula será então dada por $x_p(t) = \varepsilon\cos(\omega t_n) + v_n t$ para $t \geq 0$. A partícula somente sofrerá uma colisão com a parede móvel caso exista solução para a seguinte equação:

$$\begin{aligned} x_w(t) &= x_p(t) \\ \varepsilon\cos[\omega(t+t_n)] &= \varepsilon\cos(\omega t_n) + v_n t \end{aligned} \tag{10.1}$$

dando origem à seguinte equação transcendental:

$$g(t_c) = \varepsilon\cos[\omega(t_c+t_n)] - \varepsilon\cos(\omega t_n) - v_n t_c \tag{10.2}$$

para $t_c \in (0, 2\pi/\omega]$. Caso exista solução, o novo instante de tempo que determina a colisão será dado por

$$t_{n+1} = t_n + t_c \tag{10.3}$$

em que t_c é obtido da solução numérica da Equação (10.2). Conhecida a expressão do tempo t_{n+1}, podemos determinar a velocidade da fronteira no instante da colisão $(n+1)$ e, consequentemente, aplicar a lei de conservação do *momentum*[3] para determinar a expressão da velocidade da partícula após

[2]A zona de colisão é definida como a região do espaço onde pode ocorrer movimento da parede móvel, ou seja, $x \in [-\varepsilon, +\varepsilon]$.

[3]Essa lei é de grande importância na física. É também conhecida como lei de conservação do momento linear. É válida para colisões elásticas ou inelásticas, quer sejam em baixas ou altas energias, como aquelas observadas nos aceleradores de partículas.

a colisão. O Apêndice D traz uma discussão sobre a mudança de sistema de referência e a subsequente aplicação da lei de conservação do momento linear. A aplicação da lei de conservação do *momentum* conduz à seguinte equação: $v_{n+1} = -v_n + 2v_w(t_{n+1})$, em que $v_w(t) = \frac{dx_w(t)}{dt} = -\varepsilon\omega\sin(\omega t)$, logo encontramos que $v_{n+1} = -v_n - 2\varepsilon\omega\sin(\omega t_{n+1})$. Com isso, o mapeamento discreto obtido para as colisões sucessivas é escrito como

$$T_s : \begin{cases} t_{n+1} = t_n + t_c \\ v_{n+1} = -v_n - 2\varepsilon\omega\sin(\omega t_{n+1}) \end{cases} \tag{10.4}$$

com t_c obtido da solução de $g(t_c) = 0$ para $t_c \in (0, 2\pi/\omega]$ e o índice s em T_s identificando o mapa para colisões sucessivas.

Vamos agora considerar o caso (ii), em que a partícula abandona a zona de colisão. Neste caso, ela se moverá com velocidade constante até colidir com a parede fixa. Ela então inverte o sentido do movimento e é refletida de volta com velocidade $v_p = -v_n$ até entrar na zona de colisão. Os intervalos de tempo envolvidos nesses estágios são

$$\Delta t_d = \frac{l - \varepsilon\cos(\omega t_n)}{v_n} \tag{10.5}$$

$$\Delta t_e = \frac{l - \varepsilon}{v_n} \tag{10.6}$$

em que Δt_d corresponde ao tempo gasto na viagem da partícula para a direita após sofrer uma colisão com a parede móvel na posição $\varepsilon\cos(\omega t_n)$, enquanto Δt_e identifica o intervalo de tempo gasto na viagem de volta da parede fixa até a entrada da zona de colisão em $x = \varepsilon$. Para determinar o instante da colisão, devemos resolver numericamente a seguinte equação: $x_w(t) = x_p(t)$, ou seja, $\varepsilon\cos[\omega(t_n + \Delta t_d + \Delta t_e + t_c)] = \varepsilon - v_n t_c$, dando origem à função $f(t_c)$ escrita como

$$f(t_c) = \varepsilon\cos[\omega(t_n + \Delta t_d + \Delta t_e + t_c)] - \varepsilon + v_n t_c \tag{10.7}$$

com $t_c \in [0, 2\pi/\omega]$. A velocidade da partícula após a colisão deve ser obtida a partir da lei de conservação do momento linear a ser aplicada no referencial da parede móvel, que é assumida estar instantaneamente em repouso no momento da colisão. Do Apêndice D, encontramos que $v_{n+1} = v_n + 2v_w(t_{n+1})$. Dessa forma, o mapeamento para as colisões indiretas é dado por

$$T_i : \begin{cases} t_{n+1} = t_n + \Delta t_d + \Delta t_e + t_c \\ v_{n+1} = v_n - 2\varepsilon\omega \sin(\omega t_{n+1}) \end{cases} \tag{10.8}$$

com t_c obtido da solução de $f(t_c) = 0$ e $t_c \in [0, 2\pi/\omega]$.

Podemos notar, entretanto, que temos 3 parâmetros de controle: l, ε, e ω e que nem todos eles são importantes para a descrição da dinâmica. Podemos escolher um conjunto mais conveniente de variáveis de forma que dois dos parâmetros mencionados sejam eliminados. Definimos então as seguintes variáveis adimensionais: $V = v/(\omega l)$ e $\epsilon = \varepsilon/l$ e medimos os tempos em termos do número de oscilações da parede móvel, portanto, medimos fases, ou seja, $\phi = \omega t$. Com esse conjunto de três novas variáveis adimensionais, o mapeamento discreto que descreve a dinâmica da partícula no modelo Fermi-Ulam é escrito como

$$T_{fum} : \begin{cases} \phi_{n+1} = [\phi_n + \Delta T_n] \bmod 2\pi \\ V_{n+1} = V^* - 2\epsilon \sin(\phi_{n+1}) \end{cases} \tag{10.9}$$

em que V^* e ΔT_n dependem do tipo de colisão que a partícula sofreu. Para o caso (i) de colisões múltiplas, temos que $V^* = -V_n$ e $\Delta T_n = \phi_c$, em que ϕ_c é obtido da solução de $G(\phi_c) = 0$ com

$$G(\phi_c) = \epsilon \cos(\phi_n + \phi_c) - \epsilon \cos(\phi_n) - V_n \phi_c \tag{10.10}$$

e $\phi_c \in (0, 2\pi]$. Para o caso (ii) de colisões indiretas, temos que $V^* = V_n$ e $\Delta T_n = \phi_d + \phi_e + \phi_c$ com ϕ_c obtido da solução de

$$F(\phi_c) = \epsilon \cos(\phi_n + \phi_d + \phi_e + \phi_c) - \epsilon + V_n \phi_c = 0 \tag{10.11}$$

em que os termos auxiliares são dados por

$$\phi_d = \frac{(1 - \epsilon \cos(\phi_n))}{V_n} \tag{10.12}$$

$$\phi_e = \frac{(1 - \epsilon)}{V_n} \tag{10.13}$$

A partir da Equação (10.9) podemos determinar o comportamento da dinâmica da partícula. Dada uma condição inicial (V_0, ϕ_0), também identificada como estado inicial, a evolução cronológica dos estados $(V_0, \phi_0) \rightarrow (V_1, \phi_1) \rightarrow (V_2, \phi_2) \rightarrow \ldots$ fornece a órbita da condição (V_0, ϕ_0). O conjunto de todas as órbitas possíveis fornece o espaço de estados ou de fases do sistema. Veremos na próxima seção que o espaço de fases do mapeamento descrito pela Equação (10.9) é misto e apresenta a coexistência de órbitas regulares/periódicas determinadas pelos pontos fixos; órbitas quase-periódicas fornecendo as curvas invariantes, estas circulando os pontos fixos elípticos e originando as ilhas de estabilidade; e curvas invariantes *spanning*. São classificadas como *spanning* pois atravessam o espaço de fases e consequentemente limitam o tamanho do mar de caos.

A caracterização da estabilidade dos pontos fixos é determinada dos autovalores da matriz jacobiana. Obteremos as matrizes jacobianas para os casos de colisões sucessivas, bem como para as colisões múltiplas.

10.2.1 Matriz jacobiana para colisões indiretas

A matriz jacobiana J é escrita como

$$J = \begin{pmatrix} \frac{\partial V_{n+1}}{\partial V_n} & \frac{\partial V_{n+1}}{\partial \phi_n} \\ \frac{\partial \phi_{n+1}}{\partial V_n} & \frac{\partial \phi_{n+1}}{\partial \phi_n} \end{pmatrix}$$

em que os coeficientes da matriz J são obtidos a partir das derivadas parciais em relação às variáveis dinâmicas. Os termos da matriz J são dados por

$$j_{11} = \frac{\partial V_{n+1}}{\partial V_n} = 1 - 2\epsilon\cos(\phi_{n+1})\frac{\partial \phi_{n+1}}{\partial V_n} \quad (10.14)$$

$$j_{12} = \frac{\partial V_{n+1}}{\partial \phi_n} = -2\epsilon\cos(\phi_{n+1})\frac{\partial \phi_{n+1}}{\partial \phi_n} \quad (10.15)$$

$$j_{21} = \frac{\partial \phi_{n+1}}{\partial V_n} = \frac{\partial \phi_d}{\partial V_n} + \frac{\partial \phi_e}{\partial V_n} + \frac{\partial \phi_c}{\partial V_n} \quad (10.16)$$

$$j_{22} = \frac{\partial \phi_{n+1}}{\partial \phi_n} = 1 + \frac{\partial \phi_d}{\partial \phi_n} + \frac{\partial \phi_e}{\partial \phi_n} + \frac{\partial \phi_c}{\partial \phi_n} \quad (10.17)$$

em que as derivadas auxiliares são escritas da seguinte forma:

$$\frac{\partial\phi_d}{\partial V_n} = -\frac{1-\epsilon\cos(\phi_n)}{V_n^2} \tag{10.18}$$

$$\frac{\partial\phi_e}{\partial V_n} = -\frac{(1-\epsilon)}{V_n^2} \tag{10.19}$$

$$\frac{\partial\phi_d}{\partial\phi_n} = \frac{\epsilon\sin(\phi_n)}{V_n} \tag{10.20}$$

$$\frac{\partial\phi_e}{\partial\phi_n} = 0 \tag{10.21}$$

Os termos $\frac{\partial\phi_c}{\partial V_n}$ e $\frac{\partial\phi_c}{\partial\phi_n}$ são determinados a partir de derivação implícita e escritos como

$$\frac{\partial\phi_c}{\partial V_n} = \frac{\epsilon\sin(\phi_{n+1})\left(\frac{\partial\phi_d}{\partial V_n}+\frac{\partial\phi_e}{\partial V_n}\right)-\phi_c}{V_{n+1}-\epsilon\sin(\phi_{n+1})} \tag{10.22}$$

$$\frac{\partial\phi_c}{\partial\phi_n} = \frac{\epsilon\sin(\phi_{n+1})\left(1+\frac{\partial\phi_d}{\partial\phi_n}+\frac{\partial\phi_e}{\partial\phi_n}\right)}{V_{n+1}-\epsilon\sin(\phi_{n+1})} \tag{10.23}$$

10.2.2 Matriz jacobiana para colisões múltiplas

Para o caso de colisões múltiplas, os elementos da matriz jacobiana são obtidos das expressões

$$j_{11} = \frac{\partial V_{n+1}}{\partial V_n} = -1-2\epsilon\cos(\phi_{n+1})\frac{\partial\phi_{n+1}}{\partial V_n} \tag{10.24}$$

$$j_{12} = \frac{\partial V_{n+1}}{\partial\phi_n} = -2\epsilon\cos(\phi_{n+1})\frac{\partial\phi_{n+1}}{\partial\phi_n} \tag{10.25}$$

$$j_{21} = \frac{\partial\phi_{n+1}}{\partial V_n} = \frac{\partial\phi_c}{\partial V_n} \tag{10.26}$$

$$j_{22} = \frac{\partial\phi_{n+1}}{\partial\phi_n} = 1+\frac{\partial\phi_c}{\partial\phi_n} \tag{10.27}$$

Os termos $\frac{\partial\phi_c}{\partial V_n}$ e $\frac{\partial\phi_c}{\partial\phi_n}$ são determinados a partir de derivação implícita e escritos como

$$\frac{\partial\phi_c}{\partial V_n} = \frac{-\phi_c}{V_n+\epsilon\sin(\phi_{n+1})} \tag{10.28}$$

$$\frac{\partial\phi_c}{\partial\phi_n} = \frac{\epsilon\sin(\phi_n)-\epsilon\sin(\phi_{n+1})}{V_n+\epsilon\sin(\phi_{n+1})} \tag{10.29}$$

10.2.3 Pontos fixos

O ponto de partida para a análise da estrutura do espaço de fases é a determinação dos pontos fixos. Estes são obtidos a partir das seguintes condições: $V_{n+1} = V_n = V$ e $\phi_{n+1} = \phi_n = \phi + 2k\pi$, em que $k = 1, 2, 3, \ldots$ identifica o número de oscilações que a parede móvel completa entre as colisões. Da expressão imposta pela condição da velocidade encontramos que existem duas possibilidades para a fase do estado de equilíbrio, que são $\phi = 0$ ou $\phi = \pi$. A condição determinada pela fase no ponto fixo leva a obter que a expressão da velocidade do ponto fixo é $V = \frac{1-\epsilon}{k\pi}$. Dessa forma, os pontos fixos são classificados como:

$$(V, \phi) = \left(\frac{(1-\epsilon)}{k\pi}, 0\right), \quad \text{hiperbólico} \tag{10.30}$$

$$(V, \phi) = \left(\frac{(1-\epsilon)}{k\pi}, \pi\right), \quad \text{elíptico} \tag{10.31}$$

A estabilidade dos pontos fixos é determinada a partir dos autovalores da matriz jacobiana J, que foi obtida nas duas seções anteriores. Os autovalores são obtidos a partir da equação característica escrita como

$$\lambda_{1,2} = \frac{(j_{11} + j_{22}) \pm \sqrt{(j_{11} + j_{22})^2 - 4(j_{11}j_{22} - j_{12}j_{21})}}{2} \tag{10.32}$$

Como as colisões sucessivas não conduzem a expressões de pontos fixos, a matriz jacobiana deve ser avaliada a partir das expressões para colisões indiretas. Da solução da equação $F(\phi_c) = 0$ obtemos

$$\phi_c = \frac{\epsilon - \epsilon\cos(\phi)}{V} \tag{10.33}$$

Avaliando as expressões dos autovalores nos pontos fixos, podemos mostrar que os pontos fixos

$$(V, \phi) = \left(\frac{(1-\epsilon)}{k\pi}, 0\right)$$

são hiperbólicos, ao passo que os pontos fixos

$$(V, \phi) = \left(\frac{(1-\epsilon)}{k\pi}, \pi\right)$$

são elípticos para uma certa faixa de ϵ e determinados valores de k. Os pontos fixos elípticos perdem sua estabilidade quando a condição $h(\epsilon, k) \geq 0$ é satisfeita, em que

$$h = \left[2 + 2\epsilon\left(-\frac{(1+\epsilon)k^2\pi^2}{(1-\epsilon)^2} - \frac{k^2\pi^2}{1-\epsilon} - \frac{2\epsilon k^2\pi^2}{(1-\epsilon)^2}\right)\right]^2 - 4 \tag{10.34}$$

Resolvendo a Equação (10.34) encontramos que os pontos fixos elípticos existem quando

$$k \leq \frac{(1-\epsilon)}{\pi\sqrt{\epsilon(1+\epsilon)}} \tag{10.35}$$

10.2.4 Espaço de fases

O espaço de fases para o parâmetro de controle $\epsilon = 10^{-3}$ é mostrado na Figura 10.2. Podemos perceber a existência de ilhas de estabilidade centralizadas a partir dos pontos fixos elípticos, curvas invariantes *spanning*, sendo a primeira delas identificada como *fisc*,[4] bem como a região identificada como mar de caos, no regime de baixa energia.[5]

A primeira curva invariante *spanning* funciona como uma barreira que impede que uma partícula que se move no mar de caos a cruze e escape da região caótica. É uma curva que, conforme veremos mais adiante neste capítulo, define as propriedades de escala do mar de caos.

10.2.5 Preservação de medida no espaço de fases

A propriedade de uma partícula, movendo-se na região do mar de caos, não poder adentrar uma ilha de estabilidade, não poder cruzar uma curva invariante *spanning* do mesmo modo que uma partícula movendo-se no interior de uma ilha não pode sair de lá, advém do teorema de Liouville. O

[4]O termo *fisc* refere-se à terminologia utilizada no inglês – *First Invariant Spanning Curve*, que significa a primeira curva invariante *spanning*.

[5]Como baixa energia identificamos aqui a região localizada abaixo da primeira curva invariante *spanning*.

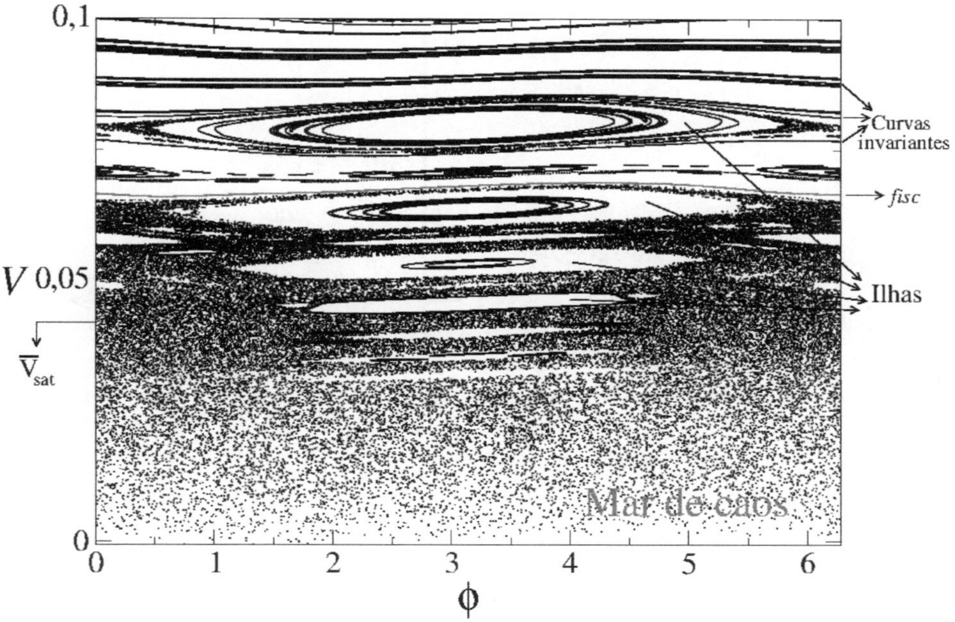

Figura 10.2 – Esboço do espaço de fases para o modelo Fermi-Ulam obtido a partir da Equação (10.9). O parâmetro de controle utilizado foi $\epsilon = 10^{-3}$. A posição da primeira curva invariante *spanning* é ilustrada na figura por pontos cinza e identificada como *fisc*. Ilhas de estabilidade e demais curvas invariantes são também mostradas.

teorema diz que, em um sistema conservativo cujo determinante da matriz jacobiana é unitário, o volume no espaço de fases deve se preservar. Essa propriedade impede que um conjunto de condições iniciais no mar de caos adentre uma região de periodicidade e vice-versa. A Figura 10.3 ilustra de forma esquemática a evolução de áreas no espaço de fases a partir do conhecimento do determinante da matriz jacobiana. Podemos notar que a área no espaço de fases no instante $(n + 1)$ é dada a partir da área no espaço de fases no instante n, ou seja, $dA_{n+1} = \det(J_n)dA_n$. A partir das expressões obtidas para os coeficientes da matriz jacobiana, obtemos que o

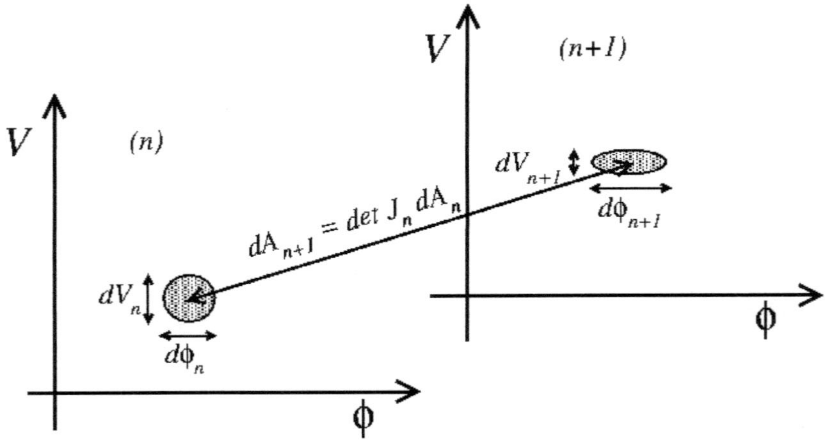

Figura 10.3 – Esquema ilustrativo da evolução de áreas no espaço de fases do instante n para o instante $(n+1)$. Podemos notar que a área no espaço de fases no instante $(n+1)$ é dada a partir da área no espaço de fases no instante n, ou seja, $dA_{n+1} = detJ_n dA_n$.

seu determinante é dado por

$$\det J_n = \frac{(V_n + \epsilon \sin(\phi_n))}{(V_{n+1} + \epsilon \sin(\phi_{n+1}))} \tag{10.36}$$

independentemente de se considerar o caso de colisões sucessivas ou indiretas. Esse resultado, portanto, não é igual a uma unidade. Isso implica que a área do espaço de fases no instante n não é a mesma do instante $(n+1)$. Entretanto, observando mais cuidadosamente a expressão, podemos notar que a parte que aparece no denominador é exatamente a mesma que aparece no numerador, sendo diferentes apenas os índices: no denominador é $(n+1)$, ao passo que no numerador é n. Essa expressão permite-nos concluir que a medida a ser preservada é escrita como $((V_{n+1}+\epsilon\sin(\phi_{n+1})))dV_{n+1}d\phi_{n+1} = (V_n+\epsilon\sin(\phi_n))dV_n d\phi_n$. Chamando essa nova quantidade de $d\mu = (V + \epsilon\sin(\phi))dVd\phi$, vemos que $d\mu_{n+1} = d\mu_n$ e essa quantidade é preservada no espaço de fases.

No Capítulo 9 discutimos um algoritmo para determinar o expoente de Lyapunov para mapeamentos bidimensionais, que pode ser imediatamente

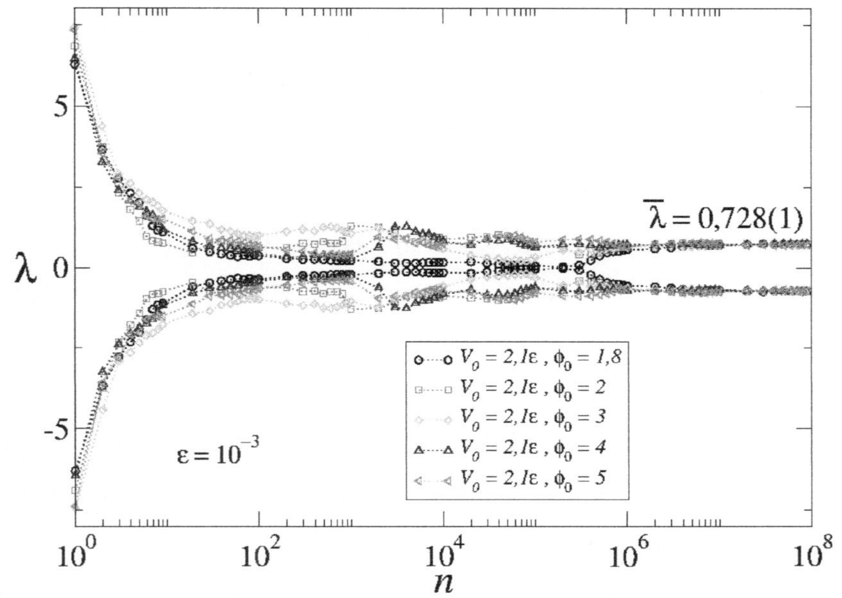

Figura 10.4 – Comportamento da convergência do expoente de Lyapunov λ em função de n para o parâmetro de controle $\epsilon = 10^{-3}$, o mesmo utilizado na Figura 10.2 para o modelo Fermi-Ulam dado pela Equação 10.9. O valor médio dos expoentes de Lyapunov positivos para tempo suficientemente longo foi de $\lambda = 0,728(1)$ considerando 5 condições iniciais diferentes, todas escolhidas no mar de caos.

aplicado ao modelo Fermi-Ulam. A Figura 10.4 mostra o comportamento da convergência dos expoentes de Lyapunov para o mapeamento descrito pela Equação (10.9) utilizando o parâmetro de controle $\epsilon = 10^{-3}$. As condições iniciais escolhidas estão ilustradas na figura. São mostrados os expoentes de Lyapunov positivos, bem como os respectivos exponentes negativos. Como o sistema é não dissipativo, a soma do expoentes de Lyapunov deve se anular. Essa propriedade é responsável por conferir às séries a simetria entre os lados positivo e negativo. A soma dos expoentes de Lyapunov é nula, com exceção de uma flutuação da ordem de 10^{-5}, devida a erros de processamento numérico.

10.3 Versão simplificada do modelo Fermi-Ulam

Discutiremos nesta seção uma versão alternativa do modelo Fermi-Ulam que não exige a solução numérica das Equações (10.10) e (10.11), que podem ser muito custosas do ponto de vista computacional. O custo computacional não se deve à obtenção de apenas uma solução, ou a conjunto pequeno delas. A dificuldade ocorre quando se deseja fazer medidas estatísticas do mar de caos. Muitas vezes, deve-se evoluir uma órbita até 10^8 iterações, refazer toda a simulação para outra condição inicial e repetir todo o processo até que um *ensemble* de 10^3 ou até 10^4 condições iniciais seja percorrido. Em seguida, deve-se trocar o parâmetro de controle e refazer todo o processo novamente. Simulações desse tipo podem levar a várias horas, ou até mesmo vários dias, sem o acesso a simulações de larga escala em um *cluster* computacional.

Para evitar a busca exaustiva pelas soluções das equações transcendentais, devemos assumir que a distância entre as paredes é sempre fixa. Isso permite o cálculo analítico do tempo de voo da partícula entre as colisões. Entretanto, assumiremos que a partícula sofre uma mudança no módulo de sua velocidade ao colidir com a parede da esquerda como se ela estivesse em movimento. Essa é uma versão conhecida na literatura como versão simplificada ou de paredes fixas.[6] Ao manter a troca de energia com a parede da esquerda, a não linearidade do modelo é preservada e as principais propriedades do sistema são mantidas. Como uma consequência inevitável, a consideração de paredes fixas não permite que as colisões sucessivas, característica própria do modelo completo, ocorram nessa versão simplificada do modelo.

O mapeamento que descreve a dinâmica do problema é escrito como

$$T_{sfum}: \begin{cases} \phi_{n+1} = [\phi_n + \frac{2}{V_n}] \bmod 2\pi \\ V_{n+1} = |V_n - 2\epsilon \sin(\phi_{n+1})| \end{cases} \tag{10.37}$$

[6]Na terminologia em inglês, a versão é chamada de *static wall approximation*, ou *swa*.

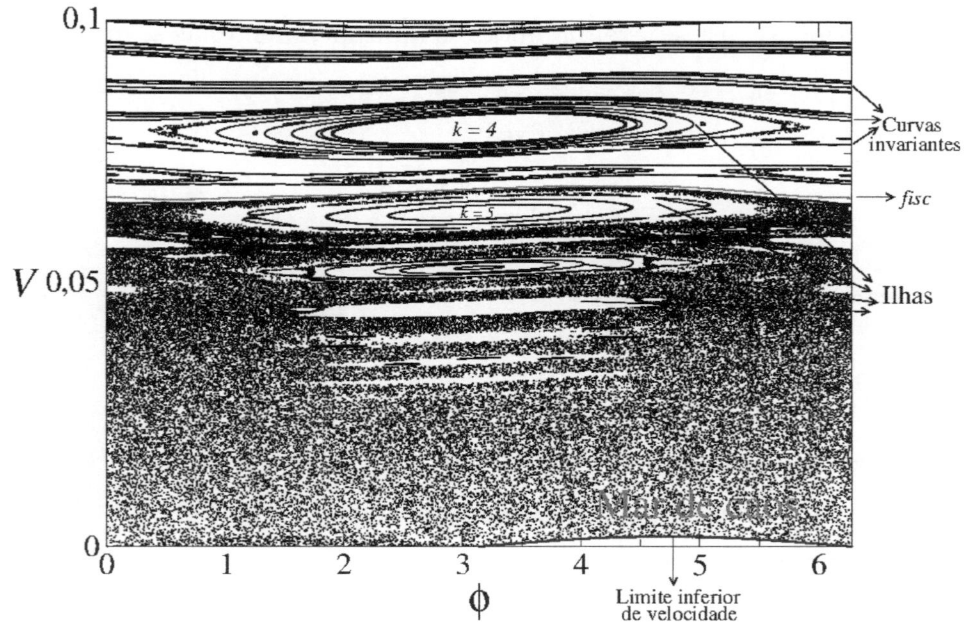

Figura 10.5 – Esboço do espaço de fases para o modelo Fermi-Ulam obtido a partir da Equação (10.37). O parâmetro de controle utilizado foi $\epsilon = 10^{-3}$. A posição da primeira curva invariante *spanning* é ilustrada na figura por pontos cinza e identificada como *fisc*. Ilhas de estabilidade e demais curvas invariantes são também mostradas.

em que o valor absoluto na segunda equação foi introduzido com o objetivo de evitar que, após uma colisão, a partícula tenha velocidade negativa. Caso essa situação ocorra, o que seria equivalente a uma colisão sucessiva no modelo completo, a partícula é reinjetada no sistema com uma velocidade de mesmo módulo. Assim, a situação que conduz a velocidades negativas fica resolvida. A Figura 10.5 ilustra um espaço de fases típico do modelo simplificado do acelerador de Fermi. O parâmetro de controle utilizado foi $\epsilon = 10^{-3}$. Podemos notar que a versão simplificada retém a maioria das propriedades observadas na versão completa sem exigir a solução das equações transcendentais.

Os pontos fixos para a versão simplificada são obtidos da mesma forma que anteriormente. Eles devem atender, simultaneamente, as seguintes condições: $V_{n+1} = V_n = V$ e $\phi_{n+1} = \phi_n = \phi + 2k\pi$, em que $k = 1, 2, 3, \ldots$, o que conduz aos seguintes pontos fixos:

$$(V, \phi) = \left(\frac{1}{k\pi}, 0\right)$$

são hiperbólicos, ao passo que

$$(V, \phi) = \left(\frac{1}{k\pi}, \pi\right),$$

são elípticos até que a condição $k \leq 1/(\pi\sqrt{\epsilon})$ seja satisfeita. Para valores de $k > 1/(\pi\sqrt{\pi})$ os pontos fixos elípticos se tornam hiperbólicos.

A matriz jacobiana é escrita como

$$\frac{\partial V_{n+1}}{\partial V_n} = 1 - 2\epsilon\cos(\phi_{n+1})\frac{\partial \phi_{n+1}}{\partial V_n} \tag{10.38}$$

$$\frac{\partial V_{n+1}}{\partial \phi_n} = -2\epsilon\cos(\phi_{n+1})\frac{\partial \phi_{n+1}}{\partial \phi_n} \tag{10.39}$$

$$\frac{\partial \phi_{n+1}}{\partial V_n} = -\frac{2}{V_n^2} \tag{10.40}$$

$$\frac{\partial \phi_{n+1}}{\partial \phi_n} = 1 \tag{10.41}$$

O determinante da matriz jacobiana é igual à unidade, assim, a versão simplificada do modelo preserva a área do espaço de fases. A construção do espaço de fases para alguns valores do parâmetro de controle ϵ, bem como a determinação dos expoentes de Lyapunov para a versão simplificada do modelo são deixadas como exercício ao término do capítulo. No que se segue, discutiremos algumas propriedades de escala observadas para o mar de caos.

10.4 Propriedades de escala do mar de caos

Vimos na seção anterior que a estrutura do espaço de fases do modelo simplificado é bastante semelhante àquela do modelo completo. Essa versão do modelo ainda tem a vantagem de evitar a solução numérica das equações transcendentais, o que torna o modelo mais simples de ser tratado matematicamente. Nesta seção, discutiremos algumas propriedades de escala que são observadas no mar de caos do sistema. Vimos que, ao fornecer uma condição inicial para uma partícula na região de caos no limite de baixas energias, esta pode evoluir ao longo do mar de caos, passando próximo a regiões de estabilidade, e não pode cruzar a primeira curva invariante. Portanto, uma condição inicial fornecida na região do caos ficará se movendo naquela região para todo o tempo futuro. Isso permite que propriedades estatísticas sejam obtidas para a região do mar de caos.

Ao analisar a segunda expressão das Equações (10.37), podemos concluir que a extração do valor médio de V, considerando um *ensemble* de fases iniciais, produz $\overline{V}_{n+1} = \overline{V}_n$. Entretanto, esse resultado não é observado no espaço de fases, levando-nos a concluir que a velocidade média não é a variável adequada para ser explorada. Em vez dela, consideraremos a velocidade quadrática média, que fornece $V_{rms}(n)$,[7] em que V_{rms} é obtida a partir de duas médias. A primeira delas é uma média ao longo da órbita. Fornecendo uma condição inicial, acompanhamos a dinâmica obtendo o valor médio a cada iteração. A segunda média é obtida a partir de uma variação de diferentes condições iniciais. Podemos escrever a expressão de V_{rms} como

$$V_{rms}(n) = \sqrt{\frac{1}{M}\sum_{j=1}^{M}\frac{1}{n}\sum_{i=1}^{n}V_{i,j}^2} \tag{10.42}$$

A Figura 10.6(a) mostra o comportamento de V_{rms} *vs.* n para três parâmetros de controle distintos, sendo eles $\epsilon = 10^{-2}$, $\epsilon = 10^{-3}$ e $\epsilon = 10^{-4}$. A velocidade inicial considerada foi $V_0 = 10^{-3}\epsilon$ e um *ensemble* de $M = 5 \times 10^3$ fases diferentes uniformemente distribuídas ao longo do intervalo $\phi_0 \in [0, 2\pi]$.

Podemos notar que as curvas de V_{rms} são distintas, conforme o valor

[7] O subíndice *rms* é determinado a partir do inglês e significa raiz quadrada média, ou *root mean square*.

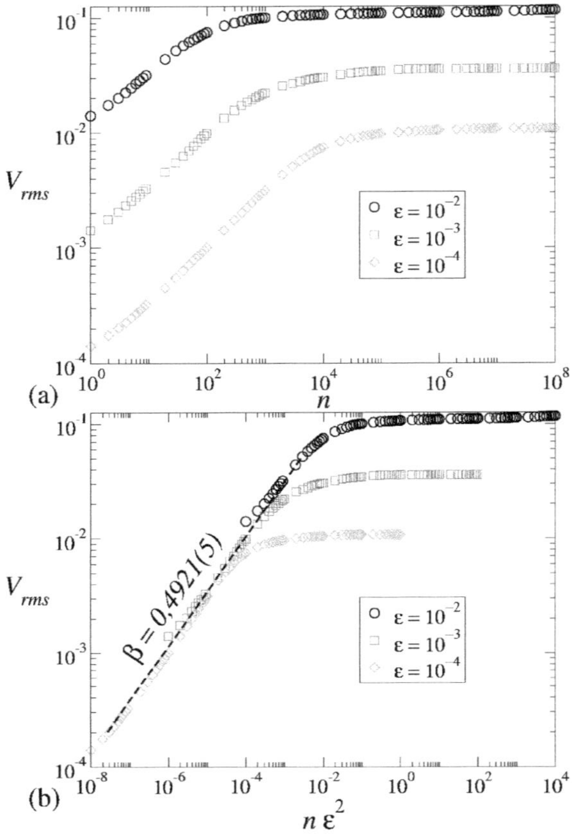

Figura 10.6 – (a) Esboço do comportamento de V_{rms} *vs.* n para os parâmetros $\epsilon = 10^{-4}$, $\epsilon = 10^{-3}$ e $\epsilon = 10^{-2}$ considerando a velocidade inicial $V_0 = 10^{-3}\epsilon$ para cada curva. (b) Mesmas curvas de (a) após a transformação *ad hoc* $n \to n\epsilon^2$. O expoente $\beta = 0,4921(5)$.

do parâmetro, porém exibem um comportamento semelhante entre elas. Ademais, notamos também que a transformação *ad hoc* $n \to n\epsilon^2$ faz com que todas as curvas de V_{rms} cresçam juntas em um mesmo envelope de crescimento, conforme mostrado na Figura 10.6(b). Essa transformação *ad hoc* usada nesta seção surgirá naturalmente do procedimento matemático que faremos mais adiante neste capítulo.

As curvas mostradas nas Figuras 10.6(a, b) permitem que as seguintes análises sejam feitas: para tempos curtos, notamos que as curvas crescem em lei de potência; para tempos suficientemente longos, todas as curvas mudam o regime de crescimento aproximando-se de um platô de saturação definido por um valor constante em V_{sat}. A mudança de crescimento para o regime de saturação é dada por um número característico de iterações, que chamaremos de número de iterações de *crossover*. Essas análises permitem que as seguintes hipóteses de escala sejam feitas:

1. Para tempos curtos, tipicamente $n \ll n_x$, temos que o comportamento de V_{rms} é dado por
$$V_{rms} \cong (n\epsilon^2)^\beta \tag{10.43}$$
em que β é chamado de expoente de aceleração. Um ajuste em lei de potência para o regime de crescimento das curvas mostradas na Figura 10.6 fornece $\beta = 0,4921(5) \cong 0,5$.

2. Para tempos suficientemente longos, $n \gg n_x$, a velocidade se aproxima de um regime de saturação que depende do parâmetro de controle ϵ, assim
$$V_{sat} \cong \epsilon^\alpha \tag{10.44}$$
em que o expoente α é conhecido como expoente de saturação.

3. Por fim, o regime de cruzamento entre crescimento e saturação é determinado por um número característico de iterações de *crossover* dado por
$$n_x \cong \epsilon^z \tag{10.45}$$
em que z é o expoente dinâmico. Aqui, n_x identifica o número característico que define a mudança de regime entre crescimento e saturação.

Os três expoentes α, β e z são chamados de expoentes críticos e podem ser obtidos de formas diferentes, incluindo simulação numérica; abordagem analítica transformando a equação de diferenças em uma equação diferencial ordinária (EDO), que permite integração imediata; e localização da primeira curva invariante *spanning*. A Figura 10.7 mostra o comportamento

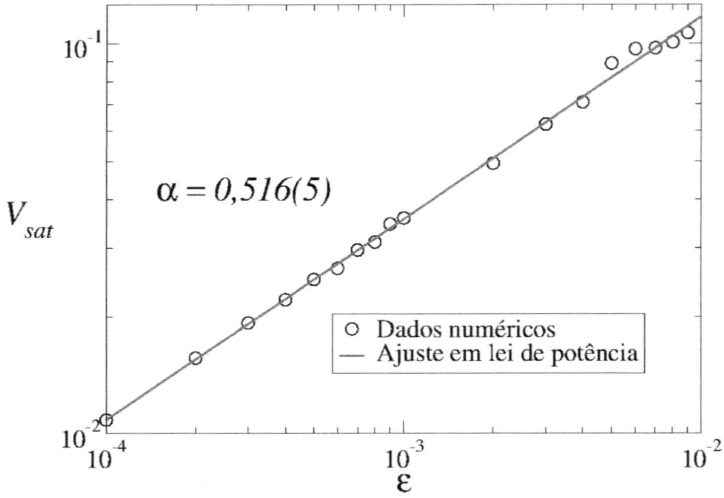

Figura 10.7 – Gráfico de V_{sat} *vs.* ϵ. Um ajuste em lei de potência fornece $\alpha = 0,516(5)$.

de V_{sat} *vs.* ϵ para $\epsilon \in [10^{-4}, 10^{-2}]$. Um ajuste em lei de potência fornece $\alpha = 0,516(5) \cong 0,5$. As incertezas nos pontos experimentais obtidos numericamente foram obtidas nas simulações. Quando mostradas em conjunto com os dados numéricos, são menores que os símbolos utilizados, por isso não são exibidas na figura.

As três hipóteses de escala propostas podem ser descritas por uma função homogênea generalizada da forma

$$V_{rms}(n\epsilon^2, \epsilon) = \ell V_{rms}(\ell^a n\epsilon^2, \ell^b \epsilon) \tag{10.46}$$

em que ℓ é um fator de escala e a e b são expoentes característicos que devem estar relacionados com os expoentes críticos. Como ℓ é um fator de escala, podemos escolhê-lo de forma conveniente como $\ell^a n\epsilon^2 = 1$, o que conduz a

$$\ell = (n\epsilon^2)^{-1/a} \tag{10.47}$$

Utilizando esse resultado, podemos escrever a Equação (10.46) como

$$V_{rms}(n\epsilon^2, \epsilon) = (n\epsilon^2)^{-1/a} V_{rms}(1, \ell^{-b/a}\epsilon) \tag{10.48}$$

em que assumimos que a função $V_{rms}(1, \ell^{-b/a}\epsilon)$ é constante no regime de tempos curtos, ou seja, para $n \ll n_x$. Comparando a Equação (10.48) com a Equação (10.43), concluímos que $\beta = -1/a$.

A segunda escolha que faremos é $\ell^b \epsilon = 1$, o que conduz a

$$\ell = \epsilon^{-1/b} \tag{10.49}$$

Substituindo esse resultado na Equação (10.46), obtemos

$$V_{rms}(n\epsilon^2, \epsilon) = \epsilon^{-1/b} V_{rms}(\ell^{-a/b} n\epsilon^2, 1) \tag{10.50}$$

em que assumimos que a função $V_{rms}(\ell^{-a/b} n\epsilon^2, 1)$ é constante no domínio de $n \gg n_x$. Comparando as Equações (10.50) e (10.44), obtemos que $\alpha = -1/b$.

Comparando agora as duas expressões obtidas para ℓ fornecidas pelas Equações (10.47) e (10.49), obtemos que

$$n_x = \epsilon^{\frac{a}{b}-2} \tag{10.51}$$

o que permite concluir, após uma comparação com a Equação (10.45), que

$$z = \frac{\alpha}{\beta} - 2 \tag{10.52}$$

A expressão fornecida pela Equação (10.52) é uma lei de escala. O conhecimento de quaisquer dois exponentes críticos fornece o terceiro a partir da utilização da Equação (10.52). Como os expoentes obtidos anteriormente fornecem $\beta = 1/2$ e $\alpha = 1/2$, a utilização da Equação (10.52) fornece $z = -1$.

A validação das hipóteses de escala, bem como dos expoentes obtidos numericamente, pode ser feita a partir de transformações de escala específicas. A primeira delas é $V_{rms} \to V_{rms}/\epsilon^{\alpha}$, sendo a segunda dada por $n \to n/\epsilon^{z}$. A Figura 10.8 mostra a sobreposição das curvas mostradas na Figura 10.6(a) em uma única curva universal utilizando as duas transformações mencionadas.

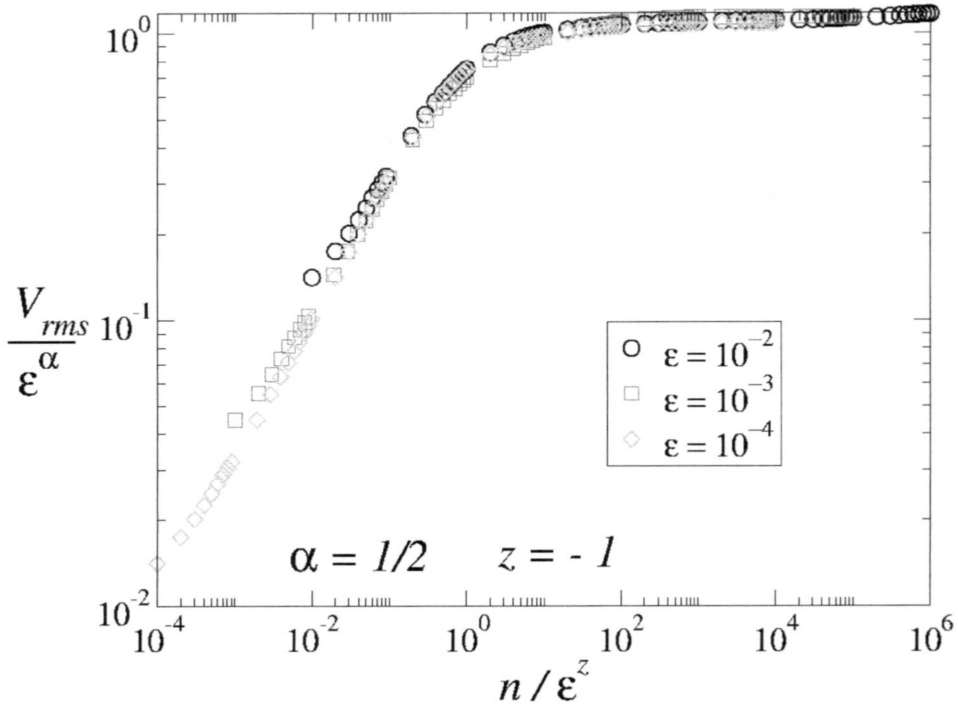

Figura 10.8 – Sobreposição das curvas mostradas na Figura 10.6(a) em uma única curva universal após as seguintes transformações: (i) $V_{rms} \to V_{rms}/\epsilon^{\alpha}$; e (ii) $n \to n/\epsilon^{z}$.

O resultado obtido da sobreposição das curvas confirma que o mar de caos é invariante de escala com relação ao parâmetro de controle ϵ, bem como em relação ao número de colisões n. O resultado que acabamos de discutir foi obtido considerando uma condição inicial para a velocidade suficientemente pequena, tipicamente da ordem de ϵ ou ainda menor. Para discutirmos como obter o tempo de *crossover*, devemos primeiramente determinar a localização da primeira curva invariante *spanning*.

10.5 Localização da primeira curva invariante *spanning*

Discutiremos nesta seção uma forma de estimar a posição da primeira curva invariante *spanning* presente no espaço de fases do modelo Fermi-Ulam. Utilizaremos a versão que considera a aproximação de paredes fixas por causa da forma simplificada das equações e da facilidade computacional. Entretanto, é deixado como exercício para o leitor a estimativa da localização da posição da primeira curva invariante *spanning* no modelo completo.

O ponto de partida considera uma propriedade do mar de caos. De fato, uma partícula na região do caos percorre uma região do regime de baixas energias até bem próximo da primeira curva invariante *spanning*, sem poder cruzá-la. Essa curva separa duas regiões distintas que denotaremos por:[8] (i) abaixo da curva invariante como região de caos global; e (ii) acima da curva invariante como região de caos local. Posto isso, devemos agora estabelecer uma conexão com o mapa-padrão, que tem propriedade semelhante, e já é conhecido a partir de resultados analíticos e numéricos que existe um parâmetro crítico que define essa transição. Das Figuras (10.2) e (10.5) podemos perceber que a curva invariante tem uma ligeira flutuação em torno de um valor constante. Utilizaremos esse fato para considerar, usando uma aproximação, que a curva invariante *spanning* possa ser escrita como

$$V_{n+1} = \tilde{V} + \Delta V_{n+1} \tag{10.53}$$

em que $\tilde{V}$ identifica um valor típico ao longo da curva invariante e ΔV é uma ligeira perturbação de $\tilde{V}$ que satisfaz a condição $\Delta V/\tilde{V} \ll 1$. Dessa forma, a segunda expressão do mapeamento descrito pela Equação (10.37) pode ser escrita como $\Delta V_{n+1} = \Delta V_n - 2\epsilon \sin(\phi_{n+1})$. Utilizando a primeira

[8] Essa notação foi utilizada no mapa-padrão para definir o parâmetro crítico $K_c \cong 0,9716\ldots$, em que a última curva invariante *spanning* no modelo é destruída. Consequentemente, o caos pode se difundir sem limites no espaço de fases na variável ação.

das Equações (10.37), obtemos

$$\begin{aligned}\phi_{n+1} &= \phi_n + \frac{2}{\tilde{V}\left(1+\frac{\Delta V_n}{\tilde{V}}\right)} \\ &= \phi_n + \frac{2}{\tilde{V}}\left(1+\frac{\Delta V_n}{\tilde{V}}\right)^{-1} \qquad (10.54)\end{aligned}$$

Como $\Delta V/\tilde{V} \ll 1$, podemos expandir em série de Taylor a Equação (10.54) e obter

$$\phi_{n+1} = \phi_n + \frac{2}{\tilde{V}} - 2\frac{\Delta V_n}{\tilde{V}^2} \qquad (10.55)$$

Chamando

$$J_n = \frac{2}{\tilde{V}}\left[1 - \frac{\Delta V_n}{\tilde{V}}\right] \qquad (10.56)$$

encontramos que $\phi_{n+1} = \phi_n + J_n$. Da Equação (10.53), podemos multiplicar ambos os lados por $-2/\tilde{V}^2$ e somar ambos os lados com $2/\tilde{V}$, o que nos fornece

$$\begin{aligned}-\frac{2}{\tilde{V}^2}\Delta V_{n+1} + \frac{2}{\tilde{V}} &= -\frac{2}{\tilde{V}^2}\Delta V_n + \frac{2}{\tilde{V}} + \frac{4\epsilon}{\tilde{V}^2}\sin(\phi_{n+1}) \\ J_{n+1} &= J_n + K_{ef}\sin(\phi_{n+1}) \qquad (10.57)\end{aligned}$$

Podemos notar que a Equação (10.57) traz a dependência de um parâmetro efetivo K_{ef}. Percebemos também que ocorreu uma troca de sinal na função $\sin(\theta_{n+1})$. Podemos assim definir uma nova variável $\theta = \phi + \pi$, o que conduz à seguinte expressão para um mapeamento discreto que descreve a dinâmica local nas vizinhanças da primeira curva invariante *spanning*:

$$T_{fisc} : \begin{cases} \theta_{n+1} = [\theta_n + J_n] \bmod 2\pi \\ J_{n+1} = J_n - K_{ef}\sin(\theta_{n+1})| \end{cases} \qquad (10.58)$$

Como no mapa-padrão a transição de caos local para caos global ocorre em $K_c \cong 0,9716\ldots$, podemos estimar a posição da primeira curva invariante *spanning* no modelo Fermi-Ulam simplificado como

$$\begin{aligned}\tilde{V} &= 2\sqrt{\frac{\epsilon}{K_{ef}}} \\ &= \frac{2}{\sqrt{0,9716\ldots}}\sqrt{\epsilon} \\ &\cong \sqrt{\epsilon} = \epsilon^{1/2} \qquad (10.59)\end{aligned}$$

Vamos agora discutir a consequência desse resultado na determinação do expoente crítico α que encontramos anteriormente. O expoente α fornece a descrição do comportamento de saturação para as curvas de V_{rms} para tempos suficientemente longos. A região de caos está confinada ao domínio de menor energia fornecida pela parede móvel, sendo este o limite inferior, e pela primeira curva invariante *spanning*, que corresponde ao limite superior. Para ϵ suficientemente pequeno, o termo dominante na região é definido pela curva invariante *spanning*. Em virtude da existência das ilhas de estabilidade, conforme pode ser observado nas Figuras (10.2) e (10.5), o preenchimento da região de caos não é uniforme no espaço de fases, o que não permite concluir que o valor de saturação será exatamente a metade do valor entre os limites mínimo e máximo permitidos para a região de caos. Entretanto, a saturação dependerá da localização da primeira curva invariante *spanning*, sendo de fato uma fração do valor de $\tilde{V}$. Dessa forma, comparando as Equações (10.59) e (10.44), chegamos à conclusão de que o expoente crítico $\alpha = 1/2$, em bom acordo com o resultado numérico obtido anteriormente.

10.6 O regime de crescimento

Discutiremos agora o comportamento do crescimento da velocidade, ou seja, o regime de tempos curtos $n \ll n_x$. Utilizaremos como ponto de partida a segunda expressão do mapeamento descrito pela Equação (10.37). A equação depende de duas variáveis, V_n e ϕ_{n+1}. Faremos uma média na variável V_{n+1} considerando um *ensemble* de fases iniciais diferentes $\phi_0 \in [0, 2\pi]$. Podemos notar que a aplicação do valor médio em si não é apropriada, uma vez que o valor médio da função seno se anula, ou seja, $\overline{\sin(\theta)} = \frac{1}{2\pi}\int_0^{2\pi} \sin(\theta)d\theta = 0$. Assim, a melhor variável seria o valor quadrático médio $\overline{V^2}$. Elevando ao quadrado a segunda das Equações (10.37), encontramos $V_{n+1}^2 = V_n^2 - 4V_n\epsilon\sin(\theta_{n+1}) + 4\epsilon^2\sin^2(\theta_{n+1})$. Aplicando agora uma média[9] em um *ensemble* de fases iniciais, obtemos que $\overline{V_{n+1}^2} = \overline{V_n^2} + 2\epsilon^2$, uma vez que $\overline{\sin^2}(\theta) = \frac{1}{2\pi}\int_0^{2\pi}\sin^2(\theta)d\theta = \frac{1}{2}$. A partir dessa expressão podemos fazer a seguinte aproximação:

$$\begin{aligned} \overline{V_{n+1}^2} &= \overline{V_n^2} + 2\epsilon^2 \\ \overline{V_{n+1}^2} - \overline{V_n^2} &= \frac{\overline{V_{n+1}^2} - \overline{V_n^2}}{(n+1) - n} \cong \frac{d\overline{V^2}}{dn} = 2\epsilon^2 \end{aligned} \tag{10.60}$$

Essa aproximação só é válida no limite em que o parâmetro de controle ϵ é suficientemente pequeno. Podemos notar então que, com essa aproximação, deparamos com uma EDO de primeira ordem que pode ser facilmente integrada. Temos que

$$\int_{V_0}^{V(n)} d\overline{V^2} = 2\epsilon^2 \int_0^n dn' \tag{10.61}$$

que conduz à expressão

$$\overline{V^2}(n) = \overline{V^2}_0 + 2\epsilon^2 n \tag{10.62}$$

Para podermos comparar esse resultado com os dados numéricos obtidos a partir da média dada pela Equação (10.42), devemos notar que na Equação (10.42) foram feitas duas médias, sendo uma delas ao longo do *ensemble* de condições iniciais e a outra ao longo da trajetória da partícula, portanto, uma média temporal. A Equação (10.62), porém, considera apenas uma

[9] Na aplicação do cálculo da média, fazemos a suposição de que a variável V é estatisticamente independente da variável ϕ na região do mar de caos. Com essa suposição, as médias podem ser realizadas de forma independente.

média no *ensemble* de condições iniciais. Para que a comparação possa ser feita, devemos primeiramente efetuar uma média no tempo na Equação (10.62). Podemos definir então uma variável do tipo

$$< \overline{V^2}(n) >= \frac{1}{(n+1)} \sum_{i=0}^{n} \overline{V^2}(i) \tag{10.63}$$

que conduz a uma expressão do tipo

$$\begin{aligned}
< \overline{V^2}(n) > &= \frac{1}{(n+1)} \left[V_0^2 + \left(V_0^2 + 2\epsilon^2\right) + \left(V_0^2 + 2 \, . \, 2\epsilon^2\right) + \right. \\
&+ \left. \left(V_0^2 + 3 \, . \, 2\epsilon^2\right) + \ldots + \left(V_0^2 + n \, . \, 2\epsilon^2\right)\right] \\
&\cong \frac{1}{(n+1)} \left[(n+1)V_0^2 + n\frac{n}{2} \, . \, 2\epsilon^2\right] \\
&\cong V_0^2 + \epsilon^2 n
\end{aligned} \tag{10.64}$$

Aqui assumimos que a soma $0 + 1 + 2 + 3 + \ldots + (n-1) + n = nn/2$ e que, quando n é suficientemente grande, podemos considerar que $n+1 \cong n$. Esse resultado permite que determinemos agora a velocidade V_{rms} a partir da expressão $V_{rms}(n) = \sqrt{< \overline{V^2}(n) >}$, o que fornece

$$V_{rms}(n) = \sqrt{V_0^2 + n\epsilon^2} \tag{10.65}$$

Podemos perceber que o termo ϵ^2 aparece naturalmente na expressão, sendo que ele foi acrescentado *ad hoc* no início do capítulo. Figura 10.9 mostra o comportamento de $V_{rms}(n)$ *vs.* n para o parâmetro $\epsilon = 10^{-4}$. Os símbolos identificam as simulações numéricas, ao passo que a linha contínua é o gráfico da Equação (10.65). Podemos ver que para tempos curtos a concordância entre as curvas é excelente.

Como já conhecemos que o regime de crescimento pode ser descrito a partir da Equação (10.65) e uma vez que sabemos os limites de velocidade da partícula em uma órbita caótica no regime de baixas energias, podemos utilizar a Equação (10.61) para obter uma estimativa para o número de colisões de *crossover*. Ao realizar a Equação (10.61) tomando como limites

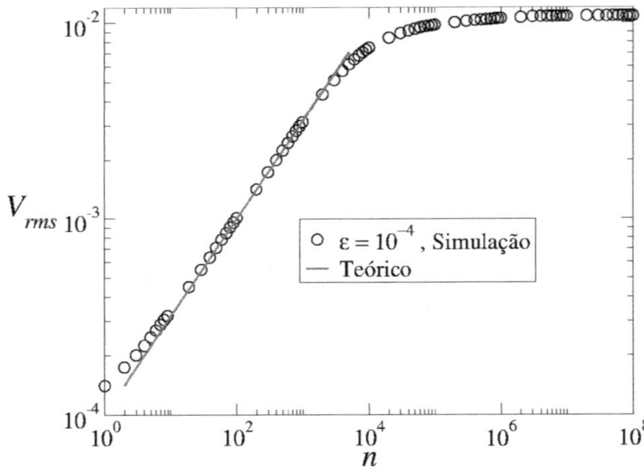

Figura 10.9 – Esboço de V_{rms} *vs.* n para o parâmetro de controle $\epsilon = 10^{-4}$ considerando simulações numéricas (símbolos) e o resultado da Equação (10.65).

da velocidade os mínimos e os máximos, o lado direito da equação fornece n_x. Assim temos

$$\int_0^{V_{fisc}} d\overline{V^2} = 2\epsilon^2 \int_0^{n_x} dn \tag{10.66}$$

o que fornece $V_{fisc}^2 = 2\epsilon^2 n_x$, e como $V_{fisc} = 2\sqrt{\epsilon}/\sqrt{K_c}$, logo encontramos que

$$\begin{aligned} n_x &= \frac{2}{K_c}\frac{1}{\epsilon} \\ &\cong \epsilon^{-1} \end{aligned} \tag{10.67}$$

Esse resultado pode ser comparado com aquele da Equação (10.45), o que nos leva a concluir que $z = -1$.

10.7 Resumo

Neste capítulo investigamos algumas propriedades dinâmicas para o modelo do acelerador de Fermi. Consideramos apenas o caso não dissipativo. Discutimos duas versões do modelo, uma completa e outra simplificada.

Para a versão completa do modelo, introduzimos as equações que governam a dinâmica do modelo. Definimos um novo conjunto de variáveis que foi mais conveniente para descrever a dinâmica sem exibir um número excessivo de parâmetros de controle. Discutimos como se dá a preservação da medida no espaço de fases e a estabilidade dos pontos fixos, encontramos as expressões das matrizes jacobianas e apresentamos uma discussão sobre os expoentes de Lyapunov.

As propriedades de escala para o mar de caos foram discutidas para a versão simplificada do modelo. Essa versão leva em conta que ocorre troca de energia em colisões da partícula com a parede da esquerda, porém determina, analítica e explicitamente, o intervalo de tempo entre as colisões como se a parede estivesse em movimento. Mostramos que a posição da primeira curva invariante é escrita a partir de uma conexão com o modelo-padrão e dada por $V_{fisc} = \frac{2\sqrt{\epsilon}}{K_c}$, em que $K_c = 0,9716\ldots$. Mostramos também que o comportamento da velocidade quadrática média é dado por uma função homogênea generalizada que conduz a uma lei de escala envolvendo três expoentes críticos da seguinte forma: $z = \frac{\alpha}{\beta} - 2$. Mostramos que o regime de crescimento é descrito por uma lei de potência da forma $V_{rms} \propto (n\epsilon^2)^\beta$ com $\beta = 1/2$. O regime de saturação é dado por $V_{sat} \propto \epsilon^\alpha$ com $\alpha = 1/2$. Finalmente, o regime que mostra a mudança entre crescimento e saturação é dado por $n_x \propto \epsilon^z$, em que encontramos $z = -1$.

10.8 Exercícios propostos

1. Construa o espaço de fases para o mapeamento da Equação (10.37) usando três parâmetros de controle: $\epsilon = 10^{-2}$; $\epsilon = 10^{-3}$; e $\epsilon = 10^{-4}$.

2. Escreva um programa computacional usando a descrição do algoritmo de triangularização apresentado no Capítulo 9 para obter o comportamento da convergência dos expoentes de Lyapunov para o mapeamento da Equação (10.37) considerando os três parâmetros do exercício anterior.

3. Faça uma simulação numérica para estimar a localização da primeira curva invariante *spanning* para o modelo do acelerador de Fermi em sua versão completa descrita pela Equação (10.9).

4. Considere uma partícula que se mova ao longo de duas paredes rígidas no modelo Fermi-Ulam completo. As colisões com ambas as paredes são inelásticas e caracterizadas por um coeficiente de restituição $\gamma \in [0, 1]$. A partícula sai de uma colisão com a fronteira móvel com velocidade V_n. Mostre que a velocidade da partícula na colisão $(n + 1)$ será dada por $V_{n+1} = \gamma^2 V_n + (1 + \gamma)V_w(t_{n+1})$, em que $V_w(t_{n+1})$ fornece a velocidade da fronteira móvel no instante t_{n+1}.

5. Considere uma partícula de massa m que se move confinada ao interior de duas paredes rígidas e de massa muito grande. Uma delas está fixa em $x = l$, ao passo que a outra se move de acordo com a equação $s(t) = R\cos(wt) + \sqrt{L^2 - R^2 \sin^2(wt)}$, em que R corresponde ao raio da manivela, L denota o comprimento da haste e w identifica a frequência de oscilação. A Figura 10.10 ilustra o modelo em questão. O mapeamento discreto que descreve a dinâmica do modelo é dado

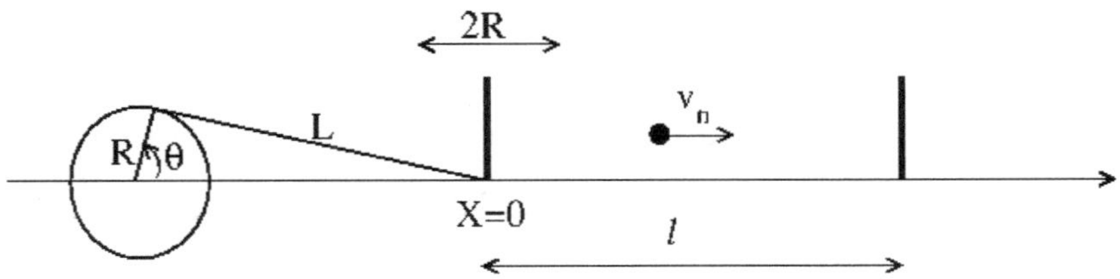

Figura 10.10 – Esboço do modelo Fermi-Ulam com fronteira se movendo de acordo com a equação $s(t) = R\cos(wt) + \sqrt{L^2 - R^2\sin^2(wt)}$.

por

$$T : \begin{cases} \phi_{n+1} = [\phi_n + \Delta T_n] \mod(2\pi) \\ V_{n+1} = V_n^* - 2\epsilon\sin(\phi_{n+1})\left[1 + \frac{r\cos(\phi_{n+1})}{\sqrt{1-r^2\sin^2(\phi_{n+1})}}\right] \end{cases} \tag{10.68}$$

em que as variáveis adimensionais foram consideradas $\epsilon = R/l$, $r = R/L$, $V_n = v_n/(wl)$ e $\phi_n = wt_n$. As expressões de V_n^* e ΔT_n dependem do tipo de colisão. Para colisões múltiplas $V_n^* = -V_n$ e $\Delta T_n = \phi_c$, com ϕ_c obtido da solução de $G(\phi_c) = 0$, enquanto para colisões indiretas $V_n^* = V_n$ e $\Delta T_n = \phi_T + \phi_c$, em que ϕ_T corresponde ao tempo de voo quando a partícula sai da zona de colisão, colide com a fronteira fixa à direita e retorna até a entrada da zona de colisão. O termo ϕ_c é obtido da solução numérica da equação $F(\phi_c) = 0$.

(a) Mostre que a expressão de $G(\phi_c)$ é dada por

$$\begin{aligned} G(\phi_c) &= \epsilon\cos(\phi_n + \phi_c) - \epsilon\cos(\phi_n) - V_n\phi_c + \frac{\epsilon}{r}\sqrt{1 - r^2\sin^2(\phi_n + \phi_c)} - \\ &- \frac{\epsilon}{r}\sqrt{1 - r^2\sin^2(\phi_n)} \end{aligned}$$

(b) Mostre que o termo ϕ_T é escrito como

$$\phi_T = \frac{2 + \left(\frac{\epsilon}{r} - \frac{\epsilon}{r}\sqrt{1 - r^2\sin^2(\phi_n)}\right) - \epsilon\cos(\phi_n) - \epsilon}{V_n}$$

(c) Mostre que a expressão de $F(\phi_c)$ tem a forma

$$F(\phi_c) = \epsilon\cos(\phi_n + \phi_T + \phi_c) + \frac{\epsilon}{r}\sqrt{1 - r^2\sin^2(\phi_n + \phi_T + \phi_c)} - \frac{\epsilon}{r} - \epsilon + V_n\phi_c$$

(d) Encontre as expressões dos coeficientes da matriz jacobiana.

(e) Mostre que a medida preservada no espaço de fases é escrita como

$$d\mu = \left[V + \epsilon\sin(\phi)\left(1 + \frac{r\cos(\phi)}{\sqrt{1 - r^2\sin^2(\phi)}}\right)\right] dV d\phi$$

6. Construa o espaço de fases para o modelo discutido no exercício anterior. Utilize quatro combinações de parâmetros de controle, sendo $\epsilon = 0,01$ e: (a) $r = 0,1$; (b) $r = 0,3$; (c) $r = 0,6$; (d) $r = 0,9$.

7. Determine o comportamento dos expoentes de Lyapunov para o mar de caos observado no espaço de fases do exercício anterior.

8. Uma versão simplificada do modelo discutido nos últimos três exercícios pode ser escrita como

$$T : \begin{cases} \phi_{n+1} = [\phi_n + \frac{2}{V_n}] \mod(2\pi) \\ V_{n+1} = \left|V_n - 2\epsilon\sin(\phi_{n+1})\left[1 + \frac{r\cos(\phi_{n+1})}{\sqrt{1-r^2\sin^2(\phi_{n+1})}}\right]\right| \end{cases} \quad (10.69)$$

Obtenha o comportamento de V_{rms} *vs.* n considerando $r = 0,01$ e $\epsilon = 0,01$. Discuta o resultado obtido.

9. Obtenha o comportamento de V_{sat} *vs.* r considerando $\epsilon = 0,01$ e $r \in [10^{-2}; 0,999]$. O que ocorre com V_{sat} nas proximidades de $r \cong 1$? Discuta e interprete os resultados.

10. A dinâmica de um feixe de luz sendo refletido por um espelho periodicamente corrugado por ser descrita pelo seguinte mapeamento discreto:

$$T : \begin{cases} X_{n+1} = X_n + \left[\frac{1}{\gamma_n} + \frac{1}{\gamma_{n+1}}\right] \mod(2\pi) \\ \gamma_{n+1} = \gamma_n + 2\delta\sin\left(X_n + \frac{1}{\gamma_n}\right) \end{cases} \quad (10.70)$$

em que δ fornece o parâmetro de não linearidade do modelo. As variáveis dinâmicas são obtidas a partir de $\gamma_n = \theta_n/k$, sendo θ o ângulo ilustrado na Figura 10.11, e $X_n = kx_n/y_0$ identifica a localização da reflexão do feixe, sendo y_0 a altura média da parte corrugada. A Figura 10.11 ilustra o modelo e as variáveis utilizadas na descrição da dinâmica.

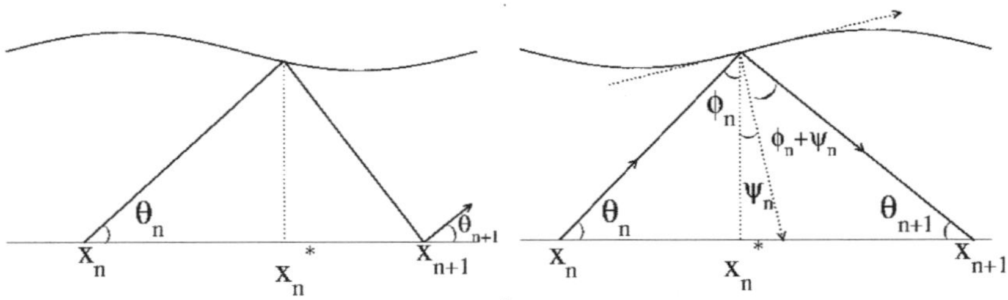

Figura 10.11 – Ilustração do modelo do guia de ondas periodicamente corrugado e suas variáveis.

(a) Encontre o determinante da matriz jacobiana do mapeamento.

(b) Construa o espaço de fases do modelo e identifique as ilhas de estabilidade.

(c) O mar de caos do modelo pode ser descrito utilizando variáveis de escala, em particular o desvio em torno do valor médio, definido como

$$\omega(n,\delta) = \frac{1}{M}\sum_{i=1}^{M}\sqrt{\overline{\gamma_i^2}(n,\delta) - \bar{\gamma}_i{}^2(n,\delta)}$$

em que

$$\bar{\gamma}(n,\delta) = \frac{1}{n}\sum_{i=0}^{n}\gamma_i$$

Mostre que o observável ω é invariante de escala e determine os expoentes α, β e z.

(d) Prove que a lei de escala

$$z = \frac{\alpha}{\beta} - 2 \tag{10.71}$$

se aplica a este sistema.

Capítulo 11

Dissipação no modelo do acelerador de Fermi

11.1 Objetivos

Discutiremos neste capítulo algumas propriedades dinâmicas para o modelo do acelerador de Fermi na presença de dissipação. O primeiro tipo de dissipação considerada será via colisões inelásticas, que acarretam uma perda fracional de energia a cada impacto da partícula com as paredes. Mostraremos que, dependendo da escolha dos parâmetros de controle, variedades estáveis podem cruzar com variedades instáveis de um mesmo ponto fixo do tipo sela levando a uma crise de fronteira. Essa crise destrói o atrator caótico, substituindo-o por um transiente caótico. Outro tipo de dissipação que será considerada trata-se de arrasto viscoso. É uma força que atua ao longo da trajetória da partícula reduzindo gradativamente sua velocidade. Serão consideradas três tipos de forças de arrasto: (i) linearmente proporcional à velocidade; (ii) proporcional ao quadrado da velocidade; e (iii) proporcional a uma potência da velocidade que não seja linear nem quadrática.

11.2 Dissipação via colisões inelásticas

A construção do mapeamento discreto que descreve a dinâmica do modelo será realizada nesta seção. O sistema é composto por uma partícula clássica de massa M que se move confinada ao interior de duas paredes rígidas. Uma delas é fixa em $x = l$, ao passo que a outra se move de acordo com a equação $x_w(t) = \varepsilon \cos(\omega t)$. Consideraremos que no instante do impacto da partícula com as fronteiras ocorre uma perda fracional de energia a partir de um coeficiente de restituição. O coeficiente de restituição da parede da direita é $\alpha \in [0, 1]$, ao passo que $\beta \in [0, 1]$ define o coeficiente de restituição da parede móvel. Os casos em que $\alpha = \beta = 1$ recuperam os resultados do Capítulo 10.

O procedimento para a construção do mapeamento discreto é semelhante à discussão apresentada no capítulo anterior. A partir de uma condição inicial $v_n > 0$ no instante t_n, a partícula sai da posição $x_p = x_w(t_n)$ e se move para a direita com velocidade constante. Dois tipos de colisão podem ocorrer, sendo elas: (i) a colisão sucessiva, quando a partícula colide mais de uma vez com a parede móvel sem abandonar a zona de colisão; ou (ii) a colisão indireta, quando a partícula escapa da zona de colisão, viaja para a direita, colide com a parede fixa, tem seu sentido de deslocamento invertido e retorna para um próximo impacto com a parede móvel, novamente movendo-se com velocidade constante. O módulo da velocidade pode mudar apenas quando a partícula colide com as paredes. A construção de todos os passos para obtenção do mapeamento discreto é deixada como exercício ao término do capítulo. Considerando as variáveis adimensionais $V = v/(\omega l)$ e $\epsilon = \varepsilon/l$ e medindo o tempo em termos do número de oscilações da parede móvel, ou seja, de fases, $\phi = \omega t$, o mapeamento discreto é escrito como

$$T : \begin{cases} \phi_{n+1} = [\phi_n + \Delta T_n] \bmod 2\pi \\ V_{n+1} = V^* - (1+\beta)\epsilon \sin(\phi_{n+1}) \end{cases} \tag{11.1}$$

em que V^* e ΔT_n dependem do tipo de colisão. Para o caso de colisões múltiplas, temos $V^* = -\beta V_n$ e $\Delta T_n = \phi_c$, em que ϕ_c é obtido da solução de $G(\phi_c) = 0$ com

$$G(\phi_c) = \epsilon\cos(\phi_n + \phi_c) - \epsilon\cos(\phi_n) - V\phi_c \tag{11.2}$$

e $\phi_c \in (0, 2\pi]$. Para as colisões indiretas, temos que $V^* = V_n$ e $\Delta T_n = \phi_d + \phi_e + \phi_c$ com ϕ_c obtido da solução de

$$F(\phi_c) = \epsilon\cos(\phi_n + \phi_d + \phi_e + \phi_c) - \epsilon + \alpha V_n \phi_c = 0 \tag{11.3}$$

em que os termos auxiliares são dados por

$$\phi_d = \frac{(1 - \epsilon\cos(\phi_n))}{V_n} \tag{11.4}$$

$$\phi_e = \frac{(1 - \epsilon)}{\alpha V_n} \tag{11.5}$$

Uma vez conhecidas as equações do mapeamento discreto, o primeiro passo a ser investigado está relacionado com a preservação ou não da área do espaço de fases. Para tal, precisamos obter o determinante da matriz jacobiana.

11.2.1 Matriz jacobiana para colisões múltiplas

Sabemos que a matriz jacobiana J é escrita como

$$J = \begin{pmatrix} \frac{\partial V_{n+1}}{\partial V_n} & \frac{\partial V_{n+1}}{\partial \phi_n} \\ \frac{\partial \phi_{n+1}}{\partial V_n} & \frac{\partial \phi_{n+1}}{\partial \phi_n} \end{pmatrix}$$

sendo os coeficientes da matriz J obtidos a partir das derivadas parciais em relação às variáveis dinâmicas. São escritos como

$$j_{11} = \frac{\partial V_{n+1}}{\partial V_n} = -\beta - (1+\beta)\epsilon\cos(\phi_{n+1})\frac{\partial \phi_{n+1}}{\partial V_n} \tag{11.6}$$

$$j_{12} = \frac{\partial V_{n+1}}{\partial \phi_n} = -(1+\beta)\epsilon\cos(\phi_{n+1})\frac{\partial \phi_{n+1}}{\partial \phi_n} \tag{11.7}$$

$$j_{21} = \frac{\partial \phi_{n+1}}{\partial V_n} = \frac{\partial \phi_c}{\partial V_n} \tag{11.8}$$

$$j_{22} = \frac{\partial \phi_{n+1}}{\partial \phi_n} = 1 + \frac{\partial \phi_c}{\partial \phi_n} \tag{11.9}$$

em que $\frac{\partial\phi_c}{\partial V_n}$ e $\frac{\partial\phi_c}{\partial\phi_n}$ são determinados a partir de derivação implícita e escritos como

$$\frac{\partial\phi_c}{\partial V_n} = \frac{-\phi_c}{V_n + \epsilon\sin(\phi_{n+1})} \quad (11.10)$$

$$\frac{\partial\phi_c}{\partial\phi_n} = \frac{\epsilon\sin(\phi_n) - \epsilon\sin(\phi_{n+1})}{V_n + \epsilon\sin(\phi_{n+1})} \quad (11.11)$$

A partir dos elementos da matriz jacobiana encontramos que seu determinante é dado por

$$\det J_n = \beta^2 \frac{(V_n + \epsilon\sin(\phi_n))}{(V_{n+1} + \epsilon\sin(\phi_{n+1}))} \quad (11.12)$$

O caso $\beta = 1$ recupera o resultado do modelo não dissipativo. Por outro lado, o caso $\beta < 1$ leva à contração de área no espaço de fases. Esse resultado garante a existência de atratores no espaço de fases. Como veremos adiante, dependendo da combinação de parâmetros de controle e condições iniciais, atratores pontos fixos e também atratores caóticos podem ser observados no espaço de fases.

11.2.2 Matriz jacobiana para colisões indiretas

Os coeficientes da matriz jacobiana para as colisões indiretas são escritos como

$$j_{11} = \frac{\partial V_{n+1}}{\partial V_n} = \beta\alpha - (1+\beta)\epsilon\cos(\phi_{n+1})\frac{\partial\phi_{n+1}}{\partial V_n} \quad (11.13)$$

$$j_{12} = \frac{\partial V_{n+1}}{\partial\phi_n} = -(1+\beta)\epsilon\cos(\phi_{n+1})\frac{\partial\phi_{n+1}}{\partial\phi_n} \quad (11.14)$$

$$j_{21} = \frac{\partial\phi_{n+1}}{\partial V_n} = \frac{\partial\phi_d}{\partial V_n} + \frac{\partial\phi_e}{\partial V_n} + \frac{\partial\phi_c}{\partial V_n} \quad (11.15)$$

$$j_{22} = \frac{\partial\phi_{n+1}}{\partial\phi_n} = 1 + \frac{\partial\phi_d}{\partial\phi_n} + \frac{\partial\phi_e}{\partial\phi_n} + \frac{\partial\phi_c}{\partial\phi_n} \quad (11.16)$$

em que as derivadas auxiliares são escritas da seguinte forma:

$$\frac{\partial\phi_d}{\partial V_n} = -\frac{1-\epsilon\cos(\phi_n)}{V_n^2} \tag{11.17}$$

$$\frac{\partial\phi_e}{\partial V_n} = -\frac{(1-\epsilon)}{\alpha V_n^2} \tag{11.18}$$

$$\frac{\partial\phi_d}{\partial\phi_n} = \frac{\epsilon\sin(\phi_n)}{V_n} \tag{11.19}$$

$$\frac{\partial\phi_e}{\partial\phi_n} = 0 \tag{11.20}$$

Os termos $\frac{\partial\phi_c}{\partial V_n}$ e $\frac{\partial\phi_c}{\partial\phi_n}$ são determinados a partir de derivação implícita e escritos como

$$\frac{\partial\phi_c}{\partial V_n} = \frac{\epsilon\sin(\phi_{n+1})\left(\frac{\partial\phi_d}{\partial V_n}+\frac{\partial\phi_e}{\partial V_n}\right)-\alpha\phi_c}{\alpha V_n-\epsilon\sin(\phi_{n+1})} \tag{11.21}$$

$$\frac{\partial\phi_c}{\partial\phi_n} = \frac{\epsilon\sin(\phi_{n+1})\left(1+\frac{\partial\phi_d}{\partial\phi_n}+\frac{\partial\phi_e}{\partial\phi_n}\right)}{\alpha V_n-\epsilon\sin(\phi_{n+1})} \tag{11.22}$$

O determinante da matriz jacobiana é dado por

$$\det J_n = \alpha^2\beta^2\frac{(V_n+\epsilon\sin(\phi_n))}{(V_{n+1}+\epsilon\sin(\phi_{n+1}))} \tag{11.23}$$

11.2.3 O espaço de fases

Considerando as colisões inelásticas, a estrutura do espaço de fases muda significativamente. A estrutura mista, presente no espaço de fases para o caso não dissipativo, não é mais observada. Dependendo da combinação de parâmetros de controle e condições iniciais, atratores são observados no espaço de fases, podendo estes serem caóticos ou periódicos. A Figura 11.1 ilustra um atrator caótico, mostrado pela região escura no gráfico, cujo limite inferior, marcado pela curva contínua, é identificado correspondendo à velocidade da parede móvel. O ponto fixo assintoticamente estável é identificado como um pequeno círculo, ao passo que o ponto de sela é ilustrado

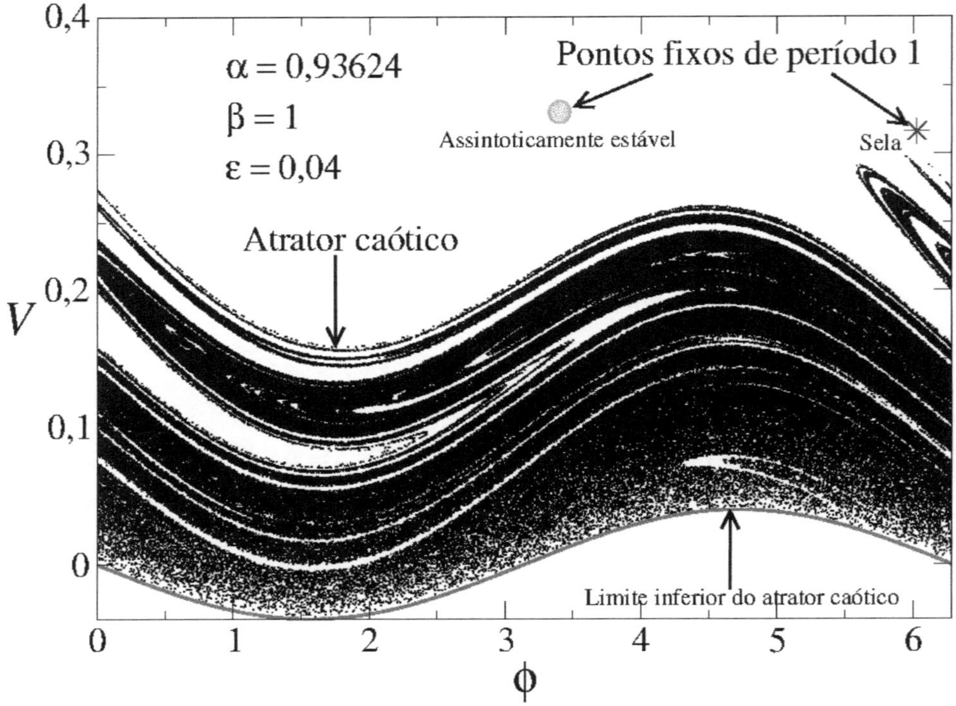

Figura 11.1 – Ilustração do atrator caótico e do ponto fixo assintoticamente estável para a seguinte combinação de parâmetros de controle: $\alpha = 0.93624$, $\beta = 1$ e $\epsilon = 0,04$. A curva inferior mostra o limite inferior do atrator caótico. O ponto fixo do tipo sela é também ilustrado na figura.

como um asterisco. Os parâmetros de controle utilizados[1] foram $\epsilon = 0,04$, $\beta = 1$ e $\alpha = 0,93624$. Utilizando o algoritmo para o cálculo do expoente de Lyapunov positivo discutido no Capítulo 9, encontramos $\overline{\lambda} = 1,7743(5)$. Esse cálculo é deixado como exercício ao término do capítulo. É importante mencionar que, no caso dissipativo, cada atrator tem sua própria bacia de atração. De fato, uma bacia de atração corresponde a um conjunto de pontos no espaço de fases cuja dinâmica evolui em direção ao atrator e fica sobre ele para tempos suficientemente longos.

[1]Essa escolha de parâmetros de controle foi feita imediatamente antes de um evento de crise de fronteira.

No Capítulo 4 discutimos uma série de bifurcações locais observadas em sistemas dinâmicos descritos por equações diferenciais ordinárias (EDO). Com a variação de um parâmetro de controle,[2] pode-se observar que um ponto fixo muda sua estabilidade. No caso de uma bifurcação transcrítica, um ponto fixo assintoticamente estável coexiste com outro ponto fixo instável. Com a variação do parâmetro de controle ocorre a troca de estabilidade entre os pontos fixos. Essa mudança de estabilidade pode ser prevista a partir de análise de estabilidade de pontos fixos, sendo portanto uma análise local, por isso as bifurcações de pontos fixos são chamadas de bifurcações locais. Em uma bifurcação global, a análise de estabilidade de ponto fixo não é suficiente para prevê-la. Uma pequena mudança dos parâmetros de controle pode acarretar uma alteração drástica no espaço de fases, incluindo a destruição, criação, expansão ou contração de atratores caóticos.

Uma bifurcação global que estudaremos neste capítulo é a crise de fronteira. Ela pode ser caracterizada a partir do cruzamento de uma variedade estável com uma variedade instável oriundas de um mesmo ponto de sela. Esse cruzamento acarreta uma colisão da fronteira da bacia de atração do ponto fixo assintoticamente estável com a bacia de atração do atrator caótico. Após a colisão, o atrator caótico é destruído, sendo substituído por um transiente caótico.

11.2.4 Pontos fixos

Para caracterizar uma crise de fronteira, deve-se determinar onde ocorrem cruzamentos de variedades estáveis e instáveis oriundas do mesmo ponto fixo do tipo sela. O primeiro passo é a determinação dos pontos fixos. Estes são determinados a partir da condição $V_{n+1} = V_n = V$ e $\phi_{n+1} = \phi_n = \phi + 2m\pi$, em que $m = 1, 2, 3, \ldots$ é um número inteiro que

[2]A variação de apenas um parâmetro de controle conduz a bifurcações classificadas como de codimensão 1. Se existe a necessidade de variar dois parâmetros de controle para se observar a bifurcação, esta é classificada como de codimensão 2.

corresponde ao número de oscilações que a parede móvel completou entre as colisões. Usando as expressões do mapeamento descrito pela Equação (11.1), obtemos que as coordenadas dos pontos fixos são

$$
\begin{aligned}
V &= \left[\frac{1+\beta}{\beta\alpha-1}\right]\epsilon\sin(\phi) \qquad (11.24)\\
\phi_{\pm} &= \begin{cases} \arccos\left[\frac{\epsilon+\tilde{\gamma}\sqrt{\epsilon^2+\tilde{\gamma}^2-1}}{\epsilon^2+\tilde{\gamma}^2}\right] \\ 2\pi-\arccos\left[\frac{\epsilon-\tilde{\gamma}\sqrt{\epsilon^2+\tilde{\gamma}^2-1}}{\epsilon^2+\tilde{\gamma}^2}\right] \end{cases}
\end{aligned}
$$

em que o termo auxiliar $\tilde{\gamma}$ assume a seguinte expressão:

$$\tilde{\gamma}=\frac{2\epsilon\alpha m\pi}{\alpha+1}\left[\frac{1+\beta}{\beta\alpha-1}\right] \qquad (11.25)$$

para $m = 1, 2, 3, \ldots$. Utilizando a análise de estabilidade de pontos fixos, pode-se mostrar que um ponto fixo assintoticamente estável[3] é dado por

$$P_{sink}=\left(\left[\frac{1+\beta}{\beta\alpha-1}\right]\epsilon\sin(\phi),\phi=\arccos\left[\frac{\epsilon+\tilde{\gamma}\sqrt{\epsilon^2+\tilde{\gamma}^2-1}}{\epsilon^2+\tilde{\gamma}^2}\right]\right) \qquad (11.26)$$

ao passo que o ponto de sela é dado por

$$P_{sela}=\left(\left[\frac{1+\beta}{\beta\alpha-1}\right]\epsilon\sin(\phi),\phi=2\pi-\arccos\left[\frac{\epsilon-\tilde{\gamma}\sqrt{\epsilon^2+\tilde{\gamma}^2-1}}{\epsilon^2+\tilde{\gamma}^2}\right]\right) \qquad (11.27)$$

11.2.5 A construção das variedades

A construção das variedades instáveis é bem simples. Elas são geradas a partir da evolução da dinâmica produzida pela Equação (11.1) com as condições iniciais apropriadas. As condições iniciais devem estar alinhadas aos autovetores correspondentes aos autovalores com módulo maior que 1, portanto, as direções instáveis. Existem dois braços da variedade instável do ponto de sela, conforme mostrado na Figura 11.2. As variedades estáveis

[3] O termo *sink* é obtido do inglês e significa sorvedouro.

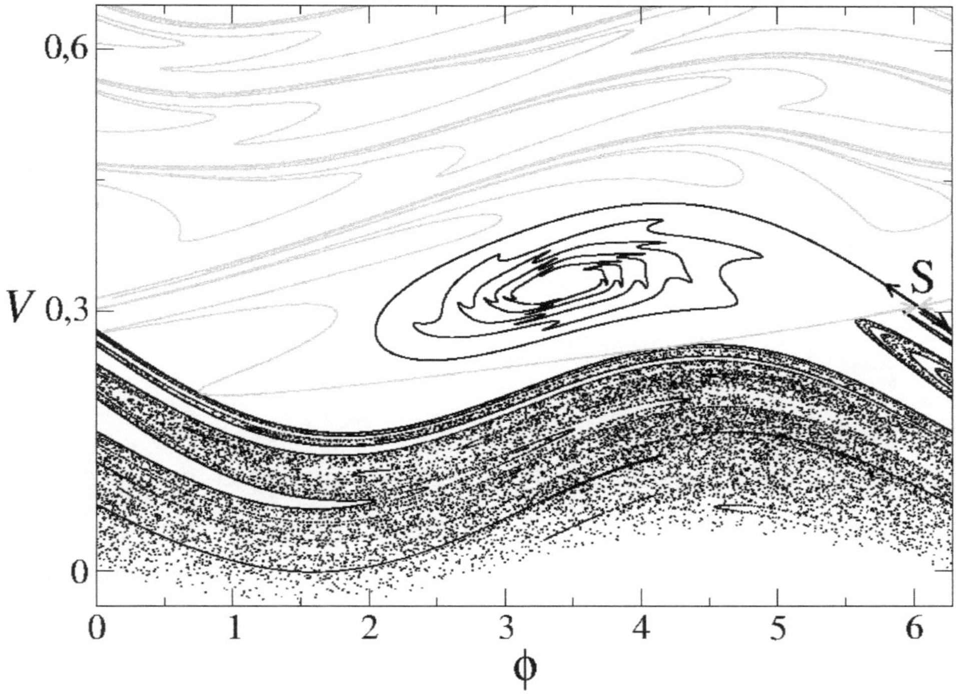

Figura 11.2 – Gráfico mostrando as variedades estáveis (cinza) e instáveis (preto) do mesmo ponto de sela, identificado por S. Os parâmetros de controle utilizados foram $\alpha = 0,93624$, $\beta = 1$ e $\epsilon = 0,04$.

estão identificadas pelas curvas em cinza e aproximam-se do ponto fixo com o decorrer do tempo. As variedades instáveis são identificadas pelas curvas pretas e afastam-se do ponto fixo com o passar do tempo. Um dos braços das variedades instáveis afasta-se do ponto fixo do tipo sela e converge em direção ao ponto fixo assintoticamente estável, espiralando em torno dele, girando no sentido anti-horário e reduzindo gradativamente a amplitude do movimento com o decorrer do tempo. Para tempo suficientemente longo, a dinâmica atinge o estado estacionário e fica presa no ponto fixo assintoticamente estável para todo o tempo futuro. O segundo braço da variedade instável move-se também se afastando do ponto fixo, convergindo em direção ao atrator caótico.

A construção das variedades estáveis requer a determinação explícita do mapeamento inverso daquele mostrado na Equação (11.1). Ao invés de iterar o mapeamento de modo que, conhecidas as variáveis no instante n, as obtenhamos no instante $(n+1)$, o procedimento consiste em, a partir do conhecimento das variáveis no instante $(n+1)$, obter as respectivas variáveis no instante n. Logo, ao invés de iterar $T(V_n, \phi_n) = (V_{n+1}, \phi_{n+1})$, devemos determinar a inversa de T. A expressão para T^{-1} é dada por

$$T^{-1}: \begin{cases} V_n = \frac{V_{n+1}+(1+\beta)\epsilon\sin(\phi_{n+1})}{\alpha}, \\ h(\phi_n) = \phi_n + \frac{1-\epsilon\cos(\phi_n)}{V_n} + \frac{1-\epsilon\cos(\phi_{n+1})}{\alpha V_n} - \phi_{n+1} \end{cases} \tag{11.28}$$

em que ϕ_n é obtida por simulação numérica a partir da solução de $h(\phi_n) = 0$. Um procedimento conveniente para resolver $h(\phi_n) = 0$ é o método de Newton com uma precisão de 10^{-14}. Uma vez que as variedades estáveis sempre crescem na velocidade, o caso de colisões sucessivas não é observado, portanto a construção do mapeamento inverso leva em consideração apenas as colisões indiretas. As passagens matemáticas necessárias para se obter o mapeamento descrito pela Equação (11.28) são deixadas como exercícios.

11.2.6 Determinação do cruzamento das variedades e do transiente

Discutiremos agora algumas propriedades observadas para a bacia de atração do atrator caótico na crise de fronteira. Quando o valor do parâmetro de controle α é aumentado,[4] a distância entre o atrator e sua bacia de atração diminui até o limite em que eles se tocam para o parâmetro crítico α_c, produzindo assim a crise. Esse encontro entre atrator e sua bacia de atração ocorre no mesmo instante em que uma variedade instável toca o atrator caótico, produzindo uma tangência homoclínica. Imediatamente após a crise de fronteira, o atrator não existe mais. Entretanto, sua preexistência ainda influencia o espaço de fases, de modo que uma condição

[4] Aumentar o valor do parâmetro de controle α corresponde a diminuir a dissipação, uma vez que a perda fracional de energia a cada impacto será menor.

inicial evoluída a partir da região onde o atrator caótico existiu passeia naquela região por algum tempo até que encontre a rota de escape e evolua em direção ao ponto fixo assintoticamente estável. O tempo gasto no movimento ao longo da região onde o suposto atrator caótico existiu é chamado de transiente caótico. Se uma simulação para medir o expoente de Lyapunov[5] for realizada para tempo finito, ou seja, enquanto a dinâmica percorre a região do antigo atrator, um *falso* expoente de Lyapunov positivo será determinado, por isso, o transiente é dito caótico. Após a crise de fronteira, a região onde o atrator caótico existiu é parte da bacia de atração do ponto fixo assintoticamente estável. A Figura 11.3 mostra um gráfico da bacia de atração do atrator caótico (preto), bem como da bacia de atração do ponto fixo assintoticamente estável (cinza). A fronteira das duas bacias de atração é delimitada pelas variedades estáveis, identificadas pelas curvas contínuas em cor amarelo claro. O ponto fixo assintoticamente estável está identificado a partir de um círculo, ao passo que o ponto de sela é marcado por um asterisco. Um dos braços da variedade instável converge para o ponto fixo assintoticamente estável, espiralando em torno dele no sentido anti-horário, enquanto o outro braço evolui em direção ao atrator caótico. Os parâmetros de controle utilizados foram $\beta = 1$, $\alpha = 0,93624$ e $\epsilon = 0,04$.

A Figura 11.4 mostra um gráfico de V *vs.* ϕ considerando os parâmetros de controle $\epsilon = 0,04$, $\beta = 1$ e $\alpha = 0,9375$, o que corresponde a uma situação imediatamente após a crise de fronteira. Pode-se perceber que a figura exibe pontos distribuídos ao longo de uma região onde o atrator caótico existiu antes da crise. A partícula move-se em tal região por algum intervalo de tempo até que escapa em direção ao atrator assintoticamente estável, ficando então presa indefinidamente. Enquanto se aproxima do ponto fixo assintoticamente estável a partícula espirala em torno dele, girando no sentido anti-horário.

A crise de fronteira pode ser confirmada a partir do cruzamento das va-

[5]Essa simulação fornecerá um cálculo de expoente de Lyapunov a tempo finito.

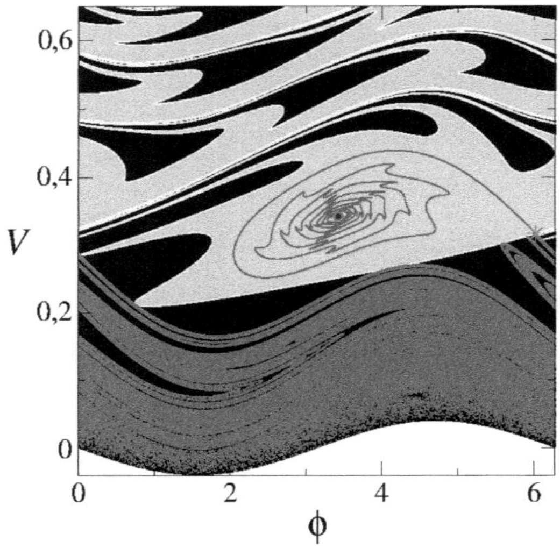

Figura 11.3 – Gráfico da bacia de atração do atrator caótico (preto) e do ponto fixo assintoticamente estável (cinza claro). A fronteira das duas bacias de atração é delimitada pelas variedades estáveis, identificadas pelas curvas contínuas no tom cinza claro. O ponto fixo assintoticamente estável está identificado a partir de um círculo, ao passo que o ponto de sela é marcado por um asterisco. Um dos braços da variedade instável converge para o ponto fixo assintoticamente estável, espiralando em torno dele no sentido anti-horário, enquanto o outro braço evolui em direção ao atrator caótico. Os parâmetros de controle utilizados foram $\beta = 1$, $\alpha = 0,93624$ e $\epsilon = 0,04$.

riedades estáveis e instáveis de um mesmo ponto de sela. A Figura 11.5 mostra um esboço das variedades estáveis e instáveis do ponto de sela considerando os parâmetros de controle $\epsilon = 0,04$, $\beta = 1$ e $\alpha = 0,9375$.

O transiente caótico que uma partícula gasta vagueando ao longo da região onde o atrator caótico existiu depende da condição inicial, de forma que existe uma distribuição de tempos ao longo da região do antigo atrator caótico. A probabilidade de sobrevivência que uma condição inicial tem vagueando ao longo do atrator caótico antes de encontrar a rota de escape,

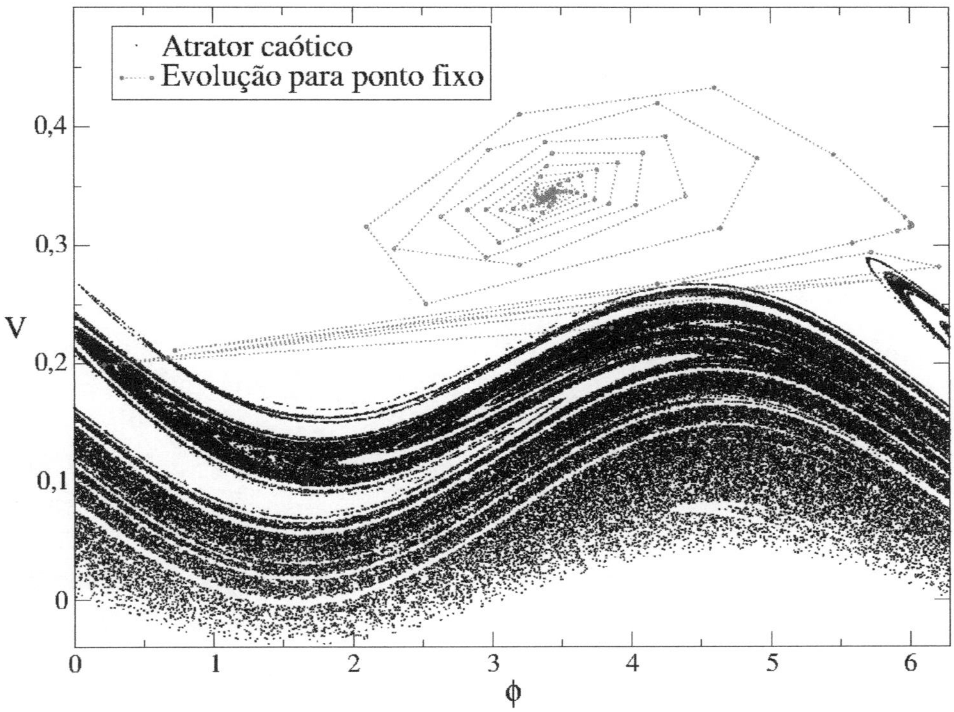

Figura 11.4 – Esboço de V *vs.* ϕ considerando os parâmetros de controle $\beta = 1$, $\epsilon = 0,04$ e $\alpha = 0,9375$. Os pontos pretos identificam a região do espaço de fases onde o atrator caótico existiu (transiente), enquanto os círculos mostram a convergência para o ponto fixo assintoticamente estável. A linha pontilhada foi colocada apenas para facilitar a visualização.

fazer uma incursão em direção ao ponto fixo assintoticamente estável e ficar aprisionada nele para todo o tempo futuro é

$$P(n) \cong e^{-\frac{n}{\tau}} \tag{11.29}$$

em que n corresponde ao número de colisões da partícula com a parede móvel e τ identifica o tempo de relaxação, que é escrito como

$$\tau \propto \mu^{\delta} \tag{11.30}$$

com $\mu = \alpha - \alpha_c$ para $\alpha > \alpha_c$, em que α_c representa o parâmetro de controle

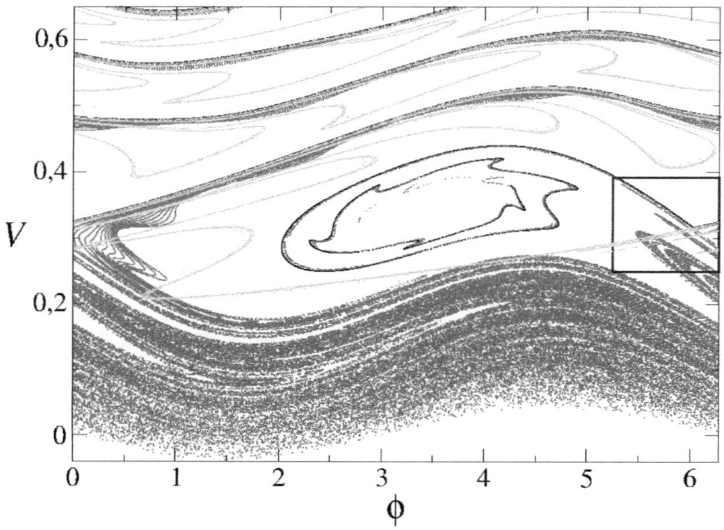

Figura 11.5 – Gráfico das variedade estáveis e instáveis para o mesmo ponto de sela considerando os parâmetros de controle $\epsilon = 0,04$, $\beta = 1$ e $\alpha = 0,9375$. O braço instável afastando-se do ponto de sela e convergindo para o ponto fixo assintoticamente estável é mostrado em preto. Os pontos em cinza identificam o outro braço da variedade instável passando próximo da região do espaço de fases onde o atrator caótico existiu antes da crise. A caixa evidencia os diversos cruzamentos entre as variedades, confirmando a crise de fronteira.

crítico onde ocorreu a crise de fronteira, ao passo que δ é um expoente que precisa ser determinado.

Existem diferentes formas de se obter o expoente δ. Uma delas é via simulação numérica. Como o tempo gasto por uma partícula vagueando ao longo da região onde o atrator caótico existiu para escapar em direção ao ponto fixo assintoticamente estável depende da condição inicial, faz-se necessário aqui considerar um *ensemble* de condições iniciais distribuídas ao longo da região do antigo atrator caótico. A Figura 11.6 apresenta um gráfico do tempo de relaxação médio τ *vs.* μ. Um ajuste em lei de potência fornece $\delta = -2,01(2)$. Os parâmetros de controle considerados foram $\epsilon =$

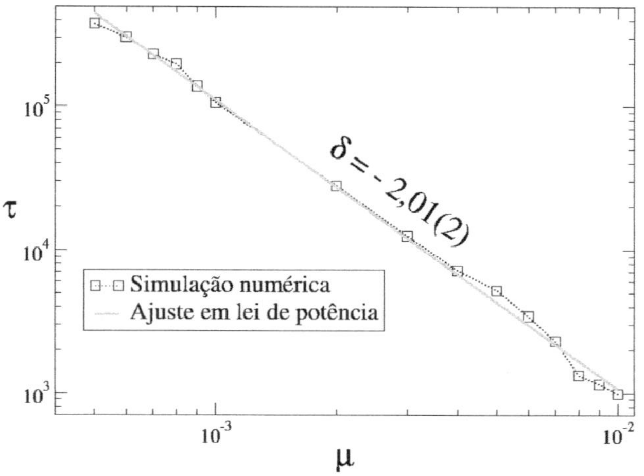

Figura 11.6 – Gráfico de τ *vs.* μ. Um ajuste em lei de potência fornece $\delta = -2,01(2)$. Foi considerado um *ensemble* de 5×10^3 condições iniciais diferentes na região do espaço de fases onde o atrator caótico existiu antes da crise. Os parâmetros de controle utilizados foram $\beta = 1$ e $\epsilon = 0,04$, ao passo que o parâmetro de controle α foi variado com $\alpha_c = 0,93624$.

$0,04$, $\beta = 1$ e $\alpha_c = 0,93624$. Deixamos como exercício a determinação numérica do expoente δ para outras combinações de parâmetros de controle correspondentes a outros eventos de crise de fronteira.

11.2.7 Determinando o expoente δ a partir dos autovalores do ponto de sela

Uma segunda forma de se determinar o expoente δ consiste em utilizar um procedimento que foi proposto por Grebogi et al. (1986). O procedimento considera a determinação e a avaliação dos autovalores do ponto de sela no parâmetro de controle onde ocorre o evento da crise de fronteira. No formalismo desenvolvido por Grebogi et al. (1986), eles assumiram que a probabilidade de sobrevivência de uma partícula à dinâmica sem escapar da região onde o atrator caótico existiu antes da crise é descrita por uma função exponencial da forma $P(t) \propto e^{-t/\tau}$, com t representando o tempo, e τ tem uma expressão do tipo $\tau \propto \mu^{-\gamma}$, bem como o expoente γ é obtido da seguinte expressão

$$\gamma = \frac{\ln|\beta_2|}{\ln|\beta_1\beta_2|^2} \tag{11.31}$$

em que β_1 e β_2 são os autovalores associados às direções de expansão e contração avaliados no ponto de sela e usando o parâmetro que define a crise de fronteira. Avaliando a Equação (11.31) em $\epsilon = 0,04$, $\beta = 1$ e $\alpha = 0,93624$, obtemos o expoente $\gamma = 0,4991\ldots$, que é bem próximo do valor previsto teoricamente por Grebogi et al. (1986), sendo este 1/2. Esse resultado, entretanto, está bem diferente do resultado obtido por simulação numérica conforme mostrado na Figura 11.6. Qual poderia ser a origem dessa discrepância?

A explicação dessa diferença observada nos expoentes utilizando o formalismo de Grebogi et al. (1986) e as simulações numéricas é bem sutil. De fato, quando comparamos as Equações (11.29) e (11.31), percebemos um sinal negativo presente na Equação (11.31) que não aparece na Equação (11.29). Essa ingênua diferença permite que o expoente δ seja escrito como

$$\begin{aligned} -\delta &= \frac{\ln|\beta_2|}{\ln|\beta_1\beta_2|^2} \\ \delta &= -\frac{\ln|\beta_2|}{\ln|\beta_1\beta_2|^2} \\ &= \frac{\ln|\beta_1\beta_2|^2}{\ln|\beta_2|} \end{aligned} \tag{11.32}$$

Esse resultado permite uma estimativa correta do expoente $\delta = 2,003\ldots$, conforme obtido via simulação numérica. Essa pequena diferença na forma de escrever a probabilidade de sobrevivência explica a aparente discrepância entre os expoentes, que conduzem a uma equivalência entre o formalismo de Grebogi et al. (1986) e as simulações numéricas discutidas aqui.

11.3 Dissipação via arrasto viscoso

Na seção anterior consideramos que as colisões da partícula com as paredes eram inelásticas. Isso acarreta uma perda fracional de energia a cada colisão. Esse tipo de dissipação não afeta a velocidade da partícula enquanto ela viaja entre as paredes e ocorre apenas no instante da colisão. Nesta seção, discutiremos um tipo diferente de dissipação em que a partícula sofre uma contínua perda de energia ao longo de sua trajetória. Trata-se de uma força de arrasto viscoso e é equivalente à partícula viajar em uma região preenchida por um gás, ou outro fluido, que oferece uma viscosidade ao movimento. Assumiremos também que a força de arrasto atua sempre contrária ao deslocamento da partícula, sendo proporcional a uma potência da velocidade, e será descrita por três expressões diferentes, que serão consideradas nas próximas subseções: (i) $F = -\tilde{\eta}v$; (ii) $F = -\tilde{\eta}v^2$; e (iii) $F = -\tilde{\eta}v^\gamma$, em que $\tilde{\eta}$ corresponde ao coeficiente de viscosidade. É uma propriedade do fluido e assumiremos que não se altera com o movimento da partícula. Começaremos com o caso (i).

11.3.1 Força de arrasto $F = -\tilde{\eta}v$

Como a força de dissipação atua ao longo de toda a trajetória da partícula, podemos escrever a equação da segunda lei de Newton como

$$\begin{aligned} F &= -\tilde{\eta}v \\ m\frac{dv}{dt} &= -\tilde{\eta}v \\ \int_{v_n}^{v(t)} \frac{dv}{v} &= -\eta^* \int_0^t dt' \end{aligned} \tag{11.33}$$

cuja solução é $v(t) = v_n e^{-\eta^* t}$, em que v_n identifica a velocidade da partícula na colisão n e $\eta^* = \frac{\tilde{\eta}}{m}$. Sabemos, da expressão da velocidade, que $v(t) = \frac{dx(t)}{dt}$, em que $x(t)$ identifica a posição da partícula. Considerando que no instante $t = t_n$ a posição da partícula é $x(t_n) = \varepsilon\cos(\omega t)$, podemos obter a posição da partícula a partir da integração de

$$x(t) = \varepsilon \cos(\omega t) + \frac{v_n}{\eta^*}(1 - e^{-\eta^* t}) \tag{11.34}$$

com $t \geq 0$.

Da mesma forma que fizemos na seção anterior, podemos definir um conjunto mais conveniente de variáveis adimensionais como $V = \frac{v}{\omega \ell}$, $\epsilon = \frac{\varepsilon}{\ell}$, $\eta = \frac{\eta^*}{\omega}$ e $\phi = \omega t$.

Para evitar a solução de equações transcendentais, consideraremos a versão simplificada do modelo.[6] A aproximação assume que a amplitude de oscilação é suficientemente pequena quando comparada com a distância entre as paredes, de tal forma que o tempo de voo entre impactos com a parede da esquerda pode ser calculado sem a necessidade de soluções de equações transcendentais. Entretanto, para manter a não linearidade do problema, quando a partícula colide com a parede da esquerda, ela experimenta uma troca de energia como se a parede estivesse em movimento. Para construir o mapeamento discreto que descreve a dinâmica da partícula, devemos primeiramente determinar o tempo de voo da partícula entre as paredes rígidas. Esse tempo pode ser obtido a partir da equação $\frac{V}{\eta}(1 - e^{-\eta\phi}) = 2$, o que conduz a $\phi = -\frac{1}{\eta} \ln\left(1 - \frac{2\eta}{V}\right)$. Com isso, a velocidade da partícula imediatamente antes da colisão será $V_a = V_n - 2\eta$. Assim, o mapeamento discreto que descreve a dinâmica da partícula é

$$T : \begin{cases} \phi_{n+1} = \left[\phi_n - \frac{1}{\eta} \ln\left(1 - \frac{2\eta}{V_n}\right)\right] \bmod 2\pi \\ V_{n+1} = |V_n - 2\eta - 2\epsilon \sin(\phi_{n+1})|. \end{cases} \tag{11.35}$$

O mapeamento discreto é bem definido somente no caso em que $V_n > 2\eta$. A obtenção do determinante da matriz jacobiana do mapeamento é deixada como exercício ao término do capítulo.

[6]Essa versão é também conhecida como *static wall approximation*.

Decaimento de energia

Um dos resultados mais elementares de serem obtidos a partir do conhecimento do mapeamento discreto da Equação (11.35) é o comportamento da velocidade da partícula em função do tempo considerando uma condição inicial no regime de altas velocidades.[7] Iterando a segunda das Equações (11.35) a partir de uma velocidade inicial $V_0 \gg \epsilon$, temos

$$\begin{aligned} V_1 &= V_0 - 2\eta - 2\epsilon\sin(\phi_1) \\ V_2 &= V_1 - 2\eta - 2\epsilon\sin(\phi_2) \\ &= V_0 - 4\eta - 2\epsilon[\sin(\phi_1) + \sin(\phi_2)] \\ V_3 &= V_0 - 6\eta - 2\epsilon\sum_{i=1}^{3}\sin(\phi_i) \\ V_n &= V_0 - 2n\eta - 2\epsilon\sum_{i=1}^{n}\sin(\phi_i) \end{aligned} \quad (11.36)$$

Considerando que as fases são uniformemente distribuídas ao longo do intervalo $\phi \in [0, 2\pi]$, temos que $\lim_{n\to\infty}\sum_{i=1}^{n}\sin(\phi_i) = 0$, bem o comportamento do decaimento da velocidade da partícula é descrito por

$$V_n = V_0 - 2n\eta \quad (11.37)$$

o que comprova um decaimento linear com uma inclinação de -2η. A Figura 11.7 mostra o comportamento do decaimento da velocidade considerando os parâmetros de controle $\epsilon = 10^{-2}$ e $\eta = 10^{-3}$. A velocidade inicial escolhida foi $V_0 = 10$. Podemos notar que o ajuste linear recupera bem os resultados previstos a partir da aproximação analítica. O gráfico interno à Figura 11.7 corresponde a uma ampliação do regime de decaimento e evidencia o comportamento do decaimento em escala de tempo menor, ilustrando as oscilações em torno de um valor médio. Essas oscilações são causadas pela função $\sin(\phi)$, que tem valor médio nulo somente no limite em que várias fases são consideradas.

[7] Como altas velocidades consideraremos $V_0 \gg \epsilon$.

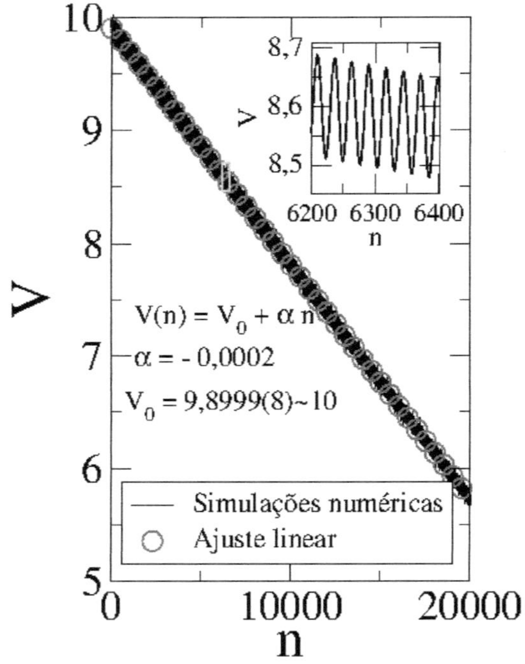

Figura 11.7 – Gráfico de V *vs.* n para os parâmetros de controle $\epsilon = 10^{-2}$ e $\eta = 10^{-3}$. Um ajuste linear fornece uma inclinação $-0,0002 = -2\eta$, em total concordância com a aproximação analítica. O gráfico interno, correspondendo a uma ampliação do regime de decaimento, mostra o comportamento do decaimento em escala de tempo menor, evidenciando oscilações em torno de um valor médio.

11.3.2 Força de arrasto $F = -\tilde{\eta}v^2$

Esta seção será dedicada ao estudo da força de arrasto proporcional ao quadrado da velocidade no modelo Fermi-Ulam. A construção do mapeamento discreto segue os passos descritos na seção anterior e parte da segunda lei de Newton, que é escrita como

$$\begin{aligned} F &= -\tilde{\eta}v^2 \\ m\frac{dv}{dt} &= -\tilde{\eta}v^2 \end{aligned} \tag{11.38}$$

Integrando a Equação (11.38) obtemos a velocidade da partícula em função do tempo. Integrando novamente obtemos a posição da partícula. Considerando a versão simplificada do modelo, utilizando as variáveis adimensionais discutidas anteriormente e assumindo que as colisões da partícula com as paredes são elásticas, o mapeamento discreto[8] que descreve a dinâmica da partícula é dado por

$$T: \begin{cases} \phi_{n+1} = [\phi_n + 2\left(\frac{e^{\eta}-1}{\eta V_n}\right)] \bmod 2\pi \\ V_{n+1} = \frac{V_n}{2e^{\eta}-1} - 2\epsilon\sin(\phi_{n+1}) \end{cases} \tag{11.39}$$

É importante notar que o caso $\eta = 0$ conduz às Equações (10.37), que descrevem a dinâmica do modelo Fermi-Ulam simplificado. No que se segue, descreveremos o comportamento da velocidade da partícula em função de n partindo de uma velocidade inicial $V_0 \gg \epsilon$, caracterizando uma condição inicial no regime de altas energias.

Decaimento de energia

Da mesma forma que fizemos na seção anterior, podemos estudar o comportamento do decaimento de energia para uma partícula iniciando sua dinâmica no regime de altas energias. Para tal, escolhemos $V_0 \gg \epsilon$ e iniciamos

[8] A construção do mapeamento discreto que descreve a dinâmica da partícula no modelo Fermi-Ulam simplificado com força de arrasto proporcional ao quadrado da velocidade é deixada como exercício ao final do capítulo.

o processo iterativo, ou seja,

$$\begin{aligned} V_1 &= \frac{V_0}{2e^{\eta}-1} - 2\epsilon\sin(\phi_1) \\ V_2 &= \frac{V_1}{2e^{\eta}-1} - 2\epsilon\sin(\phi_2) \\ &= \frac{1}{2e^{\eta}-1}\left(\frac{V_0}{2e^{\eta}-1} - 2\epsilon\sin(\phi_1)\right) - 2\epsilon\sin(\phi_2) \\ &= \frac{V_0}{(2e^{\eta}-1)^2} - \frac{2\epsilon\sin(\phi_1)}{2e^{\eta}-1} - 2\epsilon\sin(\phi_2) \\ V_3 &= \frac{V_0}{(2e^{\eta}-1)^3} - \frac{2\epsilon\sin(\phi_1)}{(2e^{\eta}-1)^2} - \frac{2\epsilon\sin(\phi_2)}{(2e^{\eta}-1)} - 2\epsilon\sin(\phi_3) \end{aligned} \quad (11.40)$$

e de um modo geral temos que

$$V_n = \frac{V_0}{(2e^{\eta}-1)^n} - 2\epsilon\sum_{i=1}^{n}\frac{\sin(\phi_i)}{(2e^{\eta}-1)^{n-i}} \quad (11.41)$$

A Figura 11.8(a) mostra o comportamento de V *vs.* n para o parâmetro de controle $\epsilon = 10^{-2}$ e o coeficiente de viscosidade $\eta = 10^{-2}$. A velocidade inicial escolhida foi $V_0 = 10$. Podemos notar que ocorre um decaimento mais rápido no início, reduzindo-se a taxa de decaimento à medida que a velocidade decresce até que a curva converge, após passar por um regime de oscilações que diminuem com o decorrer do tempo, para um platô constante em $V_f \cong 0,321\ldots$. O estado estacionário é descrito pela convergência para um ponto fixo de período 1 que é assintoticamente estável com a presença da dissipação. A Figura 11.8(b) mostra o esboço do espaço de fases para o modelo não dissipativo considerando $\epsilon = 10^{-2}$. Os pontos em destaque ilustram a evolução da órbita, mostrada no plano V *vs.* ϕ, nas vizinhanças do ponto fixo assintoticamente estável $V_f \cong 0,321\ldots$. As setas identificam o início e o fim da série temporal exibida. O gráfico interno mostrado na Figura 11.8(a) evidencia as oscilações próximo à região do ponto fixo.

Podemos perceber da Figura 11.8(a) que, para tempos curtos, o comportamento oscilatório não se sobressai ao regime de decaimento. Dessa forma,

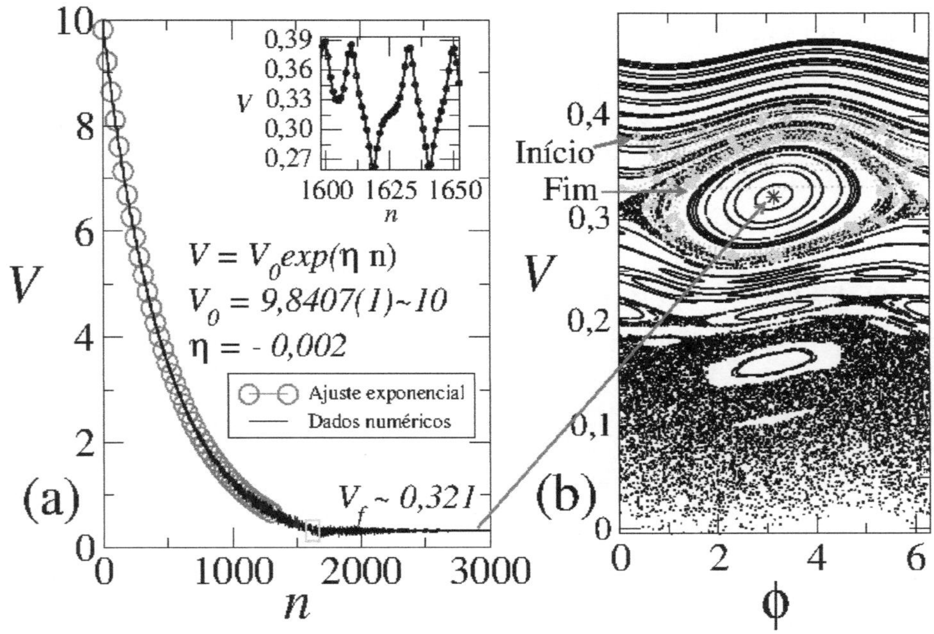

Figura 11.8 – (a) Gráfico de V *vs.* n para o parâmetro de controle $\epsilon = 10^{-2}$ e o coeficiente de viscosidade $\eta = 10^{-2}$. Um ajuste exponencial fornece um coeficiente $-0,002 = -2\eta$, em total concordância com a aproximação analítica. (b) Espaço de fases do modelo não dissipativo evidenciando a aproximação para o ponto fixo assintoticamente estável identificado com um asterisco em $V_f \cong 0,321\ldots$. O gráfico interno em (a) mostra a série temporal nas vizinhanças da região do ponto fixo.

$$S = -2\epsilon \sum_{i=1}^{n} \frac{\sin(\phi_i)}{(2e^{\eta} - 1)^{n-i}} \cong 0 \tag{11.42}$$

de modo que o termo dominante é

$$V_n = \frac{V_0}{(2e^{\eta} - 1)^n} \tag{11.43}$$

Expandindo a Equação (11.43) em série de Taylor obtemos

$$\begin{aligned} V_n &= V_0\Bigg[1 - 2n\eta + (n + 2n^2)\eta^2 + (-n - 2n^2 - \frac{4}{3}n^3)\eta^3 + \\ &+ \left(\frac{13}{12}n + \frac{5}{2}n^2 + 2n^3 + \frac{2}{3}n^4\right)\eta^4 + \ldots\Bigg] \end{aligned} \tag{11.44}$$

Considerando apenas os termos de ordens mais elevadas nos parênteses, que correspondem aos termos dominantes, obtemos que

$$\begin{aligned} V_n &= V_0\left[1 - 2n\eta + en^2\eta^2 - \frac{4}{3}n^3\eta^3 + \frac{2}{3}n^4\eta^4 + \ldots\right] \\ &= V_0 e^{-2n\eta} \end{aligned} \tag{11.45}$$

caracterizando assim um decaimento exponencial de velocidade para tempos curtos, conforme observado na Figura 11.8(a).

11.3.3 Força de arrasto $F = -\tilde{\eta}v^\gamma$

Já discutimos os casos de força de arrasto diretamente proporcional à velocidade, $F = -\tilde{\eta}V$, e proporcional ao quadrado da velocidade, $F = -\tilde{\eta}V^2$. Nesta seção, discutiremos o caso da força de arrasto viscoso dada por $F = -\tilde{\eta}V^\gamma$, sendo $\gamma \neq 1$ e $\gamma \neq 2$. Como fizemos nas duas seções anteriores, a construção do mapeamento discreto parte da solução da segunda lei de Newton considerando que no instante $t = t_n$ a partícula está localizada em $x = \varepsilon\cos(\omega t_n)$ com velocidade inicial $V_n > 0$. Resolvendo a equação

$$m\frac{dv}{dt} = -\tilde{\eta}V^\gamma \tag{11.46}$$

a partir das condições iniciais mencionadas e utilizando o conjunto de variáveis adimensionais, o mapeamento discreto que descreve a dinâmica de uma partícula é dado por

$$T: \begin{cases} \phi_{n+1} = \left[\phi_n + \frac{[V_n^{2-\gamma} + 2\eta(\gamma-2)]^{\frac{1-\gamma}{2-\gamma}} - V_n^{1-\gamma}}{\eta(\gamma-1)}\right] \bmod 2\pi \\ V_{n+1} = |[V_n^{2-\gamma} + 2\eta(\gamma-2)]^{\frac{1}{2-\gamma}} - 2\epsilon\sin(\phi_{n+1})| \end{cases} \tag{11.47}$$

A construção desse mapeamento é deixada como exercício ao término do capítulo.

Da mesma forma que fizemos nas duas seções anteriores, nosso próximo passo é determinar o comportamento do decaimento de velocidade da partícula em função do tempo. Consideraremos que $V_0 \gg \epsilon$, bem como assumiremos que o regime de dissipação é pequeno quando $\eta \approx 0$. No regime de elevada velocidade inicial, podemos assumir que a contribuição da função $\epsilon\sin(\phi)$ é pequena, permitindo aproximar $\sum_{i=0}^{n}\epsilon\sin(\phi_i) \approx 0$, o que conduz à expressão da velocidade dada por

$$V_{n+1} = [V_n^{2-\gamma} + 2\eta(\gamma - 2)]^{\frac{1}{2-\gamma}} \tag{11.48}$$

Expandindo a Equação (11.48) em série de Taylor no regime em que η é suficientemente pequeno e considerando $n = 0$, temos que

$$V_1 = V_0 - \frac{2\eta}{V_0^{1-\gamma}} \tag{11.49}$$

Seguindo o processo de iterações, obtemos as seguintes expressões

$$\begin{aligned}
V_2 &= V_1 - \frac{2\eta}{V_1^{1-\gamma}} \\
&= V_0 - \frac{2\eta}{V_0^{1-\gamma}} - \frac{2\eta}{\left(V_0 - \frac{2\eta}{V_0^{1-\gamma}}\right)^{1-\gamma}} \\
V_3 &= V_0 - \frac{2\eta}{V_0^{1-\gamma}} - \frac{2\eta}{\left(V_0 - \frac{2\eta}{V_0^{1-\gamma}}\right)^{1-\gamma}} - \\
&- \frac{2\eta}{\left(V_0 - \frac{2\eta}{V_0^{1-\gamma}} - \frac{2\eta}{\left(V_0 - \frac{2\eta}{V_0^{1-\gamma}}\right)^{1-\gamma}}\right)^{1-\gamma}}
\end{aligned} \tag{11.50}$$

O processo pode ser continuado para outras iterações sucessivamente. Entretanto, a equação resultante exibe a forma de uma fração continuada, cuja análise não é tão simples.

Decaimento de velocidade para $\gamma = 1$

Para investigar o comportamento do decaimento de velocidade, podemos considerar os casos específicos. Fazendo uma expansão em série de Taylor na Equação (11.49) considerando $\gamma = 1$, temos $V_1 = V_0 - 2\eta$. Continuando o processo de iteração, encontramos

$$\begin{aligned} V_1 &= V_0 - 2\eta \\ V_2 &= V_0 - 4\eta \\ V_3 &= V_0 - 6\eta \\ &\dots \\ V_n &= V_0 - 2n\eta \end{aligned} \tag{11.51}$$

A Equação (11.51) descreve um decaimento linear da velocidade em conformidade com os resultados discutidos para força de arrasto proporcional à velocidade da partícula.

Decaimento de velocidade para $\gamma = 2$

O comportamento do decaimento da velocidade para $\gamma = 2$ pode ser obtido também a partir da Equação (11.49). Expandindo em série de Taylor a Equação (11.49) para $\gamma = 2$ e considerando $n = 0$, temos $V_1 = V_0(1 - 2\eta)$. Seguindo com as iterações, temos

$$\begin{aligned} V_1 &= V_0(1 - 2\eta) \\ V_2 &= V_0(1 - 2\eta)^2 = V_0(1 - 4\eta + 4\eta^2) \\ V_3 &= V_0(1 - 2\eta)^3 = V_0(1 - 6\eta + 12\eta^2 + 8\eta^3) \\ &\dots \\ V_n &= V_0\left[\frac{1}{0!} - \frac{2n\eta}{1!} + \frac{4n^2\eta^2}{2!} - \frac{8n^3\eta^3}{3!} + \frac{16n^4\eta^4}{4!} + \dots\right] \\ V_n &= V_0 e^{-2n\eta} \end{aligned} \tag{11.52}$$

Vemos claramente que a Equação (11.52) comprova um decaimento exponencial para a velocidade.

Decaimento de velocidade para $\gamma = 1,5$

Nas duas subseções anteriores discutimos o comportamento da velocidade da partícula, assumindo $V_0 \gg \epsilon$, para $\gamma = 1$, provando ser um decaimento linear, e $\gamma = 2$, conduzindo a um decaimento exponencial. Aqui, discutiremos o caso em que $1 < \gamma < 2$ e o valor escolhido foi $\gamma = 1,5$.

O procedimento é semelhante ao discutido nas duas subseções anteriores e parte da expansão em série de Taylor da Equação (11.49) com $n = 0$, o que conduz a $V_1 = V_0 - 2\eta\sqrt{V_0}$. Iterando esse resultado obtemos

$$\begin{aligned} V_2 &= V_1 - 2\eta\sqrt{V_1} \\ &= V_0 - 2\eta\sqrt{V_0} - 2\eta\sqrt{V_0 - 2\eta\sqrt{V_0}} \\ &= V_1 - 2\eta\sqrt{V_0}\left[1 - \frac{2\eta}{\sqrt{V_0}}\right]^{\frac{1}{2}} \end{aligned} \tag{11.53}$$

Expandindo novamente a Equação (11.53) em série de Taylor no regime em que η é pequeno, temos

$$V_2 = V_1 - 2\eta\sqrt{V_0} + 2\eta^2 \tag{11.54}$$

Iterando a Equação (11.54) no regime em que n seja grande, chegamos à seguinte equação resultante:

$$V_n = V_0 - 2n\eta\sqrt{V_0} + (n-2)(n+1)\eta^2 \tag{11.55}$$

A Equação (11.55) é um polinômio de segundo grau e exibe um decaimento mais rápido que linear, porém mais lento que exponencial.

A Figura 11.9 mostra o comportamento de V *vs.* n para o parâmetro de controle $\epsilon = 10^{-2}$ e o coeficiente de viscosidade $\eta = 10^{-2}$. Um ajuste polinomial fornece $V(n) = V_0 + \alpha n + \beta n^2$ com $\alpha = -0,001257(1)$ e $\beta = 9,998 \times 10^{-8}$, sendo $V_0 = 9,902 \cong 10$. Esse resultado está em bom acordo com a previsão teórica do decaimento de velocidade.

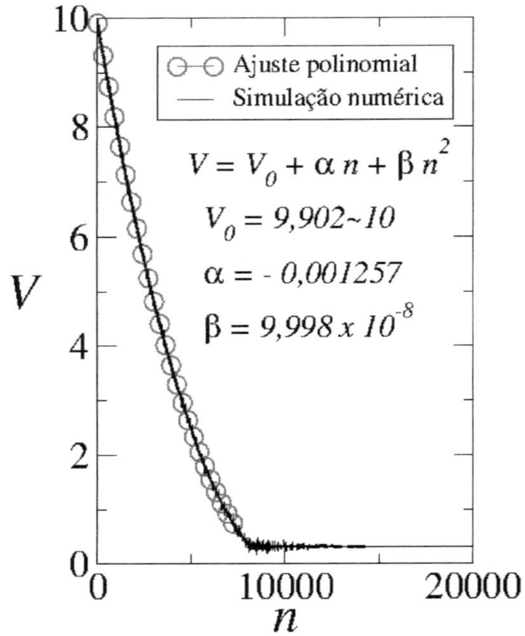

Figura 11.9 – Gráfico de V *vs.* n para o parâmetro de controle $\epsilon = 10^{-2}$ e o coeficiente de viscosidade $\eta = 10^{-2}$. Um ajuste por um polinômio de segundo grau fornece $V(n) = V_0 + \alpha n + \beta n^2$ com $\alpha = -0,001257(1)$ e $\beta = 9,998 \times 10^{-8}$, sendo a velocidade inicial $V_0 = 9,902 \cong 10$.

11.4 Resumo

Neste capítulo estudamos as consequências da introdução de dissipação no modelo do acelerador de Fermi. Primeiramente, consideramos que as colisões da partícula com as paredes eram inelásticas, conduzindo a uma perda fracional de energia a cada impacto. A dissipação foi introduzida a partir de um coeficiente de restituição que não era afetado pela velocidade da partícula. As equações que descrevem a dinâmica da partícula foram obtidas e escritas a partir de um mapeamento discreto. As expressões dos elementos da matriz jacobiana foram determinadas, bem como o seu determinante, que permitiu confirmar a ocorrência de contração de área no espaço de fases, conduzindo à existência de atratores. Um dos principais resultados obtidos a partir da dissipação via colisões inelásticas foi a caracterização de uma crise de fronteira. Mostramos que a crise de fronteira é observada a partir do cruzamento de variedades estáveis e instáveis oriundas de um mesmo ponto de sela. A partir do momento que ocorre o cruzamento, o atrator caótico é destruído, dando lugar a um transiente caótico. As condições iniciais que conduziam ao atrator caótico levam agora para um ponto fixo assintoticamente estável. Determinamos o comportamento do transiente caótico utilizando dois procedimentos distintos. Um deles considera a simulação numérica da dinâmica "pseudocaótica". O outro faz uso dos autovalores associados às direções estável e instável do ponto de sela e considera um formalismo descrito por Celso Grebogi et al. (1986).

Outro tipo de dissipação utilizado foi o arrasto viscoso, em que consideramos três casos: (i) $F \propto -V$; (ii) $F \propto -V^2$; e (iii) $F \propto -V^\gamma$, sendo $\gamma \neq 1$ e $\gamma \neq 2$. As equações que descrevem a dinâmica do modelo foram obtidas a partir da solução da segunda lei de Newton, conduzindo a um mapa discreto que assume expressões distintas conforme os casos mencionados. Para o caso (i), mostramos que o decaimento de velocidade é linear, ao passo que é exponencial para o caso (ii). O caso (iii) conduz a um decaimento mais rápido que aquele observado em (i), porém mais lento que aquele descrito em (ii). Mostramos que, para o valor de $\gamma = 1,5$, o decaimento de velocidade é descrito por um polinômio de segundo grau.

11.5 Exercícios propostos

1. Considere uma partícula de massa M que se move confinada ao interior de duas paredes. Uma delas é fixa em $x = l$ e a outra move-se periodicamente no tempo de acordo com a equação $x_w(t) = \varepsilon \cos(\omega t)$. Partindo de uma condição inicial $v_n > 0$ no instante t_n da posição $x_p = x_w(t_n)$ e assumindo que as colisões sejam inelásticas com coeficientes de restituição $\alpha \in [0, 1]$ com a parede fixa e $\beta \in [0, 1]$ com a parede móvel, faça todas as passagens necessárias e recupere a expressão do mapeamento discreto escrito na Equação (11.1).

2. Faça todas as passagens matemáticas necessárias e prove a expressão obtida a partir da Equação (11.12).

3. Faça todas as passagens matemáticas necessárias e prove a expressão obtida a partir da Equação (11.23).

4. Utilize o algoritmo para cálculo dos expoentes de Lyapunov discutido no Capítulo 9 e determine o expoente de Lyapunov para o atrator caótico obtido na Figura 11.1 considerando os parâmetros de controle $\alpha = 0,93624$, $\beta = 1$ e $\epsilon = 0,04$. Considere 5 condições iniciais que estejam localizadas no atrator caótico (veja a figura).

5. Repita o cálculo dos expoentes de Lyapunov como realizado no exercício anterior, entretanto considerando a seguinte combinação de parâmetros de controle: $\alpha = 0,94$, $\beta = 1$ e $\epsilon = 0,04$. Use as mesmas condições iniciais do exercício anterior. Discuta as diferenças obtidas nas curvas.

6. Partindo do mapeamento discreto da Equação (11.1), determine as expressões dos pontos fixos e mostre que podem ser escritos conforme as Equações (11.24).

7. Utilize análise de estabilidade de pontos fixos e prove que o ponto fixo assintoticamente estável e o ponto de sela obtidos para a Equação (11.1) podem ser escritos a partir das Equações (11.26) e (11.27).

8. Considerando o caso de colisões indiretas, faça todas as passagens matemáticas necessárias e obtenha a expressão do mapeamento inverso descrito pela Equação (11.28), utilizado para construção das variedades estáveis.

9. Determine o expoente δ que caracteriza o comportamento do tempo de relaxação após um evento de crise de fronteira considerando as seguintes combinações de parâmetros de controle:

   (a) $\epsilon = 0,033$, $\alpha_c = 0,96375$ para o ponto fixo classificado com $m = 1$;

   (b) $\epsilon = 0,02$, $\alpha_c = 0,90232$ para $m = 2$.

   Os resultados obtidos podem ser comparados com aqueles medidos por Leonel e Carvalho (2007).

10. Considerando o mapeamento discreto dado pela Equação (11.35), discuta o que aconteceria nas situações em que $V_n \leq 2\eta$.

11. Encontre o determinante da matriz jacobiana da Equação (11.35). Discuta o resultado obtido.

12. Construa o espaço de fases para o mapeamento da Equação (11.35). Discuta os resultados obtidos com base no exercício anterior. Para maiores discussões e aplicações do teorema de Liouville, veja o artigo de Pereira et al. (2006).

13. Mostre que no limite em que $\eta \to 0$, o mapeamento da Equação (11.35) recupera a expressão da Equação (10.37), que descreve a versão não dissipativa do modelo Fermi-Ulam simplificado.

14. Faça todas as passagens matemáticas necessárias e obtenha a expressão do mapeamento da Equação (11.39).

15. Encontre o determinante da matriz jacobiana para o mapeamento da Equação (11.39).

16. Mostre que no limite em que $\eta \to 0$, o mapeamento da Equação (11.39) recupera a expressão da Equação (10.37), que descreve a versão não dissipativa do modelo Fermi-Ulam simplificado.

17. Faça todas as passagens matemáticas necessárias e obtenha as Equações (11.47).

18. Encontre a expressão do determinante da matriz jacobiana do mapeamento da Equação (11.47).

19. Considere o seguinte mapeamento:

$$T : \begin{cases} \phi_{n+1} = [\phi_n + \frac{2}{V_n} + Z(n)] \bmod 2\pi \\ V_{n+1} = |\gamma V_n - (1+\gamma)\epsilon \sin(\phi_{n+1})|, \end{cases} \tag{11.56}$$

em que $\epsilon \in [0,1]$ é o parâmetro de não linearidade e $\gamma \in [0,1]$ corresponde a um parâmetro de dissipação. Se $\gamma = 1$ o sistema é não dissipativo, ao passo que $0 < \gamma < 1$ garante a dissipação. Uma sugestão de função que gera números aleatórios é a RAN2, que pode ser obtida em livros de *numerical recipies* em diversas fontes e linguagens, bem como para diversos compiladores. Ela fornece números aleatórios $Z \in [0,1]$, mas que podem ser mapeados no intervalo $[0, 2\pi]$ simplesmente pela multiplicação por 2π.

Assuma que $\epsilon = 10^{-3}$. Investigue o comportamento de $V_{rms}(n)$ para $\gamma \in [10^{-4}, 10^{-2}]$ considerando um *ensemble* de condições iniciais com $\phi_0 \in [0, 2\pi]$ e $V_0 = 10^{-3}\epsilon$. Discuta o comportamento dos expoentes críticos α, β e z.

Capítulo 12

Propriedades dinâmicas do modelo *bouncer*

12.1 Objetivos

Este capítulo é dedicado às discussões de algumas propriedades dinâmicas para uma versão alternativa do modelo Fermi-Ulam. O mecanismo de reinjeção da partícula para uma próxima colisão com a parede móvel é feito a partir do campo gravitacional e o sistema é chamado de modelo *bouncer*.

12.2 O modelo

Nos Capítulos 10 e 11 discutimos as propriedades do modelo Fermi-Ulam. O sistema era composto de uma partícula de massa m confinada a se mover entre duas paredes rígidas. Uma delas era fixa e a outra era dependente do tempo. A troca de energia da partícula se dava pelas colisões com a fronteira móvel. A parede fixa, por sua vez, tinha a única finalidade de reinjetar a partícula em direção à parede móvel para uma próxima colisão. Como o intervalo de tempo entre colisões da partícula com a parede móvel era inversamente proporcional à velocidade da partícula, para o re-

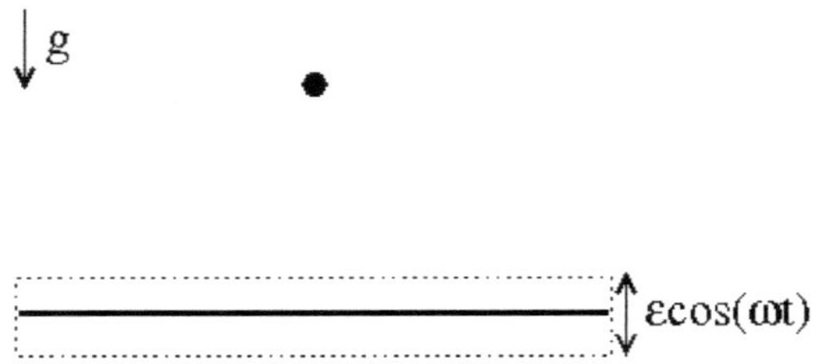

Figura 12.1 – Ilustração do modelo *bouncer*.

gime de baixas velocidades o espaço de fases exibia dinâmica caótica. Como o sistema é descrito por um mapeamento discreto e o intervalo de tempo entre as colisões fornecia a fase do próximo impacto, grandes intervalos de tempo produziam perda de correlação entre uma fase no instante n e outra no instante $n+1$, de modo que, no regime de baixas velocidades, a dinâmica era caótica produzindo difusão na velocidade. Essa difusão levava ao aumento da velocidade da partícula, reduzindo o intervalo de tempo entre os impactos dela com a parede móvel. Essa redução conduzia ao surgimento de correlação entre as fases trazendo regularidade para o espaço de fases. Tal regularidade era vista a partir da existência de ilhas de estabilidade e de curvas invariantes *spanning* no espaço de fases. Consequentemente, o objetivo inicial do modelo Fermi-Ulam, que era prever o fenômeno de difusão ilimitada de energia da partícula, também conhecido como aceleração de Fermi, era frustradamente não alcançado.

Neste capítulo descreveremos um sistema alternativo ao modelo Fermi-Ulam cujo mecanismo de reinjeção da partícula para uma próxima colisão com a parede móvel não é mais uma parede fixa, e sim um campo gravitacional constante. O modelo consiste de uma partícula de massa m que se move ao longo da vertical na presença de um campo gravitacional constante g sofrendo colisões com uma parede móvel cuja posição é dada por $y_w(t) = \varepsilon \cos(\omega t)$, em que o subíndice w identifica parede.[1] A Figura 12.1 ilustra o modelo *bouncer*. Existem duas formas de se descrever a dinâmica

[1]Do inglês, *wall*.

do modelo. Uma delas é a versão completa, que leva em consideração o movimento real da parede móvel, enquanto a segunda versão é chamada de versão simplificada,[2] em que o movimento da parede móvel é neglicenciado, facilitando assim a determinação analítica do intervalo de tempo entre os impactos. Entretanto, é admitido que a partícula troca energia com a parede durante o impacto como se a parede estivesse em movimento. Essa aproximação é bastante razoável no limite em que o intervalo de tempo entre os impactos é grande, o que acarreta valores elevados da altura de voo da partícula quando comparados com a amplitude de oscilação da parede móvel. Descreveremos aqui as duas versões, iniciando pela versão completa.

12.3 Versão completa do modelo *bouncer*

A dinâmica do modelo é descrita por um mapeamento discreto nas variáveis velocidade da partícula imediatamente após a colisão com a fronteira móvel e instante de tempo daquela colisão. Para iniciar a construção do mapeamento, assumiremos que no instante $t = t_n$ a partícula encontra-se com velocidade inicial $v_n > 0$ na posição $y_p = y_w(t_n) = \varepsilon \cos(\omega t_n)$, em que o índice p corresponde à partícula. A região na qual a partícula pode sofrer uma colisão é definida como zona de colisão e corresponde ao intervalo $y \in [-\varepsilon, \varepsilon]$. Dessa forma, a partícula, partindo dessas condições iniciais, pode ou não sair da zona de colisão no intervalo $t \in (0, \frac{2\pi}{\omega}]$. Caso a partícula não saia dessa região, diz-se que ela sofrerá uma colisão sucessiva. Por outro lado, se a partícula sair dessa região, tem-se uma colisão não sucessiva ou indireta. Construiremos primeiramente as equações para as colisões sucessivas.

[2] Na literatura internacional essa versão é chamada de *static wall approximation*.

12.3.1 Colisões sucessivas

Se a partícula sofre uma colisão sucessiva, o instante da colisão será obtido pela condição $y_p(t) = y_w(t)$, o que conduz a

$$g(t) = \varepsilon\cos[\omega(t_n + t)] - \varepsilon\cos(\omega t_n) - v_n t + \frac{1}{2}gt^2 \qquad (12.1)$$

O instante t_c que satisfaz $g(t_c) = 0$ caracteriza o momento da colisão. Portanto, o instante de tempo da colisão é dado por $t_{n+1} = t_n + t_c$. A velocidade da partícula nesse instante é $v_p = v_n - gt_c$. Para determinar a velocidade da partícula imediatamente após o impacto, devemos utilizar a lei de conservação do *momentum*, conforme descrito no Apêndice D. Para a determinação da velocidade da partícula após o impacto, assumiremos que a cada impacto existe um coeficiente de restituição $\gamma \in [0, 1]$, de forma que $\gamma = 1$ conduz à preservação de energia cinética e *momentum* após o impacto, ao passo que $\gamma < 1$ não preserva a energia cinética após o impacto. A velocidade da partícula após o impacto é dada por $v_{n+1} = -\gamma v_p + (1+\gamma)v_w(t_{n+1})$, em que $v_w(t) = \frac{dy_w(t)}{dt} = -\omega\varepsilon\sin(\omega t)$ é a velocidade da parede móvel no instante da colisão. Dessa forma, temos que o mapeamento que descreve a dinâmica dos impactos sucessivos é

$$T_s : \begin{cases} t_{n+1} = [t_n + t_c] \\ v_{n+1} = -\gamma[v_n - gt_c] - (1+\gamma)\varepsilon\omega\sin(t_{n+1}) \end{cases} \qquad (12.2)$$

em que t_c é obtido da solução de $g(t_c) = 0$.

12.3.2 Colisões indiretas

Se a partícula sai da zona de colisão, então o tempo de subida, t_s, até que a partícula atinja velocidade nula deve ser obtido, bem como o tempo de descida até a entrada da zona de colisão, t_d, e também o instante do impacto, t_c. Os intervalos de tempo t_s e t_d são obtidos analiticamente, ao passo que t_c deve ser obtido numericamente. O tempo de subida é obtido da equação $v_n - gt_s = 0$, logo $t_s = v_n/g$. A partir do conhecimento do tempo de subida, podemos determinar a altura máxima como $y_{max} = \varepsilon\cos(\omega t_n) + \frac{v_n^2}{2g}$. Dessa expressão podemos determinar o tempo de descida até a entrada da zona de colisão como

$$t_d = \frac{\sqrt{v_n^2 + 2g\varepsilon[\cos(\omega t_n) - 1]}}{g} \tag{12.3}$$

Nesse instante, a velocidade da partícula assume a forma

$$v_e = -\sqrt{v_n^2 + 2g\varepsilon[\cos(\omega t_n) - 1]} \tag{12.4}$$

Portanto, o instante do impacto é determinado a partir da solução da equação $y_p(t) = y_w(t)$, conduzindo à expressão

$$f(t_c) = \varepsilon\cos(\omega(t_n + t_s + t_d + t_c)) - \varepsilon - v_e t_c + \frac{1}{2}gt_c^2 \tag{12.5}$$

O instante da colisão t_c é obtido quando $f(t_c) = 0$. A velocidade da partícula no instante do impacto é $v_p = v_e - gt_c$. Quando a condição de preservação do *momentum* é aplicada, a velocidade da partícula na colisão $n+1$ é dada por $v_{n+1} = \gamma[\sqrt{v_n^2 + 2g\varepsilon[\cos(\omega t_n) - 1]} + gt_c] - (1+\gamma)\varepsilon\omega\sin(\omega t_{n+1})$, ao passo que o instante do impacto é $t_{n+1} = t_n + t_s + t_d + t_c$. Portanto, o mapeamento discreto para as colisões indiretas é dado por

$$T_{ns} : \begin{cases} t_{n+1} = t_n + t_s + t_d + t_c \\ v_{n+1} = \gamma[\sqrt{v_n^2 + 2g\varepsilon[\cos(\omega t_n) - 1]} + gt_c] - (1+\gamma)\varepsilon\omega\sin(\omega t_{n+1}) \end{cases} \tag{12.6}$$

Podemos notar que existe um conjunto de quatro parâmetros de controle, sendo eles ω, g, ε e γ. Entretanto, nem todos eles são relevantes para a descrição da dinâmica. Podemos definir um conjunto de variáveis adimensionais mais apropriado para o estudo, como $\phi = \omega t$, $\epsilon = \frac{\varepsilon\omega^2}{g}$ e $V = \frac{v\omega}{g}$. Nesse novo conjunto de variáveis e parâmetros, o mapeamento discreto que descreve a dinâmica do modelo *bouncer* na versão completa é dado por

$$T_{bouncer} : \begin{cases} \phi_{n+1} = [\phi_n + \Delta T_n] \bmod 2\pi \\ V_{n+1} = -\gamma V_n^* - (1+\gamma)\epsilon\sin(\phi_{n+1}) \end{cases} \tag{12.7}$$

em que as expressões para ΔT_n e V_n^* são dadas por:

1. Colisões sucessivas: $\Delta T_n = \phi_c$ com ϕ_c obtido da solução de $G(\phi_c) = 0$, em que

$$G(\phi_c) = \epsilon \cos(\phi_n + \phi_c) - \epsilon \cos(\phi_n) - V_n \phi_c + \frac{1}{2}\phi_c^2 \tag{12.8}$$

   e $V_n^* = V_n - \phi_c$.

2. Colisões indiretas: $\Delta T_n = \phi_s + \phi_d + \phi_c$ com ϕ_c obtido da solução de $F(\phi_c) = 0$, em que

$$F(\phi_c) = \epsilon \cos(\phi_n + \phi_s + \phi_d + \phi_c) - \epsilon - V_e \phi_c + \frac{1}{2}\phi_c^2 \tag{12.9}$$

   em que $\phi_s = V_n$, $\phi_d = \sqrt{V_n^2 + 2\epsilon(\cos(\phi_n) - 1)}$ e a velocidade de entrada é $V_e = -\sqrt{V_n^2 + 2\epsilon(\cos(\phi_n) - 1)}$. A expressão para V_n^* é dada por $V_n^* = V_e - \phi_c$.

12.3.3 Matriz jacobiana

Conforme discutimos no Capítulo 10, a matriz jacobiana J é escrita como

$$J = \begin{pmatrix} \frac{\partial V_{n+1}}{\partial V_n} & \frac{\partial V_{n+1}}{\partial \phi_n} \\ \frac{\partial \phi_{n+1}}{\partial V_n} & \frac{\partial \phi_{n+1}}{\partial \phi_n} \end{pmatrix}$$

sendo os coeficientes da matriz J obtidos a partir das derivadas parciais em relação às variáveis dinâmicas. A determinação dos coeficientes da matriz jacobiana é deixada como exercício ao término do capítulo.

A partir dos elementos da matriz jacobiana encontramos que seu determinante é dado por

$$\det J_n = \gamma^2 \frac{(V_n + \epsilon \sin(\phi_n))}{(V_{n+1} + \epsilon \sin(\phi_{n+1}))} \tag{12.10}$$

O caso $\gamma = 1$ conduz à preservação de medida no espaço de fases. Em particular, essa condição permite que, dependendo das condições iniciais e do parâmetro de controle ϵ, a velocidade média da partícula, ou de forma estatística para um *ensemble* não interagente de partículas, cresça com o

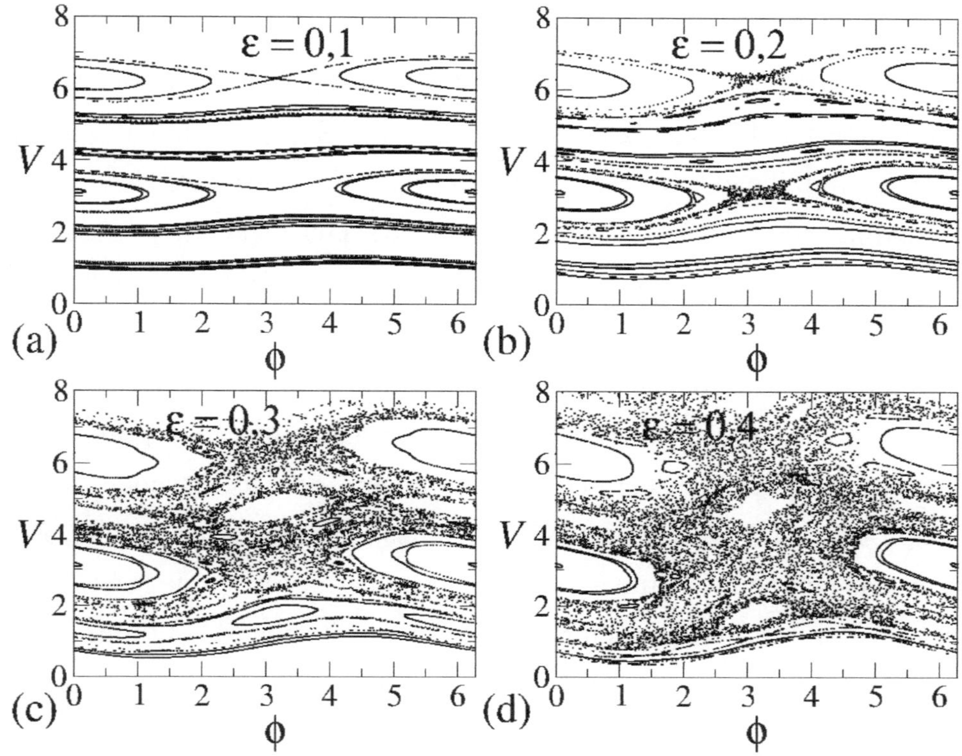

Figura 12.2 – Espaço de fases para o mapeamento da Equação (12.7) considerando $\gamma = 1$ e os seguintes parâmetros: (a) $\epsilon = 0,1$; (b) $\epsilon = 0,2$; (c) $\epsilon = 0,3$; e (d) $\epsilon = 0,4$.

decorrer das colisões conduzindo a um fenômeno chamado de aceleração de Fermi. Por outro lado, o caso $\gamma < 1$ leva à contração de área no espaço de fases, criando atratores e suprimindo a difusão ilimitada de energia.

12.3.4 O espaço de fases

A partir do conhecimento do mapeamento discreto da Equação (12.7), podemos construir o espaço de fases do sistema. A Figura 12.2 mostra o espaço de fases para o mapeamento discreto da Equação (12.7) considerando $\gamma = 1$ e quatro valores distintos para o parâmetro de controle ϵ, sendo: (a) $\epsilon = 0,1$; (b) $\epsilon = 0,2$; (c) $\epsilon = 0,3$; e (d) $\epsilon = 0,4$. Podemos perceber que as Figuras 12.2(a, b) exibem estrutura mista contendo mares de caos, ilhas de estabilidade e curvas invariantes *spanning*, ao passo que tais curvas não existem mais nas Figuras 12.2(c, d). Na próxima seção, quando discutirmos o modelo simplificado, apresentaremos o valor do parâmetro de controle ϵ que conduz à destruição da última curva invariante *spanning*. Essa curva tem importância crucial como barreira limitadora de órbitas, impedindo que partículas que estejam na região de caos abaixo da primeira curva invariante se difundam sem limites no espaço de fases, produzindo assim aceleração de Fermi. Notamos que, para a Figura 12.2(a), a região de caos é praticamente imperceptível. Tal região cresce com o aumento de ϵ, como pode ser visto na Figura 12.2(b). Aumentando ainda mais o parâmetro ϵ, e com a destruição das curvas invariantes, o caos se espalha no espaço de fases levando à difusão ilimitada de partículas no eixo das velocidades. O aumento do caos e a consequente destruição das curvas invariantes têm uma explicação simples. Contrário ao que ocorre no modelo Fermi-Ulam, que para o regime de altas velocidades produz pequenos intervalos de tempo entre impactos e, consequentemente, correlação entre as fases, no modelo *bouncer* ocorre o contrário. Para o regime de altas velocidades, podemos perceber que a altura atingida pela partícula é cada vez maior, levando a um aumento do intervalo de tempo entre impactos. Esse aumento produz perda de correlação entre as fases, conduzindo a difusão na velocidade e, consequentemente, aceleração de Fermi.

Veremos mais adiante neste capítulo que, quando o coeficiente de restituição $\gamma < 1$ é introduzido, atratores surgem no espaço de fases. De acordo com a Equação (12.10), o determinante da matriz jacobiana não garante mais a preservação da medida no espaço de fases, conduzindo à supressão da difusão ilimitada da velocidade média. Mostraremos que a velocidade quadrática média para órbitas no regime caótico é descrita usando o formalismo de escala. Determinaremos uma lei de escala envolvendo um conjunto de expoentes críticos e mostraremos que o comportamento caótico é invariante de escala para regiões específicas dos parâmetros de controle.

12.4 Versão simplificada do modelo *bouncer*

Na versão simplificada do modelo *bouncer*, a parede com a qual a partícula colide é assumida como fixa, permitindo assim a determinação analítica do intervalo de tempo de voo da partícula. Isso evita a dificuldade numérica de resolver as equações transcendentais $F(\phi)$ e $G(\phi)$. Entretanto, é admitido que a partícula sofre uma troca de energia e *momentum* como se a parede estivesse se movendo. Essa aproximação garante a não linearidade presente no sistema completo e evita a dificuldade numérica das soluções das equações transcendentais.

Considerando as variáveis adimensionais discutidas na seção anterior, o mapeamento discreto que descreve a dinâmica da versão simplificada é

$$T_{simp.\ bouncer} : \begin{cases} \phi_{n+1} = [\phi_n + 2V_n] \bmod 2\pi \\ V_{n+1} = |\gamma V_n - (1+\gamma)\epsilon \sin(\phi_{n+1})| \end{cases} \tag{12.11}$$

O determinante da matriz jacobiana é dado por

$$\det J_n = \gamma \ \mathrm{sign}[\gamma V_n - (1+\gamma)\epsilon \sin(\phi_{n+1})] \tag{12.12}$$

em que $\mathrm{sign}(x) = 1$ se $x \geq 0$ e $\mathrm{sign}(x) = -1$ caso $x < 0$.

O espaço de fases para o mapeamento da Equação (12.11) é mostrado na Figura 12.3 considerando $\gamma = 1$ e os seguintes parâmetros: (a) $\epsilon = 0,1$; (b) $\epsilon = 0,2$; (c) $\epsilon = 0,3$; e (d) $\epsilon = 0,4$. A estrutura e a organização do espaço de fases observado na Figura 12.3 são bastante semelhantes àquelas apresentadas na Figura 12.2, incluindo a localização das ilhas de estabilidade, das curvas invariantes *spanning* e dos mares de caos. No modelo simplificado também ocorre a destruição da última curva invariante *spanning* e o consequente crescimento da velocidade, levando à difusão ilimitada da energia. Como as propriedades do espaço de fases são mantidas quando

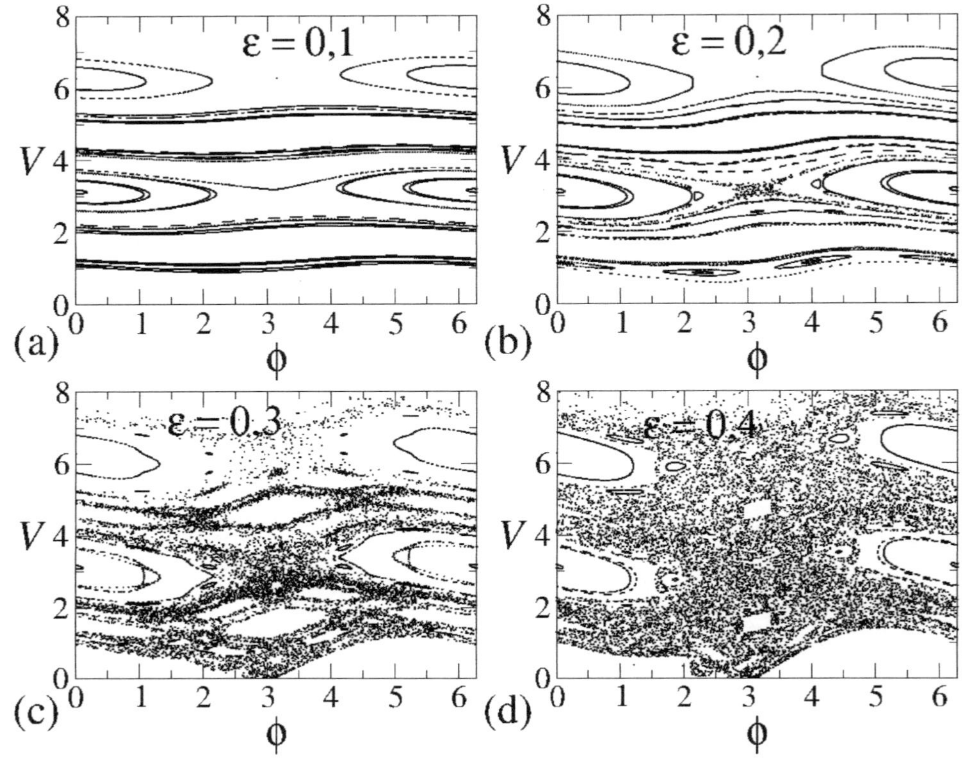

Figura 12.3 – Espaço de fases para o mapeamento da Equação (12.11) considerando $\gamma = 1$ e os seguintes parâmetros: (a) $\epsilon = 0,1$; (b) $\epsilon = 0,2$; (c) $\epsilon = 0,3$; e (d) $\epsilon = 0,4$.

comparadas com a versão completa, a versão simplificada do modelo permite que as simulações numéricas sejam mais rápidas que aquelas realizadas na versão completa, uma vez que não há a necessidade de resolver equações transcendentais. Além da vantagem da redução do esforço computacional, a versão simplificada permite que descrições matemáticas sejam obtidas de forma mais simples. Antes de discutir as propriedades médias da região de caos, determinaremos qual valor de ϵ leva à destruição das curvas invariantes *spanning*. Para isso estabeleceremos uma conexão com o mapa-padrão, que admite uma transição similar àquela observada no modelo *bouncer*, em que curvas invariantes *spanning* são destruídas permitindo que a região de caos se difunda no espaço de fases.

O mapa-padrão é escrito como

$$\begin{cases} I_{n+1} = I_n + K\sin(\theta_n) \\ \theta_{n+1} = [\theta_n + I_{n+1}] \mod(2\pi) \end{cases} \tag{12.13}$$

em que K controla a intensidade da não linearidade. Para $K = 0$, a variável I é conservada, já que $I_{n+1} = I_n = I$. Quando $K \neq 0$, I muda com o decorrer das iterações, portanto o mapeamento da Equação (12.13) é não integrável. O parâmetro K controla a transição de integrabilidade para não integrabilidade. Uma discussão mais aprofundada sobre esse mapeamento será realizada no Capítulo 13. O espaço de fases do mapeamento da Equação (12.13) é misto e contém ilhas de estabilidade, mares de caos e, dependendo do valor de K, curvas invariantes *spanning*. Tais curvas existem no espaço de fases quando $K < K_c = 0,9716\ldots$. Para valores de $K \geq K_c$, as curvas invariantes *spanning* são destruídas permitindo difusão ilimitada da variável I no espaço de fases. Essa destruição é análoga àquela observada no modelo *bouncer*, discutido neste capítulo.

Quando comparamos o mapeamento da Equação (12.13) com a expressão do mapeamento da Equação (12.11), notamos que ambas são bastante similares, admitindo a mesma não linearidade e exibindo argumentos parecidos. Como a destruição de curvas invariantes é observada apenas para o caso não dissipativo, o parâmetro γ deve ser considerado fixo em $\gamma = 1$. Desse modo, podemos definir um parâmetro efetivo na Equação (12.11), $K_{ef} = 4\epsilon$, que identifica a destruição da última curva invariante *spanning*. Isolando ϵ e considerando $K_{ef} = 0,9716\ldots$, encontramos que a destruição da última curva invariante *spanning* no modelo *bouncer* é observada quando

$$\epsilon_c > \frac{0,9716\ldots}{4} \cong 0,2429\ldots \tag{12.14}$$

Dessa forma, para valores de $\epsilon \geq \epsilon_c$, as curvas invariantes *spanning* não mais existem no espaço de fases, conduzindo à difusão ilimitada de energia, para algumas condições iniciais.

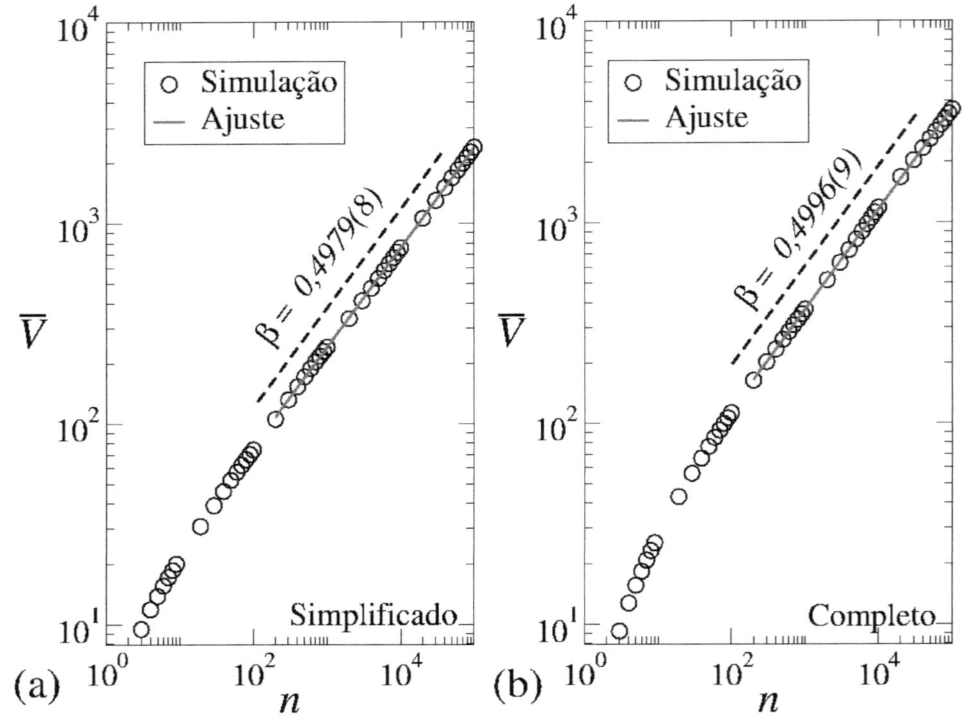

Figura 12.4 – Esboço do comportamento de $\overline{V}$ *vs.* n para os parâmetros $\gamma = 1$ e $\epsilon = 10$ considerando: (a) a versão simplificada; e (b) a versão completa.

Para evidenciar a difusão da energia, determinaremos o comportamento da velocidade média das partículas considerando dois tipos de média. Uma delas é realizada ao longo da órbita, ao passo que a outra é obtida a partir da média no *ensemble* de condições iniciais. A expressão da velocidade média é dada por

$$\overline{V} = \frac{1}{M}\sum_{i=1}^{M}\frac{1}{n}\sum_{j=1}^{n} V_{i,j} \tag{12.15}$$

em que o primeiro somatório identifica que as médias foram realizadas em um *ensemble* de condições iniciais e a segunda média foi tomada ao longo da órbita. A Figura 12.4 mostra o comportamento de $\overline{V}$ *vs.* n para os parâmetros $\gamma = 1$ e $\epsilon = 10 > \epsilon_c$. Foram consideradas $M = 1000$ condições iniciais e o máximo de $n = 10^5$ colisões. Podemos perceber sobre o comportamento de $\overline{V}$ que, para tempos longos,[3] observa-se um crescimento em lei de potência da forma $\overline{V} \propto n^{\beta}$ com o expoente $\beta \cong 0,5$.

12.5 Investigação numérica na versão simplificada

Nesta seção discutiremos os resultados numéricos para a versão simplificada do modelo *bouncer* considerando $\epsilon > \epsilon_c$ e também $\gamma < 1$. Como o determinante da matriz jacobiana é menor que a unidade, o espaço de fases admite a existência de atratores que suprimem a difusão ilimitada da velocidade média. Para evidenciar esse comportamento, a Figura 12.5 mostra um gráfico de $\overline{V}$ *vs.* n para $\gamma = 0,999$ e $\epsilon = 10$. Notamos que a curva de $\overline{V}$

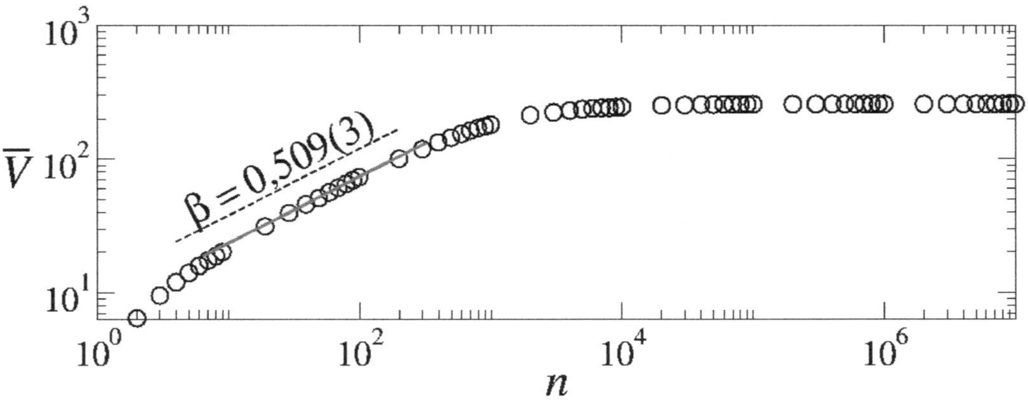

Figura 12.5 – Esboço de $\overline{V}$ *vs.* n para $\epsilon = 10$ e $\gamma = 0,999$.

cresce de acordo com uma lei de potência para número de colisões pequeno e eventualmente aproxima-se de um regime de saturação quando o número de colisões é suficientemente longo. O regime de crescimento é descrito com um expoente $\beta \cong 0,5$.

[3]Para a escolha dos parâmetros da figura, a partir de $n \cong 50$ já se observa a lei de potência.

Para determinar as propriedades estatísticas das órbitas caóticas, veremos que a velocidade média não é uma variável conveniente, não sendo portanto indicada para o cálculo analítico. Em face disso utilizaremos a velocidade quadrática média, que é definida como

$$\overline{V^2}(n) = \frac{1}{M}\sum_{i=1}^{M}\frac{1}{n}\sum_{j=1}^{n}V_{i,j}^2 \tag{12.16}$$

A partir do conhecimento de $\overline{V^2}(n)$, podemos também definir $V_{rms}(n) = \sqrt{\overline{V^2}(n)}$. A Figura 12.6(a) mostra o comportamento de V_{rms} para diferentes valores dos parâmetros de controle. Podemos notar que as curvas crescem

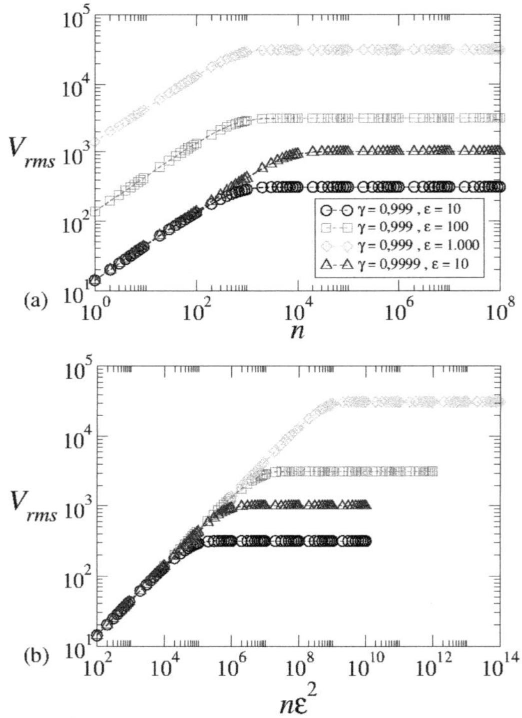

Figura 12.6 – (a) Esboço de V_{rms} *vs.* n. (b) Aplicando-se a transformação $n \to n\epsilon^2$, temos o gráfico de V_{rms} *vs.* $n\epsilon^2$. Os parâmetros de controle estão mostrados na figura.

com expoente 1/2 para n pequeno, conforme previsto na seção anterior, e que para n grande as curvas se aproximam de um regime de saturação. A mudança de crescimento para a convergência em um platô constante é determinada a partir de um número de colisões de *crossover* n_x. Esse número característico que marca a mudança de regimes depende de γ, entretanto parece não depender de ϵ.

Com base nas curvas mostradas na Figura 12.6, podemos supor que

1. Para $n \ll n_x$,

$$V_{rms} \propto (n\epsilon^2)^{\beta}, \text{ para } n \ll n_x \tag{12.17}$$

   em que β é conhecido como expoente de aceleração.

2. Para $n \gg n_x$,

$$V_{rms\ \text{sat}} \propto \epsilon^{\alpha_1}(1-\gamma)^{\alpha_2}, \quad \text{para } n \gg n_x \tag{12.18}$$

   em que α_1 e α_2 são os expoentes de saturação.

3. O número de colisões de *crossover* é

$$n_x \propto \epsilon^{z_1}(1-\gamma)^{z_2} \tag{12.19}$$

   e z_1 e z_2 são os expoentes de *crossover*.

Os expoentes β, α_1, α_2, z_1 e z_2 são chamados de expoentes críticos.

Essas três hipóteses de escala permitem descrever o comportamento de V_{rms} como uma função homogênea generalizada de suas variáveis do tipo

$$V_{rms}(n\epsilon^2, \epsilon, (1-\gamma)) = \ell V_{rms}(\ell^a n\epsilon^2, \ell^b \epsilon, \ell^c(1-\gamma)) \tag{12.20}$$

em que ℓ é um fator de escala, a, b e c são expoentes característicos.

Escolhendo $\ell^a n\epsilon^2 = 1$, temos que

$$\ell = (n\epsilon^2)^{-1/a} \tag{12.21}$$

Levando a expressão obtida de ℓ na Equação (12.20), temos

$$V_{rms} = (n\epsilon^2)^{-1/a} V_{rms}^{(i)}((n\epsilon^2)^{-b/a}\epsilon, (n\epsilon^2)^{-c/a}(1-\gamma)) \tag{12.22}$$

em que a função auxiliar $V_{rms}^{(i)}$ é assumida como constante para $n \ll n_x$. Comparando o resultado obtido pela Equação (12.22) com a primeira hipótese de escala dada pela Equação (12.17), concluímos que $\beta = -1/a$.

Considerando agora que $\ell^b \epsilon = 1$, temos que

$$\ell = \epsilon^{-1/b} \tag{12.23}$$

Levando esse resultado na Equação (12.20), obtemos

$$V_{rms} = \epsilon^{-1/b} V_{rms}^{(ii)}(\epsilon^{-a/b}(n\epsilon^2), \epsilon^{-c/b}(1-\gamma)) \tag{12.24}$$

em que é assumido que $V_{rms}^{(ii)}$ é constante para $n \gg n_x$. Comparando essa expressão com a segunda hipótese de escala dada pela Equação (12.18), temos que $\alpha_1 = -1/b$.

Finalmente, escolhendo $\ell^c(1-\gamma) = 1$, temos que

$$\ell = (1-\gamma)^{-1/c} \tag{12.25}$$

Substituindo esse resultado na Equação (12.20), temos que

$$V_{rms} = (1-\gamma)^{-1/c} V_{rms}^{(iii)}((1-\gamma)^{-a/c}(n\epsilon^2), (1-\gamma)^{-b/c}\epsilon) \tag{12.26}$$

em que $V_{rms}^{(iii)}$ é assumida ser constante para $n \gg n_x$. Comparando novamente com a segunda hipótese de escala dada pela Equação (12.18), concluímos que $\alpha_2 = -1/c$.

Comparando agora as expressões para as diferentes formas obtidas de ℓ, podemos determinar as leis de escala para o problema. A primeira comparação será feita entre as Equações (12.21) e (12.23), o que leva a obter

$$n = \epsilon^{\frac{\alpha_1}{\beta} - 2} \tag{12.27}$$

A Equação (12.27) pode ainda ser comparada com a terceira hipótese de escala, dada pela Equação (12.19), o que conduz a

$$z_1 = \frac{\alpha_1}{\beta} - 2 \tag{12.28}$$

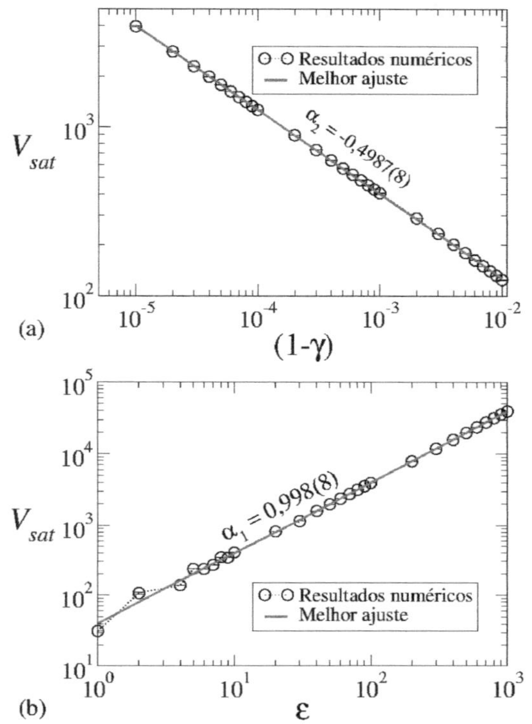

Figura 12.7 – (a) Comportamento de $\overline{V}_{\text{sat}}$ *vs.* $(1-\gamma)$. (b) Comportamento de $\overline{V}_{\text{sat}}$ *vs.* ϵ.

Comparando agora as expressões de ℓ dadas pelas Equações (12.21) e (12.25) e admitindo que ϵ é constante, concluímos que

$$n = (1-\gamma)^{\frac{\alpha_2}{\beta}} \tag{12.29}$$

que, quando comparado com a terceira hipótese de escala dada pela Equação (12.19), nos leva a

$$z_2 = \frac{\alpha_2}{\beta} \tag{12.30}$$

Os expoentes α_1, obtido a partir da saturação de V_{rms} *vs.* ϵ, e α_2, obtido a partir de V_{rms} *vs.* $(1-\gamma)$, podem ser obtidos por simulação numérica. A Figura 12.7 mostra os resultados obtidos para α_1 e α_2. A partir dos valores de α_1 e α_2, os expoentes z_1 e z_2 podem ser obtidos via leis de escala. Uma

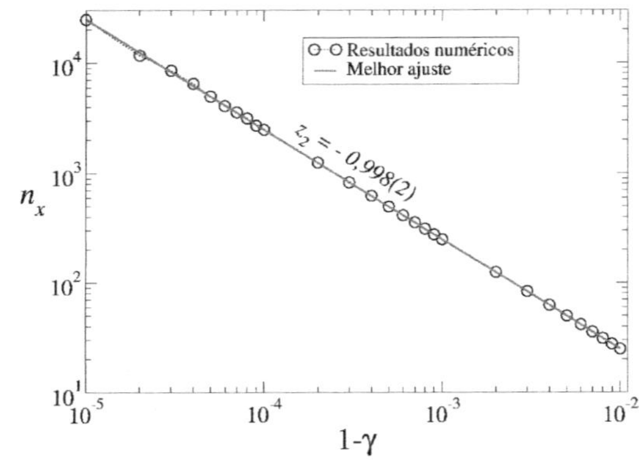

Figura 12.8 – Gráfico de n_x *vs.* $(1-\gamma)$ para ϵ fixo.

vez que $\beta = 1/2$, encontramos

$$z_1 = 0 \quad (12.31)$$

$$z_2 = -1 \quad (12.32)$$

Notamos que o expoente $z_1 = 0$ e esse fato não deve criar espanto. Conforme observado na Figura 12.6, o número de colisões de *crossover* é independente de ϵ. O expoente z_2 pode ser obtido numericamente, como mostrado na Figura 12.8.

Os expoentes α_1, α_2, β e z_2 podem ser utilizados para reescalar os eixos da Figura 12.6 e mostrar que as curvas são invariantes de escala e, portanto, universais. As transformações que devem ser feitas são

$$V_{rms} \rightarrow \frac{V_{rms}}{\epsilon^{\alpha_1}(1-\gamma)^{\alpha_2}} \quad (12.33)$$

$$n \rightarrow \frac{n}{(1-\gamma)^{z_2}} \quad (12.34)$$

A Figura 12.9 mostra o comportamento da velocidade V_{rms} *vs.* n após as mudanças nos eixos mostradas nas Equações (12.33) e (12.34).

O comportamento que discutimos até então parte de uma velocidade inicial baixa, permitindo que o *ensemble* de partículas se difunda até que a saturação seja atingida. Discutiremos o comportamento de V_{rms} *vs.* n iniciando a dinâmica a partir de uma velocidade inicial elevada. Utilizando a

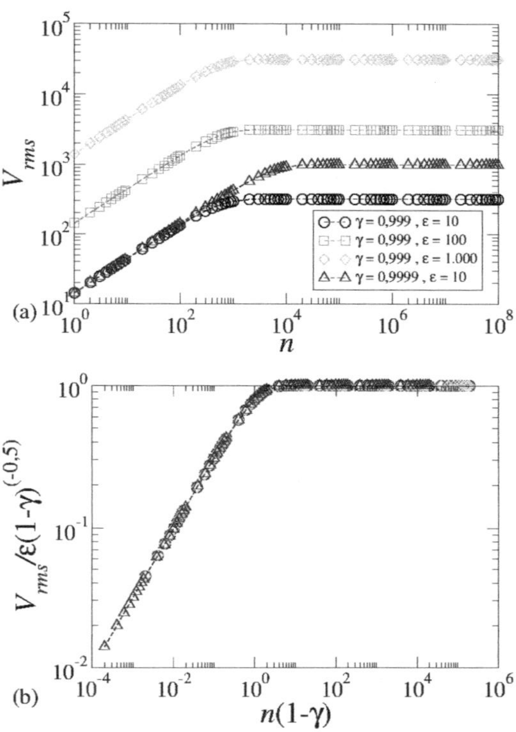

Figura 12.9 – (a) Esboço de diferentes curvas de velocidade média em função de n. (b) Após aplicar as transformações mostradas nas Equações (12.33) e (12.34), todas as curvas se sobrepõem umas às outras em uma única curva universal.

equação da velocidade dada no mapeamento da Equação (12.11) e admitindo que $V_0 \gg \omega\epsilon$, podemos iterar o mapeamento e encontrar

$$V_1 = \gamma V_0 \tag{12.35}$$

Continuando com o procedimento obtemos

$$\begin{aligned} V_2 &= \gamma V_1 \\ &= \gamma^2 V_0 \\ V_3 &= \gamma V_2 \\ &= \gamma^3 V_0 \end{aligned} \tag{12.36}$$

o que conduz à seguinte expressão para n impactos:

$$V_n = \gamma^n V_0 \tag{12.37}$$

Podemos agora expandir a Equação (12.37) em série de Taylor e obter

$$\begin{aligned} V_n &= V_0\left[1+(\gamma-1)n+\frac{1}{2}(\gamma-1)^2 n(n-1)\right]+ \\ &+ V_0\left[\frac{1}{6}(\gamma-1)^3 n(n-1)(n-2)\right]+ \\ &+ V_0\left[\frac{1}{24}(\gamma-1)^4 n(n-1)(n-2)(n-3)+\ldots\right] \end{aligned} \tag{12.38}$$

Para $n \gg 1$, podemos aproximar a Equação (12.38) por

$$V_n = V_0\left[1+(\gamma-1)n+\frac{1}{2}(\gamma-1)^2 n^2+\frac{1}{6}(\gamma-1)^3 n^3+\frac{1}{24}(\gamma-1)^4 n^4+\ldots\right] \tag{12.39}$$

conduzindo à definição da função exponencial

$$V_{rms} = V_0 e^{(\gamma-1)n} \tag{12.40}$$

Essa equação tem validade para tempos curtos. Na próxima seção determinaremos o comportamento da velocidade quadrática média das partículas transformando a Equação (12.11) em uma equação diferencial ordinária (EDO), que pode ser integrada analiticamente. O resultado obtido será comparado com as simulações numéricas.

12.6 Aproximação de tempo contínuo

Discutiremos aqui os resultados para V_{rms} obtidos a partir da transformação da equação de diferenças em uma EDO, que pode ser integrada analiticamente. Para isso, vemos da Equação (12.11) que a velocidade média não é uma variável conveniente. Em vez dela utilizaremos a velocidade quadrática média. Após elevar ao quadrado ambos os lados da equação da velocidade no mapeamento da Equação (12.11), temos

$$V_{n+1}^2 = \gamma^2 V_n^2 - 2\gamma V_n(1+\gamma)\epsilon\sin(\phi_{n+1}) + (1+\gamma)^2\epsilon^2\sin^2(\phi_{n+1}) \qquad (12.41)$$

No regime caótico, assumiremos que as variáveis V e ϕ são estatisticamente independentes. Desse modo, tomando a média em um *ensemble* de fases $\phi \in [0, 2\pi]$, temos

$$\begin{aligned} \overline{V^2}_{n+1} &= \gamma^2\overline{V^2}_n - 2\gamma\overline{V}_n(1+\gamma)\epsilon\frac{1}{2\pi}\int_0^{2\pi}\sin(\phi)d\phi + \\ &+ (1+\gamma)^2\epsilon^2\frac{1}{2\pi}\int_0^{2\pi}\sin^2(\phi)d\phi \end{aligned} \qquad (12.42)$$

o que conduz a

$$\overline{V^2}_{n+1} = \gamma^2\overline{V^2}_n + \frac{(1+\gamma)^2\epsilon^2}{2} \qquad (12.43)$$

O comportamento do estado estacionário é obtido quando $\overline{V^2}_{n+1} = \overline{V^2}_n = \overline{V^2}$. Levando esse resultado na Equação (12.43), encontramos

$$\overline{V^2} = \frac{(1+\gamma)}{2}\frac{\epsilon^2}{(1-\gamma)} \qquad (12.44)$$

Aplicando raiz quadrada de ambos os lados da Equação (12.44), concluímos que

$$V_{rms} = \sqrt{\frac{(1+\gamma)}{2}}\frac{\epsilon}{(1-\gamma)^{1/2}} \qquad (12.45)$$

Podemos perceber que a velocidade da partícula no estado estacionário depende de ϵ e é inversamente proporcional a $\sqrt{1-\gamma}$.

Podemos agora discutir a evolução da velocidade da partícula para o equilíbrio. Da Equação (12.43), temos

$$\begin{aligned} \overline{V^2}_{n+1} - \overline{V^2}_n &= \overline{\Delta V^2} = \frac{\overline{V^2}_{n+1} - \overline{V^2}_n}{(n+1)-n} \cong \frac{d\overline{V^2}}{dn} \\ &= \overline{V^2}(\gamma^2 - 1) + \frac{(1+\gamma)^2\epsilon^2}{2} \end{aligned} \qquad (12.46)$$

Para determinar a expressão de $\overline{V^2}(n)$, podemos definir $\overline{V^2} = E$ de modo que

$$\frac{dE}{dn} = E(\gamma^2 - 1) + \frac{(1+\gamma)^2\epsilon^2}{2} \tag{12.47}$$

o que leva a

$$\frac{dE}{E(\gamma^2 - 1) + \frac{(1+\gamma)^2\epsilon^2}{2}} = dn \tag{12.48}$$

Realizando a integração temos

$$E(n) = E_0 e^{(\gamma^2-1)n} + \frac{(1+\gamma)^2\epsilon^2}{2(\gamma^2-1)}[e^{(\gamma^2-1)n} - 1] \tag{12.49}$$

Reagrupando os termos de forma apropriada e sabendo que $E = \overline{V^2}$, encontramos

$$\overline{V^2}(n) = V_0^2 e^{(\gamma^2-1)n} + \frac{(1+\gamma)\epsilon^2}{2(1-\gamma)}[1 - e^{(\gamma^2-1)n}] \tag{12.50}$$

A Equação (12.50) permite que dois casos dependentes das condições iniciais possam ser discutidos.

O primeiro deles se dá quando a velocidade inicial V_0 é suficientemente pequena, ou seja, $V_0 \ll \epsilon$. Com a evolução dinâmica, a velocidade média cresce com n e muda de regime, aproximando-se de um valor constante para n suficientemente grande, convergindo ao estado estacionário. O comportamento é tipicamente descrito pelas curvas da Figura 12.9.

No segundo caso, admitimos que $V_0 \gg \epsilon$. Isso implica que o primeiro termo da Equação (12.50) domina sobre o segundo para valores de n pequenos. Logo, podemos escrever a expressão como

$$V_{rms}(n) = V_0 e^{\frac{(\gamma^2-1)n}{2}} \tag{12.51}$$

Fatorando o termo no numerador da exponencial no limite em que $\gamma \cong 1$, temos que $(1+\gamma) \cong 2$, conduzindo a

$$V_{rms}(n) = V_0 e^{(\gamma-1)n} \tag{12.52}$$

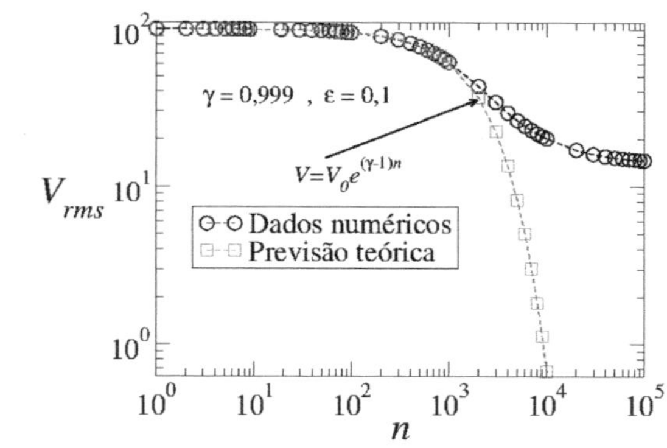

Figura 12.10 – Esboço de V_{rms} *vs.* n considerando $\gamma = 0,999$.

A Figura 12.10 mostra o comportamento do decaimento da velocidade, considerando um coeficiente de restituição $\gamma = 0,999$. Podemos notar que o decaimento da velocidade é válido para tempos curtos, conforme previsto pela Equação (12.40). À medida que a velocidade da partícula decai, aproximando-se do valor de saturação, o termo dependente da não linearidade imposto pela troca de energia com a parede móvel começa a afetar a dinâmica, separando a previsão teórica do decaimento exponencial para a convergência marcada pela saturação da curva de V_{rms} para número de colisões suficientemente grande.

12.7 Resumo

Neste capítulo estudamos algumas propriedades dinâmicas do modelo *bouncer*. Trata-se de uma versão alternativa do modelo Fermi-Ulam que, dependendo da escolha dos parâmetros de controle e das condições iniciais, conduz à aceleração de Fermi, ou seja, leva à difusão ilimitada da velocidade. O mapeamento discreto que descreve a dinâmica do sistema foi construído considerando o parâmetro de controle $\gamma \in [0, 1]$, que descreve o coeficiente de restituição entre os impactos da partícula com a parede móvel. O limite $\gamma = 1$ caracteriza o caso não dissipativo que conduz à preservação de uma determinada medida no espaço de fases para a versão completa do modelo, ao passo que a área do espaço de fases é preservada na versão simplificada. Para o caso dissipativo, ocorre contração de área no espaço de fases, levando à existência de atratores que conduzem à supressão da difusão ilimitada de velocidade. Percebemos então que ocorre uma transição entre dois regimes dinâmicos bem determinados. Um deles é o regime de difusão ilimitada para $\gamma = 1$, enquanto o outro é a supressão da difusão para $\gamma < 1$. Essa transição entre dois regimes dinâmicos diferentes admite invariância de escala, que é caracterizada pelo observável $V_{rms} = V_{rms}(\epsilon, (1-\gamma), n)$. As propriedades de escala são caracterizadas por um conjunto de cinco expoentes críticos β, α_i e z_i com $i = 1, 2$. As leis de escala relacionando os expoentes são $z_1 = \alpha_1/\beta - 2$ e $z_2 = \alpha_2/\beta$. Os valores numéricos são $\beta = 1/2$, $\alpha_1 = 1$, $z_1 = 0$, $\alpha_2 = -1/2$ e $z_2 = -1$.

12.8 Exercícios propostos

1. Discuta a interpretação física do parâmetro adimensional $\epsilon = \frac{\varepsilon\omega^2}{g}$.

2. Determine os coeficientes da matriz jacobiana para o modelo *bouncer* a partir do mapeamento da Equação (12.7): (a) colisões sucessivas; (b) colisões indiretas.

3. Mostre que o determinante da matriz jacobiana do modelo *bouncer* completo é escrito como

$$\mathrm{det J_n} = \gamma^2 \left[\frac{V_n + \epsilon\sin(\phi_n)}{V_{n+1} + \epsilon\sin(\phi_{n+1})}\right]$$

4. Encontre a medida $d\mu$ que se preserva no espaço de fases do modelo *bouncer* completo.

5. Determine os coeficientes da matriz jacobiana para a Equação (12.11).

6. Escreva um programa computacional para obter o comportamento de V_{rms} *vs.* n e recupere as curvas mostradas na Figura 12.6.

7. Obtenha os expoentes críticos α_1 e α_2 a partir de simulação numérica.

8. Considere o seguinte mapeamento

$$\begin{cases} I_{n+1} = I_n + \varepsilon h(\theta_n, I_{n+1}) \\ \theta_{n+1} = [\theta_n + K(I_{n+1})] \mod(2\pi) \end{cases}$$

em que $h = \sin(\theta_n)$ e a função $K(I_{n+1})$ assume a seguinte forma:

$$K(I_{n+1}) = \begin{cases} 4\zeta^2(I_{n+1} - \sqrt{I_{n+1}^2 - \frac{1}{\zeta^2}}) \text{ se } I_{n+1} > \frac{1}{\zeta} \\ 4\zeta^2 I_{n+1} \text{ se } I_{n+1} \leq \frac{1}{\zeta} \end{cases}$$

(a) Encontre os coeficientes da matriz jacobiana do mapeamento.

(b) Determine a expressão do determinante da matriz jacobiana.

(c) Construa o espaço de fases do mapeamento utilizando $\epsilon = 10^{-3}$ e considerando $\zeta = 1$, $\zeta = 10$ e $\zeta = 50$.

9. Construa um programa computacional para determinar o comportamento do expoente de Lyapunov positivo para o modelo *bouncer* simplificado. Utilize os parâmetros $\epsilon = 10$ e $\gamma = 0,01$ e faça um esboço de λ *vs.* n. Repita o procedimento para $\epsilon = 100$ e $\gamma = 0,01$. Discuta o comportamento observado.

10. Faça as adaptações necessárias no programa do exercício anterior para determinar o comportamento do expoente de Lyapunov para as regiões de caos observadas no espaço de fases do exercício 8, utilizando os mesmos parâmetros de controle sugeridos lá.

Capítulo 13

Localização de curvas invariantes

13.1 Objetivos

Discutiremos neste capítulo um procedimento que utiliza uma conexão com o mapa-padrão para determinar a localização aproximada da primeira curva invariante *spanning* acima do mar de caos. A ideia é utilizar a transição de caos local para caos global que o mapa-padrão exibe e descrever a localização da curva invariante *spanning* para uma família de mapeamentos discretos bidimensionais que admite a propriedade de que uma variável dinâmica diverge no limite em que a outra tende a zero continuamente. O conhecimento da posição da primeira curva invariante *spanning* pode ser muito útil nas investigações de escala a serem discutidas no próximo capítulo.

13.2 O mapa-padrão

O mapa-padrão é um mapeamento discreto, não linear, escrito em termos de duas variáveis dinâmicas cuja não linearidade é uma função periódica senoidal e dado por

$$\begin{cases} I_{n+1} = I_n + K\sin(\theta_n) \\ \theta_{n+1} = [\theta_n + I_{n+1}] \mod(2\pi) \end{cases} \tag{13.1}$$

em que o parâmetro de controle K identifica a intensidade da não linearidade. Podemos notar que, para $K = 0$, a variável I se preserva, uma vez que $I_{n+1} = I_n = I$, de tal modo que o mapa é integrável. Por outro lado, para $K \neq 0$, a variável I está diretamente relacionada à não linearidade do mapeamento, podendo mudar com o decorrer das iterações. Logo, o mapeamento da Equação (13.1) é não integrável. Percebemos então que o parâmetro K controla uma transição bastante interessante de integrabilidade quando $K = 0$ para não integrabilidade se $K \neq 0$.

O espaço de fases é misto para K pequeno e admite uma transição em $K = K_c = 0,9716\ldots$ de caos local se $K < K_c$ para caos global quando $K \geq K_c$, para o qual a última curva invariante *spanning* é destruída. Para valores de K ainda maiores que K_c, o comportamento caótico se difunde ao longo do espaço de fases com exceção de ilhas de estabilidade que também desaparecem com o aumento de K. A Figura 13.1 mostra um esboço do espaço de fases para o mapeamento da Equação (13.1). Os parâmetros de controle utilizados foram (a) $K = 0,5$; (b) $K = 0,75$; (c) $K = 0,97$; e (d) $K = 2$. Podemos notar que em (a), para o parâmetro $K = 0,5$, o espaço de fases é predominantemente composto de uma ilha periódica dominante ao centro e um conjunto de curvas invariantes *spanning*. Com a mudança do parâmetro para $K = 0,75$, pode-se perceber o surgimento de uma distribuição de pontos nas vizinhanças da ilha central que exibe um comportamento típico de caos. Nota-se também uma redução do número de curvas invariantes *spanning*. Para o parâmetro $K = 0,97$, embora ainda seja inferior a K_c e com a escolha das condições iniciais, não se percebe a existência das curvas invariantes na figura. Por fim, o parâmetro $K = 2$ mostra a completa ausência de curvas invariantes *spanning* no espaço de fases e uma extensa região de caos domina a dinâmica.

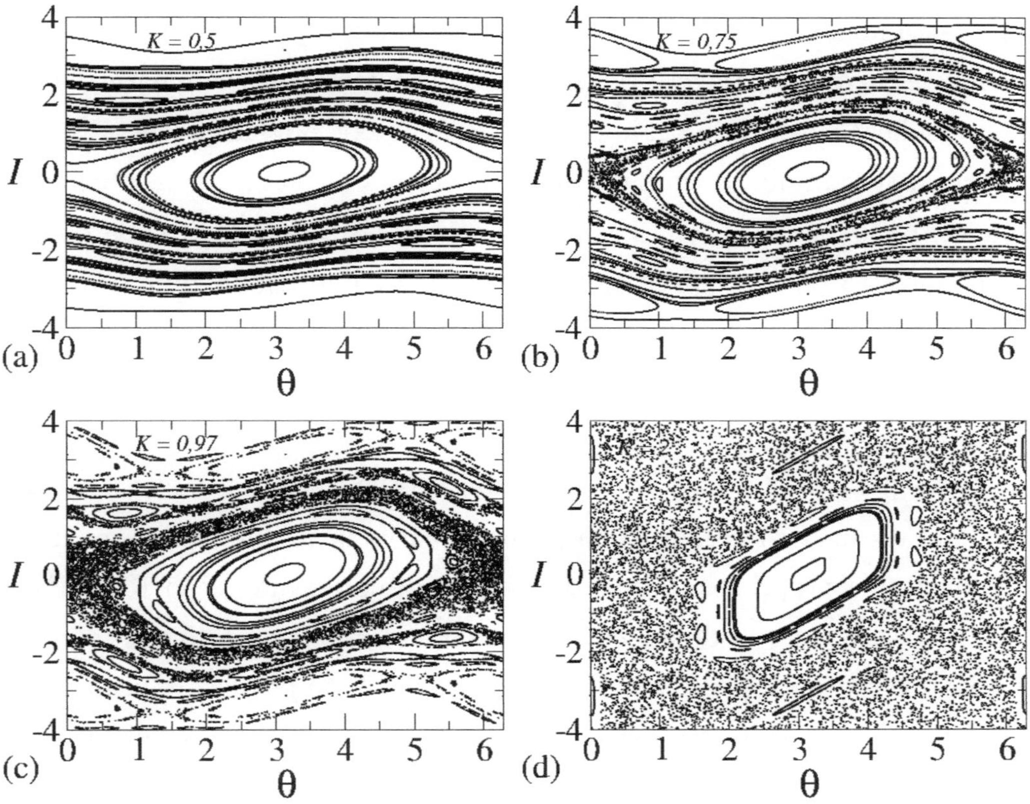

Figura 13.1 – Esboço do espaço de fases para o mapeamento da Equação (13.1) considerando os parâmetros de controle: (a) $K = 0,5$; (b) $K = 0,75$; (c) $K = 0,97$; e (d) $K = 2$.

13.3 Localização das curvas

A propriedade presente no mapa-padrão pode ser utilizada para obter as curvas invariantes *spanning* em mapeamentos mais gerais que exibem algumas características específicas. Para isso, consideraremos o seguinte mapeamento discreto

$$\begin{cases} I_{n+1} = I_n + \epsilon \sin(\theta_n) \\ \theta_{n+1} = [\theta_n + F(I_{n+1})] \mod(2\pi) \end{cases} \tag{13.2}$$

em que ϵ identifica a intensidade da não linearidade, ao passo que a função $F(I)$ é uma função contínua e com a primeira derivada contínua, porém apresenta uma singularidade em $I = 0$. Isso implica que a função F diverge no limite em que a variável I tende a zero continuamente. Matematicamente essa condição é determinada por $\lim_{I\to 0} F(I) \to \infty$. A condição de preservação de área é garantida, uma vez que o determinante da matriz jacobiana do mapeamento da Equação (13.2) é igual a 1. Essas características da função $F(I)$ garantem que o espaço de fases seja caótico no regime de I pequeno[1] e majoritariamente regular no limite em que I é grande. Existe uma região no espaço de fases em que ocorre o surgimento da primeira curva invariante *spanning*. Abaixo da curva observa-se um comportamento caótico. Acima da curva pode existir caos, mas a dinâmica torna-se cada vez mais regular.

Para estimar a localização da primeira curva invariante *spanning*, utilizaremos uma propriedade do mapa-padrão discutida na Seção 13.2. Para $K < K_c$, tem-se que a dinâmica é localmente caótica, ao passo que se torna globalmente caótica para $K \geq K_c$. Pelas condições impostas à função $F(I)$, abaixo da curva invariante *spanning* o espaço de fases é globalmente caótico, sendo localmente caótico para dinâmica acima da primeira curva invariante. Considerando a propriedade que estabelece essa transição, faremos a descrição do mapeamento da Equação (13.2) nas proximidades da primeira curva invariante *spanning* a partir de uma dinâmica local obtida do mapeamento da Equação (13.1), ou seja, uma dinâmica local do mapa-padrão. Para que isso ocorra, devemos transformar o mapeamento da Equação (13.2) de tal forma que, nas vizinhanças da primeira curva invariante *spanning*, a dinâmica seja localmente descrita pela dinâmica do mapa-padrão.

Assumiremos que, próximo à primeira curva invariante *spanning*, a variável I possa ser escrita como $I_{n+1} = I^* + \Delta I_{n+1}$, em que ΔI_{n+1} é uma pequena perturbação de I^*, que corresponde a um valor típico ao longo da curva invariante. Com isso, a segunda das Equações (13.2) pode ser escrita como $\theta_{n+1} = \theta_n + F(I^* + \Delta I_{n+1})$. Expandindo a função $F(I)$ em série de Taylor em torno de I^* e considerando apenas termos de primeira ordem,

[1]Como pequeno nos referimos a dimensões menores ou da ordem de ϵ.

encontramos que $\theta_{n+1} = \theta_n + F(I^*) + \Delta I_{n+1} F'(I^*)$, em que $F'(I^*) = \frac{dF}{dI}\Big|_{I^*}$.

Reescrevendo a primeira das Equações (13.2), temos $I^* + \Delta I_{n+1} = I^* + \Delta I_n + \epsilon \sin(\theta_n)$. Multiplicando ambos os lados dessa equação por $F'(I^*)$, temos $F'(I^*)\Delta I_{n+1} = F'(I^*)\Delta I_n + F'(I^*)\epsilon \sin(\theta_n)$, e somando $F(I^*)$ de ambos os lados encontramos $F(I^*) + F'(I^*)\Delta I_{n+1} = F(I^*) + F'(I^*)\Delta I_n + F'(I^*)\epsilon \sin(\theta_n)$. Chamando $\tilde{I}_{n+1} = F(I^*) + F'(I^*)\Delta I_{n+1}$, temos que

$$\begin{cases} \tilde{I}_{n+1} = \tilde{I}_n + F'(I^*)\epsilon \sin(\theta_n) \\ \theta_{n+1} = [\theta_n + \tilde{I}_{n+1}] \mod(2\pi) \end{cases} \tag{13.3}$$

Podemos notar que o mapeamento descrito pela Equação (13.3) é topologicamente equivalente ao mapa-padrão da Equação (13.1) e a localização da primeira curva invariante *spanning* deve ocorrer quando $|F'(I^*)|\epsilon = K_{ef} = K_c$. O termo K_{ef} corresponde a um parâmetro de controle efetivo que depende de I e também do parâmetro ϵ. Se $K_{ef} > K_c$ teremos caos local, ao passo que $K_{ef} \leq K_c$ produzirá caos global.

Para fazer uma estimativa de K_{ef} e consequentemente localizar a primeira curva invariante *spanning*, devemos conhecer a forma analítica da função $F(I)$ que atenda às condições impostas no início desta seção. Uma família de funções que atende às condições impostas é

$$F(I) = \frac{1}{I^\gamma} \tag{13.4}$$

em que $\gamma > 0$ é um parâmetro de controle. Para ilustrar a forma do espaço de fases, consideraremos dois valores distintos de γ. A Figura 13.2 ilustra o esboço do espaço de fases para o parâmetro de controle $\epsilon = 0,01$ e: (a) $\gamma = 1$ e (b) $\gamma = 2$. Podemos perceber que a região caótica do espaço de fases para $I \cong 0$ é observada em conformidade com as condições impostas à função $F(I)$. Para valores elevados de I as curvas invariantes dominam o espaço de fases a partir de uma dinâmica regular também obtida das condições impostas à função $F(I)$.

Uma vez que o esboço do espaço de fases permitiu confirmar a existência de caos global abaixo da curva invariante *spanning* e caos local acima dela,

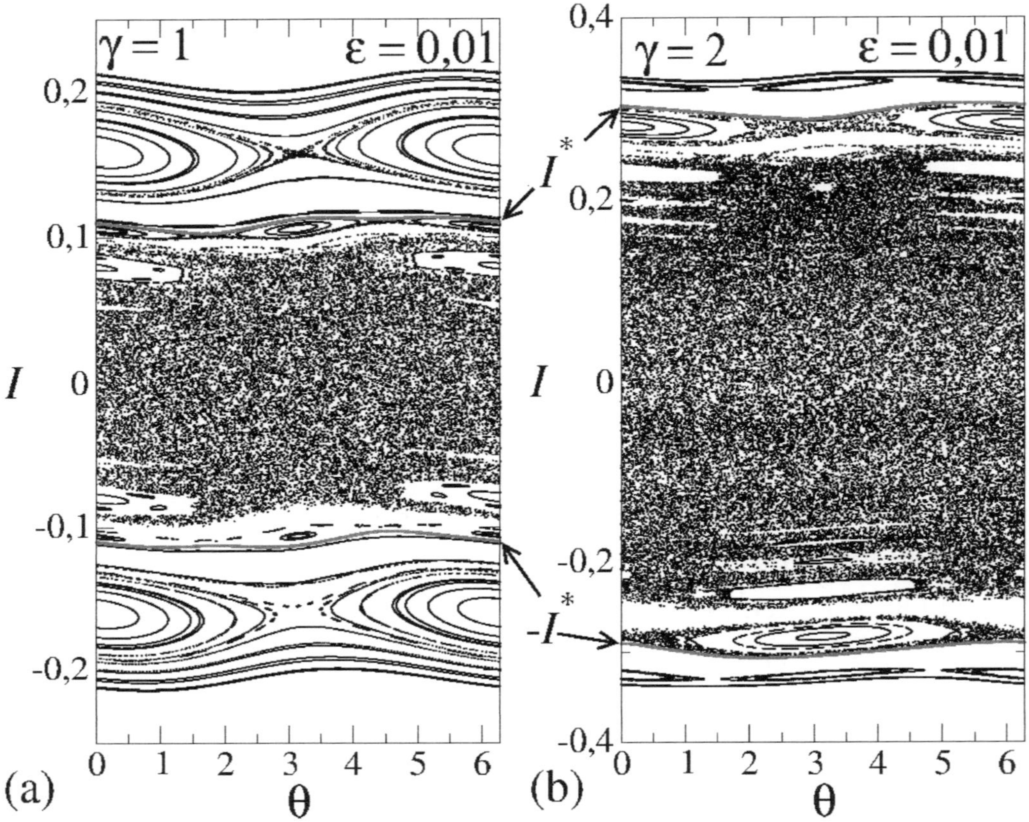

Figura 13.2 – Esboço do espaço de fases para o mapeamento da Equação (13.2) considerando $F(I) = \frac{1}{I^{\gamma}}$ para os parâmetros de controle $\epsilon = 0,01$ e: (a) $\gamma = 1$; (b) $\gamma = 2$.

podemos obter a expressão de I^* utilizando a determinação do parâmetro de controle efetivo. Para tal, da Equação (13.4), a expressão de $F'(I)$ é dada por

$$\frac{dF}{dI} = -\frac{\gamma}{I^{\gamma+1}} \tag{13.5}$$

o que permite determinar I^* da expressão $\frac{\gamma}{I^{*\gamma+1}}\epsilon = 0,9716\ldots$. Isolando I^* encontramos

$$I^* = \left[\frac{\gamma\epsilon}{0,9716\ldots}\right]^{\frac{1}{1+\gamma}} \tag{13.6}$$

Esse resultado implica que a posição da primeira curva invariante *spanning* é proporcional a $\epsilon^{\frac{1}{1+\gamma}}$.

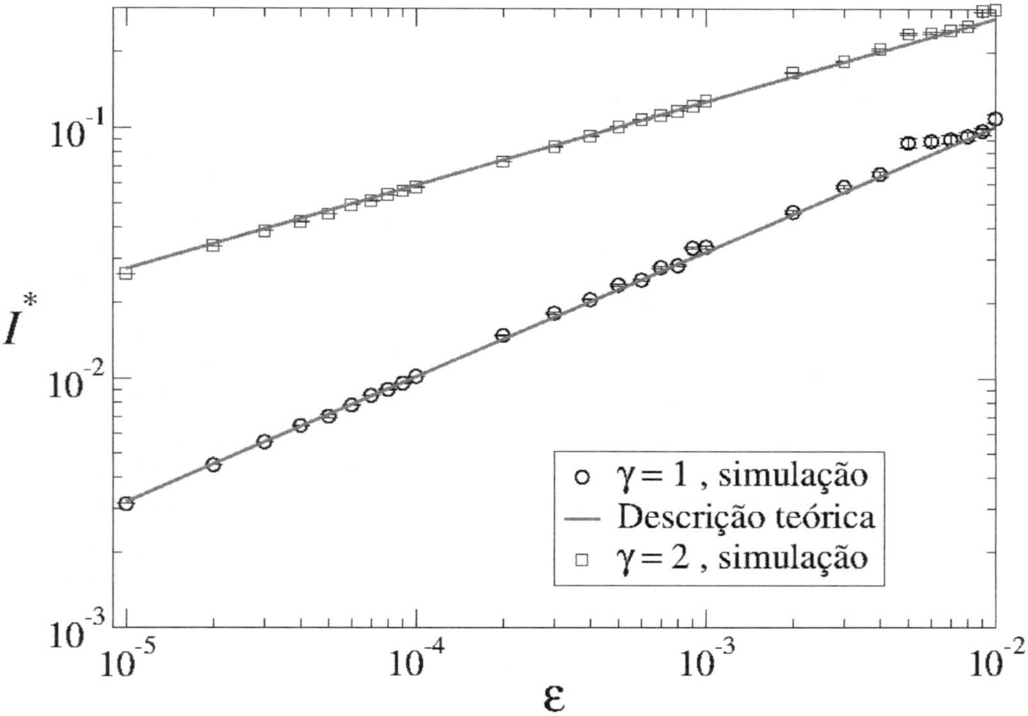

Figura 13.3 – Esboço do comportamento de I^* *vs.* ϵ. Linhas contínuas correspondem à previsão teórica dada pela Equação (13.6) e os símbolos, juntamente com suas barras de erro, foram obtidos por simulação numérica. Círculos correspondem ao parâmetro $\gamma = 1$, ao passo que quadrados foram obtidos para $\gamma = 2$.

A Figura 13.3 mostra o comportamento de I^* obtido a partir de simulação numérica e a comparação com o valor teórico fornecido a partir da Equação (13.6). Podemos perceber que a previsão teórica fornecida pela Equação (13.6) está em excelente concordância com as simulações numéricas. Essa aproximação que determina a localização da primeira curva invariante *spanning* será utilizada no próximo capítulo na determinação de um dos expoentes críticos que descrevem o comportamento de escala para o mar de caos para a família de mapeamentos discretos dados pela Equação (13.2).

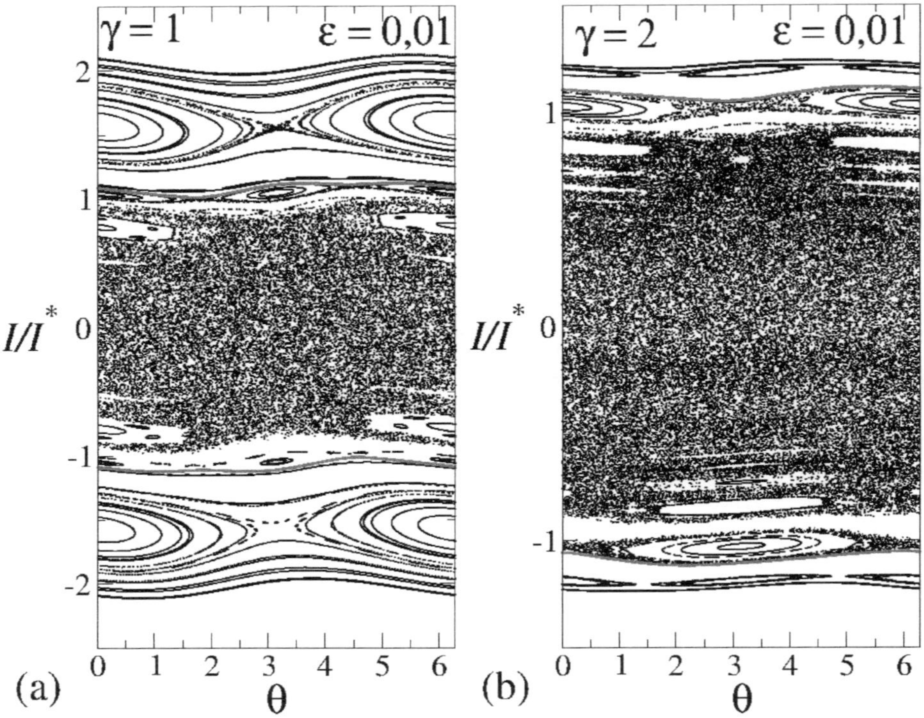

Figura 13.4 – Espaço de fases mostrado na Figura 13.2 após a transformação $I \to \frac{I}{I^*}$.

13.4 Reescala no espaço de fases

O conhecimento da posição da primeira curva invariante *spanning* pode ser útil para investigar o comportamento da dinâmica caótica e, consequentemente, das propriedades de difusão ao longo do mar de caos, considerando diferentes parâmetros de controle. Vimos que a expansão em série de Taylor e a conexão com o mapa-padrão conduziram à obtenção da Equação (13.6), fornecendo assim a posição da primeira curva invariante *spanning*. A Figura 13.4 mostra o espaço de fases obtido na Figura 13.2 após a transformação $I \to \frac{I}{I^*}$ com I^* dado a partir da Equação (13.6). Podemos notar que após a transformação as curvas invariantes ficam sempre próximas ao valor reescalado no eixo de I e independem dos parâmetros utilizados.

13.5 Resumo

Neste capítulo discutimos uma forma de estimar a posição da primeira curva invariante para uma família de mapeamentos discretos a partir de uma descrição local dada pelo mapa-padrão. O procedimento utilizado consistiu em utilizar a transição de caos local para caos global que ocorre no mapa-padrão para o parâmetro de controle $K = 0,9716\ldots$ e reescrever a família de mapeamentos a partir de uma forma equivalente ao mapa-padrão, descrição esta válida nas vizinhanças da primeira curva invariante *spanning*. A boa concordância entre o resultado teórico e as simulações numéricas foi confirmada a partir da Figura 13.3.

13.6 Exercícios propostos

1. Construa os espaços de fases do mapeamento da Equação (13.1) conforme mostrados na Figura 13.1.

2. Mostre que o determinante da matriz jacobiana do mapeamento da Equação (13.1) é igual a 1.

3. Escreva um programa computacional que faça a estimativa da localização da primeira curva invariante *spanning* para o mapeamento da Equação (13.2) utilizando $\gamma = 1$ e: (a) $\epsilon = 10^{-3}$; (b) $\epsilon = 10^{-2}$.

4. Sabendo que o espaço de fases para o mapeamento da Equação (13.2), considerando a função $F(I)$ dada pela Equação (13.4), admite uma região de caos no regime de baixos valores de I e regularidade para valores de I grandes, discuta qual deve ser o valor de $\overline{I}$ e $\overline{I^2}$ para a região de caos no regime em que n é suficientemente grande.

5. Considere o mapeamento discreto escrito como

$$T : \begin{cases} J_{n+1} = |J_n - \epsilon \sin(\theta_n)| \\ \theta_{n+1} = \left[\theta_n + \frac{1}{J_{n+1}^{\gamma}}\right] \text{ mod } (2\pi) \end{cases} \tag{13.7}$$

em que a, b e γ são parâmetros de controle.

(a) Construa um programa computacional para obter o espaço de fases do mapeamento considerando $a = 2$, $b = 10^{-3}$ e $\gamma = 3/2$.

(b) Escreva um programa para estimar a posição da primeira curva invariante *spanning* considerando $\gamma = 3/2$, $a = 2$ e $b \in [10^{-4}, 10^{-2}]$.

(c) Utilize o procedimento descrito ao longo do capítulo para encontrar uma expressão analítica da localização da primeira curva invariante *spanning*.

(d) Faça uma comparação entre os resultados obtidos em (c) e (d) e discuta a possível origem das diferenças.

6. O mapeamento discreto bidimensional

$$T : \begin{cases} X_{n+1} = X_n + \left[\frac{1}{\gamma_n} + \frac{1}{\gamma_{n+1}}\right] \mod(2\pi) \\ \gamma_{n+1} = \gamma_n + 2\delta \sin\left(X_n + \frac{1}{\gamma_n}\right) \end{cases} \tag{13.8}$$

descreve um guia de ondas periodicamente corrugado.

(a) Reescreva a Equação (13.8) na variável auxiliar $Y = X + \frac{1}{\gamma}$ e mostre que o resultado é topologicamente equivalente ao mapa da Equação (10.37), que descreve o modelo Fermi-Ulam simplificado.

(b) Considerando a nova variável, determine a localização da primeira curva invariante *spanning*.

Capítulo 14

Difusão caótica em mapeamentos não dissipativos

14.1 Objetivos

Discutiremos neste capítulo três procedimentos para descrever a difusão caótica em uma família de mapeamentos discretos. A primeira delas envolve uma descrição fenomenológica obtida a partir de hipóteses de escala, levando a uma função homogênea generalizada que conduz a uma lei de escala relacionando três expoentes críticos. A segunda transforma a equação de diferenças do mapeamento discreto em uma equação diferencial ordinária (EDO). A integração dessa EDO leva à descrição temporal que tem excelente concordância com os resultados numéricos para o regime de tempos curtos. Para tempos longos, a localização da primeira curva invariante *spanning* é obtida permitindo encontrar os expoentes críticos. Finalmente, a terceira forma considera a solução analítica da equação da difusão, que fornece a probabilidade de se observar uma partícula em uma determinada posição do espaço de fases em um determinado instante de tempo. A partir do conhecimento da probabilidade, podem-se obter os observáveis médios que conduzem aos expoentes críticos apropriados.

14.2 Uma família de mapeamentos discretos

Discutiremos nesta seção algumas propriedades do espaço de fases para uma família de mapeamentos discretos obtidos a partir de uma função hamiltoniana com dois graus de liberdade. A função hamiltoniana é composta por duas parcelas, sendo uma delas associada à parte integrável e a outra associada à parte não integrável. Essa última é controlada por um parâmetro de controle que identifica uma transição de integrabilidade para não integrabilidade.

Iniciaremos admitindo que um determinado sistema possa ser descrito pelo hamiltoniano

$$H(I_1, I_2, \theta_1, \theta_2) = H_0(I_1, I_2) + \epsilon H_1(I_1, I_2, \theta_1, \theta_2) \tag{14.1}$$

em que I_i e θ_i, $i = 1, 2$ são variáveis canonicamente conjugadas. O termo H_0 identifica a parte integrável, enquanto H_1 define a parte não integrável, que é controlada pelo parâmetro ϵ. Podemos perceber que, se $\epsilon = 0$, o sistema é integrável, uma vez que o caso $\epsilon \neq 0$ identifica o sistema como não integrável. O parâmetro de controle ϵ define, então, uma transição do regime de integrabilidade para o regime de não integrabilidade.

O caso integrável ocorre quando $\epsilon = 0$. Nessas circunstâncias o hamiltoniano assume a forma $H(I_1, I_2, \theta_1, \theta_2) \to H(I_1, I_2) = H_0(I_1, I_2)$, sendo portanto independente das variáveis θ_1 e θ_2, que são ditas cíclicas. Para essa condição, as equações de Hamilton são dadas por

$$\begin{aligned} \frac{dI_1}{dt} &= \dot{I}_1 = -\frac{\partial H_0}{\partial \theta_1} = 0 \\ \frac{dI_2}{dt} &= \dot{I}_2 = -\frac{\partial H_0}{\partial \theta_2} = 0 \end{aligned} \tag{14.2}$$

que conduzem a soluções em que $I_i = I_i(\theta_i)$, com $i = 1, 2$, são constantes. As outras duas equações do movimento são dadas por

$$\begin{aligned} \frac{d\theta_1}{dt} &= \dot{\theta}_1 = -\frac{\partial H_0}{\partial I_1} = f_1(I_1, I_2) \\ \frac{d\theta_2}{dt} &= \dot{\theta}_2 = -\frac{\partial H_0}{\partial I_2} = f_2(I_1, I_2) \end{aligned} \tag{14.3}$$

em que $f_i(I_1, I_2)$, com $i = 1, 2$, são funções das variáveis dinâmicas I_1 e I_2 e independentes do tempo.

O caso $\epsilon \neq 0$ conduz à não integrabilidade. Como a Equação (14.1) não envolve o tempo explicitamente, podemos concluir que a energia do sistema é uma constante do movimento. Visto que o sistema é descrito por um conjunto de quatro variáveis dinâmicas, I_1, I_2, θ_1 e θ_2, podemos reduzir qualquer uma delas utilizando a energia. O sistema passa a ser descrito a partir do conhecimento de somente três variáveis, que podem ser I_1, θ_1 e θ_2. Quando o fluxo de soluções intercepta o plano I_1 *vs.* θ_1, considerando θ_2 constante, os pontos que interceptam o plano podem ser descritos por um mapeamento discreto e o plano onde ocorre a interseção define uma seção de Poincaré. Passemos agora a discutir os passos que conduzem a esse mapeamento.

Se considerarmos uma seção de Poincaré dada pelo plano I_1 *vs.* θ_1 assumindo o ângulo θ_2 constante (mod 2π), um mapeamento discreto genérico que descreve a dinâmica do hamiltoniano dado pela Equação (14.1) pode ser escrito como

$$\begin{cases} I_{n+1} = I_n + \varepsilon h(\theta_n, I_{n+1}) \\ \theta_{n+1} = [\theta_n + K(I_{n+1}) + \varepsilon p(\theta_n, I_{n+1})] \mod(2\pi) \end{cases} \tag{14.4}$$

em que h, K e p são funções supostamente não lineares de suas variáveis. Salientamos que o índice n identifica a enésima iteração do mapeamento ou o enésimo cruzamento do fluxo na seção de Poincaré.

Uma vez que o mapeamento da Equação (14.4) foi obtido a partir de uma função hamiltoniana, a área no espaço de fases deve se preservar. Para que isso ocorra, as funções $h(\theta_n, I_{n+1})$ e $p(\theta_n, I_{n+1})$ devem satisfazer algumas condições obtidas a partir do determinante da matriz jacobiana, que deve ser igual a ± 1. Os coeficientes da matriz podem ser escritos como

$$\frac{\partial I_{n+1}}{\partial I_n} = \frac{1}{1-\varepsilon\frac{\partial h(\theta_n,I_{n+1})}{\partial I_{n+1}}} \tag{14.5}$$

$$\frac{\partial I_{n+1}}{\partial \theta_n} = \varepsilon\frac{\partial h(\theta_n,I_{n+1})}{\partial \theta_n} + \varepsilon\frac{\partial h(\theta_n,I_{n+1})}{\partial I_{n+1}}\frac{\partial I_{n+1}}{\partial \theta_n} \tag{14.6}$$

$$\frac{\partial \theta_{n+1}}{\partial I_n} = \left[\frac{\partial K(I_{n+1})}{\partial I_{n+1}} + \varepsilon\frac{\partial p(\theta_n,I_{n+1})}{\partial I_{n+1}}\right]\frac{\partial I_{n+1}}{\partial I_n} \tag{14.7}$$

$$\frac{\partial \theta_{n+1}}{\partial \theta_n} = 1+\varepsilon\frac{\partial p(\theta_n,I_{n+1})}{\partial \theta_n} + + \left[\frac{\partial K(I_{n+1})}{\partial I_{n+1}} + \varepsilon\frac{\partial p(\theta_n,I_{n+1})}{\partial I_{n+1}}\right]\frac{\partial I_{n+1}}{\partial \theta_n} \tag{14.8}$$

Conhecendo os coeficientes da matriz, o determinante é dado por

$$\mathrm{Det J} = \frac{\left[1+\varepsilon\frac{\partial p(\theta_n,I_{n+1})}{\partial \theta_n}\right]}{\left[1-\varepsilon\frac{\partial h(\theta_n,I_{n+1})}{\partial I_{n+1}}\right]} \tag{14.9}$$

Assumindo que o determinante seja igual a 1, a seguinte condição deve ser satisfeita:

$$\frac{\partial p(\theta_n,I_{n+1})}{\partial \theta_n} + \frac{\partial h(\theta_n,I_{n+1})}{\partial I_{n+1}} = 0 \tag{14.10}$$

Em diversos sistemas já conhecidos na literatura, tem-se escolhido que a função $p(\theta_n, I_{n+1}) = 0$. Para o caso da função $h(\theta_n) = \sin(\theta_n)$, os seguintes sistemas são amplamente conhecidos na comunidade acadêmica:

- $K(I_{n+1}) = I_{n+1}$, utilizado para descrever o mapa-padrão;
- $K(I_{n+1}) = 2/I_{n+1}$, descreve o acelerador de Fermi;
- $K(I_{n+1}) = \zeta I_{n+1}$, assumindo que ζ é constante, define o modelo *bouncer*;
- $$K(I_{n+1}) = \begin{cases} 4\zeta^2\left(I_{n+1}-\sqrt{I_{n+1}^2-\frac{1}{\zeta^2}}\right) & \text{se } I_{n+1} > \frac{1}{\zeta} \\ 4\zeta^2 I_{n+1} & \text{se } I_{n+1} \leq \frac{1}{\zeta} \end{cases}$$

com ζ constante, descreve uma versão híbrida entre o modelo Fermi-Ulam e o *bouncer*, sendo conhecida como Fermi-Ulam-*bouncer*;

- $K(I_{n+1}) = I_{n+1} + \zeta I_{n+1}^2$, obtendo-se o mapa logístico *twist*.

Discutiremos o caso em que $h(\theta_n, I_{n+1}) = \sin(\theta_n)$ e $K = 1/|I_{n+1}|^\gamma$ com $\gamma > 0$ e $p(\theta_n, I_{n+1}) = 0$. O mapeamento assume a forma

$$\begin{cases} I_{n+1} = I_n + \epsilon \sin(\theta_n) \\ \theta_{n+1} = [\theta_n + \frac{1}{|I_{n+1}|^\gamma}] \mod(2\pi) \end{cases} \tag{14.11}$$

em que $\gamma > 0$ é um parâmetro de controle.

A Figura 14.1 ilustra o espaço de fases para o mapeamento da Equação

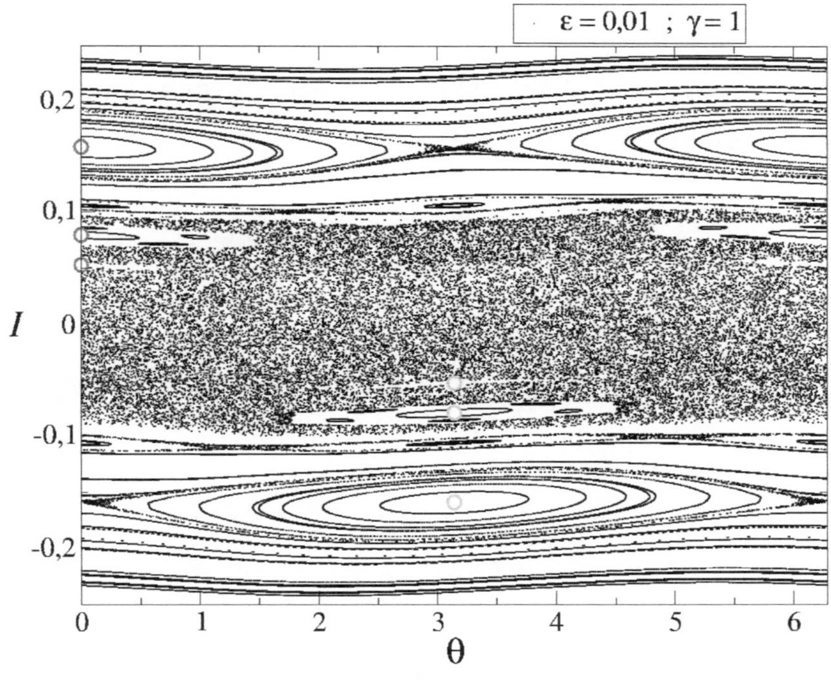

Figura 14.1 – Esboço do espaço de fases para o mapeamento da Equação (14.11) considerando os parâmetros de controle $\epsilon = 0,01$ e $\gamma = 1$. Os símbolos identificam os pontos fixos elípticos.

(14.11) utilizando $\epsilon = 0,01$ e $\gamma = 1$. Podemos perceber claramente que o espaço de fases apresenta um conjunto de ilhas de estabilidade que são circundadas por uma região de caos. Esta, por sua vez, é limitada por um conjunto de curvas invariantes do tipo *spanning*. Como o determinante da matriz jacobiana é igual à unidade, uma órbita no mar de caos não pode adentrar as ilhas de estabilidade, bem como não pode cruzar as curvas invariantes *spanning*. As ilhas de estabilidade são criadas em torno de pontos fixos classificados como elípticos e sua classificação depende dos autovalores da matriz jacobiana.

Os pontos fixos são obtidos a partir da condição

$$I_{n+1} = I_n = I \tag{14.12}$$

$$\theta_{n+1} = \theta_n = \theta + 2m\pi, \quad m = 1, 2, 3 \ldots \tag{14.13}$$

A solução das Equações (14.12) e (14.13), aplicada ao mapeamento da Equação (14.11), fornece os pontos fixos

$$(\theta, I) = \begin{cases} 0, \pm \left(\frac{1}{2m\pi}\right)^{\frac{1}{\gamma}} \\ \pi, \pm \left(\frac{1}{2m\pi}\right)^{\frac{1}{\gamma}} \end{cases} \tag{14.14}$$

A classificação de ponto fixo elíptico é dada para ambos $(0, (1/(2m\pi))^{1/\gamma})$ e $(\pi, -(1/(2m\pi))^{1/\gamma})$ quando

$$m < \frac{1}{2\pi}\left[\frac{4}{\epsilon\gamma}\right]^{\frac{\gamma}{\gamma+1}} \tag{14.15}$$

As bolinhas abertas na Figura 14.1 identificam os pontos fixos elípticos para $m = 1, 2, 3$. Para

$$m \geq \frac{1}{2\pi}\left[\frac{4}{\epsilon\gamma}\right]^{\frac{\gamma}{\gamma+1}} \tag{14.16}$$

os pontos fixos $(0, -(1/(2m\pi))^{1/\gamma})$ e $(\pi, (1/(2m\pi))^{1/\gamma})$ são ditos hiperbólicos e instáveis.

14.3 Propriedades do mar de caos: uma descrição fenomenológica

Conforme mostrado na Figura 14.1, o espaço de fases do mapeamento da Equação (14.11) tem uma forma mista, com mar de caos circundando um conjunto de ilhas de estabilidade, e é confinado a uma região limitada por curvas invariantes *spanning*. Como a parte positiva é simétrica à parte negativa para a variável I, isso leva a $\overline{I} = 0$. Dessa forma, ao longo do mar de caos, a variável $\overline{I}$ não é a variável apropriada para ser estudada. Utilizaremos como variável de investigação $\overline{I^2}$ e, em seguida, determinaremos $I_{\text{rms}} = \sqrt{\overline{I^2}}$. A variável $\overline{I^2}$ é determinada a partir de duas médias

$$\overline{I^2} = \frac{1}{M}\sum_{i=1}^{M}\left[\frac{1}{n}\sum_{j=1}^{n} I_{i,j}^2\right] \tag{14.17}$$

em que n identifica o número de iterações do mapeamento, ao passo que M especifica o número de condições iniciais diferentes utilizadas, definindo assim uma média no *ensemble* de condições iniciais. A soma em j fornece uma média na órbita, enquanto a soma em i define uma média ao longo de um *ensemble* de condições iniciais. Usamos $M = 1000$ valores de $\theta_0 \in [0, 2\pi]$ que foram escolhidos uniformemente distribuídos para um valor inicial fixo $I_0 = 10^{-3}\epsilon$. A escolha desse valor assegura que a condição inicial está localizada no mar de caos e também distante das curvas invariantes *spanning*, permitindo uma análise da dinâmica difusiva de I. A Figura 14.2 mostra o comportamento de I_{rms} como função de: (a) n e (b) $n\epsilon^2$ para três valores do parâmetro de controle.

As curvas mostradas na Figura 14.2(a) exibem um comportamento semelhante entre elas. Iniciando a dinâmica de uma condição inicial I_0, cada uma das curvas cresce a partir de uma lei de potência para valores pequenos de n e aproxima-se de um comportamento de saturação para valores de n suficientemente grandes. A mudança de regime de crescimento para saturação, caracterizado por um platô constante, ocorre em n_x, que define um

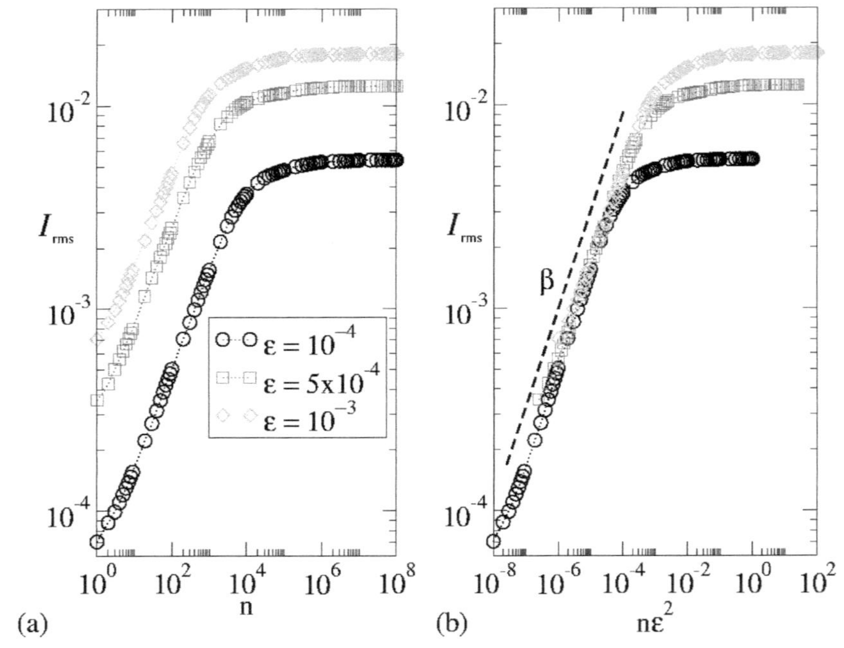

Figura 14.2 – Esboço de I_{rms} como função de: (a) n; e (b) $n\epsilon^2$. Os parâmetros usados foram $\gamma = 1$ e $\epsilon = 10^{-4}$, $\epsilon = 5 \times 10^{-4}$ e $\epsilon = 10^{-3}$.

número de iterações característico. Podemos perceber que cada curva cresce e satura em um valor de platô diferente, que é dependente dos parâmetros de controle. O valor de saturação do platô aumenta com o aumento do valor de ϵ. Como as curvas crescem paralelas umas às outras partindo de alturas diferentes no eixo de I_{rms}, uma transformação *ad hoc* $n \to n\epsilon^2$ reescala o regime de crescimento de tal forma que as curvas agora crescem juntas e separam-se em platôs de saturação diferentes, conforme mostrado na Figura 14.2(b). Essa transformação *ad hoc* surgirá naturalmente na próxima seção.

O comportamento mostrado na Figura 14.2 permite que as seguintes hipóteses de escala sejam feitas:

1. Para $n \ll n_x$, as curvas de crescimento são descritas por

$$I_{\text{rms}} \propto (n\epsilon^2)^\beta \tag{14.18}$$

em que β é chamado de expoente de escala ou de aceleração.

2. Para $n \gg n_x$, as curvas se aproximam de um regime de platô constante, em que

$$I_{\rm rms,sat} \propto \epsilon^{\alpha} \tag{14.19}$$

em que α é o expoente de crescimento.

3. O número de iterações que marca a mudança de crescimento para saturação é dado por

$$n_x \propto \epsilon^{z} \tag{14.20}$$

em que z é um expoente de escala.

Com essas hipóteses de escala o comportamento de $I_{\rm rms}$ pode ser descrito usando uma função homogênea generalizada dada por

$$I_{\rm rms}(n\epsilon^2, \epsilon) = lI_{\rm rms}(l^a n\epsilon^2, l^b \epsilon) \tag{14.21}$$

em que l é um fator de escala e a e b são expoentes característicos. Escolhendo $l^a n\epsilon^2 = 1$, temos

$$l = (n\epsilon^2)^{-\frac{1}{a}} \tag{14.22}$$

Levando este resultado na Equação (14.21), temos que

$$I_{\rm rms}(n\epsilon^2, \epsilon) = (n\epsilon^2)^{-\frac{1}{a}} I_A((n\epsilon^2)^{-\frac{b}{a}}\epsilon) \tag{14.23}$$

em que

$$I_A((n\epsilon^2)^{-\frac{b}{a}}\epsilon) = I_{\rm rms}(1, (n\epsilon^2)^{-\frac{b}{a}}\epsilon) \tag{14.24}$$

e é assumida constante para $n \ll n_x$. Comparando a Equação (14.23) com a Equação (14.18), obtemos $\beta = -1/a$. Simulações numéricas fornecem $\beta \cong 1/2$, portanto $a = -2$.

Fazendo agora a escolha $l^b \epsilon = 1$, encontramos

$$l = \epsilon^{-\frac{1}{b}} \tag{14.25}$$

Substituindo essa expressão na Equação (14.21), obtemos

$$I_{\rm rms}(n\epsilon^2, \epsilon) = \epsilon^{-\frac{1}{b}} I_B(\epsilon^{-\frac{a}{b}} n\epsilon^2) \tag{14.26}$$

em que a função

$$I_B(\epsilon^{-\frac{a}{b}} n\epsilon^2) = I_{\text{rms}}(\epsilon^{-\frac{a}{b}} n\epsilon^2, 1) \tag{14.27}$$

é assumida como uma constante para $n \gg n_x$. Uma comparação desse resultado com a Equação (14.19) permite concluir que $\alpha = -1/b$.

Passemos à determinação do exponente z. Este surge quando comparamos as diferentes expressões para o fator de escala l, dadas pelas Equações (14.22) e (14.25). Assim, encontramos que $(n\epsilon^2)^\beta = \epsilon^\alpha$. Quando isolamos n, temos

$$n_x = \epsilon^{\frac{\alpha}{\beta}-2} \tag{14.28}$$

A Equação (14.28), quando comparada com Equação (14.20), fornece

$$z = \frac{\alpha}{\beta} - 2 \tag{14.29}$$

A Equação (14.29) define uma lei de escala.

O conhecimento dos expoentes α e β definem o expoente z. De forma complementar, o conhecimento de z e β definem α. Os expoentes α, β e z podem ser obtidos de diversas maneiras. O exponente de aceleração é obtido ajustando-se uma lei de potência ao comportamento do crescimento de curva de I_{rms}, como mostrado na Figura 14.2(b). Para diversos valores dos parâmetros de controle ϵ e γ, chegamos a $\beta \cong 1/2$, com isso o expoente característico $a = -2$.

O expoente α é obtido para $n \gg n_x$ e determina o comportamento assintótico de I_{rms}. Para obter o expoente α, o parâmetro γ foi mantido fixo, ao passo que o parâmetro ϵ era variado. A faixa de interesse que marca a transição de integrabilidade para não integrabilidade é definida por valores de $\epsilon \in [10^{-4}, 10^{-2}]$. A Figura 14.3(a) mostra o comportamento de $I_{\text{rms,sat}}$ *vs.* ϵ para o parâmetro de controle $\gamma = 1$. O exponente α, obtido numericamente após um ajuste em lei de potência, foi $\alpha = 0,508(4)$. Considerando $\gamma = 2$ concluímos que o expoente $\alpha = 0,343(2)$, conforme mostrado na Figura 14.3(b).

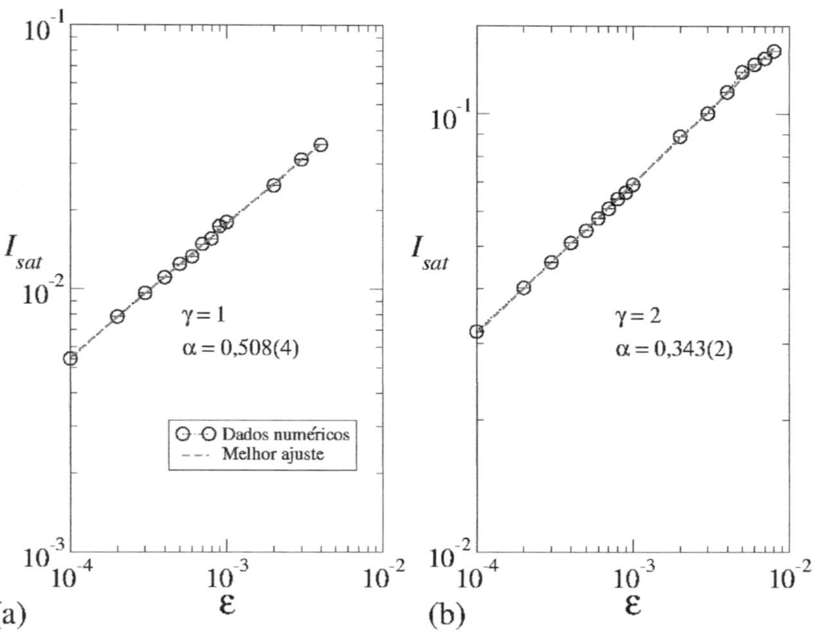

Figura 14.3 – Comportamento de $I_{\text{rms,sat}}$ vs. ϵ para: (a) $\gamma = 1$ e (b) $\gamma = 2$. Os expoentes críticos obtidos foram: (a) $\alpha = 0,508(4)$ e (b) $\alpha = 0,343(2)$.

O expoente crítico z pode ser obtido a partir do comportamento de n_x *vs.* ϵ para o parâmetro γ fixo. O número de *crossover* n_x identifica o ponto onde a curva de I_{rms} muda de regime de crescimento para o platô constante. A Figura 14.4(a) mostra o comportamento de n_x *vs.* ϵ para $\gamma = 1$ e o expoente obtido pelo ajuste da curva foi $z = -0,98(2)$, estando em bom acordo com a previsão teórica dada pela Equação (14.29). Considerando $\gamma = 2$ chegamos a $z = -1,30(2)$, conforme mostrado na Figura 14.4(b), também em bom acordo com a Equação (14.29).

A relação entre os expoentes críticos, obtida a partir da função homogênea generalizada na descrição do mar de caos, demonstra que a região caótica é invariante de escala quando o parâmetro que controla a transição de integrabilidade para não integrabilidade é variado. De fato, ao aplicar as seguintes transformações: $I_{\text{rms}} \to I_{\text{rms}}/\epsilon^{\alpha}$ e $n \to n/\epsilon^{z}$ em diferentes curvas

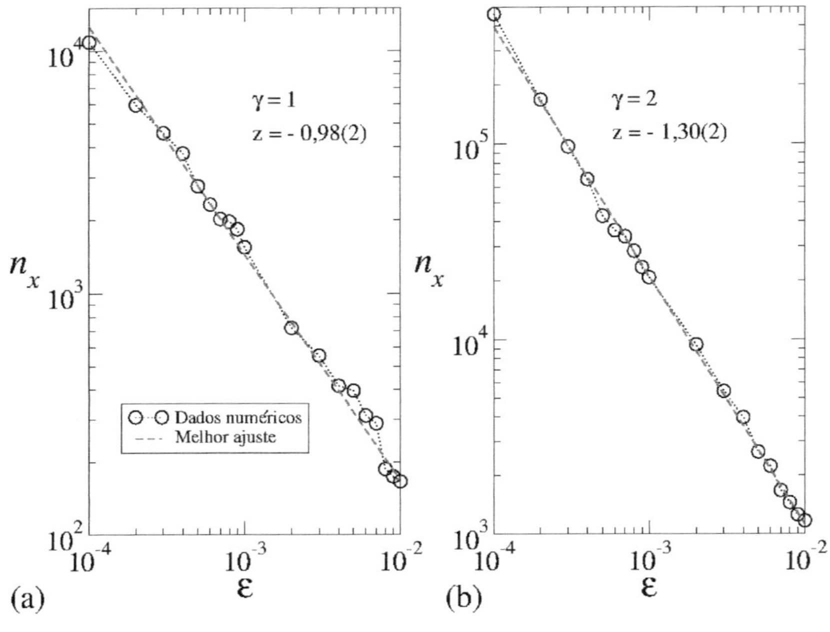

Figura 14.4 – Esboço do comportamento de n_x vs. ϵ para: (a) $\gamma = 1$ e (b) $\gamma = 2$. Os expoentes críticos obtidos foram: (a) $z = -0,98(2)$ e (b) $z = -1,30(2)$.

de I_{rms} obtidas para parâmetros distintos, todas elas se sobrepõem em uma única curva universal. Esse comportamento pode ser visto na Figura 14.5, confirmando a invariância de escala do mar de caos em relação ao parâmetro de controle ϵ.

14.4 Uma abordagem semifenomenológica

Esta seção é dedicada à discussão de um procedimento que transforma a equação de diferenças do mapeamento discreto em uma EDO, que é em seguida integrada. Esse procedimento permite determinar β. O expoente α é obtido a partir da localização das curvas invariantes *spanning* e, por fim, o expoente z pode ser obtido utilizando dois procedimentos distintos. Um deles usa a lei de escala da seção anterior, ao passo que o outro pode ser obtido a partir da integração direta da equação de diferenças transformada

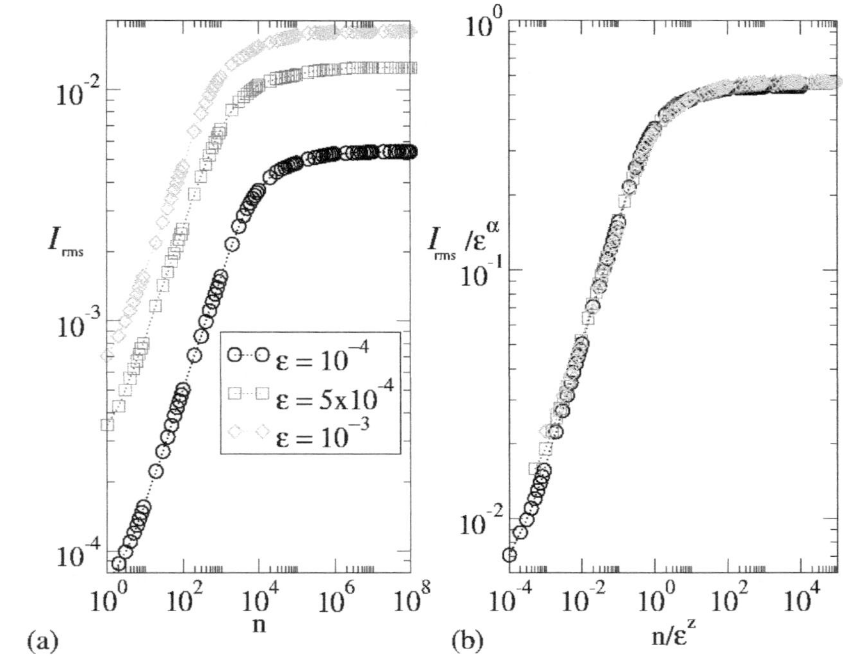

Figura 14.5 – (a) Esboço do comportamento de I_{rms} *vs.* n para $\gamma = 1$ e diferentes valores de ϵ. (b) Sobreposição das curvas mostradas em (a) em uma única curva universal após as transformações $I_{\text{rms}} \to I_{\text{rms}}/\epsilon^{\alpha}$ e $n \to n/\epsilon^{z}$.

em uma EDO usando os limites apropriados.

Sabemos que o mar de caos é limitado pela primeira curva invariante *spanning*, que se torna de grande relevância na determinação e na caracterização de I_{rms}. Acima da primeira curva invariante, o espaço de fases é caracterizado principalmente por regiões regulares, incluindo um conjunto de outras curvas invariantes *spanning*, ilhas de periodicidade e, quando existirem, pequenas regiões de caos. Na região abaixo da primeira curva invariante existem ilhas de periodicidade, uma extensa região de caos e, principalmente, ausência de outras curvas invariantes *spanning*. Dessa forma, a primeira curva invariante *spanning* separa duas regiões: (i) acima da curva, onde pode haver comportamento caótico local; e (ii) abaixo da curva, onde se tem um comportamento caótico global.

Um regime dinâmico semelhante ao descrito aqui, com transição de caos local para caos global, foi observado no mapa-padrão. O mapa é descrito como

$$\begin{cases} I_{n+1} = I_n + K\sin(\theta_n) \\ \theta_{n+1} = [\theta_n + I_{n+1}] \mod(2\pi) \end{cases} \tag{14.30}$$

em que K é um parâmetro de controle. Para $K = 0$, o mapa é integrável, ao passo que, para $K \neq 0$, o mapa é não integrável. O espaço de fases é misto para K pequeno e admite uma transição de caos local com $K < 0,9716\ldots$ para caos global com $K \geq 0,9716\ldots$, em que a última curva invariante *spanning* é destruída. Usaremos essa transição para discutir as propriedades do mar de caos do mapeamento discreto dado pela Equação (14.11).

O primeiro passo consiste em supor que, nas proximidades da curva invariante, a variável I possa ser escrita como

$$I_n = I + \Delta I_n \tag{14.31}$$

em que I corresponde a um valor característico ao longo da curva invariante e ΔI_n é uma pequena perturbação de I. Com isso, a primeira das Equações (14.11) fica escrita como

$$\Delta I_{n+1} = \Delta I_n + \epsilon\sin(\theta_n) \tag{14.32}$$

Por outro lado, a segunda das Equações (14.11) assume a forma

$$\begin{aligned} \theta_{n+1} &= \theta_n + \frac{1}{(I + \Delta I_{n+1})^\gamma} \\ &= \theta_n + \frac{1}{I^\gamma}\left(1 + \frac{\Delta I_{n+1}}{I}\right)^{-\gamma} \end{aligned} \tag{14.33}$$

Expandindo a Equação (14.33) em série de Taylor e considerando apenas termos de ordem 1 em $\Delta I_{n+1}/I$, temos

$$\begin{aligned} \theta_{n+1} &= \theta_n + \frac{1}{I^\gamma}\left(1 - \gamma\frac{\Delta I_{n+1}}{I}\right) \\ &= \left[\theta_n + \frac{1}{I^\gamma} - \frac{\gamma\Delta_{n+1}}{I^{\gamma+1}}\right] \end{aligned} \tag{14.34}$$

Para estabelecer uma conexão com o mapa-padrão, devemos multiplicar a Equação (14.32) por $-\gamma/I^{\gamma+1}$ e, em seguida, adicionar o termo $1/I^{\gamma}$. Podemos, então, definir as variáveis

$$J_n = \frac{1}{I^{\gamma}} - \frac{\gamma \Delta I_n}{I^{\gamma+1}} \tag{14.35}$$

$$\phi_n = \theta_n + \pi \tag{14.36}$$

O mapeamento da Equação (14.11) pode ser escrito nas vizinhanças da curva invariante como

$$\begin{cases} J_{n+1} = J_n + \frac{\gamma\epsilon}{I^{\gamma+1}} \sin(\phi_n) \\ \phi_{n+1} = [\phi_n + J_{n+1}] \mod(2\pi) \end{cases} \tag{14.37}$$

O mapeamento da Equação (14.37) traz uma combinação de parâmetros de controle que podem ser agrupados como

$$K_{ef} = \frac{\gamma\epsilon}{I^{\gamma+1}} \tag{14.38}$$

Nas proximidades da curva invariante, temos que $K_{ef} \cong 0,9716\ldots$. Concluímos, então, que a posição da primeira curva invariante pode ser estimada por

$$\begin{aligned} I &= \left[\frac{\gamma\epsilon}{K_{ef}}\right]^{\frac{1}{\gamma+1}} \\ &= \left[\frac{\gamma}{K_{ef}}\right]^{\frac{1}{\gamma+1}} \epsilon^{\frac{1}{\gamma+1}} \end{aligned} \tag{14.39}$$

A posição da primeira curva invariante define o limite superior da região de caos. O comportamento de I_{rms} deve também estar sempre limitado a I. De fato, o valor numérico de $I_{\text{rms,sat}}$, que ocorre para $n \gg n_x$, é definido a partir de uma fração de I. Assim, I define a regra que I_{rms} deve obedecer como uma função de ϵ. Portanto, uma comparação imediata da Equação (14.39) com Equação (14.19) permite concluir que

$$\alpha = \frac{1}{\gamma+1} \tag{14.40}$$

Desse modo, a Equação (14.40) define a relação entre o expoente crítico α e o parâmetro de controle γ.

Vamos agora caracterizar o expoente β. Para tal, utilizaremos a primeira das Equações (14.11). Elevando ao quadrado ambos os lados, temos que

$$I_{n+1}^2 = I_n^2 + 2\epsilon I_n \sin(\theta_n) + \epsilon^2 \sin^2(\theta_n) \tag{14.41}$$

Realizando agora uma média da Equação (14.41) em um *ensemble* de $\theta \in [0, 2\pi]$ e assumindo que no regime caótico I e θ são independentes, chegamos a

$$\overline{I^2}_{n+1} = \overline{I^2}_n + \frac{\epsilon^2}{2} \tag{14.42}$$

visto que $\overline{\sin(\theta)} = 0$ e $\overline{\sin^2(\theta)} = 1/2$. Considerando a situação em que ϵ é suficientemente pequeno, $\overline{I^2}_{n+1} - \overline{I^2}_n$ é pequeno, e podemos usar a seguinte aproximação

$$\begin{aligned} \overline{I^2}_{n+1} - \overline{I^2}_n &= \frac{\overline{I^2}_{n+1} - \overline{I^2}_n}{(n+1) - n} \\ &\cong \frac{d\overline{I^2}}{dn} = \frac{\epsilon^2}{2} \end{aligned} \tag{14.43}$$

Assim, temos uma EDO de primeira ordem que pode ser integrada facilmente. Logo, encontramos que

$$\int_{I_0}^{I(n)} d\overline{I^2} = \int_0^n \frac{\epsilon^2}{2} dn' \tag{14.44}$$

o que fornece

$$\overline{I^2}(n) = I_0^2 + \frac{\epsilon^2}{2} n \tag{14.45}$$

Aplicando raiz quadrada de ambos lados, temos que

$$I_{\text{rms}} = \sqrt{I_0^2 + \frac{\epsilon^2}{2} n} \tag{14.46}$$

No limite em que I_0 é suficientemente pequeno, temos que

$$I_{\text{rms}} \cong \frac{1}{\sqrt{2}} (n\epsilon^2)^{\frac{1}{2}} \tag{14.47}$$

Podemos então comparar com a Equação (14.18), na qual concluímos que $\beta = 1/2$ em excelente acordo com as simulações numéricas. Outro ponto importante é que o termo $n\epsilon^2$ aparece naturalmente na Equação (14.47), sem a necessidade de fazer a transformação $n \to n\epsilon^2$, como discutido na seção anterior.

O expoente z também pode ser obtido analiticamente. Para tal, basta usar os limites de integração da Equação (14.44) como $I_0 \to 0$ e $I(n) = I$. Nesses limites, obtemos uma boa aproximação para n_x, o que conduz a

$$\left[\frac{\gamma\epsilon}{K_{ef}}\right]^{\frac{1}{\gamma+1}} = \left[\frac{n_x\epsilon^2}{2}\right]^{\frac{1}{2}} \tag{14.48}$$

Quando isolamos n_x apropriadamente, chegamos a

$$n_x = 2\frac{\gamma}{K_{ef}}^{\frac{2}{\gamma+1}}\epsilon^{\frac{-2\gamma}{\gamma+1}} \tag{14.49}$$

A Equação (14.49) pode ser comparada com a Equação (14.20), o que leva à seguinte expressão:

$$z = -\frac{2\gamma}{\gamma+1} \tag{14.50}$$

As expressões analíticas obtidas para os expoentes α, β e z nesta seção estão em bom acordo com as simulações numéricas.

14.5 Obtenção da probabilidade via equação da difusão

Nesta seção discutiremos uma abordagem distinta das seções anteriores, que considera a probabilidade de se observar uma partícula na região do mar de caos com valor $I \in [-I_{fisc}, I_{fisc}]$ em um determinado instante n, sendo I_{fisc}[1] o valor da variável I na curva invariante. Para obter a probabilidade $P(I,n)$ utilizaremos a equação da difusão aplicando condições de

[1]O subíndice $fisc$ na variável I significa *first invariant spanning curve*, que corresponde à primeira curva invariante *spanning*.

contorno específicas. Os observáveis ao longo do mar de caos são obtidos a partir dos momentos da distribuição, ou seja, o valor médio é dado por $\bar{I} = \int_{-I_{fisc}}^{I_{fisc}} IP(I,n)dI$, ao passo que o valor quadrático médio é obtido de $\bar{I^2} = \int_{-I_{fisc}}^{I_{fisc}} I^2P(I,n)dI$, de onde se encontra $I_{rms}(n) = \sqrt{\bar{I^2}(n)}$.

Ao analisar o esboço do espaço de fases mostrado na Figura 14.1, percebemos que o comportamento na região do mar de caos pode ser comparado a um processo difusivo normal. Isso implica que, dado um par de condições iniciais (I_0, θ_0), a evolução de $I(n)$ pode se dar de tal forma que existe uma possibilidade de a dinâmica aumentar o valor de I com probabilidade p,[2] ao passo que uma redução no valor de I é caracterizada como probabilidade q.[3] Tendo isso como base, a probabilidade de se observar uma partícula no mar de caos com valores de $I \in [-I_{fisc}, I_{fisc}]$ é $P(I,n)$, que pode ser obtida a partir da solução da equação da difusão escrita como

$$\frac{\partial P(I,n)}{\partial n} = D\frac{\partial^2 P(I,n)}{\partial I^2} \tag{14.51}$$

em que D é o coeficiente da difusão. A probabilidade $P(I,n)$ deve ainda atender simultaneamente às seguintes condições de contorno nas curvas invariantes: $\left.\frac{\partial P(I,n)}{\partial I}\right|_{\pm I_{fisc}} = 0$. A imposição da condição de contorno advém do fato de que a curva invariante *spanning* não permite fluxo de partículas através dela. Isso garante que uma partícula na região do mar de caos ficará confinada ao mar de caos todo o tempo, impedida de atravessar a curva.

Existem diversas formas de se resolver a Equação (14.51). Uma delas consiste em assumir que a função $P(I,n)$ possa ser escrita em termos de um produto de funções tal que $P(I,n) = X(I)N(n)$, sendo que a função $X(I)$ depende apenas de I, enquanto $N(n)$ é uma função com dependência apenas em n. Os procedimentos adotados para a solução da equação da

[2]No processo de difusão normal descrito no problema da caminhada aleatória unidimensional, a probabilidade de o caminhante dar um passo para a direita é p, o que equivale ao sistema considerado aumentar o valor de I.

[3]Na caminhada aleatória unidimensional, a probabilidade de um caminhante dar um passo para a esquerda é q, análoga a uma redução no valor de I.

difusão descrita pela Equação (14.51) são apresentados no Apêndice E. A expressão da probabilidade, após a aplicação apropriada das condições de contorno, fornece a seguinte expressão

$$P(I,n) = \frac{1}{2I_{fisc}} + \frac{1}{I_{fisc}} \sum_{k=1}^{\infty} \cos\left(\frac{k\pi I}{I_{fisc}}\right) e^{-\frac{k^2\pi^2 Dn}{I_{fisc}^2}} \tag{14.52}$$

Para obter os observáveis médios, devemos primeiramente conhecer a expressão para o coeficiente de difusão D. Este é obtido a partir de $\overline{\Delta I^2} = \bar{I}^2{}_{n+1} - \bar{I}^2{}_n$. Da primeira das Equações (14.11), encontramos que $\overline{\Delta I^2} = \frac{\epsilon^2}{4}$.

Como o espaço de fases é simétrico no eixo da variável dinâmica I, notamos que a variável $\overline{I}(n)$ se anula para tempos longos, não sendo portanto conveniente investigá-la. Entretanto, a variável $\overline{I^2}(n)$ não exibe a propriedade de se anular para tempos longos. Considerando que $\overline{I^2}(n) = \int_{-I_{fisc}}^{I_{fisc}} I^2 P(I,n) dI$, temos que

$$\overline{I^2}(n) = I_{fisc}^2 \left[\frac{1}{3} + \frac{4}{\pi^2} \sum_{k=1}^{\infty} \frac{(-1)^k}{k^2} e^{-\frac{k^2\pi^2 Dn}{I_{fisc}^2}}\right] \tag{14.53}$$

A curva construída a partir da Equação (14.53) deve ser comparada aos resultados obtidos da Equação (14.17), que considera duas médias em seu cálculo. Uma delas é a média no *ensemble* de condições iniciais e a outra e a média no tempo. Entretanto, a Equação (14.53) contempla apenas a média no *ensemble*, sendo que a média no tempo será implementada agora. Definimos $< \overline{I^2}(n) >= \frac{1}{n} \sum_{j=1}^{n} \overline{I^2}_j(n)$. Notamos da Equação (14.53) que apenas o último termo é dependente de n, o que nos permite escrever

$$\begin{aligned}
\frac{1}{n} \sum_{j=1}^{n} e^{-\frac{jk^2\pi^2 D}{I_{fisc}^2}} &= \frac{1}{n} \left[e^{-\frac{k^2\pi^2 D}{I_{fisc}^2}} + e^{-\frac{2k^2\pi^2 D}{I_{fisc}^2}} + \ldots + e^{-\frac{nk^2\pi^2 D}{I_{fisc}^2}}\right] \\
&= \frac{1}{n} \left[\frac{1 - e^{-\frac{nk^2\pi^2 D}{I_{fisc}^2}}}{1 - e^{-\frac{k^2\pi^2 D}{I_{fisc}^2}}}\right]
\end{aligned} \tag{14.54}$$

Assim, a expressão de $I_{rms}(n) = \sqrt{< \overline{I^2}(n) >}$ é escrita por

$$I_{rms}(n) = I_{fisc}\sqrt{\frac{1}{3} + \frac{4}{\pi^2}\sum_{k=1}^{\infty}\frac{(-1)^k}{k^2}e^{-\frac{k^2\pi^2 D}{I_{fisc}^2}}\frac{1}{n}\left[\frac{1 - e^{-\frac{nk^2\pi^2 D}{I_{fisc}^2}}}{1 - e^{-\frac{k^2\pi^2 D}{I_{fisc}^2}}}\right]} \quad (14.55)$$

O limite de saturação é obtido quando $n \to \infty$, conduzindo a

$$I_{sat} = \frac{I_{fisc}}{\sqrt{3}}$$

A Figura 14.6 mostra o comportamento de $I_{rms}(n)$ $vs.n$ para diferentes parâmetros de controle. Os símbolos correspondem às simulações numéricas, enquanto as curvas contínuas são obtidas da Equação (14.55) com os mesmos parâmetros de controle utilizados nas simulações.

Passemos agora à discussão dos termos dominantes da Equação (14.55) considerando aproximação de primeira ordem e utilizando $k = 1$ para $I_0 \cong 0$. A expansão em série de Taylor da função não linear da Equação (14.55) até primeira ordem leva a

$$\cos\left(\frac{\pi I_0}{I_{fisc}}\right) \cong \left[1 - \frac{1}{2}\left(\frac{\pi I_0}{I_{fisc}}\right)^2\right] \quad (14.56)$$

$$e^{-\frac{\pi^2 D}{I_{fisc}^2}} \cong 1 - \frac{\pi^2 D}{I_{fisc}^2} \quad (14.57)$$

$$1 - e^{-\frac{\pi^2 D}{I_{fisc}^2}} \cong \frac{\pi^2 D}{I_{fisc}^2} \quad (14.58)$$

Em virtude da existência do termo $\frac{1}{n}$ na Equação (14.55), a expressão da exponencial em n deve ser expandida até segunda ordem, assim

$$1 - e^{-\frac{\pi^2 Dn}{I_{fisc}^2}} \cong \frac{\pi^2 D}{I_{fisc}^2} - \frac{\pi^4 D^2 n^2}{2I_{fisc}^4} \quad (14.59)$$

Substituindo esses termos na Equação (14.55), considerando que $D = \frac{\epsilon^2}{4}$ e após agrupar apropriadamente, encontramos

$$I_{rms}(n) \cong \sqrt{\left(\frac{1}{3} - \frac{4}{\pi^2}\right)\epsilon^{\frac{1}{1+\gamma}} + \frac{\epsilon^2 n}{2}} \quad (14.60)$$

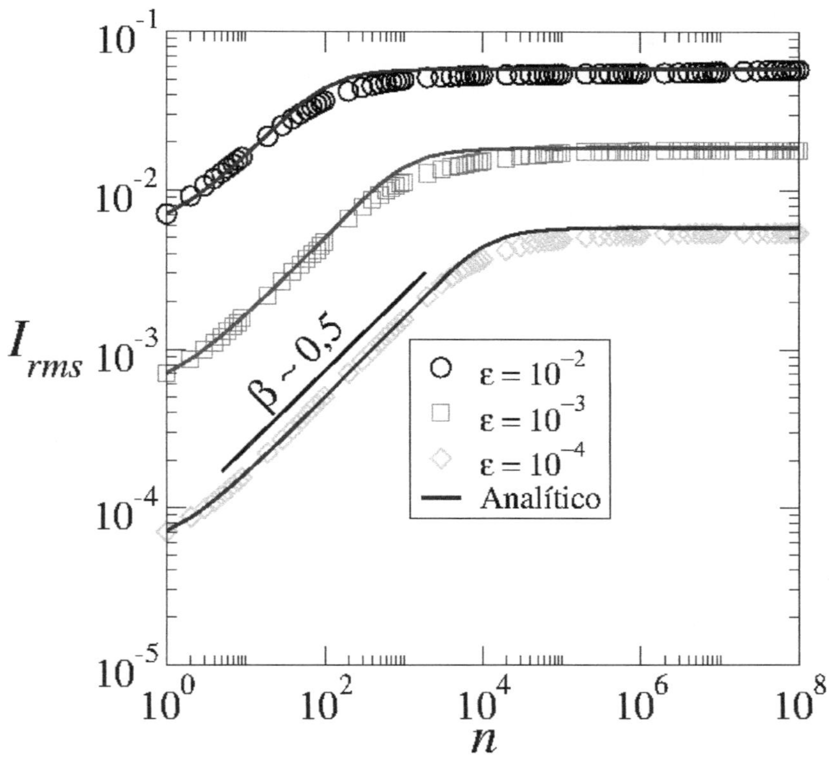

Figura 14.6 – Esboço do comportamento de $I_{rms}(n)$ $vs.n$ para diferentes parâmetros de controle. Os símbolos identificam as simulações numéricas, ao passo que as curvas contínuas correspondem à Equação (14.55) com os mesmos parâmetros de controle utilizados nas simulações.

que, em virtude da variação em n, conduz a $I_{rms} \propto \sqrt{\frac{\epsilon^2 n}{2}}$. Esse resultado confirma que o expoente $\beta = 1/2$, dando suporte inclusive à transformação *ad hoc* $n \to n\epsilon^2$. Quando o regime de crescimento intercepta o valor de saturação, obtemos o valor do *crossover* dado por

$$n_x \propto \frac{2}{3}\epsilon^{-\frac{2\gamma}{1+\gamma}} \tag{14.61}$$

conduzindo assim ao expoente $z = -\frac{2\gamma}{1+\gamma}$.

14.6 Resumo

Neste capítulo estudamos as propriedades da difusão caótica para uma família de mapeamentos discretos cuja variável θ diverge no limite em que I vai monotonicamente a zero. O espaço de fases é misto, composto por mar de caos circundando ilhas de estabilidade e limitado por um conjunto de curvas invariantes *spanning*. As curvas funcionam como barreiras que impedem o cruzamento das partículas que se movem na região do mar de caos. As propriedades da difusão caótica foram estudadas utilizando uma abordagem fenomenológica com um conjunto de hipóteses de escala, levando a uma lei de escala em que os três expoentes críticos foram obtidos numericamente. Em seguida foi considerada a localização da curva invariante *spanning*, ditando assim o tamanho do mar de caos. As curvas foram utilizadas para determinar o expoente α, ao passo que o regime de crescimento foi determinado a partir da transformação da equação de diferenças do mapeamento em uma EDO integrada analiticamente. Dessa integração saiu o expoente β. Por fim, o expoente z foi obtido da lei de escala. O último procedimento considerado foi a solução analítica da equação da difusão, que conduziu à obtenção da probabilidade de se observar uma partícula no mar de caos no instante n com valor de ação I. A partir da probabilidade obtivemos a expressão analítica do primeiro e do segundo momentos da probabilidade, o que permitiu descrever o comportamento de I_{rms} *vs.* n de forma analítica. Uma expansão em série de Taylor forneceu o expoente β e, considerando $n \to \infty$, obtivemos o expoente α a partir da expressão de I_{fisc}.

14.7 Exercícios propostos

1. Construa o espaço de fases do mapeamento da Equação (14.11).

2. Mostre que o determinante da matriz jacobiana do mapeamento da Equação (14.11) é igual a 1.

3. Determine a expressão dos pontos fixos do mapeamento da Equação (14.11) e verifique sua localização no espaço de fases.

4. Escreva um programa computacional para gerar as curvas da Figura 14.2.

5. Determine numericamente os expoentes α, β e z considerando $\gamma = 1$ e $\gamma = 2$.

6. Construa o espaço de fases para o mapeamento da Equação (14.30) e varie o parâmetro de controle K considerando: (i) $K = 0,5$; (b) $K = 0,9$; (c) $K = 0,97$; e (d) $K = 2$. Discuta os resultados obtidos com base na existência ou não das curvas invariantes *spanning*.

7. Determine o coeficiente da difusão D para a Equação (14.11).

8. Utilize a técnica de separação de variáveis e resolva a Equação (14.51).

9. Faça as transformações de escala apropriadas e sobreponha todas as curvas de I_{rms} obtidas para parâmetros de controle diferentes em uma única curva universal.

10. Considere a dinâmica de uma partícula clássica de massa m confinada a se mover em um poço de potencial que é dependente do tempo. O hamiltoniano que descreve a dinâmica da partícula tem a forma $H = p^2/(2m)+V(x,t)$, em que o termo $p^2/(2m)$ corresponde à energia cinética da partícula e $V(x,t)$ identifica a energia potencial. A forma

de $V(x,t)$ é

$$V(x,t) = \begin{cases} \infty \text{ se } x \leq 0 \text{ ou } x \geq a+b \\ V_0 \text{ se } 0 < x < \frac{b}{2} \text{ ou } \left(a+\frac{b}{2}\right) < x < (a+b) \\ D\cos(wt) \text{ se } \frac{b}{2} < x < \left(a+\frac{b}{2}\right) \end{cases}$$

A Figura 14.7 mostra um esboço do poço de potencial utilizado no

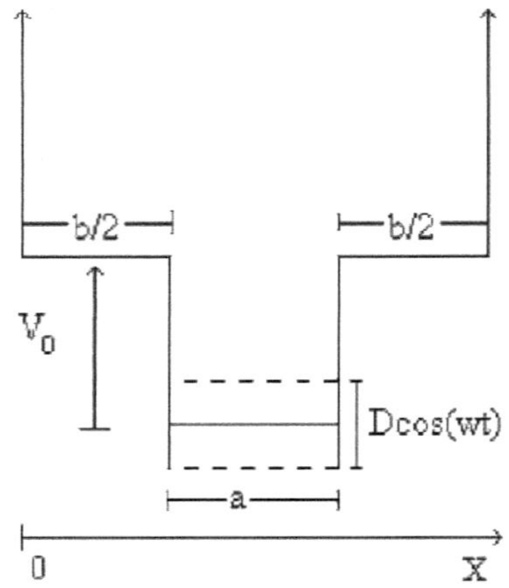

Figura 14.7 – Esboço do poço de potencial $V(x,t)$.

problema. A dinâmica da partícula pode ser descrita a partir de um mapeamento discreto considerando a energia da partícula ao entrar no poço de potencial e o instante de tempo em que a partícula entra no poço, logo um operador $T(e_n, \phi_n) = (e_{n+1}, \phi_{n+1})$, em que e_n e ϕ_n são variáveis adimensionais. O mapa que descreve a dinâmica do sistema é

$$T : \begin{cases} e_{n+1} = e_n + \delta[\cos(\phi_n + i\Delta\phi_a) - \cos(\phi_n)] \\ \phi_{n+1} = [\phi_n + i\Delta\phi_a + \Delta\phi_b] \mod(2\pi) \end{cases}$$

em que os termos auxiliares são escritos como

$$\Delta\phi_a = \frac{2\pi N_c}{\sqrt{e_n - \delta\cos(\phi_n)}}$$

e

$$\Delta\phi_b = \frac{2\pi N_c r}{\sqrt{e_n + \delta[\cos(\phi_n + i\Delta\phi_a) - \cos(\phi_a)] - 1}}$$

sendo i o menor número inteiro que satisfaz a seguinte condição $e_n + \delta[\cos(i\Delta\phi_a) - \cos(\phi_n)] > 1$. Os parâmetros de controle foram obtidos a partir das seguintes definições: $\delta = D/V_0$, $e = E/V_0$, sendo E a energia mecânica da partícula e V_0 a altura do poço de potencial, $r = b/a$, $\phi_n = wt_n$ e, finalmente, $N_c = \frac{wa}{2\pi}\sqrt{\frac{m}{2V_0}}$, que corresponde ao número de oscilações que o poço de potencial completa no intervalo de tempo em que uma partícula viaja a distância a com energia cinética $K = V_0$.

(a) Mostre que o determinante da matriz jacobiana é igual à unidade.

(b) Construa um programa para determinar o espaço de fases do sistema considerando os parâmetros $r = 1$, $\delta = 0,1$ e $N_c = 50$.

(c) Escreva um programa computacional para obter o comportamento de $e_{rms}(n)$ ao longo do mar de caos utilizando os mesmos parâmetros de controle da letra (b).

(d) Considere os parâmetros de controle fixos $N_c = 800$ e $r = 1$ (poço de potencial simétrico). Faça a varição do parâmetro $\delta \in [10^{-4}, 10^{-2}]$ e determine o comportamento dos expoentes críticos α, β e z.

(e) Construa um programa computacional para determinar o comportamento dos expoentes de Lyapunov para a região de caos utilizando os parâmetros de controle considerados na letra (b).

Capítulo 15

Introdução à dinâmica de bilhares

15.1 Objetivos

Discutiremos neste capítulo os conceitos elementares associados a bilhares clássicos. Em um bilhar, uma partícula – ou um conjunto não interagente delas – se movimenta no interior de uma região fechada do espaço delimitada por uma fronteira. A descrição da evolução temporal das partículas é feita utilizando um mapeamento discreto nas variáveis que definem a posição da partícula na fronteira, bem como a orientação da trajetória após o impacto. Uma variável pode ser o ângulo polar e a outra o ângulo que a trajetória da partícula faz com o vetor tangente à fronteira no instante da colisão. Utilizaremos três tipos de fronteira que levam a dinâmicas distintas. Uma delas será o bilhar circular, cuja fronteira tem a forma circular. Outra será o bilhar elíptico e, por fim, ilustraremos a dinâmica com o bilhar ovoide. Os dois primeiros conduzem a dinâmicas caracterizadas pela integrabilidade, ao passo que o último exibe espaço de fases contendo caos, ilhas de estabilidade e curvas invariantes *spanning*, que são destruídas a partir de um parâmetro crítico, portanto, uma dinâmica não integrável.

15.2 O bilhar

Um bilhar consiste na dinâmica de uma partícula clássica, ou de uma forma mais geral, de um conjunto não interagente delas, colidindo com uma fronteira rígida. Ao colidir, a partícula sofre uma reflexão especular no sentido de que o ângulo de entrada antes da colisão é igual ao ângulo de saída após a colisão. Essa condição é estabelecida pelo fato de que, após a colisão, a componente tangencial da velocidade da partícula mantém-se inalterada, ao passo que a componente radial da velocidade inverte seu sinal. Se a fonteira do bilhar é estática e as colisões das partículas com esta são elásticas, a energia das partículas se preserva. Por outro lado, se a fronteira se move com o tempo, tem-se então uma classe de bilhares que são dependentes do tempo. A energia da partícula não é mais preservada e pode ocorrer um fenômeno que discutiremos no próximo capítulo, conhecido como aceleração de Fermi. Neste capítulo concentramos as discussões em bilhares com fronteiras estáticas.

Os bilhares com fronteiras estáticas podem ser classificados em pelo menos três tipos: (i) bilhares integráveis; (ii) bilhares ergódicos; e (iii) bilhares mistos. No primeiro caso, podemos destacar dois exemplos típicos, que são o bilhar circular[1] e o bilhar elíptico. A integrabilidade está associada à conservação de energia mecânica e momento angular[2] no bilhar circular e de energia mecânica e momento angular com relação aos dois focos[3] no bilhar elíptico. No caso (ii), podem ser mencionados os bilhares de Sinai[4] e estádio de Bunimovich.[5] Nesses dois modelos, dependendo da combinação de parâ-

[1]Recebe essa denominação pelo fato de a fronteira que confina as partículas ter a forma circular. Em coordenadas polares $R(\theta) = R_0$.

[2]Estabelecida a condição inicial a partir do ângulo que define a trajetória da partícula, o momento angular da partícula não pode ser alterado ao longo da trajetória.

[3]Esse resultado foi demonstrado pela primeira vez por Sir Michael Berry em 1981.

[4]As partículas estão confinadas em uma região dada por uma caixa quadrada de lado L que contém um espalhador central de raio $R < L$.

[5]A forma geométrica proposta por Bunimovich consiste de um círculo de raio R cor-

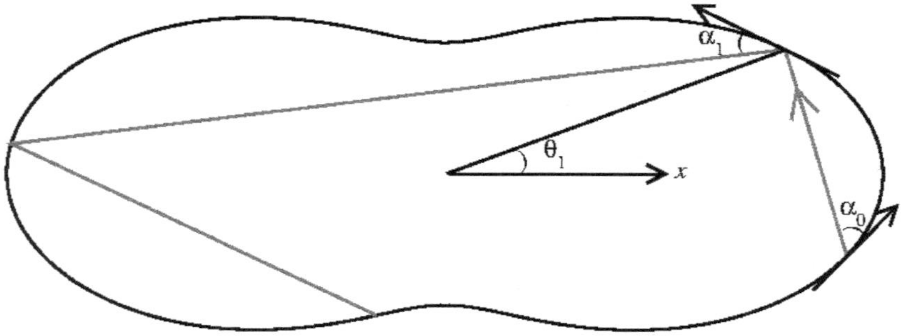

Figura 15.1 – Ilustração dos ângulos que descrevem a dinâmica do bilhar.

metros de controle, a evolução para tempos longos de apenas uma condição inicial é suficiente para preencher ergodicamente todo o espaço de fases. Por outro lado, o caso (iii) exibe uma forma mista do espaço de fases no sentido de que um conjunto de ilhas de estabilidade é observado coexistindo com curvas invariantes *spanning* que delimitam mares de caos distintos. Para a dinâmica de um bilhar, assumiremos que a fronteira pode ser descrita em coordenadas polares a partir de um raio dado por $R = R(\theta)$.

A dinâmica de cada partícula confinada ao interior da fronteira é descrita por um mapeamento discreto para as variáveis (θ_n, α_n), em que θ_n denota a posição angular da partícula e α_n corresponde ao ângulo que a trajetória da partícula faz com relação ao vetor tangente à fronteira na posição θ_n, conforme pode ser visto na Figura 15.1. O subíndice n corresponde à enésima colisão da partícula com a fronteira.

A partir do uso de coordenadas polares, podemos determinar as coordenadas de posição da partícula como $X(\theta_n) = R(\theta_n)\cos(\theta_n)$ e $Y(\theta_n) = R(\theta_n)\sin(\theta_n)$. Dada uma condição inicial (θ_n, α_n), o ângulo entre o vetor tangente e a fronteira na posição $X(\theta_n)$ e $Y(\theta_n)$, medido em relação à horizontal, é dado por $\phi_n = \arctan[Y'(\theta_n)/X'(\theta_n)]$. Entre uma colisão e outra, a partícula se move ao longo de uma reta com velocidade constante. A

tado ao meio, sendo que cada uma das partes é separada da outra e conectada por dois segmentos de reta de comprimento l.

equação que descreve a trajetória da partícula é

$$Y(\theta_{n+1}) - Y(\theta_n) = \tan(\alpha_n + \phi_n)[X(\theta_{n+1}) - X(\theta_n)] \tag{15.1}$$

em que ϕ_n é a inclinação do vetor tangente medida com relação ao semieixo positivo de X e $X(\theta_{n+1})$ e $Y(\theta_{n+1})$ correspondem às novas coordenadas retangulares no ponto θ_{n+1}, sendo obtidas a partir da solução numérica da Equação (15.1). O ângulo entre a trajetória da partícula e o vetor tangente à fronteira no ponto θ_{n+1} é dado por

$$\alpha_{n+1} = \phi_{n+1} - (\alpha_n + \phi_n) \tag{15.2}$$

O mapeamento discreto que fornece a dinâmica da partícula pode ser escrito como

$$\begin{cases} H(\theta_{n+1}) = R(\theta_{n+1})\sin(\theta_{n+1}) - Y(\theta_n) - \\ \qquad \tan(\alpha_n + \phi_n)[R(\theta_{n+1})\cos(\theta_{n+1}) - X(\theta_n)] \\ \alpha_{n+1} = \phi_{n+1} - (\alpha_n + \phi_n) \end{cases} \tag{15.3}$$

em que θ_{n+1} é obtido da solução numérica de $H(\theta_{n+1}) = 0$ com $\phi_{n+1} = \arctan[Y'(\theta_{n+1})/X'(\theta_{n+1})]$.

De posse do mapeamento da Equação (15.3), podemos discutir os casos específicos. Começaremos com o bilhar circular, em seguida apresentaremos as propriedades do bilhar elíptico e, por fim, do bilhar ovoide.

15.2.1 Bilhar circular

A fronteira do bilhar circular é dada por $R(\theta) = 1$. A partir dessa expressão, as variáveis que descrevem a dinâmica da partícula não requerem a solução da equação transcendental $H(\theta)$, uma vez que a curvatura é sempre constante. O mapeamento assume a forma explícita dada por

$$T_{cir.} \begin{cases} \theta_{n+1} = \theta_n + \pi - 2\alpha_n \\ \alpha_{n+1} = \alpha_n \end{cases} \tag{15.4}$$

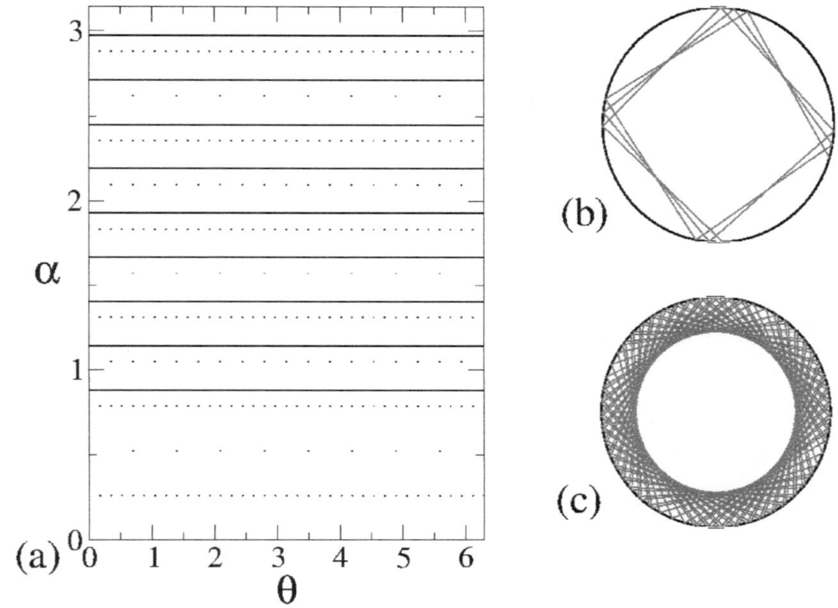

Figura 15.2 – (a) Ilustração do espaço de fases do bilhar circular. (b, c) Trajetória de uma partícula no interior do bilhar.

Como o ângulo α se preserva, o espaço de fases é composto por curvas invariantes quando o ângulo α é incomensurável[6] e por uma sequência discreta de pontos quando existe comensurabilidade com π. A Figura 15.2(a) mostra o espaço de fases para o mapeamento da Equação (15.4). A evolução de uma trajetória no interior do bilhar é mostrada nas Figuras 15.2(b, c) para diferentes valores de colisões. Na próxima seção apresentaremos as discussões para o bilhar elíptico.

15.2.2 Bilhar elíptico

O bilhar elíptico tem a expressão do raio em coordenadas polares dado por

$$R(\theta, e, q) = \frac{1 - e^2}{1 + e\cos(q\theta)} \tag{15.5}$$

[6]O termo incomensurável corresponde ao fato de o ângulo α não ser múltiplo de π.

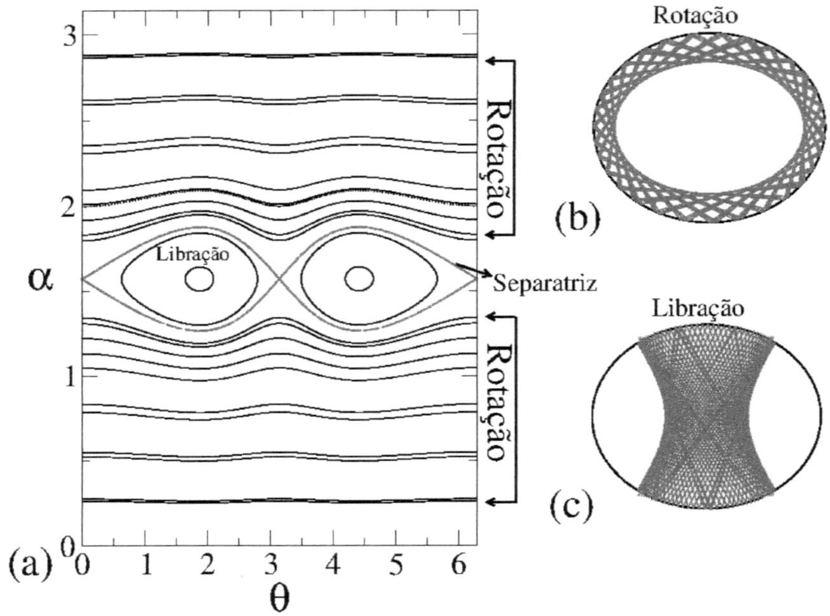

Figura 15.3 – Ilustração de: (a) espaço de fases do bilhar elíptico; (b) uma órbita em rotação; e (c) uma órbita em libração.

com $e \in [0,1)$ e corresponde à excentricidade da elipse. O caso $e = 0$ recupera o bilhar circular. q é um número inteiro, de forma que $q = 1$ conduz ao bilhar elíptico, enquanto $q > 1$ gera o bilhar elíptico-*like*. Valores não inteiros de q acarretam abertura na fronteira, permitindo escape de partículas. O espaço de fases obtido a partir do mapeamento da Equação (15.3) é mostrado na Figura 15.3(a).

Podemos notar da Figura 15.3(a) a existência de duas estruturas distintas. Uma delas é composta por um conjunto de curvas invariantes *spanning*, e a outra, por duas ilhas de estabilidade. As curvas invariantes correspondem a órbitas que rotacionam em torno do bilhar e são chamadas de órbitas de rotação. As curvas obtidas para o ângulo $\alpha > \pi/2$ giram no sentido horário, ao passo que as órbitas obtidas com ângulos $\alpha < \pi/2$ giram no sentido anti-horário. A Figura 15.3(b) ilustra uma órbita de rotação. Por outro lado, a região das ilhas identifica órbitas de libração. Tais órbitas obedecem à propriedade de que órbitas internas aos dois focos ficam sempre confinadas a se mover entre os focos, ao passo que órbitas externas aos focos ficam sempre externas aos focos. A Figura 15.3(c) ilustra uma órbita de libração. Os dois tipos de movimento são separados por uma curva separatriz.

O bilhar elíptico é também integrável e não é observado caos no espaço de fases. Uma quantidade que se preserva no bilhar elíptico é a energia mecânica, uma vez que a fronteira é estática. A outra quantidade que se preserva é representada pelo observável

$$F(\alpha, \theta) = \frac{\cos^2(\alpha) - e^2\cos^2(\phi)}{1 - e^2\cos^2(\phi)} \tag{15.6}$$

em que α e ϕ foram definidos na construção do mapeamento da Equação (15.3). O observável F é nulo quando avaliado na curva separatriz, assume valores positivos se avaliado nas órbitas de rotação e tem valores negativos quando caracteriza órbitas de libração.

15.2.3 Bilhar ovoide

O bilhar ovoide tem a fronteira descrita em coordenadas polares cujo raio[7] é dado por

$$R(\theta, \epsilon, p) = 1 + \epsilon\cos(p\theta) \tag{15.7}$$

em que ϵ corresponde à amplitude de pertubação do círculo. A condição $\epsilon = 0$ recupera o bilhar circular, que, em virtude da preservação de energia e momento angular, garante a inexistência de caos, sendo portanto um sistema integrável. Por outro lado, se $\epsilon \neq 0$, a dinâmica pode apresentar regimes regulares mostrados por ilhas de estabilidade, curvas invariantes e até mesmo caos. A variável θ representa a coordenada angular, ao passo que $p > 0$ é sempre um número inteiro.[8] Para o caso em que $\epsilon \neq 0$, mas con-

[7] O raio do bilhar pode ser escrito, de uma forma mais geral, como $r = r_0 + a\cos(p\theta)$. Entretanto, podemos utilizar variáveis adimensionais mais convenientes chamando $R = r/r_0$ e $\epsilon = a/r_0$.

[8] Valores de p não inteiros produzem fronteiras abertas, permitindo escape de partículas.

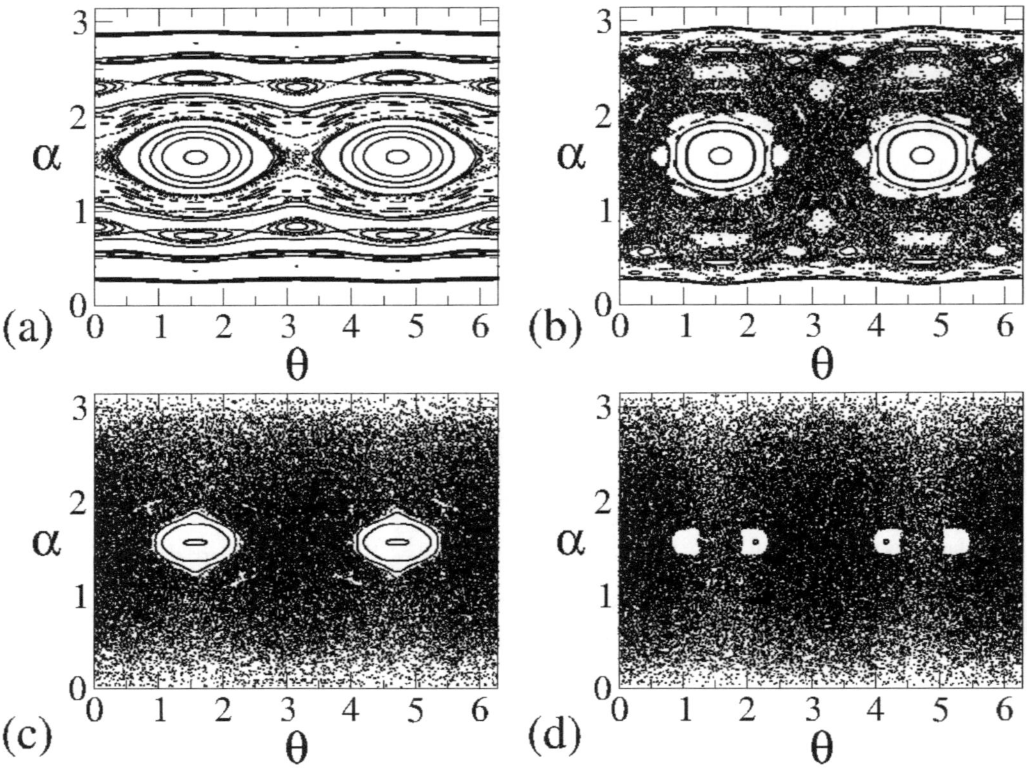

Figura 15.4 – Ilustração do espaço de fases para o bilhar ovoide, considerando os parâmetros de controle: (a) $\epsilon = 0,05$; (b) $\epsilon = 0,1$; (c) $\epsilon = 0,2$; e (d) $\epsilon = 0,3$.

siderando que $\epsilon < \epsilon_c = 1/(p^2 + 1)$, a fronteira do bilhar só tem componentes convexas e o espaço de fases é misto, contendo ilhas de periodicidade, curvas invariantes *spanning* e caos. Por outro lado, quando $\epsilon \geq \epsilon_c$, a fronteira do bilhar pode exibir regiões côncavas conduzindo à destruição das curvas invariantes *spanning*, restando apenas algumas poucas ilhas.

O espaço de fases obtido a partir do mapeamento da Equação (15.3) é mostrado na Figura 15.4. Os parâmetros de controle utilizados foram $p = 2$ e: (a) $\epsilon = 0,05$; (b) $\epsilon = 0,1$; (c) $\epsilon = 0,2$; e (d) $\epsilon = 0,3$. Na Figura 15.4(a) podemos perceber um conjunto principal de duas ilhas de periodicidade, uma delas localizada próximo a $\alpha \cong \pi/4$ e $\theta \cong \pi/2$ e a outra próximo a $\alpha \cong \pi/4$ e $\theta \cong 3\pi/2$, que correspondem a uma órbita de período

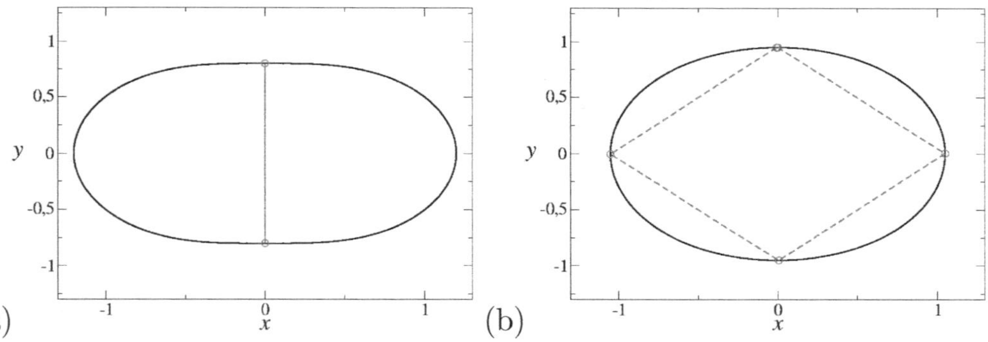

Figura 15.5 – Ilustração de órbitas periódicas no bilhar ovoide: (a) período 2 e (b) período 4. Os parâmetros de controle utilizados foram $p = 3$ e: (a) $\epsilon = 0,05$ e (b) $\epsilon = 0,3$.

2, conforme mostra a Figura 15.5(a). Ainda na Figura 15.4(a), podemos perceber uma cadeia de 4 ilhas com orientação em torno de $\alpha \cong 0,83\ldots$, que correspondem a órbitas de período 4 movendo-se no bilhar no sentido anti-horário, e de $\alpha \cong 2,31\ldots$, que correspondem a movimento no sentido horário. Notamos também da Figura 15.4(a) a existência de uma pequena região ao centro do espaço de fases sugerindo uma dinâmica caótica. Curvas invariantes *spanning* também são observadas na figura. Com o aumento do parâmetro de controle, conforme mostrado na Figura 15.4(b), a região de caos aumenta e as curvas invariantes ao centro são destruídas, restando apenas um conjunto de curvas invariantes próximo aos limites $\alpha \cong 0$ e $\alpha \cong \pi$, que identificam as órbitas da galeria do sussurro (*whispering gallery orbits*). Aumentando ainda mais o parâmetro de controle, como mostrado nas Figuras 15.4(c, d), pode-se perceber o crescimento da região de caos no espaço de fases e a redução das regiões de periodicidade. A Figura 15.5(b) ilustra uma órbita de período 4 para os parâmetros de controle $\epsilon = 0,3$ e $p = 2$.

As Figuras 15.6(a, b) mostram o comportamento dos expoentes de Lyapunov para as regiões de caos mostradas nas Figuras 15.4(c, d). O algoritmo utilizado para a determinação dos expoentes de Lyapunov foi discutido no

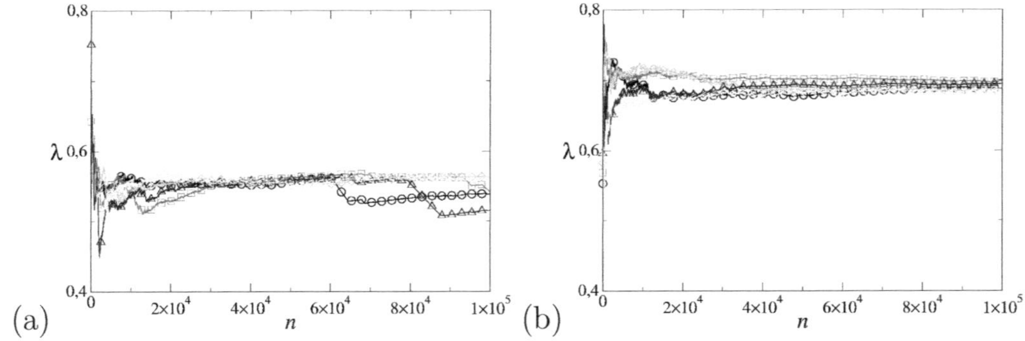

Figura 15.6 – Esboço do comportamento do expoente de Lyapunov positivo para as regiões de caos mostradas nas Figuras 15.4(c, d). Os parâmetros de controle utilizados foram $p = 2$ e: (a) $\epsilon = 0,2$ e (b) $\epsilon = 0,3$.

Capítulo 9. Podemos notar que ocorre uma convergência para um platô de saturação constante após um determinado número de iterações. Após obter o comportamento assintótico e realizar a média sobre 5 condições iniciais diferentes escolhidas ao longo do mar de caos, obtemos que $\overline{\lambda} = 0,552(8)$ na Figura 15.6(a) e $\overline{\lambda} = 0,688(3)$ na Figura 15.6(b). A existência de caos na dinâmica do bilhar ovoide será importante para a discussão do fenômeno de aceleração de Fermi no bilhar ovóide quando a fronteira for dependente do tempo.

15.3 Resumo

Neste capítulo discutimos, de forma elementar, como a dinâmica de uma partícula pode ser investigada em um bilhar cujo raio da fronteira é conhecido, $R(\theta)$. O mapeamento discreto foi construído utilizando duas variáveis. Uma delas é a variável θ, que identifica onde a partícula colidiu com a fronteira, e a outra é o ângulo α, que denota o ângulo que a trajetória da partícula faz com a reta tangente ao ponto da colisão. Consideramos três formas de fronteira, sendo duas integráveis (circular e elíptica) e uma não integrável (ovoide). No bilhar circular, tanto o momento angular quanto a energia mecânica se preservam. No bilhar elíptico, a energia mecânica e o observável $F(\theta)$ são preservados. No bilhar ovoide, apenas a energia mecânica se preserva. O espaço de fases nesse último caso é misto, contendo caos, ilhas de estabilidade e curvas invariantes que, dependendo dos parâmetros de controle, são destruídas.

15.4 Exercícios propostos

1. No bilhar ovoide, vimos que o aumento do parâmetro de controle ϵ acarreta mudanças nas propriedades do espaço de fases, em particular a destruição das curvas invariantes *spanning* que correspondem às órbitas próximas à borda da fronteira. Existe uma forma de determinar o parâmetro ϵ que acarreta essa destruição. De fato, o aumento de ϵ muda a forma da fronteira transformando o raio de curvatura K de positivo para negativo. O raio de curvatura é definido por

$$K(\theta) = \frac{X'(\theta)Y''(\theta) - X''(\theta)Y'(\theta)}{(X'(\theta)^2 + Y'(\theta)^2)^{\frac{3}{2}}} \tag{15.8}$$

em que $X(\theta) = R(\theta)\cos(\theta)$ e $Y(\theta) = R(\theta)\sin(\theta)$. No bilhar ovoide, $R(\theta) = 1 + \epsilon\cos(p\theta)$.

Mostre que o valor do parâmetro de controle crítico que leva à mudança de K negativo para K positivo é

$$\epsilon_c = \frac{1}{1+p^2} \qquad p \geq 1 \tag{15.9}$$

2. A partir do mapeamento discreto da Equação (15.3), escreva um programa computacional para construir o espaço de fases do bilhar elíptico considerando $q = 1$ e os seguintes parâmetros de controle: (a) $e = 0,1$; (b) $e = 0,3$; e (c) $e = 0,5$.

3. Agora, aplique a estrutura do programa desenvolvido no exercício anterior ao caso do bilhar ovoide e construa os espaços de fases mostrados na Figura 15.4.

4. O bilhar elíptico-ovoide é uma versão híbrida dos bilhares elíptico e ovoide. O raio da fronteira em coordenadas polares é dado por

$$R(\theta, p, e, \epsilon) = \frac{1-e^2}{1+e\cos(\theta)} + \epsilon\cos(p\theta) \tag{15.10}$$

Utilize os mesmos procedimentos realizados no exercício 1 e mostre que o parâmetro de controle crítico que conduz à destruição das curvas invariantes *spanning* ocorre quando a curvatura da fronteira muda de negativa para positiva em

$$\epsilon_c = \frac{1-e}{(1+e)(1+p^2)} \qquad p > 1 \tag{15.11}$$

5. Escreva um programa computacional para determinar os expoentes de Lyapunov do mapeamento da Equação (15.3) considerando os mesmos parâmetros de controle descritos na Figura 15.4. Utilize o algoritmo desenvolvido no Capítulo 9.

6. O bilhar *stadium* com fronteiras parabólicas tem um princípio de construção semelhante ao bilhar estádio de Bunimovich. Entretanto, em vez de considerar que as extremidades são semicírculos como no bilhar de Bunimovich, estas são descritas por uma função parabólica da forma $f(x) = Ax^2 + Bx + C$, em que A, B e C são constantes reais. A Figura 15.7 mostra a forma do bilhar. As réplicas do bilhar são desenhadas para ilustrar o mecanismo de dobramento (do inglês – *unfolding*). O mapeamento discreto que descreve a dinâmica do sistema é dado por

$$T: \begin{cases} \xi_{n+1} = \xi_n + \dfrac{l}{a}\tan\psi_n \quad \mod 1 \\ \psi_{n+1} = \psi_n - \dfrac{8b}{a}\left(2\xi_{n+1} - 1\right) \end{cases} \tag{15.12}$$

em que $\xi = x/a$ com $\xi \in [0, 1)$ e $x_{n+1} = x_n + l\tan\psi_n$.

(a) Mostre que o determinante da matriz jacobiana do mapeamento da Equação (15.12) é igual à unidade.

(b) Construa o espaço de fases do mapeamento da Equação (15.12) considerando os seguintes parâmetros de controle: $a = 0,5$, $l = 1$ e (i) $b = 0,07$; (ii) $b = 0,05$; (iii) $b = 0,01$; e (iv) $b = 0,005$.

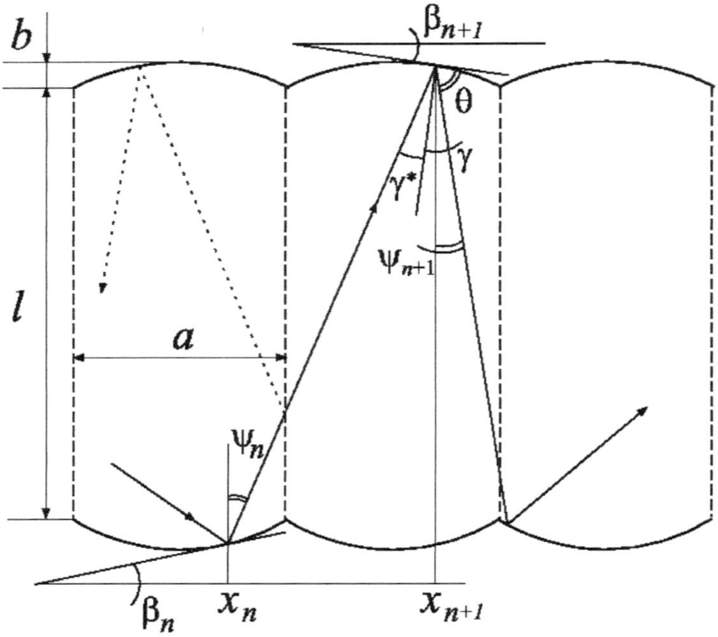

Figura 15.7 – Ilustração do bilhar *stadium* com fronteiras parabólicas e do mecanismo de dobramento.

(c) Escreva um programa computacional para determinar os expoentes de Lyapunov para as regiões de caos observadas nos espaços de fases obtidos na letra (b).

7. Considere o mapeamento discreto dado por

$$T : \begin{cases} I_{n+1} = I_n + K \tan(p_n) \\ p_{n+1} = p_n - I_{n+1} \end{cases} \tag{15.13}$$

(a) Mostre que todos os pontos fixos de período 1 se tornam instáveis para $K > 4$.

(b) Construa um gráfico que mostre o expoente de Lyapunov positivo λ em função do parâmetro K, ou seja, λ *vs.* K. Mostre que próximo de $K \cong 4$ o expoente de Lyapunov apresenta um salto abrupto em seu valor.

(c) Faça uma estimativa do valor de K em que ocorre o salto abrupto discutido na letra (b).

8. Faça uma simulação numérica e evidencie que o observável F definido na Equação (15.6) é positivo para órbitas de rotação, negativo para órbitas de libração e nulo na curva separatriz.

9. Considere o raio da fronteira do bilhar elíptico-ovoide-*like* escrito como

$$R(\theta, p, q, e, \epsilon) = \frac{1 - e^2}{1 + e\cos(\theta)} + \epsilon\cos(p\theta) \tag{15.14}$$

com $q > 1$ e $p > 1$, ambos parâmetros definidos como não negativos.

(a) Mostre que o parâmetro de controle crítico que produz a mudança de concavidade na fronteira é

$$\epsilon_c = \frac{(e-1)(e(q^2-1)-1)}{(1+e)(1+p^2)} \tag{15.15}$$

(b) Construa o espaço de fases considerando $p = q = 1$ e $e = \epsilon = 0,2$. Discuta o resultado obtido.

Capítulo 16

Bilhares dependentes do tempo

16.1 Objetivos

Neste capítulo discutiremos algumas propriedades de bilhares com fronteira dependente do tempo. Construiremos o mapeamento discreto que descreve a dinâmica das partículas usando que a velocidade da partícula a cada impacto é determinada pela aplicação da lei de conservação do momento linear no referencial da fronteira móvel. Após a colisão, a energia da partícula muda e, consequentemente, um novo par de variáveis deve ser adicionado ao par usual de variáveis angulares. Trata-se da velocidade da partícula e do tempo. Discutiremos a conjectura Loskutov-Ryabov-Akinshin (LRA), que diz que a existência de caos no bilhar com fronteira estática é condição suficiente para a existência de aceleração de Fermi no bilhar com fronteira dependente do tempo. A conjectura foi testada no bilhar ovoide conduzindo ao crescimento de energia. No bilhar elíptico, que é integrável para fonteira fixa, a dependência temporal transforma a curva separatriz em uma distribuição de pontos conhecida como *stochastic layer* ou camada estocástica. Essa estrutura afeta o comportamento do observável F discutido no capítulo anterior, conduzindo ao crescimento da energia da partícula e produzindo, assim, a aceleração de Fermi.

16.2 O bilhar

Conforme discutimos no Capítulo 15, um bilhar consiste na dinâmica de uma partícula clássica de massa m confinada a se mover no interior de uma fronteira com a qual colide. A partir da lei de reflexões especulares, o ângulo de entrada da partícula antes da colisão, medido em relação ao vetor tangente no momento da colisão, é igual ao ângulo de saída imediatamente após a colisão. Como a fronteira se move no tempo, a energia da partícula não é mais constante. Consequentemente, um novo par de variáveis dinâmicas deve ser utilizado adicionalmente àquele das variáveis angulares usadas na descrição da evolução do sistema. Esse novo par se trata da velocidade da partícula a cada impacto e do tempo. A Figura 16.1 apresenta um esboço

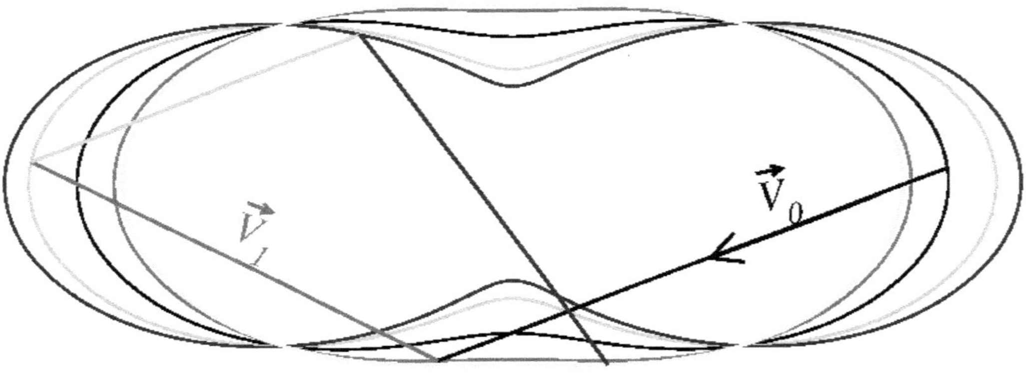

Figura 16.1 – Esboço de quatro colisões de uma partícula em um bilhar com fronteira móvel.

de quatro colisões da partícula em um bilhar cuja fronteira é dependente do tempo.

No bilhar com fronteira dependente do tempo, assumiremos que a fronteira é dada em coordenadas polares e representada por $R = R_b(\theta, t)$. A dinâmica do modelo é descrita em termos de um mapeamento discreto quadridimensional escrito a partir de um operador não linear $T(\theta_n, \alpha_n, V_n, t_n) = (\theta_{n+1}, \alpha_{n+1}, V_{n+1}, t_{n+1})$, em que as variáveis correspondem a: θ, posição angular da fronteira no instante do impacto; α, ângulo que a trajetória da partícula faz com a reta tangente à curva no instante do impacto; V, valor absoluto da velocidade da partícula; e t, instante do impacto. Todas as variáveis são avaliadas imediatamente após o enésimo (n) impacto.

A partir de uma condição inicial $(\theta_n, \alpha_n, V_n, t_n)$, as coordenadas da posição da partícula são $X(\theta_n) = R(\theta_n, t_n)\cos(\theta_n)$ e $Y(\theta_n) = R(\theta_n, t_n)\sin(\theta_n)$. O vetor velocidade da partícula é escrito como

$$\vec{V}_n = |\vec{V}_n|[\cos(\phi_n + \alpha_n)\hat{\imath} + \sin(\phi_n + \alpha_n)\hat{\jmath}] \tag{16.1}$$

em que $\hat{\imath}$ e $\hat{\jmath}$ representam os vetores unitários com relação aos eixos X e Y. O ângulo ϕ_n é dado por

$$\phi_n = \text{atan}\left[\frac{Y'(\theta_n, t_n)}{X'(\theta_n, t_n)}\right] \tag{16.2}$$

em que $X'(\theta_n, t_n) = dX(\theta_n, t_n)/d\theta_n$ e $Y'(\theta_n, t_n) = dY(\theta_n, t_n)/d\theta_n$.

A expressão da posição da partícula em função do tempo é obtida para $t \geq t_n$ como

$$X_\rho(t) = X(\theta_n) + |\vec{V}_n|\cos(\phi_n + \alpha_n)(t - t_n) \tag{16.3}$$

$$Y_\rho(t) = Y(\theta_n) + |\vec{V}_n|\sin(\phi_n + \alpha_n)(t - t_n) \tag{16.4}$$

Aqui o subíndice ρ identifica as coordenadas da partícula, ao passo que b representa a coordenada da fronteira.[1] A distância da partícula, medida em relação à origem do sistema de coordenadas retangulares, é escrita como $R_\rho(t) = \sqrt{X_\rho^2(t) + Y_\rho^2(t)}$. Dessa forma, a posição angular da partícula na próxima colisão com a fronteira será θ_{n+1} e obtida a partir da solução da seguinte equação:

$$R_\rho(\theta_{n+1}, t_{n+1}) = R_b(\theta_{n+1}, t_{n+1}) \tag{16.5}$$

Além da posição angular θ_{n+1}, o instante da colisão é obtido da seguinte expressão:

$$t_{n+1} = t_n + \frac{\sqrt{[\Delta X_\rho]^2 + [\Delta Y_\rho]^2}}{|\vec{V}_n|} \tag{16.6}$$

[1] A letra b vem da palavra em inglês *boundary*.

em que $\Delta X_\rho = X_\rho(\theta_{n+1}) - X_\rho(\theta_n)$ e $\Delta Y_\rho = Y_\rho(\theta_{n+1}) - Y_\rho(\theta_n)$.

Para obter a velocidade da partícula, devemos notar que a fronteira está em movimento acelerado, sendo portanto um referencial não inercial. No instante do impacto, as seguintes condições[2] devem ser verificadas:

$$\vec{V}'_{n+1} \cdot \vec{T}_{n+1} = \vec{V}'_n \cdot \vec{T}_{n+1} \tag{16.7}$$

$$\vec{V}'_{n+1} \cdot \vec{N}_{n+1} = -\vec{V}'_n \cdot \vec{N}_{n+1} \tag{16.8}$$

em que as linhas correspondem ao fato de que a velocidade da partícula foi representada no referencial da fronteira móvel. Na posição angular θ_{n+1}, os vetores unitários são escritos como

$$\vec{T}_{n+1} = \cos(\phi_{n+1})\hat{i} + \sin(\phi_{n+1})\hat{j} \tag{16.9}$$

$$\vec{N}_{n+1} = -\sin(\phi_{n+1})\hat{i} + \cos(\phi_{n+1})\hat{j} \tag{16.10}$$

de forma que podemos ainda obter

$$\begin{aligned}
\vec{V}_{n+1} \cdot \vec{T}_{n+1} &= |\vec{V}_n|[\cos(\alpha_n + \phi_n)\cos(\phi_{n+1})] + \\
&+ |\vec{V}_n|[\sin(\alpha_n + \phi_n)\sin(\phi_{n+1})] \qquad (16.11)\\
\vec{V}_{n+1} \cdot \vec{N}_{n+1} &= -|\vec{V}_n|[-\cos(\alpha_n + \phi_n)\sin(\phi_{n+1})] - \\
&- |\vec{V}_n|[\sin(\phi_n + \alpha_n)\cos(\phi_{n+1})] + \\
&+ 2\vec{V}_b(t_{n+1}) \cdot \vec{N}_{n+1} \qquad (16.12)
\end{aligned}$$

em que $\vec{V}_b$ é a velocidade da fronteira obtida como

$$\vec{V}_b(t_{n+1}) = \frac{dR_b(t_{n+1})}{dt_{n+1}}[\cos(\theta_{n+1})\hat{i} + \sin(\theta_{n+1})\hat{j}] \tag{16.13}$$

e $\frac{dR_b(t_{n+1})}{dt_{n+1}}$ corresponde à velocidade da fronteira no impacto $n+1$.

Por fim, encontramos que $V_{n+1} = \sqrt{(\vec{V}_{n+1} \cdot \vec{T}_{n+1})^2 + (\vec{V}_{n+1} \cdot \vec{N}_{n+1})^2}$. O ângulo α_{n+1} é dado por

$$\alpha_{n+1} = \text{atan}\left[\frac{\vec{V}_{n+1} \cdot \vec{N}_{n+1}}{\vec{V}_{n+1} \cdot \vec{T}_{n+1}}\right] \tag{16.14}$$

[2]Tais condições correspondem às leis de reflexão.

Agora que a forma de determinar as variáveis dinâmicas que descrevem a partícula no bilhar dependente do tempo é conhecida, podemos fazer investigações específicas. Analisaremos dois tipos de bilhar com fronteira dependente do tempo: (i) bilhar elíptico e (ii) bilhar ovoide. Deixaremos como exercício as simulações e as discussões para o bilhar elíptico-ovoide. Antes disso, vamos discutir a conjectura LRA.

16.2.1 Conjectura LRA

Três cientistas russos, A. Loskutov, A. B. Ryabov e L. G. Akinshin, em suas investigações sobre bilhares e após observações de resultados numéricos em alguns bilhares com fronteira dependente do tempo, enunciaram a seguinte conjectura: a dinâmica caótica de partículas em bilhares com fronteiras fixas é assumida como condição suficiente para a difusão de energia, conduzindo assim à aceleração de Fermi quando a fronteira sofre perturbações temporais.[3]

Essa conjectura foi testada e confirmada em alguns bilhares, incluindo bilhar de Sinai, bilhar estádio de Bunimovich, bilhar estádio-*like*, bilhar ovoide, dentre outros. Um ponto comum entre esses bilhares é a ocorrência de caos na dinâmica quando a fronteira é fixa. Após introduzir uma perturbação temporal, a dinâmica das partículas conduz ao crescimento de energia, acarretando assim a observação do fenômeno de aceleração de Fermi.

Entretanto, a conjectura foi refutada em um bilhar específico, o bilhar elíptico. Os resultados iniciais foram desenvolvidos por um grupo de pesquisadores sediados na Alemanha liderados por Peter Schmelcher.[4] De fato, quando a fronteira é fixa, o sistema é integrável e a dinâmica é completamente regular. Observa-se um conjunto de órbitas de rotação e outro de órbitas de libração. Os regimes de rotação e libração são separados por uma curva separatriz. Como a energia mecânica é preservada, o observável F é

[3] Loskutov, Ryabov e Akinshin (2000).

[4] Lenz, Diakonos e Schmelcher (2008).

positivo para órbitas de rotação, negativo para órbitas de libração e nulo na curva separatriz. Dessa forma, o bilhar elíptico não exibe comportamento caótico para que a conjectura LRA seja aplicada. Entretanto, quando se introduz a dependência temporal na fronteira, observa-se que órbitas que estão no regime de rotação podem migrar para órbitas no regime de libração e vice-versa. Quando essa migração ocorre, o observável F passa de valores positivos a negativos e o inverso também ocorre. A curva separatriz é destruída, sendo substituída por uma camada estocástica (também conhecida como camada caótica), de forma que órbitas que estejam nessa região conduzem à difusão de energia, levando assim à aceleração de Fermi. O bilhar elíptico é considerado um contraexemplo da conjectura LRA.

16.3 Bilhar elíptico dependente do tempo

Vimos no Capítulo 15 que o bilhar elíptico com fronteira estática se enquadra na classe dos bilhares integráveis. Além da energia mecânica, o observável F dado por

$$F(\alpha,\theta)=\frac{\cos^2(\alpha)-e^2\cos^2(\phi)}{1-e^2\cos^2(\phi)} \tag{16.15}$$

é outra quantidade que se preserva. Na curva separatriz $F=0$, ao passo que assume valores positivos para órbitas de rotação e valores negativos para órbitas de libração. O raio do bilhar em coordenadas polares é dado por $R(\theta,e,q)=\frac{1-e^2}{1+e\cos(q\theta)}$. Para introduzir a dependência temporal na fronteira assumiremos que $e\to e(1+a\cos(t))$, em que a é a amplitude da perturbação temporal. Com essa perturbação, a excentricidade varia entre $e[(1-a),(1+a)]$. O raio da fronteira em coordenadas polares com a perturbação temporal é dado por

$$R(\theta,e,a,t)=\frac{1-e^2[1+a\cos(t)]^2}{1+e[1+a\cos(t)]\cos(q\theta)} \tag{16.16}$$

Conhecendo o raio da fronteira, o mapeamento discreto construído na seção anterior pode ser avaliado fornecendo a evolução dinâmica da partícula.

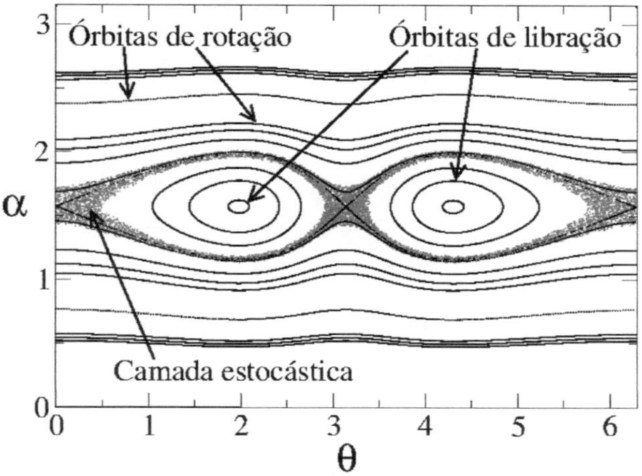

Figura 16.2 – Esboço do espaço de fases do bilhar elíptico junto com a camada estocástica que surge em decorrência da dependência temporal da fronteira. Os parâmetros de controle utilizados foram (a) caso estático: $e = 0,4$ e $q = 1$; (b) fronteira dependente do tempo: $e = 0,4$ e $a = 0,01$ com $V_0 = 1$ e uma evolução temporal de 10^4 colisões com a fronteira.

A Figura 16.2 mostra o espaço de fases para o bilhar elíptico, em que podemos identificar órbitas de rotação, órbitas de libração e curva separatriz, presentes na versão de fronteira estática. A camada estocástica surge em decorrência da introdução da perturbação temporal na fronteira. Os parâmetros de controle utilizados foram: (a) para o caso estático, $e = 0,4$ e $q = 1$; (b) para a fronteira dependente do tempo, $e = 0,4$ e $a = 0,01$, com $V_0 = 1$ e uma evolução temporal de 10^4 colisões com a fronteira. Essa camada estocástica é responsável por levar ao crescimento de energia das partículas.

Para ilustrar o crescimento de energia, utilizaremos duas abordagens diferentes. Uma delas considera um conjunto de partículas localizadas na região da curva separatriz em que ambas as médias, no tempo e no *ensemble* de condições iniciais, são realizadas, conforme mostrado na Figura 16.3(a), usando 10^7 colisões das partículas com a fronteira e um conjunto de 500

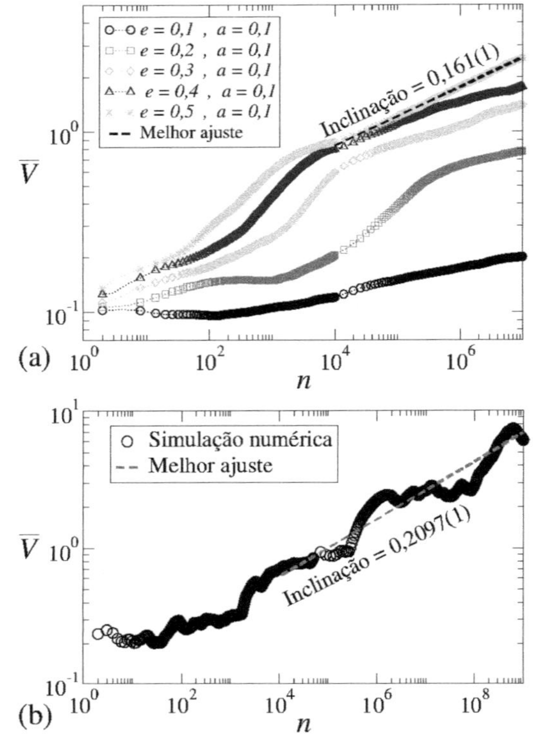

Figura 16.3 – Gráfico de velocidade média: (a) média na órbita e no *ensemble* de condições iniciais; e (b) média na órbita. Os parâmetros de controle foram $a = 0,1$ e: (a) $e = 0,1$, $e = 0,2$, $e = 0,3$, $e = 0,4$ e $e = 0,5$; (b) $e = 0,5$.

condições iniciais escolhidas na curva separatriz. A outra consiste na evolução de apenas uma condição com a média realizada ao longo da órbita, portanto, uma média temporal, conforme mostrado na Figura 16.3(b). Os parâmetros de controle utilizados foram $a = 0,1$ e: (a) $e = 0,1$, $e = 0,2$, $e = 0,3$, $e = 0,4$ e $e = 0,5$; (b) $e = 0,5$. Podemos notar que as curvas exibem crescimento indicando a ocorrência de aceleração de Fermi.

16.4 Bilhar ovoide

Iniciaremos aqui as discussões sobre o bilhar ovoide com fronteira dependente do tempo. O raio da fronteira escrito em coordenadas polares é dado por

$$R(\theta, p, \epsilon, \eta, t) = 1 + \epsilon(1 + \eta\cos(t))\cos(p\theta) \qquad (16.17)$$

em que η identifica a amplitude da perturbação temporal. O bilhar ovoide estático apresenta dinâmica caótica, de modo que a conjectura LRA deve se aplicar e a dinâmica de um conjunto de partículas no bilhar dependente do tempo deve conduzir ao crescimento de energia. A evolução da dinâmica de cada partícula é feita utilizando o mesmo mapeamento discreto discutido anteriormente neste capítulo. O comportamento da velocidade média obtida como $\overline{V} = \sum_{i=1}^{M} \frac{1}{M} \sum_{j=1}^{n} \frac{1}{n} V_{i,j}$, em que M identifica o número de amostras em um *ensemble* de condições iniciais e n corresponde ao número de colisões das partículas com a fronteira, é mostrado na Figura 16.4 para os parâmetros de controle $\epsilon = 0,08$, $p = 3$, $\eta = 0,5$ e diversos valores de velocidades iniciais. Podemos notar que, quando a velocidade inicial V_0 é suficiente pequena, a velocidade média $\overline{V}$ cresce de acordo com uma lei de potência em n desde o início da curva. À medida que a velocidade inicial cresce, as curvas de velocidade média exibem um platô constante para tempos curtos até que atingem um número de colisões de *crossover* e iniciam um regime de crescimento descrito por uma lei de potência. As simulações foram realizadas até 10^5 colisões com a fronteira considerando $M = 500$ condições iniciais. Cada uma das condições iniciais foi escolhida ao longo da região caótica do espaço de fases no plano $\alpha \times \theta$ para a versão de fronteira estática. O comportamento observado na Figura 16.4 pode ser descrito a partir das seguintes hipóteses de escala: (i) para velocidades iniciais suficientemente pequenas, tipicamente da ordem da velocidade máxima da fronteira móvel, vemos que $\overline{V} \propto n^{\beta}$; (ii) quando a velocidade inicial não é pequena o suficiente, um platô se forma nas condições $\overline{V}_{plat.} \propto V_0^{\alpha}$ para $n \ll n_x$;

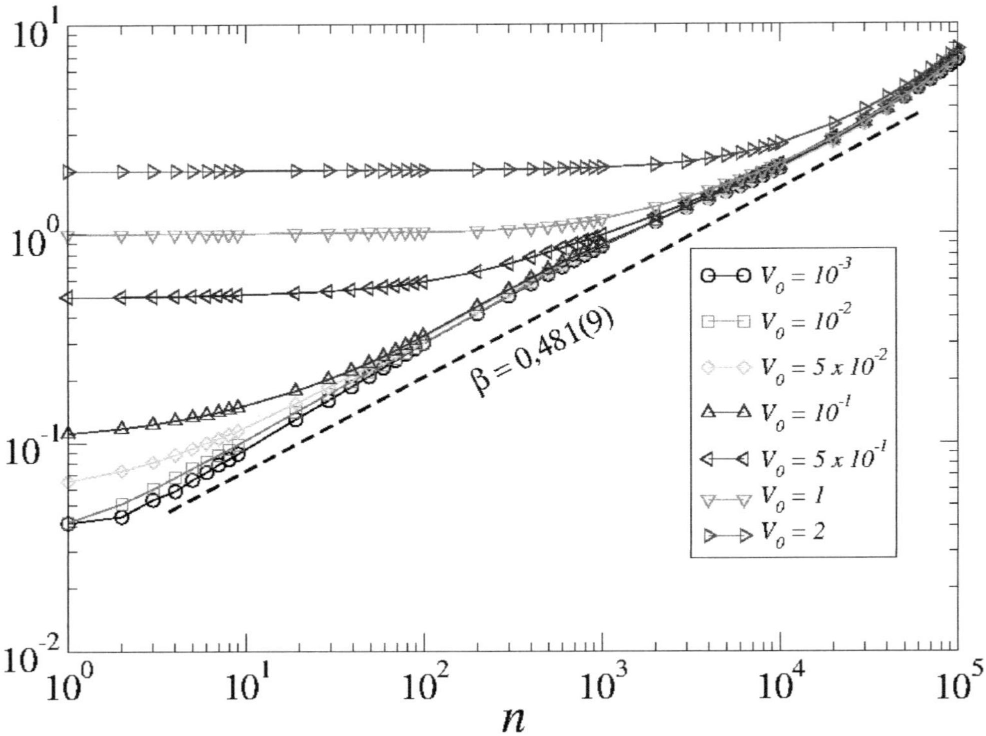

Figura 16.4 – Gráfico da velocidade média *vs.* n para os parâmetros de controle: $\epsilon = 0,08$, $p = 3$ e $\eta = 0,5$. As velocidades iniciais estão apresentadas na própria figura.

(iii) finalmente, o número de colisões de *crossover* é descrito por $n_x \propto V_0^z$. Aqui α, β e z são expoentes críticos. Essas três hipóteses de escala podem ser associadas a uma função homogênea generalizada, conforme descrito nos capítulos anteriores, que conduz a uma lei de escala do tipo $z = \alpha/\beta$. O expoente α é bastante intuitivo de ser determinado. Como as curvas ficam estacionadas em um platô constante, pode-se concluir que $\alpha = 1$. O expoente de aceleração obtido por ajuste em lei de potência foi $\beta = 0,481(9)$. A partir da lei de escala, obtemos que $z = 2,07(3)$.

A partir do conhecimento dos expoentes críticos, podemos sobrepor as curvas de $\overline{V}$ mostradas na Figura 16.4 em uma única curva universal usando as seguintes transformações de escala: $\overline{V} \to \overline{V}/V_0{}^{\alpha}$ e $n \to n/V_0^z$. A Figura

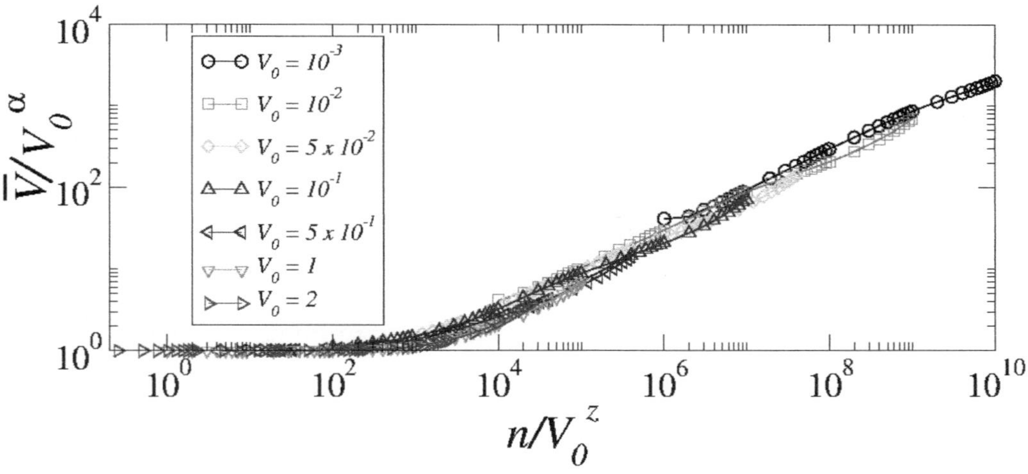

Figura 16.5 – Gráfico mostrando a sobreposição das curvas da Figura 16.4 em uma única curva universal após as seguintes transformações de escala: $\overline{V} \to \overline{V}/V_0{}^{\alpha}$ e $n \to n/V_0^z$. Os parâmetros de controle foram: $\epsilon = 0,08$, $p = 3$ e $\eta = 0,5$. As velocidades iniciais estão apresentadas na própria figura.

16.5 mostra as curvas da Figura 16.4 sobrepostas umas às outras em uma única curva universal.

A origem dos platôs tem uma explicação interessante e um tanto quanto imediata. Como a velocidade média foi construída a partir de uma média em um *ensemble* de condições iniciais, é natural esperar que parte do *ensemble* aumente a velocidade ao passo que parte dele diminua a velocidade. A distribuição de velocidades exibe uma característica gaussiana.[5] Quando a parte esquerda da distribuição de probabilidades atinge o limite inferior no eixo da velocidade, coincidindo com a menor velocidade da fronteira, ocorre uma quebra da simetria da curva. Essa quebra de simetria leva ao crescimento da velocidade média, consequentemente acarretando o crescimento da energia do *ensemble* de partículas.

Quando as simulações são realizadas para um número maior de colisões,

[5]No Capítulo 18, o comportamento do bilhar dissipativo será discutido e a questão da distribuição de probabilidade será abordada.

por exemplo, 10^9 impactos das partículas com a fronteira, observa-se outra mudança de comportamento. A velocidade média do *ensemble*, até então descrita pelas três hipóteses de escala discutidas neste capítulo e exibindo uma difusão normal com $\beta \cong 0,5$, passa a ter um crescimento ainda mais rápido, muitas vezes conhecido na literatura como superdifusão, com $\beta \cong 1$. A explicação para essa mudança está no comportamento da distribuição de probabilidade da velocidade em função do tempo nos regimes de velocidades baixas (mesma ordem da velocidade da fronteira) e velocidades altas (algumas ordens de grandeza acima da velocidade da fronteira). Entretanto, essa discussão transcende os objetivos do capítulo[6] e é deixada para estudos avançados e como exercício ao término do capítulo.

16.5 Resumo

Neste capítulo discutimos algumas propriedades de dois bilhares com fronteiras móveis. O primeiro deles foi o bilhar elíptico dependente do tempo, ao passo que o segundo foi o bilhar ovoide. Mostramos que a curva separatiz presente no bilhar elíptico com fronteira estática é destruída, dando lugar a uma camada estocástica e, consequentemente, conduzindo ao fenômeno de aceleração de Fermi. O bilhar elíptico é um contraexemplo da conjectura LRA. O bilhar ovoide com fronteira fixa apresenta um espaço de fases misto exibindo uma estrutura com mares de caos, ilhas de estabilidade e, dependendo dos parâmetros de controle, um conjunto de curvas invariantes *spanning* que correspondem a órbitas de rotação em torno da borda. Para o bilhar ovoide, mostramos que ocorre crescimento de energia para um *ensemble* de partículas. Dependendo dos parâmetros de controle escolhidos, o crescimento pode ser descrito por hipóteses de escala, conduzindo a uma lei de escala que relaciona três expoentes críticos.

[6]Para uma discussão mais aprofundada recomendamos a leitura do artigo de Hansen, Ciro, Caldas e Leonel (2018).

16.6 Exercícios propostos

1. Construa um programa computacional para desenhar o espaço de fases conforme mostrado na Figura 16.2, bem como o esboço da camada estocástica produzida pela destruição da curva separatriz.

2. Construa o espaço de fases para o bilhar ovoide estático cujo raio em coordenadas polares é $R(p,\epsilon,\theta) = 1 + \epsilon\cos(p\theta)$ considerando $p = 3$ e $\epsilon = 0,08$.

3. Considere o bilhar ovoide cujo raio da fronteira dado em coordenadas polares é descrito por $R(\theta,p,\epsilon,\eta,t) = 1 + \epsilon(1+\eta\cos(t))\cos(p\theta)$. Escreva um programa computacional para obter o comportamento de $\overline{V} = \sum_{i=1}^{M}\frac{1}{M}\sum_{j=1}^{n}\frac{1}{n}V_{i,j}$ *vs.* n considerando $M = 500$ condições iniciais ao longo do mar de caos para a versão estática, com os parâmetros de controle discutidos no exercício anterior e o valor $\eta = 0,5$.

   (a) Evolua a simulação até 10^8 colisões com a fronteira. Discuta o comportamento observado.

   (b) Qual poderia ser a origem da diferença do comportamento observado com aquele mostrado na Figura 16.4?

   (c) Considere outros valores de velocidades iniciais: $V_0 = 10^{-2}$, $V_0 = 10^{-1}$, $V_0 = 1$ e $V_0 = 10$. Discuta o comportamento observado.

4. O bilhar elíptico-ovoide tem raio em coordenadas polares dado por

$$R(\theta,e,\epsilon,a,b,p,q,t) = \frac{1-e^2[1+a\cos(t)]^2}{1+e[1+a\cos(t)]\cos(q\theta)} + \epsilon[1+b\cos(t)]\cos(p\theta) \tag{16.18}$$

   em que e é a excentricidade da elipse, ϵ é a perturbação do círculo produzindo a geometria ovoide, $q \geq 1$ e $p \geq 1$ são inteiros, a e b são as amplitudes de oscilação temporal, θ é a coordenada angular e t é o tempo. Se $\epsilon = e = 0$, o bilhar circular é recuperado. Se $a = 0$, $\epsilon = 0$ e $q = 1$, os resultados para o caso estático levam a duas quantidades que são preservadas: (1) a energia cinética da partícula; e (2) o momento angular com relação aos dois focos, que pode ser escrito como

$$F(\alpha,\theta)=\frac{\cos^2(\alpha)-e^2\cos^2(\phi)}{1-e^2\cos^2(\phi)} \tag{16.19}$$

(a) Explore o espaço de fases do modelo para a versão de fronteira estática considerando $p = 2$ e $q = 1$. Use valores distintos de ϵ e e e discuta as modificações observadas no espaço de fases para cada escolha dos parâmetros.

(b) Considere $\epsilon = 0,2$, $p = 2$, $e = 0,1$, $q = 2$ e utilize os parâmetros $a = 0,5$ e $b = 0,5$. Construa um programa computacional para determinar o comportamento de $\overline{V} = \sum_{i=1}^{M}\frac{1}{M}\sum_{j=1}^{n}\frac{1}{n}V_{i,j}$ *vs.* n para $M = 500$ condições iniciais escolhidas no mar de caos para a correspondente versão estática do modelo. Evolua a simulação para diversos valores de n e discuta o comportamento observado.

(c) Baseado nos resultados obtidos na letra (b), o que se pode dizer a respeito da velocidade média? Este sistema exibe aceleração de Fermi?

(d) Varie as velocidades iniciais e investigue possíveis comportamentos de escala da velocidade média.

Capítulo 17

Supressão de aceleração de Fermi no bilhar ovoide

17.1 Objetivos

Abordaremos neste capítulo a introdução de força de arrasto viscoso na dinâmica do bilhar ovoide. Vimos no Capítulo 16, a partir da conjectura Loskutov-Ryabov-Akinshin (LRA), que a dinâmica caótica no bilhar com fronteira estática é condição suficiente para a observação de aceleração de Fermi quando a fronteira é dependente do tempo. Mostraremos neste capítulo que a existência de força de arrasto viscoso, seja ela $F \propto -V$, $F \propto -V^2$ ou $F \propto -V^\delta$ com $1 < \delta < 2$, destrói o crescimento ilimitado de energia de um *ensemble* de partículas. Esse resultado é um indicativo de que a aceleração de Fermi não é um fenômeno robusto.

17.2 O modelo e o mapa

A proposta deste capítulo é estudar um *ensemble* de partículas não interagentes confinadas ao interior de um bilhar ovoide cuja fronteira é dependente do tempo. Consideraremos que as partículas experimentam uma força de arrasto viscoso que é proporcional a uma potência da velocidade. A introdução da força de dissipação não altera a lei de reflexão, valendo portanto a lei de reflexão especular. As partículas continuam a se mover ao longo de linhas retas entre as colisões, porém a velocidade das partículas não é mais constante entre um impacto e o seguinte. Dependendo da força de arrasto viscoso, a dissipação consome toda a energia da partícula conduzindo-a ao estado de repouso, portanto, interrompendo o movimento. Investigaremos um processo de competição entre aceleração de Fermi e dissipação de energia da partícula pela força de arrasto viscoso. Daremos ao longo do capítulo um conjunto de argumentos que evidenciam que a aceleração de Fermi é suprimida, logo não sendo um fenômeno robusto.

Consideraremos o modelo do bilhar ovoide cujo raio da fronteira em coordenadas polares é dado por

$$R(\theta, \epsilon, \eta, t, p) = 1 + \epsilon[1 + \eta\cos(t)]\cos(p\theta) \tag{17.1}$$

em que ϵ fornece a amplitude da deformação do círculo, η é a amplitude da perturbação temporal, θ é a coordenada angular, t é o tempo e $p > 0$ é um número inteiro. Para o caso em que $\epsilon = 0$, a dinâmica recupera as propriedades do bilhar circular. Se $\epsilon \neq 0$ e $\eta = 0$, então para $\epsilon < \epsilon_c = 1/(p^2 + 1)$ o espaço de fases contém ilhas de periodicidade, mares de caos e curvas invariantes *spanning*, ao passo que para $\epsilon \geq \epsilon_c$ todas as curvas invariantes *spanning* são destruídas, restando ainda as ilhas de periodicidade. Para $\eta \neq 0$ a partícula pode ganhar ou perder energia a cada colisão. Como a versão de fronteira estática admite caos, sendo verificada a conjectura LRA, o nosso foco principal é investigar se a força de arrasto viscoso pode suprimir o fenômeno de aceleração de Fermi.

Conforme discutido no Capítulo 16, a dinâmica é descrita por um mapeamento discreto quadridimensional $T(\theta_n, \alpha_n, V_n, t_n) = (\theta_{n+1}, \alpha_{n+1}, V_{n+1}, t_{n+1})$, de forma que dada uma condição inicial $(\theta_n, \alpha_n, V_n, t_n)$, em que α_n corresponde ao ângulo da trajetória da partícula com relação à reta tangente ao ponto de colisão com coordenada angular θ_n e $V_n > 0$ identifica a velocidade da partícula no instante de tempo t_n, obtêm-se os respectivos valores na colisão $(n+1)$.

Consideraremos três diferentes leis de força de arrasto viscoso: (i) $F = -\eta' V$; (ii) $F = -\eta' V^2$; e (iii) $F = -\eta' V^\delta$, com $\delta \neq 1$ e $\delta \neq 2$, em que η' corresponde ao coeficiente de viscosidade, que é assumido constante ao longo da trajetória da partícula. Para não tornar repetitiva a construção das equações que descrevem o mapeamento discreto para as três forças envolvidas, usaremos apenas o caso (i) para construir o mapeamento. Os outros dois casos são muito semelhantes, alterando apenas as equações da velocidade e a posição da partícula. Para obter a equação que descreve a velocidade da partícula ao longo de sua trajetória, devemos resolver a segunda lei de Newton, que assume a seguinte expressão: $-\eta' V = m dV/dt$ com velocidade inicial $V_n > 0$. A integração conduz a $V(t) = V_n \exp[-\tilde{\eta}(t - t_n)]$, com $\tilde{\eta} = \eta'/m$ e $t \geq t_n$. O deslocamento da partícula ao longo de uma linha retilínea é obtido a partir da integração $dr/dt = V(t)$, conduzindo a $r(t) = V_n[1 - \exp(-\tilde{\eta}(t - t_n))]/\tilde{\eta}$ para $t \geq t_n$. Dessa forma, as coordenadas da partícula são dadas por $X(t) = R(\theta_n, t_n)\cos(\theta_n) + r(t)\cos(\phi_n + \alpha_n)$ e $Y(t) = R(\theta_n, t_n)\sin(\theta_n) + r(t)\sin(\phi_n + \alpha_n)$ com $\phi_n = \arctan[Y'(\theta_n, t_n)/X'(\theta_n, t_n)]$, sendo $X' = dX/d\theta$ e $Y' = dY/d\theta$.

Duas situações distintas podem ocorrer após a partícula colidir com a fronteira e abandonar a zona de colisão:[1] (a) a partícula tem energia suficiente para entrar novamente na zona de colisão ($R \geq R_c$) e sofrer outro impacto com a fronteira; (b) a partícula não tem energia suficiente para um próximo impacto e, em virtude da existência das forças de arrasto, entra em repouso e tem um deslocamento máximo dado por $r_{\max} = V_n/\tilde{\eta}$. A nova posição angular será dada por θ_{n+1}, obtida a partir da solução de

$$\sqrt{X^2(t - t_n) + Y^2(t - t_n)} = 1 + \epsilon[1 + a\cos(t - t_n)]\cos(p\theta(t - t_n)) \quad (17.2)$$

[1] A zona de colisão é definida como a região no plano circunscrito por $R(\theta) \leq R_c(\theta) = 1 - \epsilon(1 + \eta)$.

com $t \geq t_n$. A Equação (17.2) fornece simultaneamente θ_{n+1} e t_{n+1}. O instante da colisão no próximo impacto pode também ser determinado por

$$t_{n+1} = t_n + \Delta t_n \tag{17.3}$$

em que $\Delta t_n = -\ln[1 - \tilde{\eta} r(t_c)/V_n]/\tilde{\eta}$, com t_c correspondendo ao instante da colisão.

As leis de reflexão da partícula ao colidir com a fronteira são dadas por

$$\vec{V}'_{n+1} \cdot \vec{T}_{n+1} = \vec{V}_p{}'(t_{n+1}) \cdot \vec{T}_{n+1} \tag{17.4}$$

$$\vec{V}'_{n+1} \cdot \vec{N}_{n+1} = -\vec{V}_p{}'(t_{n+1}) \cdot \vec{N}_{n+1} \tag{17.5}$$

em que as linhas identificam que as velocidades são medidas no sistema de referência da fronteira, que é não inercial. Aqui $\vec{T}$ e $\vec{N}$ são vetores unitários tangente e normal ao ponto de colisão e $\vec{V}_p(t_{n+1})$ é a velocidade da partícula imediatamente antes da colisão, dada por $|\vec{V}_p(t_{n+1})| = V_n \exp[-\tilde{\eta}(t_{n+1} - t_n)]$.

Tomando como base as Equações (17.4) e (17.5), as componentes da velocidade da partícula após a colisão são escritas como

$$\begin{aligned}
\vec{V}_{n+1} \cdot \vec{T}_{n+1} &= |\vec{V}_p(t_{n+1})|[\cos(\alpha_n + \phi_n)\cos(\phi_{n+1})] \\
&+ |\vec{V}_p(t_{n+1})|[\sin(\alpha_n + \phi_n)\sin(\phi_{n+1})]
\end{aligned} \tag{17.6}$$

$$\begin{aligned}
\vec{V}_{n+1} \cdot \vec{N}_{n+1} &= -|\vec{V}_p(t_{n+1})|[\sin(\alpha_n + \phi_n)\cos(\phi_{n+1})] \\
&- |\vec{V}_p(t_{n+1})|[-\cos(\alpha_n + \phi_n)\sin(\phi_{n+1})] \\
&+ 2\frac{dR(t)}{dt}[\sin(\theta_{n+1})\cos(\phi_{n+1})] \\
&- 2\frac{dR(t)}{dt}[\cos(\theta_{n+1})\sin(\phi_{n+1})]
\end{aligned} \tag{17.7}$$

em que dR/dt corresponde à velocidade da fronteira móvel no instante da colisão. A velocidade da partícula após o impacto será

$$V_{n+1} = \sqrt{(\vec{V}_{n+1} \cdot \vec{T}_{n+1})^2 + (\vec{V}_{n+1} \cdot \vec{N}_{n+1})^2} \tag{17.8}$$

O ângulo α_{n+1} é escrito como

$$\alpha_{n+1} = \arctan\left[\frac{\vec{V}_{n+1} \cdot \vec{N}_{n+1}}{\vec{V}_{n+1} \cdot \vec{T}_{n+1}}\right] \tag{17.9}$$

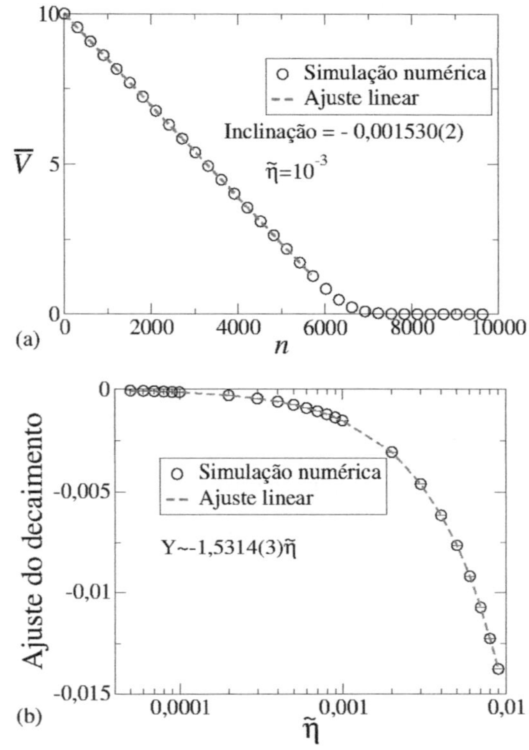

Figura 17.1 – (a) Esboço do comportamento da velocidade média $\overline{V}$ *vs.* n. Os parâmetros de controle utilizados foram $\epsilon = 0,1$, $\eta = 0,1$, $p = 3$ e $\tilde{\eta} = 10^{-3}$, iniciando a dinâmica a partir da velocidade inicial $V_0 = 10$. (b) Ajuste linear da inclinação do decaimento da velocidade média como função do parâmetro $\tilde{\eta}$.

Uma vez que o mapeamento discreto está construído, passemos agora à discussão dos resultados. Iniciaremos com o caso (i) $F \propto -V$, passando em seguida para (ii) $F \propto -V^2$, e por fim discutiremos o caso (iii) $F \propto -V^{\delta}$.

17.3 Resultados para o caso $F \propto -V$

Iniciaremos a seção apresentando o comportamento da velocidade média para um *ensemble* de partículas como uma função do número de colisões com a fronteira. A Figura 17.1(a) mostra o comportamento de $\overline{V}$ *vs.* n. A velocidade inicial utilizada na simulação foi $V_0 = 10$, enquanto os ângulos iniciais foram tais que $\alpha_0 \in [0, \pi]$ e $\theta_0 \in [0, 2\pi]$, ambos escolhidos em uma grade 100 *vs.* 100. O instante inicial foi $t_0 \in [0, 2\pi]$ escolhido aleatoriamente. Os parâmetros de controle utilizados foram $\epsilon = 0,1$, $\eta = 0,1$, $p = 3$ e $\tilde{\eta} = 10^{-3}$. Utilizando essa escolha particular de parâmetros de controle, pode-se perceber que a fronteira oscila entre $1 - \epsilon[1 + \eta] < R < 1 + \epsilon[1 + \eta]$. Essa combinação de parâmetros conduz a uma mudança de sinal da curvatura da fronteira, acarretando assim a destruição das curvas invariantes que existiam próximo à borda da fronteira, responsáveis por criar as órbitas da galeria do sussurro. A velocidade média da partícula foi determinada utilizando dois tipos de média. A primeira delas é realizada ao longo da órbita:

$$V_j = \frac{1}{n} \sum_{i=0}^{n-1} V_i \tag{17.10}$$

enquanto a segunda é obtida a partir de uma média no *ensemble* de condições iniciais:

$$\overline{V} = \frac{1}{M} \sum_{j=1}^{M} V_j \tag{17.11}$$

em que $M = 10^4$ corresponde ao número de condições iniciais diferentes utilizadas no *ensemble* de partículas. Podemos notar claramente da Figura 17.1(a) que a velocidade média decai linearmente. Um ajuste linear fornece a inclinação do decaimento como $-0,001530(2)$, em que o termo 2×10^{-6} corresponde ao erro do ajuste. Com o decorrer da evolução dinâmica e a consequente perda contínua de energia da partícula, ela passa por uma velocidade crítica ao deixar a zona de colisão e não tem energia suficiente para um próximo impacto, tendo toda a sua energia consumida pela dissipação, entrando em um regime de velocidade nula, portanto, atingindo o repouso. O platô observado na Figura 17.1(a) tem início em $n > 7000$ e foi obtido a partir de poucas órbitas que sobreviveram à dinâmica após o término do decaimento linear, inevitavelmente atingindo o repouso.

A Figura 17.1(b) mostra o comportamento da inclinação do decaimento da velocidade para diversos valores do parâmetro de controle $\tilde{\eta}$. No modelo Fermi-Ulam com força de arrasto viscoso $F \propto -V$, conforme discutido no Capítulo 11, vimos que $V_n \propto V_0 - 2n\eta$, embora o modelo Fermi-Ulam seja unidimensional. Nossos resultados mostram que, para o modelo do bilhar ovoide com força de arrasto viscoso $F \propto -V$, encontramos que $V_n \propto V_0 - 1,5314(3)n\tilde{\eta}$. Com os resultados obtidos nesta seção, podemos concluir que o fenômeno de aceleração de Fermi é suprimido pela presença de força de arrasto viscoso.

17.4 Resultados para o caso $F \propto -V^2$

Quando a força de arrasto viscoso é do tipo $F \propto -V^2$, a equação que deve ser resolvida é $-\tilde{\eta}V^2 = dV/dt$. Considerando a condição inicial $V_n > 0$, encontramos que

$$V(t) = \frac{V_n}{1 + \tilde{\eta}(t - t_n)} \tag{17.12}$$

com $t \geq t_n$. A integração da Equação (17.12) fornece o deslocamento como

$$r(t) = \frac{1}{\tilde{\eta}} \ln[1 + \tilde{\eta}V_n(t - t_n)] \tag{17.13}$$

para $t \geq t_n$. Atualizando o mapeamento com as Equações (17.12) e (17.13), finalmente a dinâmica pode ser evoluída. O comportamento de $\overline{V}$ *vs.* n é mostrado na Figura 17.2(a). Podemos notar que para $V_0 = 10$, tipicamente muito maior que a velocidade máxima da fronteira, a velocidade da partícula sofre um decaimento exponencial para tempos curtos e, após atingir um tempo característico de *crossover* n_c, converge em direção a um regime de platô constante. Ao contrário do caso observado em $F \propto -V$, a dissipação não interrompe a dinâmica da partícula, uma vez que a função $r(t)$, que fornece a distância percorrida pela partícula, é monotonicamente crescente com o tempo. Com a redução da velocidade da partícula, reduz-se tam-

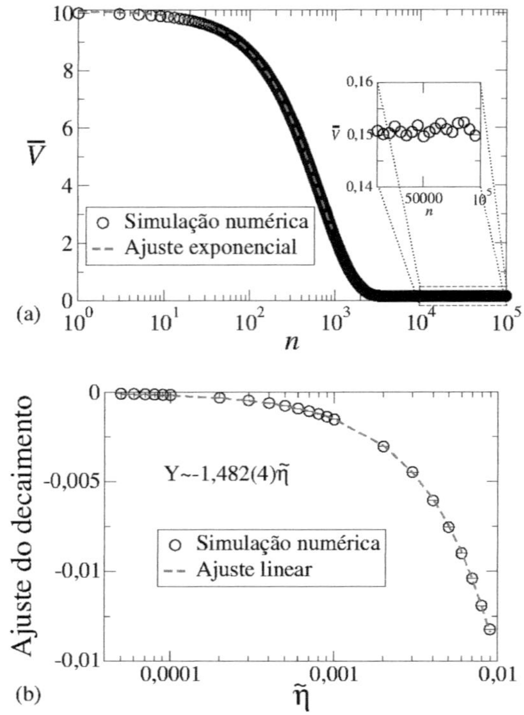

Figura 17.2 – (a) Esboço da velocidade média $\overline{V}$ *vs.* n considerando a velocidade inicial $V_0 = 10$. Os parâmetros de controle utilizados são $\epsilon = 0,1$, $\eta = 0,1$, $p = 3$ e $\tilde{\eta} = 10^{-3}$. (b) Ajuste linear do decaimento da velocidade em função de $\tilde{\eta}$.

bém a intensidade da força de arrasto, razão pela qual a partícula continua movendo-se à medida que a dissipação diminui, permitindo que abandone a zona de colisão, viaje no interior do bilhar e encontre novamente a fronteira para uma próxima colisão. Um ajuste exponencial para o regime de decaimento é mostrado na Figura 17.2(a), que fornece $\overline{V} = V_0 \exp[-0,00153(1)n]$ para o parâmetro de controle $\tilde{\eta} = 10^{-3}$. O ajuste da velocidade do decaimento para diversos parâmetros de controle $\tilde{\eta}$ é mostrado na Figura 17.2(b) com inclinação $-1,482(4)\tilde{\eta}$. Quando comparamos esse resultado com aquele obtido no modelo Fermi-Ulam discutido no Capítulo 11, vemos que lá o decaimento era descrito por $V_n = V_0 \exp[-2n\tilde{\eta}]$, ao passo que aqui é dado por $V_n = V_0 \exp[-1,482(4)n\tilde{\eta}]$. O decaimento da velocidade do regime de altas energias obtido para o bilhar é mais lento que aquele observado no modelo Fermi-Ulam para os casos (i) e (ii) discutidos e duas podem ser as possíveis causas: (1) a dimensionalidade do sistema, uma vez que o bilhar é um sistema bidimensional; e (2) o fato de, no modelo do bilhar, o fenômeno de aceleração de Fermi ser observado, enquanto no modelo Fermi-Ulam as curvas invariantes *spanning* impedem o crescimento ilimitado de energia. Assim, pode-se concluir que existe uma competição entre aceleração de Fermi no bilhar e dissipação, consumindo energia. Desse modo, a força de arrasto viscoso inibe o crescimento ilimitado de energia.

Consideraremos agora o comportamento da velocidade média para valores de n suficientemente longos, portanto, ao longo do platô de velocidade constante. A ampliação mostrada na Figura 17.2(a) mostra alguns pontos ao longo do platô constante. Vemos que eles flutuam em torno de um valor médio e não decaem a zero. Uma questão que pode ser colocada é: como se comporta a velocidade média das partículas ao longo do platô quando o parâmetro de dissipação muda? Uma diminuição na intensidade da dissipação deve afetar menos o fenômeno de aceleração de Fermi, permitindo que as partículas cresçam no eixo da velocidade, e isso de fato parece ocorrer. A Figura 17.3(a) mostra o comportamento de $V_{\text{plat.}}$ *vs.* $\tilde{\eta}$. Um ajuste em lei de potência fornece $V_{\text{plat.}} \propto \tilde{\eta}^{-0,5}$. Podemos perceber que, quando o parâmetro de controle $\tilde{\eta} \to 0$, a velocidade média do *ensemble* de partículas diverge, recuperando assim o fenômeno de aceleração de Fermi. Esse comportamento caracteriza uma transição suave entre supressão e produção de aceleração de Fermi. A Figura 17.3(b) mostra o comportamento do número de iterações de *crossover* n_c, que corresponde ao número de colisões da partícula com a fronteira necessárias para mudar o regime de decaimento para platô constante, obtido a partir da velocidade inicial $V_0 = 10$. Utilizamos um *ensemble* de 100 *vs.* 100 partículas considerando as variáveis $\alpha_0 \in [0, \pi] \times \theta_0 \in [0, 2\pi]$. Um ajuste em lei de potência fornece $n_c \propto \tilde{\eta}^{-0,869(2)}$.

Passemos agora à discussão do comportamento da velocidade média do

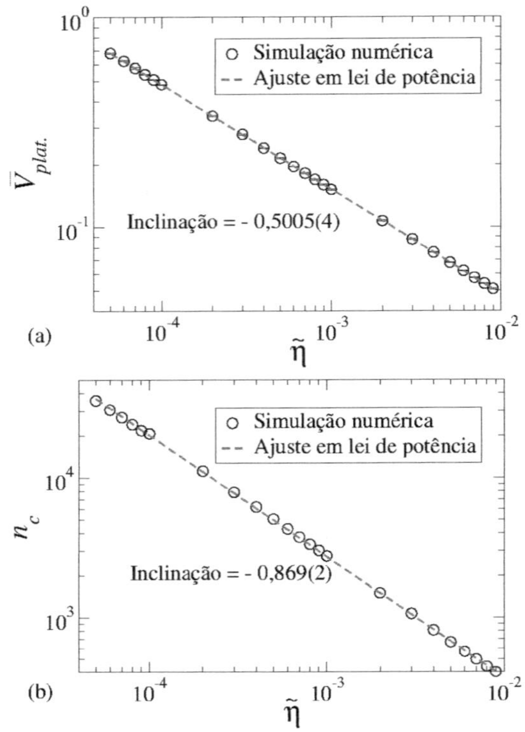

Figura 17.3 – (a) Esboço do comportamento da velocidade média ao longo do platô constante para valores elevados de n plotados como função do parâmetro de controle $\tilde{\eta}$. Os parâmetros de controle utilizados foram $\epsilon = 0,1$, $\eta = 0,1$ e $p = 3$. (b) Gráfico de n_c *vs.* $\tilde{\eta}$.

ensemble de partículas quando a velocidade inicial é pequena, tipicamente da ordem da velocidade máxima da fronteira móvel. O comportamento da velocidade média como função de n é mostrado na Figura 17.4(a). Podemos notar claramente que a velocidade média do *ensemble* de partículas cresce para n pequeno, atinge um valor crítico de *crossover* n_x e muda para um regime de saturação, marcado por um platô constante. À medida que o coeficiente de arrasto diminui, a velocidade média atinge valores mais elevados, bem como o número de iterações de *crossover* também aumenta. Baseado no comportamento da Figura 17.4(a), podemos supor que:

- Para valores pequenos de n, tipicamente $n \ll n_x$, a velocidade média

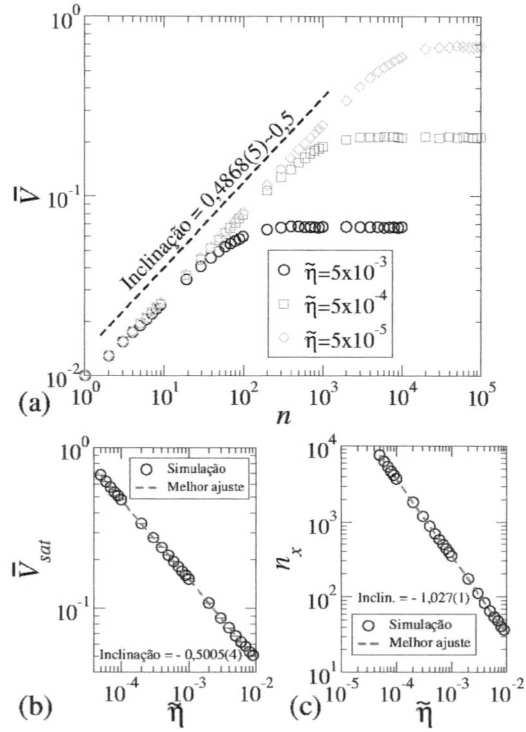

Figura 17.4 – (a) Esboço da velocidade média *versus* n para três parâmetros de controle diferentes $\tilde{\eta}$. A velocidade inicial utilizada foi $V_0 = 10^{-2}$ e os parâmetros de controle escolhidos foram $\epsilon = 0,1$, $\eta = 0,1$ e $p = 3$. (b) Gráfico de $\overline{V}_{\text{sat}}$ *vs.* $\tilde{\eta}$. Um ajuste em lei de potência fornece $\alpha = -0,5005(4)$. (c) Gráfico de n_x *vs.* $\tilde{\eta}$, cujo ajuste fornece $z = -1,027(1)$.

é dada por

$$\overline{V} \propto n^{\beta} \tag{17.14}$$

em que β é um expoente crítico.

- Para valores elevados de n que satisfaçam $n \gg n_x$, a velocidade média é escrita como

$$\overline{V}_{\text{sat}} \propto \tilde{\eta}^{\alpha} \tag{17.15}$$

e α é um expoente crítico.

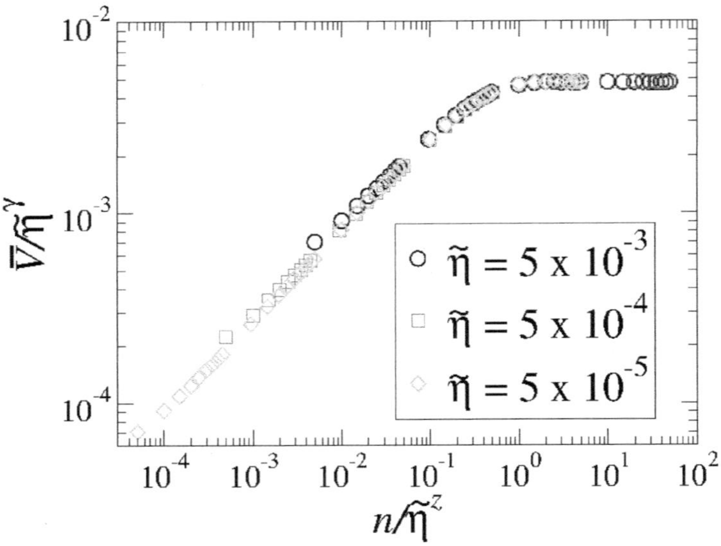

Figura 17.5 – Gráfico dos eixos reescalados da Figura 17.4(a) mostrando uma única curva universal. Os parâmetros de controle utilizados foram $\epsilon = 0,1$, $\eta = 0,1$ e $p = 3$

- Finalmente, o número de iterações de *crossover* n_x, que marca a mudança de regime de crescimento para saturação, é escrito como

$$n_x \propto \tilde{\eta}^z \tag{17.16}$$

em que z é um expoente crítico.

Conforme discutimos nos capítulos anteriores, essas três hipóteses de escala podem ser descritas a partir de uma função homogênea generalizada. Os expoentes críticos obtidos a partir de simulação numérica são mostrados nas Figuras 17.4: $\beta = 0,4868(5) \cong 0,5$, $\alpha = -0,5005(4) \cong -0,5$ e $z = -1,027(1) \cong -1$. Usando esses três valores dos expoentes, podemos reescalar os eixos da Figura 17.4(a) e obter uma única curva universal, como mostrado na Figura 17.5.

Discutiremos agora algumas das implicações dos expoentes críticos e a física associada à transição observada – crescimento limitado para ilimitado de energia. Primeiramente, é importante mencionar que, quando o coeficiente de arrasto viscoso $\tilde{\eta} \to 0$, podemos observar o crescimento ilimitado de energia, conforme descrito pela Equação (17.15), dado que $\alpha = -0,5$. Uma vez que a aceleração de Fermi é recuperada, o número de iterações de *crossover* n_x também diverge quando $\tilde{\eta} \to 0$, como pode ser verificado a partir da Equação (17.16) para $z = -1$. Os expoentes críticos obtidos para a transição de crescimento limitado para ilimitado de energia são os mesmos obtidos para o modelo *bouncer* dissipativo, conforme discutido no Capítulo 12. Como os modelos são muito diferentes, por exemplo, o modelo *bouncer* é unidimensional, ao passo que o modelo do bilhar é bidimensional, a dissipação observada nos dois modelos é qualitativamente diferente, embora os expoentes críticos sejam os mesmos. A igualdade entre os expoentes críticos dos dois modelos coloca a transição observada na mesma classe de universalidade.

Quando o coeficiente de restituição presente no modelo *bouncer* se aproxima da unidade, a dinâmica dissipativa é substituída pela dinâmica não dissipativa e atratores caóticos não são mais observados no espaço de fases. O intervalo de tempo entre os impactos das colisões aumenta com o acréscimo da velocidade, levando a uma perda de correlação entre o tempo de impactos recorrentes e conduzindo, assim, a difusão de velocidade das partículas e, consequentemente, aceleração de Fermi. No bilhar ovoide, quando o coeficiente de dissipação tende a zero ocorre o oposto do modelo *bouncer*. Observa-se uma transição de dissipativo para conservativo, em que o espaço de fases admite forma mista. Tal estrutura exibe porções regulares, como ilhas de estabilidade e curvas invariantes, porém admite também a existência de mares de caos. Essa é a condição necessária para a aplicação da conjectura LRA, que conduz ao crescimento ilimitado de energia. A dinâmica caótica produz difusão na velocidade média do *ensemble* de partículas e, nas vizinhanças da transição de crescimento limitado para ilimitado de energia, a dinâmica é descrita pela mesma lei de escala, sendo os expoentes críticos os mesmos observados no modelo *bouncer*.

17.5 Resultados para o caso $F \propto -V^{\delta}$

Consideraremos nesta seção que a força de arrasto viscoso atuando na partícula que se move no interior do bilhar é escrita como $F = -\eta' V^{\delta}$ com $1 < \delta < 2$. Escolhendo a condição inicial $V_n > 0$, usando as variáveis adimensionais e integrando a equação do movimento, encontramos

$$V(t) = [V_n^{\delta} - \tilde{\eta}(1-\delta)(t-t_n)]^{\frac{1}{1-\delta}} \tag{17.17}$$

com $t \geq t_n$ e $\delta \neq 1$. O deslocamento da partícula é obtido a partir da integração de $dr/dt = V(t)$, que fornece

$$r(t) = \frac{V_n^{2-\delta}}{\tilde{\eta}(2-\delta)} - \frac{\left[V_n^{1-\delta} - \tilde{\eta}(1-\delta)(t-t_n)\right]^{\frac{2-\delta}{1-\delta}}}{\tilde{\eta}(2-\delta)} \tag{17.18}$$

com $\delta \neq 1$, $\delta \neq 2$ e $t \geq t_n$. Dependendo do parâmetro de controle δ, a dissipação pode acarretar a interrupção do movimento da partícula. As Figuras 17.6(a, b) mostram regimes típicos de deslocamento da partícula obtidos a partir de velocidades iniciais e parâmetros de controle diferentes. Os gráficos mostrados são de r *vs.* t para $\tilde{\eta} = 10^{-2}$ e para dois valores distintos de V_0: (a) $V_0 = 10^{-3}$ e (b) $V_0 = 10^{-2}$. O parâmetro de controle δ é identificado na figura. Durante a evolução dinâmica a partícula pode adquirir valores de velocidade pequenos e, dependendo das coordenadas angulares da trajetória da partícula, toda a sua energia pode ser dissipada pelo arrasto viscoso. Em nossas simulações, observamos que, para valores de $\delta > 1,48$, a interrupção do movimento pela dissipação não era observada até o limite de 10^5 colisões da partícula com a fronteira.

Um observável que foi avaliado é a fração de condições iniciais f que atinge o repouso, este obtido como função do parâmetro de controle δ. Essa fração é obtida evoluindo uma grade de condições iniciais considerando 100 *vs.* 100 valores de $\alpha_0 \in [0, \pi]$ e $\theta_0 \in [0, 2\pi]$ para uma velocidade inicial $V_0 = 1$, assumindo valores aleatórios de $t_0 \in [0, 2\pi]$ para um parâmetro de dissipação $\tilde{\eta} = 10^{-3}$ e considerando $p = 3$, $\epsilon = 0,1$ e $\eta = 0,1$.

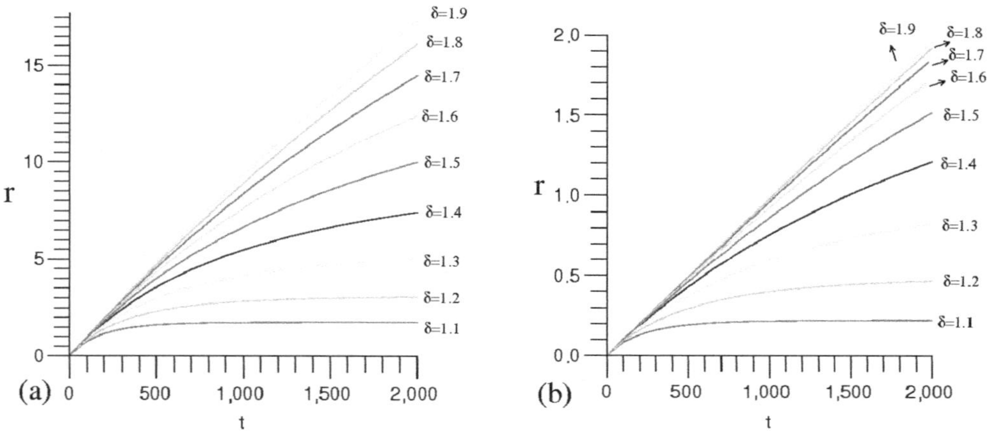

Figura 17.6 – (a) Gráfico de r *vs.* t para diferentes valores do expoente δ. A velocidade inicial utilizada foi $V_0 = 10^{-3}$. (b) Mesmo gráfico de (a), porém com velocidade inicial $V_0 = 10^{-2}$.

Quando a partícula entra em repouso, uma nova condição inicial é considerada. Uma vez que as simulações demandam muito esforço computacional, deve ser adotado um critério de parada. Se a partícula não interromper sua dinâmica após 10^5 colisões com a fronteira, uma nova condição inicial é considerada e a órbita anterior, que não atingiu o repouso até 10^5 colisões com a fronteira, é utilizada para computar f. Um gráfico de f *vs.* δ é mostrado na Figura 17.7. Se $\delta < 1,2$, foi observado que todas as partículas entram em repouso. Por outro lado, para o intervalo $1,2 < \delta < 1,48$, existe um decaimento monotônico de f, enquanto para $\delta > 1,48$ observamos que nenhuma condição inicial tem sua energia dissipada até o total de 10^5 colisões da partícula com a fronteira.

Os limites para as Equações (17.17) e (17.18) considerando $\delta \to 1$ e $\delta \to 2$ podem ser facilmente obtidos. Expandindo a Equação (17.17) para o limite de $\delta \to 1$ e considerando apenas termos de primeira ordem, temos

$$V(t) = V_n \exp[-\tilde{\eta}(t - t_n)] + \bigcirc(\delta - 1) \tag{17.19}$$

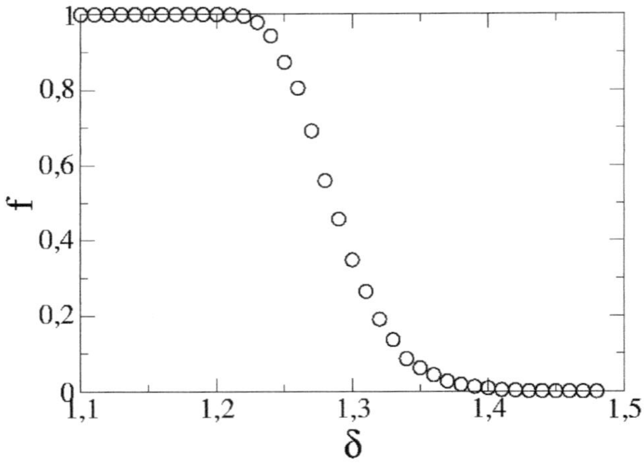

Figura 17.7 – Gráfico de f *vs.* δ. Para $\delta > 1,48$, e considerando 10^5 colisões com a fronteira, nenhuma partícula tem sua energia completamente dissipada. Os parâmetros de controle usados foram $p = 3$, $\epsilon = 0,1$, $\eta = 0,1$ e o coeficiente de viscosidade dado por $\tilde{\eta} = 10^{-3}$.

ao passo que o mesmo procedimento para a Equação (17.18) fornece

$$r(t) = \frac{V_n}{\tilde{\eta}}[1 - e^{-\tilde{\eta}(t-t_n)}] + \bigcirc(\delta - 1) \tag{17.20}$$

Podemos perceber que ambas as Equações (17.19) e (17.20) recuperam o caso da força de arrasto viscoso linear, conduzindo assim a um decaimento linear da velocidade, conforme mostrado anteriormente.

Por outro lado, para $\delta \to 2$, as expansões das Equações (17.17) e (17.18) fornecem

$$V(t) = \frac{V_n}{1 + \tilde{\eta}(t - t_n)} + \bigcirc(\delta - 2) \tag{17.21}$$

$$r(t) = \frac{1}{\tilde{\eta}} \ln[1 + \tilde{\eta}V_n(t - t_n)] + \bigcirc(\delta - 2) \tag{17.22}$$

conduzindo assim a um decaimento exponencial da velocidade da partícula para $\delta \to 2$, conforme mostrado anteriormente. Para valores de $1 < \delta < 2$, o decaimento da velocidade é geralmente descrito como uma lei de potência, conforme mostrado na Figura 17.8 para o caso de $\delta = 1,5$. O coeficiente de

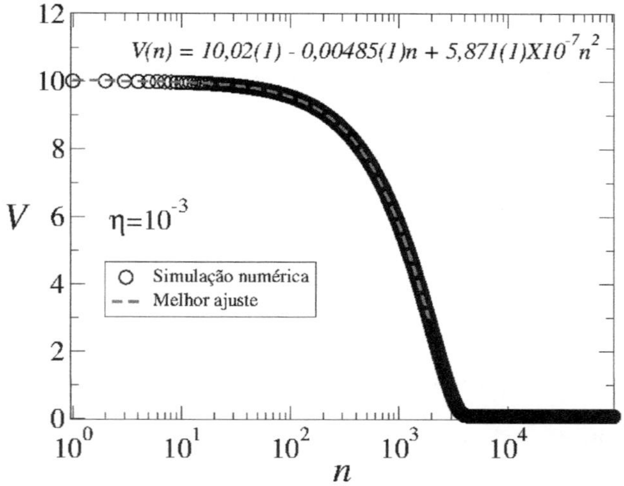

Figura 17.8 – Decaimento da velocidade da partícula para $\delta = 1,5$. Os parâmetros de controle utilizados foram $p = 3$, $\epsilon = 0,1$, $\tilde{\eta} = 0,1$ e $\eta = 10^{-3}$. O melhor ajuste fornece um decaimento descrito por um polinômio de segundo grau dado por $V(n) = 10,02(1) - 0,00485(1)n + 5,871(1) \times 10^{-7}n^2$.

viscosidade utilizado foi $\tilde{\eta} = 10^{-3}$ e um ajuste descrito por um polinômio de segundo grau fornece $V(n) = 10,02(1) - 0,00485(1)n + 5,871(1) \times 10^{-7}n^2$. O resultado obtido para o caso $1 < \delta < 2$ também reforça que a aceleração de Fermi é suprimida pela dissipação causada pela força de arrasto viscoso.

17.6 Resumo

Neste capítulo, discutimos as consequências da força de arrasto viscoso na dinâmica de partículas movendo-se em um bilhar ovoide. Construímos as equações que regem a dinâmica do sistema e as aplicamos a três tipos específicos de força de arrasto viscoso: (i) $F \propto -V$; (ii) $F \propto -V^2$; e (iii) $F \propto -V^\delta$, com $1 < \delta < 2$. O caso (i) mostra um decaimento linear da velocidade quando a dinâmica é iniciada com energia alta. A força de viscosidade proporcional a $-V$ conduz a dinâmica das partículas a atingir o repouso para tempos suficientemente longos. O caso (ii) mostra um decaimento exponencial de velocidade para altas energias e uma invariância de escala quando a velocidade inicial é pequena. Os expoentes críticos observados na descrição da invariância de escala são os mesmos do modelo *bouncer*, descrito no Capítulo 12. Por fim, o caso (iii) mostra que, quando as equações dinâmicas são expandidas em série de Taylor para $\delta \cong 1$, os resultados obtidos para força de arrasto viscoso proporcional a $-V$ são recuperados. O mesmo ocorre nas vizinhanças de $\delta \cong 2$. Porém, para $\delta = 1,5$, o decaimento de velocidade é dado por um polinômio de segundo grau. Em todos os casos, nota-se que o fenômeno de aceleração de Fermi é interrompido em função da presença de dissipação.

17.7 Exercícios propostos

1. Escreva um programa computacional para recuperar os expoentes críticos α, β e z discutidos para o caso da força de arrasto $F \propto -V^2$.

2. Considere o bilhar ovoide conforme descrito ao longo do presente capítulo. Admita que a força de dissipação seja dada por $F \propto -V^\delta$. Discuta o comportamento da velocidade média da partícula, obtendo os expoentes críticos α, β e z para os seguintes valores de δ: (a) $\delta = 1,9$; (b) $\delta = 1,7$; e (c) $\delta = 1,5$.

3. Faça as expansões em série de Taylor discutidas para o caso $\delta \cong 1$ e mostre que a velocidade da partícula decai linearmente como função de n quando V_0 é suficientemente grande.

4. Repita o procedimento discutido no exercício anterior, porém agora para o caso $\delta \cong 2$, e mostre que o decaimento se dá de forma exponencial em n no regime de V_0 grande.

5. Considere agora $\delta = 1,5$. Faça a expansão em série de Taylor e recupere os resultados discutidos ao longo do capítulo.

6. Considere o observável f, conforme descrito na Figura 17.7, que fornece a fração de condições iniciais que atingem o repouso.

   (a) Escreva um programa computacional que recupere os resultados descritos na Figura 17.7, considerando como critério de parada 10^5 colisões das partículas com a fronteira.

   (b) Refaça a simulação de (a) usando agora 10^6 colisões. Compare os resultados obtidos com aqueles encontrados em (a).

   (c) Considere agora 10^7 colisões. Discuta o que muda no observável f com o aumento do número de colisões.

Capítulo 18

Um modelo termodinâmico para bilhares dependentes do tempo

18.1 Objetivos

Este capítulo será dedicado à discussão de algumas propriedades termodinâmicas de um conjunto de partículas que se movem confinadas ao interior de um bilhar ovoide. Duas abordagens serão consideradas. Uma delas é a transferência de calor utilizando a solução direta da equação de Fourier, conduzindo à expressão da temperatura. A outra envolve a evolução estatística de um *ensemble* de partículas em um bilhar com fronteira dependente do tempo. A conexão com o teorema de equipartição de energia, bem como o conhecimento da expressão da velocidade quadrática média permitem a determinação da temperatura do gás.

18.2 Motivação

Para motivar a discussão deste capítulo final, começaremos com o seguinte problema: considere um recipiente rígido em contato térmico com o ambiente a uma temperatura T_b. Retiramos todas as partículas existentes nesse recipiente, fazendo um vácuo supostamente perfeito. Em seguida, injetamos um conjunto de partículas com baixa densidade a uma temperatura $T \ll T_b$. Do ponto de vista da termodinâmica, o equilíbrio térmico será alcançado quando a temperatura do gás de partículas atingir a temperatura da fronteira. A partir do instante em que o equilíbrio térmico é atingido, mudanças[1] na temperatura só serão observadas caso a temperatura da fronteira mude. É esperado também que, se o gás de partículas for injetado com uma temperatura $T \gg T_b$, a temperatura do gás seja gradativamente reduzida até que o equilíbrio termodinâmico seja alcançado. Esse é o conhecimento empírico da termodinâmica de muitos anos. Passemos agora a uma discussão envolvendo o conceito de bilhares. Como o recipiente onde foi feito vácuo é composto por uma rede cristalina de partículas[2] e estando esse recipiente a uma temperatura $T_b > 0$, as partículas constituintes da rede oscilam em torno de uma posição de equilíbrio e com uma frequência característica, perfazendo portanto um sistema que pode ser comparado a um sólido de Einstein. Dependendo da forma geométrica da fronteira, é esperado que a dinâmica das partículas no interior do bilhar seja caótica. Essa é a condição que a conjectura Loskutov-Ryabov-Akinshin (LRA) precisa para garantir o crescimento ilimitado de energia do *ensemble*, conduzindo assim ao fenômeno de aceleração de Fermi. Por outro lado, o fenômeno de

[1] Por mudanças nos referimos aos valores médios de equilíbrio, embora flutuações em torno do valor médio sejam sempre observadas em virtude do caráter estatístico das partículas.

[2] Essas partículas estão ligadas entre si por forças eletrônicas e definem as características mecânicas do sistema, que incluem rigidez, coeficiente de condutividade térmica, propriedades de dilatação, capacidade calorífica etc.

aceleração de Fermi implica que a velocidade média do *ensemble* de partículas cresce, consequentemente acarretando o crescimento da velocidade quadrática média. O teorema de equipartição de energia utiliza a velocidade quadrática média, que define a energia cinética das partículas, para estabelecer a conexão com a temperatura. Assim, a velocidade quadrática média é diretamente proporcional à temperatura. Se a velocidade quadrática média cresce com o decorrer do tempo, necessariamente cresce também a temperatura. Essa conclusão é imediata e emerge do formalismo dos bilhares dependentes do tempo. Entretanto, esse resultado está em desacordo com o conhecimento empírico da termodinâmica, de que no estado estacionário ocorre equilíbrio entre as temperaturas do *ensemble* de partículas e da fronteira. Mostraremos neste capítulo que essa contradição entre os resultados esperados da teoria de bilhares dependentes do tempo e da termodinâmica pode ser resolvida quando as colisões entre as partículas e a fronteira são assumidas inelásticas. Isso implica que a cada colisão existe uma perda fracional de energia, garantindo a existência de atratores no espaço de fases e, consequentemente, suprimindo o crescimento ilimitado de energia. Essa supressão permite que o equilíbrio termodinâmico seja alcançado.

Isto posto, na construção do problema consideraremos um conjunto de partículas idênticas movendo-se confinadas ao interior de um bilhar com fronteira fechada, conforme mostra a Figura 18.1. Assumiremos que a densidade de partículas é suficientemente pequena, de tal forma que elas são consideradas não interagentes. Consideraremos também que a fronteira do bilhar se move no tempo, sendo este o mecanismo responsável pela troca de energia entre partícula e sistema. A fronteira está a uma temperatura T_b e assumiremos que tem massa muito maior que o conjunto de partículas, de tal modo que a temperatura da fronteira não é afetada pela temperatura do gás. Existe uma região pequena próximo à fronteira onde pode ocorrer troca de energia. Essa região é denominada zona de colisão e tem amplitude que depende do parâmetro η, que identifica a perturbação do círculo. Em

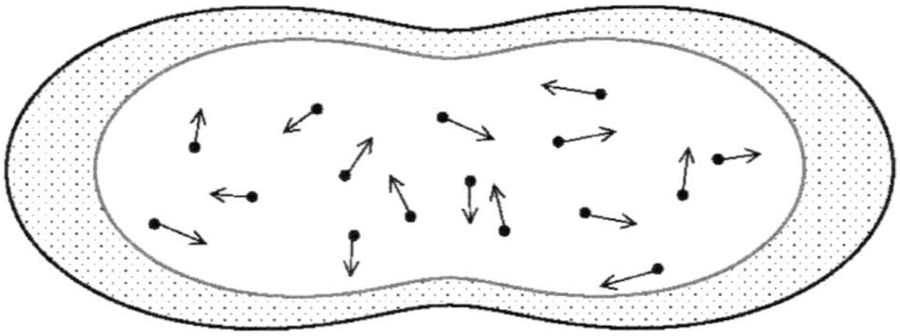

Figura 18.1 – Ilustração de um conjunto de partículas movendo-se no interior de um bilhar com fronteira dependente do tempo. A região escura em destaque corresponde à zona de colisão e delimita o domínio no qual as partículas podem colidir com a fronteira.

um recipiente físico, tal parâmetro corresponde à amplitude de oscilação atômica. As oscilações da fronteira ainda ocorrem com frequência angular ω.

O hamiltoniano que descreve a dinâmica de cada uma das partículas é escrito como

$$H = \frac{p^2}{2m} + V(q_x, q_y, t) \tag{18.1}$$

em que $p^2 = p_x^2 + p_y^2$ e corresponde ao *momentum* de cada uma das partículas no interior do bilhar. A função energia potencial é dada por

$$V(q_x, q_y, t) = \begin{cases} 0 \text{ para } q \textit{ dentro do bilhar} \\ \infty \text{ para } q \textit{ fora do bilhar} \end{cases}$$

em que q_x e q_y identificam as coordenadas da partícula no bilhar. Neste capítulo, consideraremos que a fronteira do bilhar define a energia potencial e é dada por

$$R(\theta, \eta, t) = 1 + \eta f(t)\cos(p\theta) \tag{18.2}$$

em que p é um número inteiro. A condição $\eta = 0$ representa o caso integrável conduzindo ao bilhar circular, que tem energia constante. Para $\eta \neq 0$ temos o bilhar ovoide não integrável. A função $f(t)$ pode assumir as seguintes formas:

1. Oscilações periódicas: nessa condição, $f(t) = 1 + \epsilon\cos(\omega t)$, em que ϵ é a amplitude e ω é a frequência angular de oscilação.

2. Oscilações aleatórias: para esse caso, $f(t) = 1 + \epsilon Z(n)$, em que $Z(n)$ fornece números aleatórios $Z \in [-1, 1]$ a cada colisão.

Discutiremos duas aproximações distintas para a descrição do comportamento da temperatura do gás como função do tempo, bem como do número de colisões da partícula com a fronteira. A primeira delas considera a solução da equação de Fourier para transferência de calor. A temperatura será obtida como função do tempo. A segunda forma considera a dinâmica a partir do formalismo dos bilhares. A dinâmica será descrita a partir de um mapeamento discreto e assumiremos que existe uma perda fracional de energia a cada colisão das partículas com a fronteira. Tal perda é modelada por uma colisão inelástica, em que existe um coeficiente de restituição menor que a unidade. Começaremos discutindo a equação de Fourier.

18.3 Transferência de calor

Discutiremos nesta seção um procedimento que utiliza transferência de calor. Assumiremos que existe um conjunto de partículas idênticas que se movem no interior de um bilhar com fronteira fechada. A densidade de partículas é baixa, de tal forma que elas são consideradas não interagentes. A Figura 18.1 ilustra o conjunto de partículas, ao passo que a Figura 18.2 mostra a região onde pode ocorrer transferência de calor. Assumimos que a fronteira do bilhar é dependente do tempo e este é o mecanismo responsável pela troca de energia entre as partículas, ou seja, colisões com a fronteira móvel.

Assumiremos que a fronteira está a uma temperatura T_b fixa, não sendo afetada pelo conjunto de partículas movendo-se no interior do bilhar. Dessa forma, a fonteira funciona como um banho térmico e duas conclusões podem

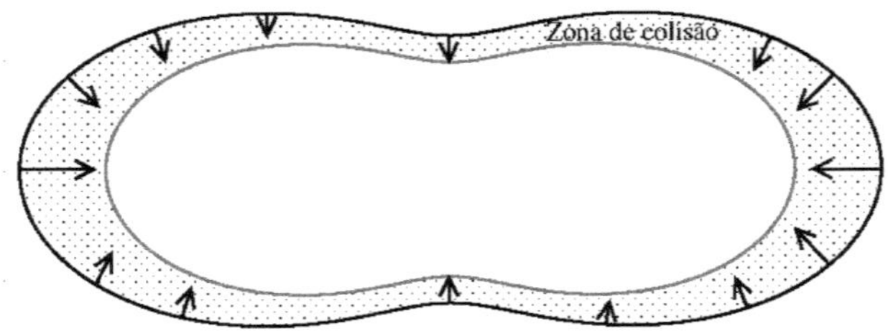

Figura 18.2 – Ilustração da região onde pode ocorrer transferência de calor. As setas identificam a direção do fluxo de calor quando a temperatura do gás $T < T_b$.

ser obtidas. Se o gás de partículas está a uma temperatura $T < T_b$, então a fronteira fornecerá energia para o *ensemble* de partículas aumentando sua temperatura até que ocorra o equilíbrio térmico. Por outro lado, se $T > T_b$, o banho térmico absorverá energia do gás reduzindo sua temperatura até que o equilíbrio térmico seja alcançado. A região na borda do bilhar onde as partículas podem trocar energia é conhecida como zona de colisão.

O hamiltoniano que descreve a energia de cada partícula é dado por

$$H = \frac{p^2}{2m} + V(q_x, q_y, t) \tag{18.3}$$

em que $p^2 = p_x^2 + p_y^2$ corresponde ao momento linear da partícula e V é a energia potencial escrita como

$$V(q_x, q_y, t) = \begin{cases} 0 & \text{se} \quad (q_x, q_y, t) < R(t) \\ \infty & \text{se} \quad (q_x, q_y, t) = R(t) \end{cases} \tag{18.4}$$

em que R é o raio da fronteira escrito em coordenadas polares como $R(\theta, \eta, t) = 1 + \eta f(t) \cos(p\theta)$, sendo p um número inteiro.[3] O parâmetro η corresponde à perturbação do círculo. Se $\eta = 0$ a fronteira é um círculo e o bilhar é integrável em virtude da conservação de energia e momento angular. Para $\eta \neq 0$ temos um espaço de fases misto para fronteira fixa, conforme discutido no Capítulo 15.

[3]Números não inteiros conduzem a fronteiras abertas permitindo escape de partículas.

A equação que governa a transferência de calor é escrita como

$$\frac{\partial Q}{\partial t} = -\kappa \ell \frac{\partial T}{\partial x} \tag{18.5}$$

em que κ corresponde ao coeficiente de condutividade térmica; ℓ é o comprimento por onde pode fluir calor, sendo obtido a partir das propriedades geométricas da fronteira; o termo $\frac{\partial Q}{\partial t}$ corresponde ao fluxo de calor em uma região onde existe uma diferença de temperatura ΔT; e $\frac{\partial T}{\partial x}$ corresponde ao gradiente de temperatura. No Apêndice F são feitas uma breve discussão da equação de Fourier e uma interpretação do coeficiente de condutividade térmica κ para o caso unidimensional. O sinal $(-)$ está relacionado ao fato de o calor fluir de uma região de maior temperatura para uma região de menor temperatura. O comprimento efetivo ℓ onde ocorre o fluxo de calor é obtido de $\ell = \int_0^{2\pi} R(\theta, \eta, \varepsilon, p, t) d\theta = \int_0^{2\pi} [1 + \eta[1 + \varepsilon \cos(t)] \cos(p\theta)] d\theta = 2\pi$.

Utilizaremos dois passos para resolver a Equação (18.5): primeiramente, desenvolveremos o termo $\frac{\partial Q}{\partial t}$ e, em seguida, consideraremos o termo $\frac{\partial T}{\partial x}$. Como consideramos que a densidade de partículas é suficientemente baixa, de forma que uma partícula não interage com a outra, a única forma de energia que o gás apresenta é a energia associada ao estado de movimento, portanto, energia cinética. Utilizando o teorema de equipartição de energia[4] temos que

$$\frac{1}{2} m \overline{V^2}(t) = KT(t) \tag{18.6}$$

em que K é a constante de Boltzmann e $\overline{V^2}(t)$ corresponde à velocidade quadrática média obtida a partir de uma média ao longo de um *ensemble* de partículas. Dessa forma, o conhecimento de $\overline{V^2}(t)$ fornece a temperatura $T(t)$ diretamente.

É conhecido da termodinâmica que uma quantidade de calor transferida depende da temperatura[5] $dQ = cdT$, em que dQ é uma quantidade

[4] O uso do teorema da equipartição de energia é possível uma vez que a construção da distribuição da probabilidade $P(V)$ *vs.* V exibe uma forma que é gaussiana para tempos curtos e, no estado assintótico, aproxima-se de uma distribuição de Boltzmann.

[5] Isso é verdade quando o sistema não está passando por uma transição de fase.

infinitesimal de calor transferida ao custo de uma variação infinitesimal de temperatura dT e o parâmetro c corresponde à capacidade calorífica do gás de partículas. Para um gás ideal $c = KN_p$, em que N_p é o número total de partículas do gás. Assim, o lado esquerdo da Equação (18.5) é escrito como $\frac{\partial Q}{\partial t} = \frac{cm}{2K}\frac{\partial}{\partial t}\overline{V^2}(t)$. O próximo passo é obter a expressão do lado direito da Equação (18.5). Uma vez que o gradiente de temperatura pode ocorrer apenas ao longo da zona de colisão, podemos utilizar a seguinte aproximação:

$$\frac{\partial T}{\partial x} \cong \frac{\Delta T}{\Delta x} = \frac{T - T_b}{\Delta x} \tag{18.7}$$

em que Δx é medido na zona de colisão. Para obter Δx, notamos que o raio da fronteira conduz a dois extremos $R_{max} = 1 + \eta(1 + \varepsilon)\cos(p\theta)$ e $R_{min} = 1 + \eta(1 - \varepsilon)\cos(p\theta)$, em que R_{max} e R_{min} correspondem aos valores máximos e mínimos do raio com a variação do tempo. A zona de colisão é uma região dada por $\Delta R = R_{max} - R_{min} = 2\eta\varepsilon\cos(p\theta)$. Vemos que ΔR não é constante e depende de θ, admitindo ainda a propriedade de que $\overline{\Delta R} = 0$. Portanto, uma forma de se determinar Δx é considerar $\Delta x = \sqrt{\overline{(\Delta R)^2}}$, em que

$$\overline{(\Delta R)^2} = \frac{1}{2\pi}\int_0^{2\pi} 4\eta^2\varepsilon^2\cos^2(p\theta)d\theta \tag{18.8}$$

Um cálculo direto fornece $\Delta x = \sqrt{2}\eta\varepsilon$. Dessa forma, a expressão obtida é $\frac{\Delta T}{\Delta x} = \frac{T - T_b}{\sqrt{2}\eta\varepsilon}$. Incorporando essas aproximações na equação da transferência de calor, encontramos que

$$\frac{cm}{2K}\frac{\partial}{\partial t}\overline{V^2} = -\frac{\kappa\ell}{\sqrt{2}\eta\varepsilon}\left[\frac{m}{2K}\overline{V^2} - T_b\right] \tag{18.9}$$

Notamos que a Equação (18.9) é uma equação diferencial ordinária (EDO) de primeira ordem e pode ser resolvida de forma direta, conduzindo à seguinte expressão:

$$\overline{V^2}(t) = \frac{2K}{m}T_b + \left[V_0^2 - \frac{2K}{m}T_b\right]e^{-\frac{2\pi\kappa}{\sqrt{2}\eta\varepsilon c}t} \tag{18.10}$$

Considerando o teorema de equipartição de energia, a temperatura é escrita como

$$T(t) = T_b + [T_0 - T_b]\, e^{-\frac{2\pi\kappa}{\sqrt{2}\eta\epsilon c}t} \tag{18.11}$$

Vamos agora considerar algumas das possibilidades de descrição. Suponha que o gás de partículas tenha sido injetado no bilhar com uma velocidade suficientemente alta, de tal forma que $T_0 \gg T_b$. Da Equação (18.11) e considerando apenas os termos dominantes, temos

$$T(t) \cong T_b + T_0 e^{-\frac{2\pi\kappa}{\sqrt{2}\eta\epsilon c}t} \tag{18.12}$$

confirmando, portanto, um decaimento exponencial da temperatura para tempos curtos e uma convergência para o estado de equilíbrio em $T(t) = T_b$ quando $t \to \infty$.

Outro tipo de comportamento observado ocorre quando um *ensemble* de partículas é injetado no bilhar com velocidades baixas, de tal forma que $T_0 \ll T_b$. Expandindo a exponencial em série de Taylor considerando somente os termos dominantes, obtemos

$$T(t) = T_b \frac{2\pi\kappa}{\sqrt{2}\eta\epsilon c} t \tag{18.13}$$

Esse resultado confirma que a temperatura do gás cresce linearmente com o tempo para o regime de tempos curtos e que a velocidade média $\overline{V}(t) = \sqrt{\overline{V^2}}$ cresce com raiz quadrada do tempo, ou seja,

$$\overline{V}(t) = \sqrt{T_b \frac{4\pi K\kappa}{\sqrt{2}m\eta\epsilon c}} \sqrt{t} \tag{18.14}$$

Esse crescimento não é indefinido e o regime estacionário é obtido quando $t \to \infty$.

18.4 Formalismo de bilhar

Discutiremos nesta seção as equações que descrevem a dinâmica da partícula no formalismo dos bilhares dependentes do tempo. A construção do mapeamento é bastante semelhante àquela já discutida na Capítulo 16 e será mantida aqui por completeza do Capítulo. A Figura 18.3 mostra a ilustração do modelo e 4 colisões da partícula com a fronteira.

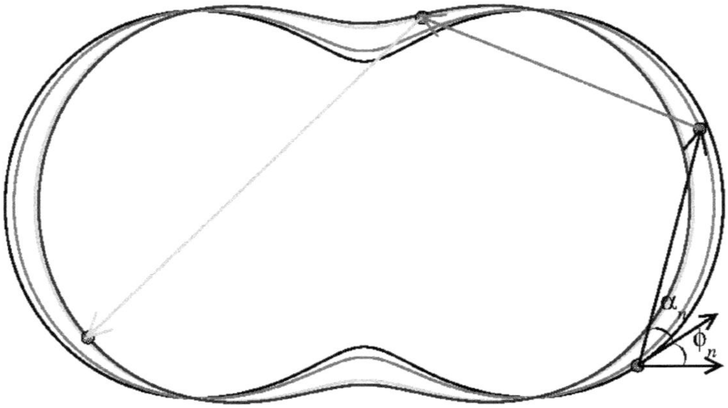

Figura 18.3 – Figura ilustrando 4 colisões da partícula com a fronteira do bilhar.

A posição da partícula em um determinado estado $(\theta_n, \alpha_n, |\vec{V}_n|, t_n)$ é escrita como

$$X(t) = X(\theta_n, t_n) + |\vec{V}_n| \cos(\alpha_n + \phi_n)(t - t_n) \quad (18.15)$$

$$Y(t) = Y(\theta_n, t_n) + |\vec{V}_n| \sin(\alpha_n + \phi_n)(t - t_n) \quad (18.16)$$

em que o tempo $t \geq t_n$ com $X(\theta_n, t_n) = R(\theta_n, t_n)\cos(\theta_n)$ e $Y(\theta_n, t_n) = R(\theta_n, t_n)\sin(\theta_n)$. A partir do conhecimento de θ, ϕ fornece o ângulo entre a linha tangente e a horizontal na posição $X(\theta), Y(\theta)$ e é escrito como $\phi = \arctan[Y'(\theta, t)/X'(\theta, t)]$, em que $Y'(\theta, t) = dY/d\theta$ e $X'(\theta, t) = dX/d\theta$.

Considerando que a partícula viaja com velocidade constante entre as colisões, a distância percorrida pela partícula medida em relação à origem do sistema de coordenadas é dada por $R_p(t) = \sqrt{X^2(t) + Y^2(t)}$. A posição angular θ_{n+1} é obtida pela solução de $R_p(\theta_{n+1}, t_{n+1}) = R(\theta_{n+1}, t_{n+1})$. O tempo na colisão $n + 1$ é dado por

$$t_{n+1} = t_n + \frac{\sqrt{\Delta X^2 + \Delta Y^2}}{|\vec{V}_n|} \quad (18.17)$$

em que $\Delta X = X_p(\theta_{n+1}, t_{n+1}) - X(\theta_n, t_n)$ e $\Delta Y = Y_p(\theta_{n+1}, t_{n+1}) - Y(\theta_n, t_n)$.

Assumimos que as colisões da partícula com a fronteira são inelásticas, o que conduz a uma perda fracional de energia a cada colisão, e que apenas a componente normal da velocidade é afetada pela dissipação. No instante da colisão, as leis de reflexão são

$$\vec{V'}_{n+1} \cdot \vec{T}_{n+1} = \vec{V'}_n \cdot \vec{T}_{n+1} \tag{18.18}$$

$$\vec{V'}_{n+1} \cdot \vec{N}_{n+1} = -\gamma \vec{V'}_n \cdot \vec{N}_{n+1} \tag{18.19}$$

em que os vetores unitários normal e tangente são dados por

$$\vec{T}_{n+1} = \cos(\phi_{n+1})\hat{i} + \sin(\phi_{n+1})\hat{j} \tag{18.20}$$

$$\vec{N}_{n+1} = -\sin(\phi_{n+1})\hat{i} + \cos(\phi_{n+1})\hat{j} \tag{18.21}$$

em que $\gamma \in [0, 1]$ corresponde ao coeficiente de restituição. Se $\gamma = 1$ temos colisões completamente elásticas, enquanto $\gamma < 1$ leva a partícula a sofrer perda fracional de energia a cada colisão. O termo $\vec{V'}$ corresponde à velocidade da partícula medida no sistema de referência não inercial. As componentes tangencial e normal da velocidade no impacto $(n+1)$ são dadas por

$$\vec{V}_{n+1} \cdot \vec{T}_{n+1} = \vec{V}_n \cdot \vec{T}_{n+1} \tag{18.22}$$

$$\begin{aligned} \vec{V}_{n+1} \cdot \vec{N}_{n+1} &= -\gamma \vec{V}_n \cdot \vec{N}_{n+1} + \\ &+ (1+\gamma)\vec{V}_b(t_{n+1} + Z(n)) \cdot \vec{N}_{n+1} \end{aligned} \tag{18.23}$$

em que $\vec{V}_b(t_{n+1} + 2\pi Z(n))$ corresponde à velocidade da fronteira, que é dada por

$$\vec{V}_b(t_{n+1}) = \left.\frac{dR(t)}{dt}\right|_{t_{n+1}} [\cos(\theta_{n+1})\widehat{i} + \sin(\theta_{n+1})\widehat{j}] \tag{18.24}$$

e $Z(n) \in [0, 1]$ é um número aleatório introduzido no argumento da velocidade da fronteira para modelar estocasticidade no sistema. Finalmente, a velocidade da partícula na colisão $(n + 1)$ é dada por

$$|\vec{V}_{n+1}| = \sqrt{(\vec{V}_{n+1} \cdot \vec{T}_{n+1})^2 + (\vec{V}_{n+1} \cdot \vec{N}_{n+1})^2} \tag{18.25}$$

em que o ângulo α_{n+1} é escrito como

$$\alpha_{n+1} = \arctan\left[\frac{\vec{V}_{n+1}\cdot\vec{N}_{n+1}}{\vec{V}_{n+1}\cdot\vec{T}_{n+1}}\right] \tag{18.26}$$

Com as equações do mapeamento determinadas, podemos agora estudar algumas propriedades estatísticas para a velocidade da partícula.

18.4.1 Estado estacionário

Para determinar a velocidade média do *ensemble* de partículas faremos a seguinte consideração: assumiremos que a distribuição de probabilidade para a velocidade no plano de fases α *vs.* θ é uniforme. Para a versão estocástica do modelo, que fornece números aleatórios Z no argumento da velocidade da parede móvel a cada impacto, isso de fato ocorre. Tomando a expressão de $|\vec{V}_{n+1}|$ e a média quadrática da velocidade nas faixas $\theta \in [0, 2\pi]$, $\alpha \in [0, \pi]$ e $t \in [0, 2\pi]$, obtemos

$$\overline{V^2}_{n+1} = \frac{\overline{V^2}_n}{2} + \frac{\gamma^2\overline{V^2}_n}{2} + \frac{(1+\gamma)^2\eta^2\varepsilon^2}{8} \tag{18.27}$$

No regime do estado estacionário, a velocidade quadrática média é obtida considerando $\overline{V_{n+1}^2} = \overline{V_n^2} = \overline{V^2}$. Isolando o termo $\overline{V^2}$ obtemos

$$\overline{V^2} = \frac{(1+\gamma)\eta^2\varepsilon^2}{4(1-\gamma)} \tag{18.28}$$

Ao extrairmos a raiz quadrada da velocidade quadrática média $\overline{V} = \sqrt{\overline{V^2}}$, encontramos

$$\overline{V} = \frac{\eta\varepsilon}{2}\sqrt{(1+\gamma)}(1-\gamma)^{-1/2} \tag{18.29}$$

Notamos da Equação (18.29) que o expoente do termo $(1-\gamma)$ é $-1/2$, enquanto o expoente de $(\eta\varepsilon)$ é 1. Esses expoentes serão discutidos mais adiante.

18.4.2 Regime dinâmico

Uma forma simples de estudar o regime dinâmico é transformar a equação de diferenças que descreve a velocidade da partícula em uma EDO que é de fácil solução. O procedimento é semelhante àquele que utilizamos em mapeamentos uni e bidimensionais. Transformando então a Equação (18.27) em uma EDO usando um *ensemble* de partículas, encontramos

$$\overline{V^2}_{n+1} - \overline{V_n^2} = \frac{\overline{V^2}_{n+1} - \overline{V_n^2}}{(n+1) - n} \cong \frac{d\overline{V^2}}{dn} \tag{18.30}$$

o que conduz a

$$\frac{d\overline{V^2}}{dn} = \frac{\overline{V^2}}{2}(\gamma^2 - 1) + \frac{(1+\gamma)^2\eta^2\varepsilon^2}{8} \tag{18.31}$$

Integrando e considerando as condições iniciais V_0 no instante $n = 0$, temos

$$\overline{V^2}(n) = \overline{V_0^2} e^{\frac{(\gamma^2-1)}{2}n} + \frac{(1+\gamma)}{4(1-\gamma)}\eta^2\varepsilon^2\left[1 - e^{\frac{(\gamma^2-1)}{2}n}\right] \tag{18.32}$$

A dinâmica de $\overline{V}(n) = \sqrt{\overline{V^2}(n)}$ é descrita por

$$\overline{V}(n) = \sqrt{\overline{V_0^2} e^{\frac{(\gamma^2-1)}{2}n} + \frac{(1+\gamma)}{4(1-\gamma)}\eta^2\varepsilon^2\left[1 - e^{\frac{(\gamma^2-1)}{2}n}\right]} \tag{18.33}$$

Dois limites importantes são imediatos para a Equação (18.33). O primeiro deles ocorre quando $V_0 \gg \frac{(1+\gamma)^{1/2}}{2}(1-\gamma)^{-1/2}\eta\varepsilon$ e fornece um decaimento exponencial para a velocidade como

$$\overline{V}(n) \cong V_0 e^{\frac{(\gamma^2-1)}{4}n} \cong V_0 e^{\frac{(\gamma-1)}{2}n} \tag{18.34}$$

O segundo é observado quando a velocidade inicial é suficientemente pequena, tipicamente $V_0 \cong 0$, o que fornece a expressão dominante para $\overline{V}(n)$ como

$$\overline{V}(n) = \frac{(1+\gamma)^{1/2}}{2}(1-\gamma)^{-1/2}\eta\varepsilon\left[1 - e^{\frac{(\gamma^2-1)}{2}n}\right]^{1/2} \tag{18.35}$$

Uma expansão em série de Taylor na Equação (18.35) fornece

$$\overline{V}(n) \sim \eta\varepsilon\sqrt{n} \tag{18.36}$$

18.4.3 Simulações numéricas

Discutiremos agora o comportamento da velocidade quadrática média para um conjunto de partículas a partir dos resultados de simulação numérica. Estamos interessados no limite em que $\gamma \to 1$, portanto, próximo à transição do regime de conservativo para dissipativo. De acordo com a conjectura LRA, se $\gamma = 1$, o que corresponde ao caso conservativo, a velocidade média do *ensemble* de partículas deve crescer ilimitadamente. Entretanto, para $0 < \gamma < 1$ o crescimento de energia não é ilimitado, existindo apenas um regime de crescimento até a aproximação para um estado assintótico. Assim, o parâmetro de controle conveniente para a investigação é $(1-\gamma)$. As simulações numéricas foram realizadas com uma velocidade inicial fixa em $V_0 = 10^{-3}$, considerando os parâmetros de controle $\eta\varepsilon \in [0,002; 0,02]$, sendo os ângulos $\alpha_0 \in [0, \pi]$ e $\theta_0 \in [0, 2\pi]$ e o instante inicial $t_0 \in [0, 2\pi]$ escolhidos aleatoriamente. Além da dinâmica usual obtida pela evolução das equações do bilhar, a cada colisão sorteia-se um número aleatório $Z(n) \in [0, 1]$ e avalia-se a equação da velocidade para introduzir estocasticidade no modelo. Realizamos dois tipos de média: (i) avaliamos a velocidade média da partícula ao longo de sua órbita produzindo a média temporal a partir da condição inicial; e (ii) calculamos a velocidade média considerando um *ensemble* de partículas com condições iniciais diferentes. Dessa forma, a velocidade média é escrita como

$$< \overline{V} > (n) = \frac{1}{M} \sum_{i=1}^{M} \frac{1}{n+1} \sum_{j=0}^{n} V_{i,j} \tag{18.37}$$

em que o índice i corresponde a uma amostra em um *ensemble* de $M = 2000$ condições iniciais distintas. Um gráfico de $< \overline{V} >$ *vs.* n para valores distintos de γ é mostrado na Figura 18.4(a).

A partir da Figura 18.4(a), podemos ver dois tipos distintos de comportamento. Para valores de n pequenos, a velocidade média cresce de acordo com uma lei de potência e eventualmente se aproxima de um regime de saturação para valores elevados de n. A mudança de crescimento

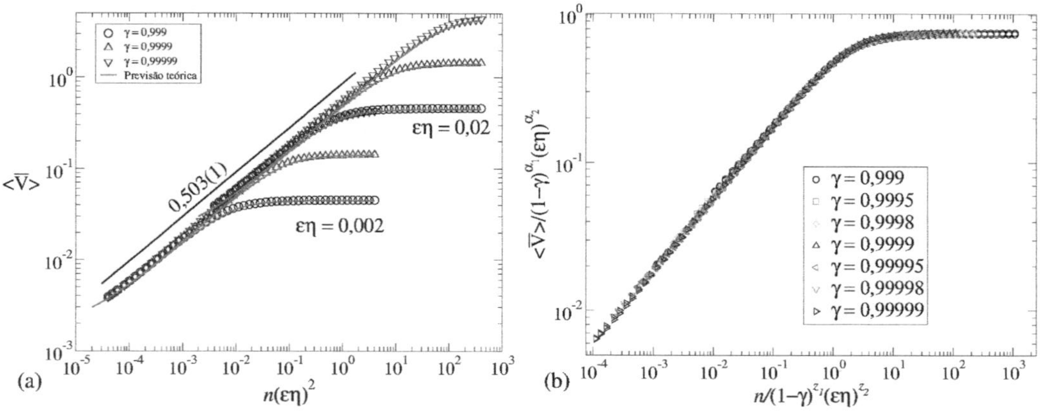

Figura 18.4 – (a) Esboço de $<\overline{V}>$ $vs.$ n para valores distintos de γ e duas combinações de $\eta\varepsilon$. (b) Sobreposição das curvas mostradas em (a) em uma única curva universal após a aplicação das seguintes transformações: $n \to n/[(1-\gamma)^{z_1}(\eta\varepsilon)^{z_2}]$ e $<\overline{V}>\to<\overline{V}>/[(1-\gamma)^{\alpha_1}(\eta\varepsilon)^{\alpha_2}]$. As linhas contínuas fornecem a previsão teórica da Equação (18.42).

para saturação é determinada por um tempo de *crossover* característico n_x. Notamos que a transformação $n \to n(\eta\varepsilon)^2$ sobrepõe as curvas para tempos curtos antes que elas convirjam para o regime de saturação. A partir do comportamento mostrado na Figura 18.4(a), podemos propor as seguintes hipóteses de escala: (i) para valores de $n \ll n_x$, o regime de crescimento é descrito por $<\overline{V}>\propto [(\eta\varepsilon)^2 n]^{\beta}$, em que β é o expoente de aceleração; (ii) para valores de $n \gg n_x$, temos que $<\overline{V}_{sat}>\propto (1-\gamma)^{\alpha_1}(\eta\varepsilon)^{\alpha_2}$, em que α_1 e α_2 são os expoentes de saturação; e (iii) o número de colisões de *crossover* n_x que define a mudança do regime de crescimento para saturação é dado por $n_x \propto (1-\gamma)^{z_1}(\eta\varepsilon)^{z_2}$, em que z_1 e z_2 são os expoentes de *crossover*.

As três hipóteses de escala permitem que o comportamento de $<\overline{V}>$ seja descrito por uma função homogênea generalizada da forma

$$<\overline{V}> \;[\;(\eta\varepsilon)^2 n, \eta\varepsilon, (1-\gamma)\;] = l<\overline{V}>[l^a(\eta\varepsilon)^2 n, l^b\eta\varepsilon, l^d(1-\gamma)] \tag{18.38}$$

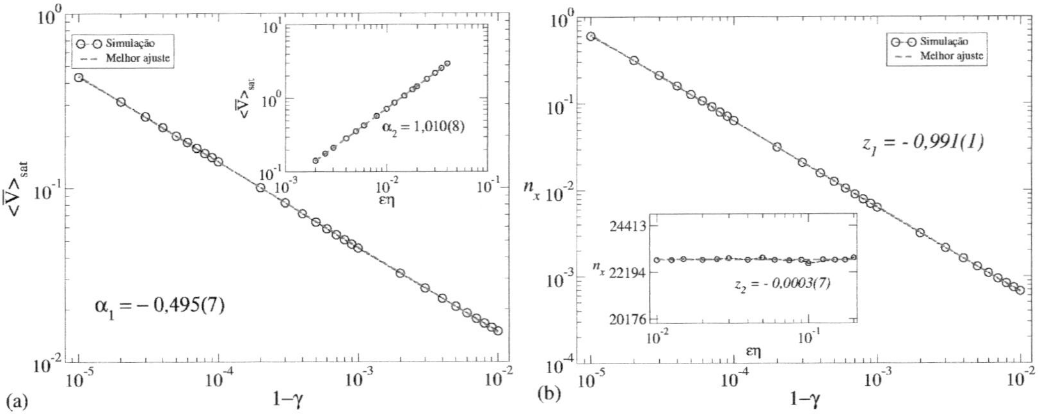

Figura 18.5 – Esboço do comportamento de: (a) $<\overline{V}_{sat}>$ e (b) n_x como função de $(1-\gamma)$. O gráfico interno mostra o comportamento de $<\overline{V}_{sat}>$ e n_x para valores distintos de $\varepsilon\eta$.

em que l é um fator de escala e a, b e d são expoentes característicos que devem ser relacionadas com os expoentes críticos. Usando o mesmo procedimento realizado nos capítulos anteriores, chegamos às seguintes leis de escala:

$$z_1 = \frac{\alpha_1}{\beta} \qquad z_2 = \frac{\alpha_2}{\beta} - 2 \tag{18.39}$$

Todos os cinco expoentes de escala podem ser obtidos numericamente. Quando ajustamos uma lei de potência para o regime de crescimento da velocidade $<\overline{V}>$, temos que $\beta = 0,503(1) \simeq 1/2$. Valores bastante próximos desse foram obtidos para a faixa de parâmetros de controle $\gamma \in [0,999; 0,99999]$. Considerando agora $\eta\varepsilon$ fixo e variando γ, obtemos que um ajuste em lei de potência para $<\overline{V}_{sat}>$ *vs.* $(1-\gamma)$ fornece $\alpha_1 = -0,495(7) \cong -1/2$, conforme mostrado na Figura 18.5(a). Um ajuste em lei de potência em n_x *vs.* $(1-\gamma)$ nos dá $z_1 = -0,991(1) \cong -1$. Por fim, assumir $(1-\gamma)$ constante e ajustar o comportamento de $<\overline{V}_{sat}>$ *vs.* $\eta\varepsilon$ fornece $\alpha_1 = 1,010(8) \cong 1$, enquanto o gráfico de n_x *vs.* $\eta\varepsilon$ conduz a $z_2 = -0,0003(7) \cong 0$. Quando utilizamos as leis de escala dadas na Equação (18.39), notamos que a determinação dos expoentes críticos é excelente quando comparada com as simulações numéricas. Aplicando as transformações $n \to n/[(1-\gamma)^{z_1}(\eta\varepsilon)^{z_2}]$ e $<\overline{V}> \to <\overline{V}> /[(1-\gamma)^{\alpha_1}(\eta\varepsilon)^{\alpha_2}]$, todas as curvas mostradas na Figura 18.4(a) se sobrepõem em uma única curva universal, conforme mostrado na Figura 18.4(b).

18.4.4 Média da velocidade em n

Conforme descrito na Equação (18.32), a velocidade quadrática média foi obtida considerando apenas uma média em um *ensemble* de condições iniciais, o que corresponde a um conjunto de partículas não interagentes. Entretanto, as simulações foram realizadas considerando ambas as médias ao longo da órbita e no conjunto de condições iniciais. A velocidade quadrática média é escrita como

$$<\overline{V^2}(n)>=\frac{1}{n+1}\sum_{i=0}^{n}\overline{V^2}(i) \tag{18.40}$$

O somatório que aparece na exponencial converge, uma vez que os argumentos da função são sempre negativos. A convergência dos termos da exponencial é

$$\sum_{i=0}^{n} e^{(\frac{\gamma^2-1}{2})i}=\left[\frac{1-e^{(\frac{\gamma^2-1}{2})(n+1)}}{1-e^{\frac{\gamma^2-1}{2}}}\right] \tag{18.41}$$

portanto, tomando a raiz quadrada do resultado, encontramos $V_{rms}(n)=\sqrt{<\overline{V^2}(n)>}$, o que conduz a

$$V_{rms}(n)=\sqrt{\frac{(1+\gamma)\eta^2\varepsilon^2}{4(1-\gamma)}+\frac{1}{(n+1)}\left[V_0^2-\frac{(1+\gamma)\eta^2\varepsilon^2}{4(1-\gamma)}\right]\left[\frac{1-e^{(n+1)\frac{(\gamma^2-1)}{2}}}{1-e^{\frac{(\gamma^2-1)}{2}}}\right]} \tag{18.42}$$

O esboço da curva gerada pela Equação (18.42) é representado como linha contínua na Figura 18.4(a).

Dois limites importantes para a Equação (18.42) são:

1. $n=0$, o que leva a $V_{rms}(0)=V_0$;

2. $n \to \infty$, o que leva a

$$V_{rms}(n \to \infty) = \sqrt{\frac{(1+\gamma)\eta^2\varepsilon^2}{4(1-\gamma)}} \tag{18.43}$$

De posse da Equação (18.42), podemos discutir o comportamento de V_{rms} para valores de n pequenos. No limite em que $\gamma \approx 1$, as exponenciais da Equação (18.42) podem ser expandidas em série de Taylor. Em virtude da presença do termo $(n+1)$ no denominador da Equação (18.42), a expansão em série de Taylor precisa seguir até segunda ordem, ao passo que as expansões do denominador podem ser interrompidas na primeira ordem. Expandindo em série de Taylor e agrupando apropriadamente, obtemos que a expressão de $V_{rms}(n)$ no limite em que $V_0 \cong 0$ é dada por

$$V_{rms}(n) \cong \frac{(1+\gamma)\eta\varepsilon}{4}\sqrt{(n+1)} \tag{18.44}$$

Quando $n \gg 1$, de modo que $\sqrt{(n+1)} \cong \sqrt{n}$, temos que $V_{rms}(n) \cong \frac{(1+\gamma)\eta\varepsilon}{4}\sqrt{n}$.

18.4.5 Expoentes críticos

Os cinco expoentes críticos que descrevem as propriedades de escala para o comportamento da velocidade quadrática média são β, α_i e z_i com $i = 1, 2$. Os expoentes α_1 e α_2 são obtidos para o regime de $n \to \infty$. Da Equação (18.43), obtemos que $\alpha_1 = -1/2$ e $\alpha_2 = 1$. O expoente β é obtido da Equação (18.44). Quando $n \gg 1$, temos que $\beta = 1/2$. Finalmente, o número de colisões de *crossover* n_x pode ser estimado a partir da igualdade entre as Equações (18.44) e (18.43). Um cálculo imediato fornece

$$n_x = \frac{4}{(1+\gamma)}(1-\gamma)^{-1} \tag{18.45}$$

Podemos concluir que $z_1 = -1$ e $z_2 = 0$.

18.4.6 Distribuição de velocidade

Discutiremos agora a forma da distribuição de velocidade para o caso da dinâmica dissipativa na presença de colisões inelásticas. É importante notar que a velocidade da partícula é limitada inferiormente pela velocidade da fronteira, ou seja, $V_l = -\eta\epsilon$. O limite superior da velocidade depende dos parâmetros de controle, particularmente pela presença de dissipação. O limite inferior da velocidade tem um papel crucial na distribuição de velocidade. Suponha que um *ensemble* de partículas com diferentes variáveis α e θ, mas com a mesma velocidade inicial, seja considerado. A velocidade inicial é escolhida tal que esteja acima da velocidade inferior e abaixo da velocidade de saturação. A dinâmica evolui conforme se segue. Para um número pequeno de colisões com a fronteira, parte do *ensemble* de partículas aumenta a energia e parte diminui. Essa distribuição é gaussiana, conforme podemos notar na Figura 18.6 para a velocidade inicial $V_0 = 0,2$ e a respectiva distribuição após 10 colisões com a fronteira. Os parâmetros de controle utilizados foram $\epsilon\eta = 0,02$, $\gamma = 0,999$ e $p = 2$, embora outros valores de parâmetro conduzam a resultados semelhantes. Consideramos um total de $2,5 \times 10^6$ condições iniciais distintas no *ensemble* de partículas. Com a evolução dinâmica, a curva gaussiana se achata de ambos os lados até que a curva da esquerda toca o limite inferior da velocidade. Esse comportamento pode ser observado a partir das barras mostradas para $n = 100$ colisões com a fronteira. A partir desse momento a distribuição de probabilidades tem sua simetria quebrada. Se uma velocidade inicial é fornecida abaixo do valor de saturação, a velocidade média inicia um regime de crescimento até se aproximar da saturação. A partir da quebra da simetria, a distribuição não é mais gaussiana e exibe a forma típica mostrada na parte interna da Figura 18.6. Tal distribuição foi obtida depois de 50000 colisões do *ensemble* de partículas com a fronteira. Embora a distribuição não seja mais gaussiana, ela exibe um pico e decai monotonicamente para valores elevados de velocidade, garantindo a convergência dos momentos da distribuição.

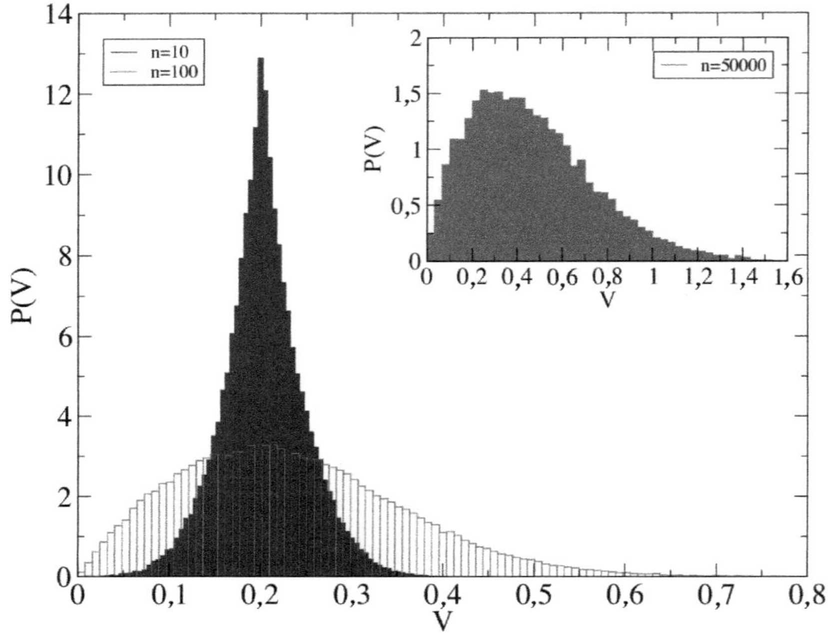

Figura 18.6 – Gráfico da distribuição de probabilidade para um *ensemble* de 10^5 partículas na versão dissipativa e estocástica do modelo do bilhar ovoide. A cor cinza escuro foi obtida após 10 colisões com a fronteira, ao passo que a cor cinza claro foi obtida após 100 colisões. A figura interna foi obtida apos 50000 colisões. A velocidade inicial considerada foi $V_0 = 0,2$ e os parâmetros de controle utilizados foram $\epsilon\eta = 0,02$ e $\gamma = 0,999$ considerando $p = 2$.

18.5 Conexão entre os dois formalismos

Os resultados discutidos na seção de transferência de calor foram obtidos como função do tempo t, ao passo que os resultados encontrados utilizando o formalismo de bilhares foram obtidos como função do número de colisões n. Devemos mencionar que o tempo t e o número de colisões não são variáveis com conexões triviais entre si. Isso ocorre porque uma partícula movendo-se com velocidade elevada pode sofrer muito mais colisões com a fronteira que uma partícula movendo-se com baixa velocidade em um mesmo intervalo de tempo. Nosso objetivo nesta seção é estabelecer uma conexão entre o tempo t e o número de colisões n.

Considerando que uma partícula viaja com velocidade constante entre as colisões, o intervalo de tempo entre dois impactos é dado por $\Delta t = d/|\vec{V}|$, em que d é a distância percorrida pela partícula e $|\vec{V}|$ é o valor absoluto da velocidade. Dessa forma, o tempo total após n impactos é dado por

$$\tau = \sum_{i=0}^{n} \frac{d_i}{|\vec{V}_i|} \tag{18.46}$$

O somatório na Equação (18.46) parece não ser de fácil determinação. Uma tentativa de ter uma forma explícita desse tempo é realizar o somatório em dois estágios, avaliando tanto o numerador quanto o denominador separadamente.

A partir da expressão do numerador, podemos estimar o livre caminho médio como

$$\overline{d} = \frac{1}{(n+1)} \sum_{i=0}^{n} d_i \tag{18.47}$$

em que d_i é definido com a distância de duas colisões como

$$d_i = \sqrt{[x(\theta_{i+1}) - x(\theta_i)]^2 + [y(\theta_{i+1}) - y(\theta_i)]^2} \tag{18.48}$$

em que $x(\theta) = R(\theta)\cos(\theta)$ e $y(\theta) = R(\theta)\sin(\theta)$. Como a dinâmica de cada partícula é supostamente caótica, podemos realizar uma média em $\theta \in [0, 2\pi]$ e obter

$$\overline{d} = \sqrt{2 + \eta^2 \left[1 + \frac{\varepsilon^2}{2}\right]} \tag{18.49}$$

O segundo somatório é $\sum_{i=0}^{n} \frac{1}{V_i}$. Para fazê-lo, consideramos que a variação de velocidade da colisão i para $(i+1)$ é pequena, de tal forma que a seguinte aproximação pode ser feita:

$$\sum_{i=0}^{n} \frac{1}{V_i} \cong \int_0^n \frac{1}{V(n')} dn' \tag{18.50}$$

A expressão de τ obtida de forma explícita para $\overline{V}$, conforme mostrado a partir da Equação (18.33), não é simples de lidar e os cálculos são mostrados no Apêndice G para o leitor interessado. Em vez de considerar a equação completa, vamos fazer uma aproximação. Quando a velocidade média é descrita a partir das variáveis de escala, temos que

$$f(x) = \left[\frac{x}{1+x}\right]^{\beta} \tag{18.51}$$

em que β é o expoente de aceleração, que assume o valor $\beta = 1/2$. Portanto, as variáveis de escala são $f \to \frac{\overline{V}\sqrt{(1-\gamma)}}{\eta\varepsilon}$ e $x \to n(1-\gamma)$. Incorporando essas equações na expressão de $\overline{V}(n)$, obtemos a seguinte equação a ser resolvida:

$$\tau = \frac{\overline{d}\sqrt{(1-\gamma)}}{\eta\varepsilon}\int\frac{dn}{\sqrt{\frac{n(1-\gamma)}{1+n(1-\gamma)}}} \tag{18.52}$$

Após realizar a integração, veja o Apêndice H para a solução explícita. Considerando apenas termos de ordem dominante em n, temos

$$\tau \cong \frac{\overline{d}\sqrt{(1-\gamma)}}{\eta\varepsilon}n \tag{18.53}$$

18.6 Resumo

Neste capítulo, discutimos uma aproximação para a termodinâmica de bilhares com fronteira dependente do tempo. A primeira descrição foi realizada utilizando o formalismo da solução da equação de Fourier para condução de calor. Mostramos que, se a temperatura de um gás de partículas é suficientemente alta comparada com a temperatura do ambiente, o gás sofre uma redução em sua temperatura, que é descrita por uma função exponencial do tempo. Se a temperatura do gás é baixa, este aumenta sua temperatura por meio de uma função descrita por uma lei de potência. A segunda descrição considera o formalismo dos bilhares dependentes do tempo, em que um *ensemble* de partículas é evoluído. No formalismo dos bilhares, o tempo não é uma boa variável, mas o número de colisões das partículas com a fronteira é. Mostramos que o comportamento da velocidade quadrática média é descrita por uma função homogênea generalizada que conduz a um conjunto de duas leis de escala, sendo elas

$$z_1 = \frac{\alpha_1}{\beta}\,,\ z_2 = \frac{\alpha_2}{\beta} - 2 \tag{18.54}$$

Os valores numéricos obtidos foram $\beta = 1/2$, $\alpha_1 = -1/2$, $\alpha_2 = 1$, $z_1 = -1$ e $z_2 = 0$. Iniciando a dinâmica no regime de baixas energias, mostramos que as curvas da velocidade quadrática média são invariantes de escala. Por fim, mostramos que existe uma relação, não tão simples, entre número de colisões e intervalo de tempo. Essa relação estabelece a conexão entre os formalismos utilizando a solução da equação de Fourier e a descrição dos bilhares dependentes do tempo.

18.7 Exercícios propostos

1. Considere a seguinte Equação:

$$\frac{cm}{2K}\frac{\partial}{\partial t}\overline{V^2} = -\frac{\kappa\ell}{\sqrt{2}\eta\varepsilon}\left[\frac{m}{2K}\overline{V^2} - T_b\right] \tag{18.55}$$

Realize a integral e mostre que o resultado deve ser escrito como

$$\overline{V^2}(t) = \frac{2K}{m}T_b + \left[V_0^2 - \frac{2K}{m}T_b\right]e^{-\frac{2\pi\kappa}{\sqrt{2}\eta\epsilon c}t} \tag{18.56}$$

2. Seja a seguinte Equação:

$$\frac{d\overline{V^2}}{dn} = \frac{\overline{V^2}}{2}(\gamma^2 - 1) + \frac{(1+\gamma)^2\eta^2\varepsilon^2}{8} \tag{18.57}$$

Faça a integral considerando as condições iniciais V_0 no instante $n = 0$ e mostre que o resultado deve ser escrito como

$$\overline{V^2}(n) = \overline{V_0^2}e^{\frac{(\gamma^2-1)}{2}n} + \frac{(1+\gamma)}{4(1-\gamma)}\eta^2\varepsilon^2\left[1 - e^{\frac{(\gamma^2-1)}{2}n}\right] \tag{18.58}$$

3. Faça expansão em série de Taylor na Equação

$$\overline{V}(n) = \frac{(1+\gamma)^{1/2}}{2}(1-\gamma)^{-1/2}\eta\varepsilon\left[1 - e^{\frac{(\gamma^2-1)}{2}n}\right]^{1/2} \tag{18.59}$$

e mostre que a aproximação de primeira ordem é escrita como

$$\overline{V}(n) \sim \eta\varepsilon\sqrt{n} \tag{18.60}$$

4. Mostre que $\sum_{i=0}^{n} e^{(\frac{\gamma^2-1}{2})i}$ converge para $\left[\frac{1-e^{(\frac{\gamma^2-1}{2})(n+1)}}{1-e^{\frac{\gamma^2-1}{2}}}\right]$.

5. Escreva um programa computacional para determinar numericamente a probabilidade $P(V)$ *vs.* V para o bilhar ovoide com perturbação estocástica na velocidade e mostre que o comportamento é semelhante àquele mostrado na Figura 18.6.

Apêndice A

Relações de Euler

Geralmente, um número complexo z pode ser representado a partir de um par ordenado da forma $z = x + iy$, em que $i = \sqrt{-1}$. Aqui, x identifica a parte real de z, ou seja, $x = Re(z)$, e y identifica a parte imaginária de z, escrita como $y = Im(z)$. Para chegar à expressão da relação de Euler, faremos as seguintes considerações: (1) $i \cdot i = -1$; (2) $(i \cdot i)^2 = 1$; (3) $1 \cdot i = i \cdot 1 = i$; (4) $(-1) \cdot i = i \cdot (-1) = -i$.

A relação de Euler tem aplicação imediata quando o número complexo z está representado em coordenadas polares. Assim, um número complexo z pode ser escrito como

$$\begin{aligned} z &= x + iy \\ &= re^{i\theta} \end{aligned}$$

A primeira forma é a representação cartesiana, em que x identifica o eixo horizontal e y o eixo vertical. A Figura A.1 ilustra essa representação. Em coordenadas polares, $r = \sqrt{(x^2 + y^2)}$ e $\theta = \arctan\left(\frac{y}{x}\right)$. Entretanto, em coordenadas polares, a relação de Euler estabelece que

$$e^{i\theta} = \cos(\theta) + i\sin(\theta) \tag{A.1}$$

Dessa maneira, o objetivo deste apêndice é demonstrar a Equação (A.1).

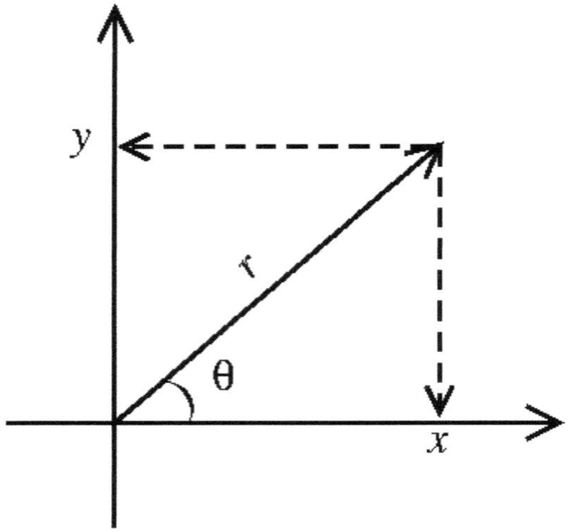

Figura A.1 – Ilustração esquemática das representações de um número complexo z usando ambas as coordenadas cartesianas e polares.

Para isso, utilizaremos a expressão da exponencial na representação em série de potências. Dessa forma, temos que

$$e^x = \frac{1}{0!} + \frac{x}{1!} + \frac{x^2}{2!} + \frac{x^3}{3!} + \frac{x^4}{4!} + \dots$$

Sabemos também que as funções $\sin(x)$ e $\cos(x)$ podem ser representadas utilizando série de potências. Suas representações são

$$\begin{aligned} \sin(x) &= \frac{x}{1!} - \frac{x^3}{3!} + \frac{x^5}{5!} - \frac{x^7}{7!} + \frac{x^9}{9!} - \dots \\ \cos(x) &= \frac{1}{0!} - \frac{x^2}{2!} + \frac{x^4}{4!} - \frac{x^6}{6!} + \frac{x^8}{8!} - \dots \end{aligned}$$

Portanto, para um número complexo $i\theta$ no argumento da função exponencial, temos

$$\begin{aligned} e^{i\theta} &= \frac{1}{0!} + \frac{i\theta}{1!} + \frac{(i\theta)^2}{2!} + \frac{(i\theta)^3}{3!} + \frac{(i\theta)^4}{4!} + \frac{(i\theta)^5}{5!} + \dots \\ &= \left[\frac{1}{0!} - \frac{\theta^2}{2!} + \frac{\theta^4}{4!} - \frac{\theta^6}{6!} + \frac{\theta^8}{8!} - \dots\right] + \\ &+ i\left[\frac{\theta}{1!} - \frac{\theta^3}{3!} + \frac{\theta^5}{5!} - \frac{\theta^7}{7!} + \frac{\theta^9}{9!} - \dots\right] \end{aligned}$$

O somatório no interior do primeiro par de colchetes corresponde à representação da função cosseno ($\cos(\theta)$), ao passo que o segundo somatório no interior do segundo par de colchetes fornece a função seno ($\sin(\theta)$). Assim, a relação de Euler dada pela Equação (A.1) fica demonstrada.

Como uma extensão imediata do procedimento, quando o argumento da função exponencial é negativo, ou seja, $-i\theta$, a expressão é dada por

$$e^{-i\theta} = \cos(\theta) - i\sin(\theta)$$

Portanto, a forma genérica para a representação da relação de Euler é

$$e^{\pm i\theta} = \cos(\theta) \pm i\sin(\theta)$$

Duas propriedades importantes que merecem destaque são:

- Propriedade 1:

$$\begin{aligned} e^{i\theta_1}e^{i\theta_2} &= e^{i(\theta_1\theta_2)} \\ &= \cos(\theta_1+\theta_2) + i\sin(\theta_1+\theta_2) \end{aligned}$$

- Propriedade 2:

$$\begin{aligned} \left(e^{i\theta}\right)^n &= e^{in\theta} \\ &= (\cos(\theta) + i\sin(\theta))^n \\ &= \cos(n\theta) + i\sin(n\theta) \end{aligned} \tag{A.2}$$

A Equação (A.2) é conhecida como fórmula de Moivre.

Apêndice B

Métodos de integração numérica

Este apêndice é dedicado a uma discussão elementar sobre métodos de integração numérica de equações diferenciais ordinárias (EDO). Começaremos a discussão com o método de Euler, em seguida apresentaremos o método dado por expansão em série de Taylor, e por fim discutiremos o método de Runge-Kutta de segunda e quarta ordem.

B.1 Método de Euler

Para ilustrar o método de Euler para solução de EDO de primeira ordem, considere que

$$\dot{x} = f(x,t) \tag{B.1}$$

em que f é uma função qualquer de suas variáveis (x,t), sendo x a variável dinâmica e t o tempo. A função f é também assumida bem comportada, possuindo derivadas contínuas em t e x. A Equação (B.1) deve satisfazer a condição de que em $t = t_0$, $x(t_0) = x_0$.

Como em princípio $f(x,t)$ é uma função qualquer e já conhecemos que em $t = t_0$, $x(t_0) = x_0$, a forma mais simples de avaliar a Equação (B.1) seria fazendo uma aproximação linear entre $t \in [t_0, t_0+h]$, sendo h um incremento no tempo. Desse modo, a integração da Equação (B.1) fornece

$$\int_{x_0}^{x(t)} dx = \int_{t_0}^{t} f(x_0, t)dt$$

o que conduz a

$$\begin{aligned} x(t) &= x_0 + \int_{t_0}^{t} f(x_0, t)dt \\ &\cong x_0 + (t - t_0)f(x_0, t_0) \end{aligned}$$

com $t \geq t_0$. Atribuindo uma sequência em t tal que $t_1 = t_0 + h$, $t_2 = t_0 + 2h$, $t_3 = t_0 + 3h$, ..., $t_n = t_0 + nh$, temos uma forma compacta para o método de Euler como

$$x_{n+1} = x_n + hf(x_n, t_n) \tag{B.2}$$

A Equação (B.2) corresponde ao método de Euler.

B.2 Método de Taylor

No método de Taylor, a ideia consiste em expandir a Equação (B.1) em série de Taylor além da primeira ordem. Dessa forma, temos

$$x(t_0 + h) = x(t_0) + hf(t_0) + \frac{h^2}{2!}x''(t_0) + \ldots \tag{B.3}$$

em que se assume que as derivadas existem e são contínuas. A precisão da solução é cada vez maior conforme são considerados termos de mais altas ordens na série de Taylor. A dificuldade do método consiste na determinação das derivadas que são utilizadas nos cálculos dos pré-fatores da série de Taylor. No método de Runge-Kutta, tais derivadas não são determinadas, ao custo de se avaliar a função em diversos pontos.

B.3 Método Runge-Kutta de segunda ordem

Quando consideramos o método de Runge-Kutta de segunda ordem, devemos avaliar as seguintes equações:

$$x_{n+1} = x_n + \frac{h}{2}(k_0 + k_1) \tag{B.4}$$

em que as funções auxiliares são dadas por

$$\begin{aligned} k_0 &= hf(x_n, t_n) \\ k_1 &= hf(x_n + h, t_n + hk_0) \end{aligned}$$

No método de Runge-Kutta de segunda ordem, o cálculo do erro das integrais é da ordem de h^3.

B.4 Método Runge-Kutta de quarta ordem

No método de Runge-Kutta de quarta ordem, as expressões utilizadas para integração são escritas como

$$x_{n+1} = x_n + [k_0 + 2k_1 + 2k_2 + k_3]/6 \tag{B.5}$$

em que

$$\begin{aligned} k_0 &= hf(x_n, t_n) \\ k_1 &= hf(x_n + \frac{1}{2}h, t_n + \frac{1}{2}k_0) \\ k_2 &= hf(x_n + \frac{1}{2}h, t_n + \frac{1}{2}k_1) \\ k_3 &= hf(x_n + h, t_n + k_2) \end{aligned}$$

O erro na cálculo das integrais é da ordem de h^5.

Apêndice C

Expressões dos coeficientes j na abordagem dinâmica

Apresentamos aqui as expressões obtidas para j_4, j_6, j_7 e j_8 discutidas no Capítulo 8. Os coeficientes obtidos da expansão em série de Taylor têm expressões longas, não sendo conveniente apresentá-los ao longo do texto do livro. Como veremos a seguir, embora suas expressões sejam longas, todas são funções suaves e contínuas de γ. Iniciaremos com o coeficiente $j_4 = \frac{1}{2}\frac{\partial^2 f^{(2)}}{\partial R^2}\Big|_{x^*,R_c}$, que é escrito como

$$j_4 = \frac{2^{\gamma^{-1}}\gamma^2\left((2+\gamma)^{-\gamma^{-1}} - 6\,(2+\gamma)^{-\frac{1+\gamma}{\gamma}} - 5\,(2+\gamma)^{-\frac{1+\gamma}{\gamma}}\gamma - (2+\gamma)^{-\frac{1+\gamma}{\gamma}}\gamma^2\right)}{(2+\gamma)^2} \tag{C.1}$$

A Figura C.1 (esquerda) mostra o comportamento de j_4 *vs.* γ. Podemos notar que é uma função monotônica e decrescente de γ. O segundo termo que mostraremos é o coeficiente $j_6 = \frac{1}{6}\frac{\partial^3 f^{(2)}}{\partial x^3}\Big|_{x^*,R_c}$. De fato, ele entra explicitamente nos cálculos realizados no Capítulo 8. Para a região de interesse de γ considerado, o coeficiente é negativo, tem comportamento monotônico

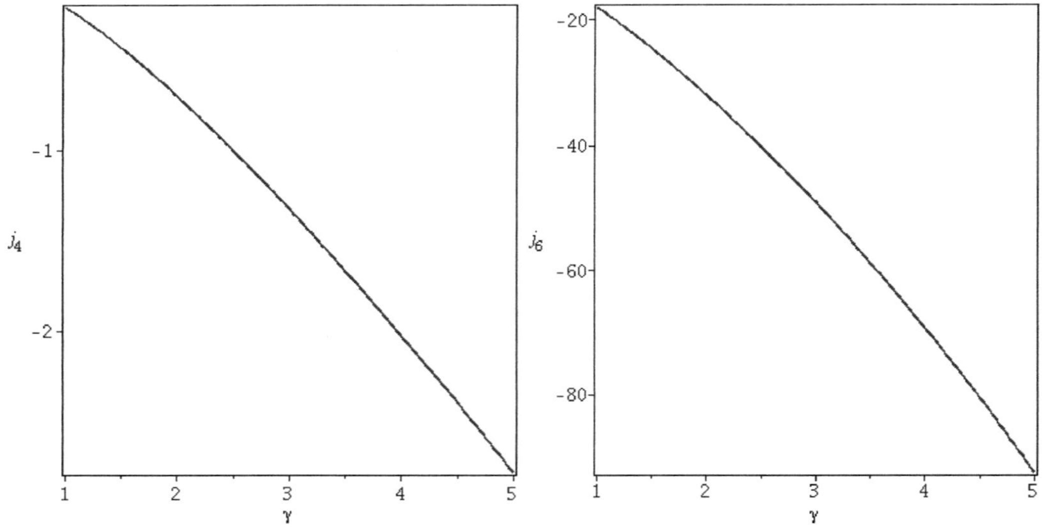

Figura C.1 – Esboço dos coeficientes j_4 (esquerda) e j_6 (direita), ambos em função de γ.

como função de γ e é escrito como

$$
\begin{aligned}
j_6 &= -\left[\frac{-(2+\gamma)^{\frac{2+\gamma}{\gamma}}\,4^{-\gamma^{-1}} + 21\,(4+4\,\gamma+\gamma^2)^{\gamma^{-1}}\,4^{-\gamma^{-1}}\gamma}{3(2+\gamma)}\right] \\
&- \left[\frac{16\,\gamma^2 4^{-\gamma^{-1}}\,(4+4\,\gamma+\gamma^2)^{\gamma^{-1}} + 10\,(4+4\,\gamma+\gamma^2)^{\gamma^{-1}}\,4^{-\gamma^{-1}}}{3(2+\gamma)}\right] \\
&- \left[\frac{4^{\frac{2\,\gamma-1}{\gamma}}\,(2+\gamma)^{-\frac{\gamma-2}{\gamma}}\,\gamma + 4^{\frac{2\,\gamma-1}{\gamma}}\,(2+\gamma)^{-\frac{\gamma-2}{\gamma}}\,\gamma^2 + 4^{\frac{\gamma-1}{\gamma}}\,(2+\gamma)^{-\frac{\gamma-2}{\gamma}}\,\gamma^3}{3(2+\gamma)}\right] \\
&- \left[\frac{8\left(1+\gamma+\frac{\gamma^2}{4}\right)^{-\frac{\gamma-1}{\gamma}} + 12\left(1+\gamma+\frac{\gamma^2}{4}\right)^{-\frac{\gamma-1}{\gamma}}\gamma + 6\left(1+\gamma+\frac{\gamma^2}{4}\right)^{-\frac{\gamma-1}{\gamma}}\gamma^2}{3(2+\gamma)}\right] \\
&- \left[\frac{\left(1+\gamma+\frac{\gamma^2}{4}\right)^{-\frac{\gamma-1}{\gamma}}\gamma^3 + 4^{\frac{\gamma-1}{\gamma}}\,(4+4\,\gamma+\gamma^2)^{\gamma^{-1}}\,\gamma^3}{3(2+\gamma)}\right] \qquad \text{(C.2}
\end{aligned}
$$

A Figura C.1 (direita) mostra um esboço de j_6 *vs.* γ.

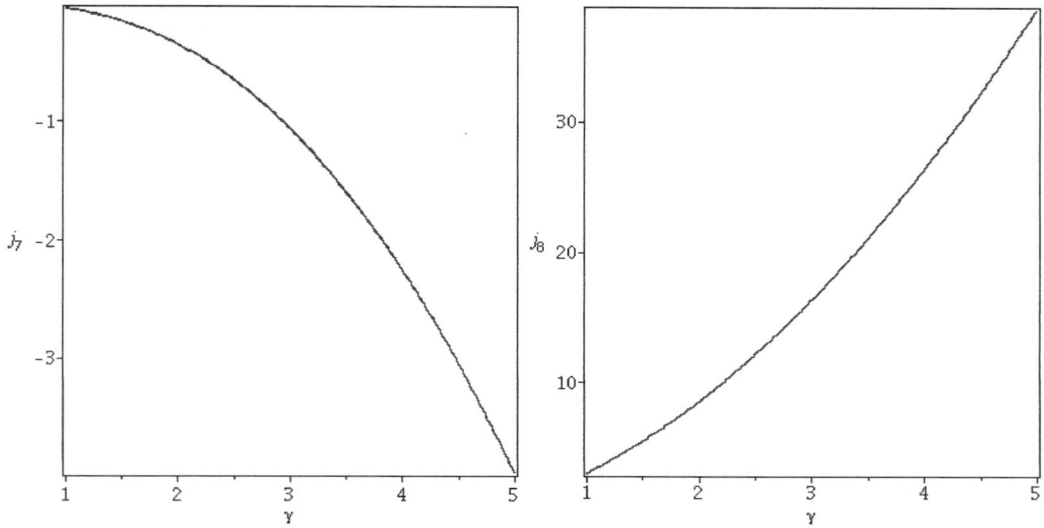

Figura C.2 – Esboço dos coeficientes j_7 (esquerda) e j_8 (direita), ambos em função de γ.

O coeficiente $j_7 = \frac{1}{6}\frac{\partial^3 f^{(2)}}{\partial R^3}\bigg|_{x^*,R_c}$ é escrito como

$$j_7 = -\frac{1}{3}\left[\frac{\gamma^3\left(2^{\frac{1+\gamma}{\gamma}} + 3\,2^{\gamma^{-1}}\gamma + 2^{\gamma^{-1}}\gamma^2\right)(2+\gamma)^{-\gamma^{-1}}}{(2+\gamma)\,(4+4\,\gamma+\gamma^2)}\right] \tag{C.3}$$

O comportamento de j_7 *vs.* γ é mostrado na Figura C.2 (esquerda) e, da mesma forma que j_4 e j_6, é uma função monotonicamente decrescente de γ.

Por fim, resta apresentar o coeficiente $j_8 = \frac{1}{2}\frac{\partial^3 f^{(2)}}{\partial x^2 \partial R}\Big|_{x^*,R_c}$, dado por

$$
\begin{aligned}
j_8 &= -\gamma \frac{\left[-3\left(1+\frac{\gamma}{2}\right)^{-\frac{\gamma-1}{\gamma}} - 3\left(1+\frac{\gamma}{2}\right)^{-\frac{\gamma-1}{\gamma}}\gamma - 3\,(2+\gamma)^{-\frac{\gamma-1}{\gamma}}\gamma\, 2^{-\gamma^{-1}}\right]}{(2+\gamma)} \\
&- \gamma \frac{\left[-(2+\gamma)^{-\frac{\gamma-1}{\gamma}}\gamma^2 2^{-\gamma^{-1}} - 2^{-\gamma^{-1}}(2+\gamma)^{\gamma^{-1}} - 2^{\frac{\gamma-1}{\gamma}}\gamma\,(2+\gamma)^{\gamma^{-1}}\right]}{(2+\gamma)} \\
&- \gamma \frac{\left[-(1+1/2\,\gamma)^{-\frac{\gamma-1}{\gamma}}\gamma^2 + 4\,2^{\frac{\gamma-1}{\gamma}}(2+\gamma)^{-\frac{2\gamma-1}{\gamma}} + 8\,2^{\frac{\gamma-1}{\gamma}}(2+\gamma)^{-\frac{2\gamma-1}{\gamma}}\gamma\right]}{(2+\gamma)} \\
&- \gamma \frac{\left[+5\,2^{\frac{\gamma-1}{\gamma}}(2+\gamma)^{-\frac{2\gamma-1}{\gamma}}\gamma^2 + 2^{\frac{\gamma-1}{\gamma}}(2+\gamma)^{-\frac{2\gamma-1}{\gamma}}\gamma^3\right]}{(2+\gamma)} \\
&- \gamma \frac{\left[+\gamma^2 2^{-\gamma^{-1}}(2+\gamma)^{\gamma^{-1}} - 2^{\frac{\gamma-1}{\gamma}}\gamma^2(2+\gamma)^{\gamma^{-1}}\right]}{(2+\gamma)}
\end{aligned} \tag{C.4}
$$

A Figura C.2 (direita) mostra o esboço de j_8 *vs.*γ. Ao contrário dos demais termos discutidos neste apêndice, j_8 é uma função monotonicamente crescente de γ.

Apêndice D

Mudança de referencial

D.1 Introdução

Neste apêndice, apresentamos o procedimento utilizado para o cálculo da velocidade da partícula no instante do choque com a parede móvel. Esse procedimento é necessário porque a parede está em movimento acelerado, sendo, portanto, um referencial não inercial. Admitiremos que a colisão é instantânea e que, no instante do choque, a fronteira está momentaneamente em repouso. Considere, então, os dois referenciais como mostrados na Figura D.1.

A partir da Figura D.1, vemos que, pela soma vetorial,

$$\vec{R}(t) = \vec{r}(t) + \vec{r'}(t) \tag{D.1}$$

em que $\vec{R}(t)$ denota a posição da partícula medida pelo referencial inercial, $\vec{r'}(t)$ fornece a posição da partícula medida por meio do referencial não inercial (parede móvel) e $\vec{r}(t)$ fornece a posição do referencial não inercial medida em relação ao referencial fixo.

Considerando que todos os vetores da Equação (D.1) são dependentes do tempo, podemos derivá-los e chegar a

$$\frac{d\vec{R}(t)}{dt} = \frac{d\vec{r}(t)}{dt} + \frac{d\vec{r'}(t)}{dt} \tag{D.2}$$

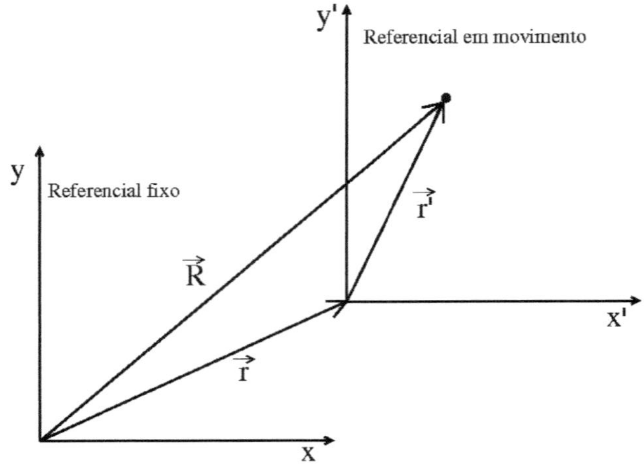

Figura D.1 – Ilustração da posição de uma partícula medida por dois referenciais, sendo um deles inercial (esquerda) e o outro não inercial (direita).

em que $\frac{d\vec{R}(t)}{dt} = \vec{v}_n$ corresponde à velocidade da partícula medida no referencial inercial, $\frac{d\vec{r}(t)}{dt} = \vec{V_w}(t)$ é a velocidade da parede móvel medida também no referencial inercial e, finalmente, $\frac{d\vec{r'}(t)}{dt} = \vec{v'}_n(t)$ é a velocidade da partícula medida no referencial não inercial.

Consideraremos aqui duas situações. Na primeira, os choques são admitidos perfeitamente elásticos (sem perda de energia), e na outra os choques são considerados inelásticos, levando a uma perda fracional de energia após a colisão.

D.2 Colisões elásticas

Quando a colisão é elástica ocorre conservação de energia e *momentum* no instante da colisão, logo, temos que a lei de reflexão é

$$\vec{v'}_{n+1} = -\vec{v'}_n \tag{D.3}$$

em que o sinal negativo (−) indica que houve inversão no sentido da velocidade da partícula. Dessa forma, temos que

$$\vec{v}_{n+1}(t) - \vec{V_w}(t) = -[\vec{v}_n(t) - \vec{V_w}(t)] \tag{D.4}$$

o que conduz a

$$\vec{v}_{n+1}(t) = -\vec{v}_n(t) + 2\vec{V_w}(t) \tag{D.5}$$

No modelo Fermi-Ulam, pelo fato de ser um modelo unidimensional, podemos desconsiderar a notação vetorial sem nenhuma perda de generalidade. Podemos também reconhecer duas situações: (1) choques sucessivos, em que $v_{n+1} = -v_n + 2V_w$; e (2) choques indiretos, em que $v_{n+1} = v_n + 2V_w$. Note que a troca de sinal do primeiro termo após a igualdade faz-se necessária em razão da inversão de sinal da velocidade da partícula após colidir com a parede fixa localizada em $X = \ell$. Como a expressão da posição da parede móvel é $X_w(t) = \varepsilon\cos(wt)$, temos que a expressão de $V_w(t) = -\varepsilon w \sin(wt)$.

D.3 Colisões inelásticas

Vamos agora considerar que a partícula sofre uma perda fracional de energia após a colisão. Tal perda é caracterizada por um coeficiente de restituição $\gamma \in [0, 1]$, de forma que para $\gamma = 0$, após o choque, a partícula permanece grudada na parede, ao passo que $\gamma = 1$ recupera a discussão dos choques elásticos. Dessa forma, temos que

$$\vec{v'}_{n+1} = -\gamma\vec{v'}_n \tag{D.6}$$

o que leva a

$$\vec{v}_{n+1}(t) - \vec{V_w}(t) = -\gamma[\vec{v}_n(t) - \vec{V_w}(t)] \tag{D.7}$$

Logo, obtemos que

$$\vec{v}_{n+1}(t) = -\gamma\vec{v}_n(t) + (1+\gamma)\vec{V_w}(t) \tag{D.8}$$

Notamos novamente aqui que dois casos podem ocorrer: (1) choques diretos, que, sem usar a notação vetorial, nos levam a $v_{n+1} = -\gamma v_n + (1 + \gamma)V_w$; e (2) colisões indiretas, em que $v_{n+1} = \gamma v_n + (1 + \gamma)V_w$. Neste caso, foi considerado que o choque com a parede fixa foi elástico, sendo inelástica apenas a colisão com a parede móvel. Entretanto, se esse choque também for um choque inelástico e com o mesmo coeficiente de restituição, é possível mostrar que $v_{n+1} = \gamma^2 v_n + (1 + \gamma)V_w$. Esse resultado é deixado a cargo do leitor, para que faça sua devida verificação.

Apêndice E

Solução da equação da difusão

E.1 Introdução

Neste apêndice, apresentamos o procedimento utilizado para a solução da equação da difusão descrita a partir da Equação (14.51). A ideia utilizada aqui consiste em considerar a técnica de separação de variáveis, ou seja, separar a função $P(I,n)$ em um produto de duas funções $P(I,n) = X(I)N(n)$, sendo que as funções $X(I)$ e $N(n)$ dependem apenas de suas variáveis. Derivando em relação a n, temos

$$\frac{\partial P}{\partial n} = X(I)\frac{\partial N}{\partial n} \tag{E.1}$$

enquanto a derivação em relação a I fornece

$$\frac{\partial P}{\partial I} = N(n)\frac{\partial X}{\partial I} \tag{E.2}$$

$$\frac{\partial^2 P}{\partial I^2} = N(n)\frac{\partial^2 X}{\partial I^2} \tag{E.3}$$

Levando esses resultados na equação da difusão, temos

$$X(I)\frac{\partial N}{\partial n} = DN(n)\frac{\partial^2 X}{\partial I^2} \tag{E.4}$$

Reagrupando os termos de forma apropriada, encontramos

$$\frac{1}{N(n)}\frac{\partial N}{\partial n} = \frac{D}{X(I)}\frac{\partial^2 X}{\partial I^2} = -a \tag{E.5}$$

sendo $a \geq 0 \in \mathbb{R}$. Da forma que está escrita, podemos separar em duas equações diferenciais ordinárias (EDO), ou seja,

$$\frac{dN}{N} = -adn \tag{E.6}$$

$$D\frac{d^2X}{dI^2} = -aX \tag{E.7}$$

A Equação (E.6) tem solução dada por

$$N(n) = N_0 e^{-an} \tag{E.8}$$

A Equação (E.7) é uma EDO de segunda ordem com coeficientes constantes. Soluções para essa equação podem ser escritas como $X(I) = \tilde{A}e^{\lambda I}$, em que λ identifica os autovalores da equação característica dada por $D\lambda^2 = -a$, logo $\lambda = \pm i\sqrt{\frac{a}{D}}$. Utilizando a relação de Euler e agrupando apropriadamente, temos

$$X(I) = (A+B)\cos\left(\sqrt{\frac{a}{D}}I\right) + i(A-B)\sin\left(\sqrt{\frac{a}{D}}I\right) \tag{E.9}$$

Para que as soluções sejam reais, devemos ter que $A = B \in \mathbb{R}$. Uma possível solução da equação da difusão seria

$$\begin{aligned} P(I,n) &= X(I)N(n) \\ P(I,n) &= 2A\cos\left(\sqrt{\frac{a}{D}}I\right)N_0 e^{-an} \end{aligned} \tag{E.10}$$

Aplicando a condição inicial $I = I_0$, temos que $2AN_0\cos\left(\sqrt{\frac{a}{D}}I_0\right) = \tilde{c}_0$.

Utilizando as condições de contorno, temos

$$\frac{\partial P}{\partial I} = -2AN_0\sqrt{\frac{a}{D}}\sin\left(\sqrt{\frac{a}{D}}I\right)e^{-an} \tag{E.11}$$

que deve se anular quando $I = \pm I_{fisc}$. Isso ocorre quando

$$\sqrt{\frac{a}{D}}I_{fisc} = k\pi \tag{E.12}$$

com $k = 0, 1, 2, \ldots$. Assim, encontramos que $a = \frac{k^2\pi^2}{I_{fisc}^2}D$. O caso $k = 0$ deve ser tratado separadamente. Se $k = 0$, temos que $a = 0$, logo a função $N(n) = \tilde{N}_0$ é uma constante. A solução para $D\frac{d^2X}{dI^2} = 0$ é escrita como $X(I) = X_0 + bI$, portanto

$$P(I) = \tilde{N}_0(X_0 + bI) \tag{E.13}$$

Aplicando a condição de contorno, encontramos que $b = 0$. Utilizando o princípio de superposição linear, encontramos a solução para a probabilidade escrita como

$$P(I, n) = c_0 + \sum_{k=1}^{\infty} c_k \cos\left(\frac{k\pi I}{I_{fisc}}\right) e^{-\frac{k^2\pi^2 Dn}{I_{fisc}^2}} \tag{E.14}$$

em que os coeficientes c_0 e c_k assumem as seguintes expressões:

$$c_0 = \frac{1}{2I_{fisc}} \tag{E.15}$$

$$c_k = \frac{1}{I_{fisc}} \tag{E.16}$$

Incorporando as expressões de c_0 e c_k na probabilidade, temos que

$$P(I, n) = \frac{1}{2I_{fisc}} + \frac{1}{I_{fisc}} \sum_{k=1}^{\infty} \cos\left(\frac{k\pi I}{I_{fisc}}\right) e^{-\frac{k^2\pi^2 Dn}{I_{fisc}^2}} \tag{E.17}$$

Uma discussão da obtenção dos coeficientes c_0 e c_k pode ser encontrada nos seguintes livros: Balakrishnan (2008) e Butkov (1988).

Apêndice F

Equação do fluxo de calor

Discutiremos neste apêndice uma breve introdução à equação do fluxo de calor. O termo calor é usado para descrever uma quantidade de energia que é transferida em virtude de um gradiente de temperatura. A quantidade de calor fluindo ao longo de um gradiente de temperatura depende da condutividade térmica κ. O calor flui de uma região de alta temperatura para outra de baixa temperatura, portanto, sempre contrário ao gradiente de temperatura. Em um sistema genérico tridimensional, o fluxo de calor é um vetor escrito como $\vec{J} = -\kappa A \vec{\nabla} T$, em que A corresponde à área de seção perpendicular onde o fluxo de calor está fluindo, ao passo que $\vec{\nabla} T$ fornece o gradiente de temperatura. O sinal negativo $(-)$ é introduzido para um fluxo contrário ao gradiente de temperatura, ou seja, da maior para a menor temperatura. O vetor $\vec{J}$ representa uma determinada quantidade de energia que está fluindo através de uma área A em um determinado intervalo de tempo em virtude de um gradiente de temperatura.

No sistema discutido no Capítulo 18, o fluxo de calor não está atravessando uma área, mas cruzando a borda do bilhar. Dessa forma, a equação do fluxo de calor é dada por

$$J = \frac{\partial Q}{\partial t} = -\kappa \ell \frac{\partial T}{\partial x} \tag{F.1}$$

em que J representa a quantidade de calor que é transferida em torno da borda ℓ do bilhar em um determinado instante de tempo em virtude de um gradiente de temperatura dado por $\frac{\partial T}{\partial x}$. A condutividade térmica κ corresponde à constante de proporcionalidade entre a quantidade de energia fluindo na borda do bilhar ℓ e o tempo em virtude de um gradiente de temperatura.

Apêndice G

Conexão entre t e n no bilhar ovoide dependente do tempo

Nosso objetivo neste apêndice é determinar uma conexão entre o tempo t e o número de colisões n da partícula com a fronteira. Quando consideramos $V(n)$ conforme descrito pela Equação (18.33) para obter a expressão de τ, a integração a ser feita é

$$\tau = \overline{d} \int_0^n \frac{dn'}{\sqrt{V_0^2 e^{\frac{(\gamma^2-1)}{2}n'} + \frac{(1+\gamma)}{4(1-\gamma)}\eta^2\varepsilon^2 \left[1 - e^{\frac{(\gamma^2-1)}{2}n'}\right]}} \tag{G.1}$$

Realizando a integração obtemos

$$\begin{aligned} \tau &= \frac{8\sqrt{2+\eta^2\left(1+\frac{\varepsilon^2}{2}\right)}}{\eta\varepsilon\sqrt{(1+\gamma)(1-\gamma^2)}} \times \\ &\times \left[\operatorname{arctanh}\left(\frac{\sqrt{\frac{(1+\gamma)\eta^2\varepsilon^2}{4(1-\gamma)} + \left(V_0^2 - \frac{(1+\gamma)\eta^2\varepsilon^2}{4(1-\gamma)}\right)e^{\frac{(\gamma^2-1)}{2}n}}}{\frac{\eta\varepsilon}{2}\sqrt{\frac{(1+\gamma)}{(1-\gamma)}}}\right)\right] - \\ &- \frac{8\sqrt{2+\eta^2\left(1+\frac{\varepsilon^2}{2}\right)}}{\eta\varepsilon\sqrt{(1+\gamma)(1-\gamma^2)}} \times \left[\operatorname{arctanh}\left(\frac{V_0}{\frac{\eta\varepsilon}{2}\sqrt{\frac{(1+\gamma)}{(1-\gamma)}}}\right)\right] \end{aligned}$$

Então, basta isolar n como uma função de τ dessa equação.

Apêndice H

Solução da integral para a relação entre n e t no bilhar ovoide dependente do tempo

Apresentaremos aqui a solução da integral discutida no Capítulo 18, que tem a forma

$$\tau = \frac{\overline{d}\sqrt{(1-\gamma)}}{\eta\varepsilon}\int \frac{dn}{\sqrt{\frac{n(1-\gamma)}{1+n(1-\gamma)}}} \tag{H.1}$$

A integração conduz a

$$\begin{aligned}\tau &= \frac{\overline{d}\sqrt{(1-\gamma)}}{\eta\varepsilon}\left[\frac{1}{2}\frac{2\sqrt{(n^2-n^2\gamma+n)}\sqrt{(1-\gamma)}}{\sqrt{(1-\gamma)}\sqrt{-n(-1-n+n\gamma)}\sqrt{\frac{-n(1-\gamma)}{-1-n+n\gamma}}}n\right]+\\ &+ \frac{\overline{d}\sqrt{(1-\gamma)}}{\eta\varepsilon}\left[\frac{1}{2}\frac{\ln\left[-\frac{1}{2}\left(\frac{-1-2n+2n\gamma-2\sqrt{(n^2-n^2\gamma+n)}\sqrt{1-\gamma}}{\sqrt{(1-\gamma)}}\right)\right]}{\sqrt{(1-\gamma)}\sqrt{-n(-1-n+n\gamma)}\sqrt{\frac{-n(1-\gamma)}{-1-n+n\gamma}}}n\right]\end{aligned} \tag{H.2}$$

Agrupando e considerando apenas os termos dominantes, temos

$$\tau = \frac{\overline{d}\sqrt{(1-\gamma)}}{\eta\varepsilon}\left[n\sqrt{1+\frac{1}{n(1-\gamma)}}\right] \tag{H.3}$$

Expandindo a raiz quadrada em série de Taylor e considerando apenas termos de primeira ordem, encontramos

$$\tau = \frac{\overline{d}\sqrt{(1-\gamma)}}{\eta\varepsilon}\left[n + \frac{1}{2(1-\gamma)}\right] \tag{H.4}$$

Desse modo,

$$\tau \cong \frac{\overline{d}\sqrt{(1-\gamma)}}{\eta\varepsilon}n \tag{H.5}$$

Referências

ALMEIDA, A. M. O. *Sistemas Hamiltonianos*: caos e quantização. Campinas: Editora da Unicamp, 1995.

BAI-LIN, H. *Chaos II*. Singapore: World Scientific Publishing, 1990.

BALAKRISHNAN, V. *Elements of nonequilibrium statistical mechanics*. New Delhi: Ane Books India, 2008.

BERRY, M. V. Regularity and chaos in classical mechanics, illustrated by three deformations of a circular billiard. *European Journal of Physics*, London, v. 2, n. 2, p. 91-102, 1981.

BIRKHOFF, G. *Dynamical Systems*. Providence: American Mathematical Society, 1927.

BONATTO, C.; GARREAU, J. C.; GALLAS, J. A. C. Self similarities in the frequency-amplitude space of a loss-modulated CO2 laser. *Physical Review Letters*, v. 95, p. 143905, 2005.

BUNIMOVICH, L. A. On the ergodic properties of certain billiards. *Functional Analysis and Its Applications*, v. 8, pp. 73-74, 1974.

BUNIMOVICH, L. A., SINAI, Ya. G. Statistical properties of Lorentz gas with periodic configuration of scatterers. *Communications in Mathematical Physics*, v. 78, n. 4, pp. 479-497, 1980.

BUTKOV, E. *Física Matemática*. Guanabara: Livraria Técnica Científica, 1988.

CARVALHO, R. E.; SOUZA, F. C.; LEONEL, E. D. Fermi acceleration on the annular billiard. *Physical Review E*, v. 73, n. 6, p. 66229, 2006.

CARVALHO, R. E.; SOUZA, F. C.; LEONEL, E. D. Fermi acceleration on the annular billiard: a simplfied version. *Journal of Physics A: Mathematical and General*, v. 39, p. 3561-3573, 2006.

CHERNOV, N., MARKARIAN, R. *Chaotic Billiards*. American Mathematical Society, Vol. 127, 2006.

CHIRIKOV, B. V. A universal instability of many-dimensional oscillator systems. *Physics Reports*, Amsterdam, v. 52, n. 5, p. 263-379, 1979.

CHURCHILL, R. V., BROWN, J. W. *Complex variables with applications*. Singapore: McGraw-Hill Book Company, 1984.

COSTA, D. R.; CARVALHO, R. E. Dynamics of a light beam suffering the influence of a dispersing mechanism with tunable refraction index. *Physical Review E*, v. 98, p. 022224, 2018.

DEVANEY, R. L. *A first course in chaotic dynamical systems*: theory and experiment. Massachusetts: Addison-Wesley Publishing Company, 1992.

DEVANEY, R. L. *An introduction to chaotic dynamical systems*. Cambridge: Westview Press, 2003.

ECKMANN, J.-P.; RUELLE, D. Ergodic theory of chaos and strange attractors. *Reviews of Moderns Physics*, v. 57, p. 617, 1985.

EVERSON, R. M. Chaotic dynamics of a bouncing ball. *Physica D*, Amsterdam, v. 19, n. 3, p. 355-383, 1986.

FATUNLA, S. O. *Numerical methods for initial value problems in ordinary differential equations.* San Diego: Academic Press, 1988.

GLEICK, J. *Chaos.* London: Sphere Books, 1989.

GRASMAN, J. *Asymptotic Methods for relaxation oscillations and applications.* New York: Springer-Verlag, 1987.

GREBOGI, C.; OTT, E.; PELIKAN, S. YORKE, J. A. Strange attractors that are not chaotic. *Physica D*, Amsterdan, v. 13, p. 261, 1984.

GREBOGI, C.; OTT, E.; YORKE, J. A. Critical exponent of chaotic transients in nonlinear dynamical systems. *Physical Review Letters*, v. 57, n. 11, p. 1284-1287, 1986.

GREBOGI, C.; OTT, E.; ROMEIRAS, F.; YORKE, J. A. *Physical Review A*, v. 36, p. 5365, 1987.

GREBOGI, C.; OTT, E.; YORKE, J. A. *Physical Review Letters*, v. 57, p. 1284, 1986.

GUCKENHEIMER, J.; HOLMES, P. *Nonlinear oscillations, dynamical systems, and bifurcations of vector fields.* New York: Springer-Verlag, 1983.

HANSEN, M.; CIRO, D.; CALDAS, I. L.; LEONEL, E. D. Explaining a changeover from normal do super diffusion in time-dependent billiards. *Europhysics Letters*, v. 121, p. 60003(1)-60003(7), 2018.

HILBORN, R. C. *Chaos and nonlinear dynamics.* New York: Oxford University Press, 1986.

HOLMES, P. J. The dynamics of repeated impacts with asinusoidally vibrating table. *Journal of Sound and Vibration*, Amsterdam, v. 84, n. 2, p. 173-189, 1982.

HORSTMANN, A. C.; HOLOKX, A. A.; MANCHEIN, C. The effect of temperature on generic stable periodic structures in the parameter space of dissipative relativistic standard map. *The European Physical Journal B*, v. 90, n. 5, p. 96, 2017.

HOWARD, J. E.; HUMPHERYS, J. Nonmonotonic twist maps. *Physica D*, Amsterdam, v. 80, n. 3, p. 256-276, 1995.

ISERLES, A. *A first course in the numerical analysis of differential equations*. Cambridge: Cambridge University Press, 2009.

JOUSSEPH, C. A.; ABDULACK, S. A.; MANCHEIN, C.; BEIMS, M. W. Hierarchical collapse of regular islands via dissipation. *Journal of Physics A: Mathematical and Theoretical*, v. 51, p. 105101, 2018.

KARLIS, A. K.; PAPACHRISTOU, P. K.; DIAKONOS, F. K.; CONSTANTOUDIS, V.; SCHMELCHER, P. Hyperacceleration in a stochastic fermi-ulam model. *Physical Review Letters*, v. 97, n. 19, p.

KRYLOV, N. S. *Works on the Foundations of Statistical Physics*. Princeton: Princeton University Press, 1979.

LADEIRA, D. G.; LEONEL, E. D. Dynamical properties of a dissipative hybrid Fermi-Ulam-bouncer model. *CHAOS*, v. 17, p. 013119(1)-013119(7), 2007.

LENZ, F.; DIAKONOS, F. K.; SCHMELCHER, P. Tunable Fermi Acceleration in the Driven Elliptical Billiard. *Physical Review Letters*, v. 100, n. 1, p. 014103(1)-014103(4), 2008.

LEONEL, E. D. *Fundamentos da Física Estatística*. São Paulo: Blucher, 2015.

LEONEL, E. D. Breaking down the Fermi acceleration with inelastic collisions. *J. Phys. A: Math. Theor.*, Bristol, v. 40, p. F1077-F1083, 2007.

LEONEL, E. D. Corrugated Waveguide under Scaling Investigation. *Physical Review Letters*, v. 98, p. 114102(1)-114102(4), 2007.

LEONEL, E. D. Phase transition in dynamical systems: defining classes of universality for two-dimensional hamiltonian mappings via critical exponents. *Mathematical Problems in Engineering*, New York, v. 2009, p. 1-22, 2009.

LEONEL, E. D.; CARVALHO, R. E., A family of crisis in a dissipative Fermi accelerator model. *Physics Letters A*, v. 364, p. 475, 2007.

LEONEL, E. D.; GALIA, M. V. C.; BARREIRO, L. A.; OLIVEIRS, D. F. M. Thermodynamics of a time-dependent and dissipative oval billiard: A heat transfer and billiard approach. *Physical Review E*, v. 94, p. 062211, 2016.

LEONEL, E. D.; LIVORATI, A. L. P. Describing Fermi acceleration with a scaling approach: the bouncer model revisited. *Physica A: Statistical Mechanics and its Applications*, Amsterdam, v. 387, n. 5-6, p. 1155-1160, 2008.

LEONEL, E. D.; LIVORATI, A. L. P. Thermodynamics of a bouncer model: a simplified one-dimensional gas. *Communications in Nonlinear Science and Numerical Simulation*, Beijing, v. 20, p. 159-173, 2015.

LEONEL, E. D.; LIVORATI, A. L. P.; CÉSPEDES, A. M. A theoretical characterization of scaling properties in a bouncing ball system. *Physica A: Statistical Mechanics and its Applications*, Amsterdam, v. 404, p. 279-284, jun. 2014.

LEONEL, E. D.; McCLINTOCK, P. V. E. A hybrid Fermi-Ulam-bouncer model. *Journal of Physics A: Mathematical and General*, London, v. 38, n. 4, p. 823-839, 2005.

LEONEL, E. D.; McCLINTOCK, P. V. E. A hybrid Fermi-Ulam-bouncer model. *Journal of Physics A: Mathematical and General*, London, v. 38, n. 4, p. 823-839, 2005.

LEONEL, E. D.; McCLINTOCK, P. V. E. Scaling properties for a classical particle in a time-dependent potential well. *CHAOS*, v. 15, p. 033701(1)-033701(7), 2005.

LEONEL, E. D.; OLIVEIRA, J. A.; SAIF, F. Critical exponents for a transition from integrability to non-integrability via localization of invariant tori in the Hamiltonian system. *Journal of Physics A: Mathematical and Theoretical*, v. 44, p. 302001(1)-302001(7), 2011.

LEONEL, E. D.; SILVA, M. R. A bouncing ball model with two nonlinearities: a prototype for Fermi acceleration. *Journal of Physics A: Mathematical and Theoretical*, v. 41, p. 015104(1)-015104(13), 2008.

LIEBERMAN, M. A.; LICHTENBERG, A. J. Stochastic and adiabatic behavior of particles accelerated by periodic forces. *Physics Review A*, Amsterdam, v. 5, p. 1852, abr. 1972.

LINDNER, J. F.; KOHAR, V.; KIA, B.; HIPPKE, M.; LEARNED, J. G.; DITTO, W. L. Strange nonchaotic stars. *Physical Review Letters*, v. 114, p. 054101, 2015.

LIVORATI, A. L. P. et al. Stickiness in a bouncer model: a slowing mechanism for Fermi acceleration. *Physical Review E*, College Park, v. 86, n. 3, p. 9, 2012.

LIVORATI, A. L. P.; LADEIRA, D. G.; LEONEL, E. D. Scaling investigation of Fermi acceleration on a dissipative bouncer model. *Physical Review E*, College Park, v. 78, p. 056205, nov. 2008.

LORENZ, E. N. Deterministic nonperiodic flow. *Journal of the atmospheric sciences*, v. 20, p. 130, mar. 1963.

LOSKUTOV, A.; RYABOV, A. B.; AKINSHIN, L.G. Properties of some chaotic billiards with time-dependent boundaries. *Journal of Physics A: Mathematical and General.*, Bristol, v. 33, p. 7973-7986, 2000.

LUNA-ACOSTA, G. A. Regular and chaotic dynamics of the damped Fermi accelerator. *Physical Review A: Atomic, Molecular andOptical Physics*, New York, v. 42, n. 12, p. 7155-7162, 1990.

MANCHEIN, C.; BEIMS, M. W. Conservative Generalized Bifurcation Diagrams. *Physics Letters A*, v. 377, p. 789, 2013.

MANCHEIN, C.; BEIMS, M. W. Dissipation effects in the ratchetlike Fermi acceleration. *Mathematical Problems in Engineering*, v. 2009, p. 513023, 2009.

MANNEVILLE, P. *Instabilities, chaos and turbulence*: An introduction to nonlinear dynamics and complex systems. London: Imperial College Press, 2004.

MONTEIRO, L. H. A. *Sistemas dinâmicos*. São Paulo: Livraria da Física, 2011.

OLIVEIRA, D. F. M.; LEONEL, E. D. The Feigenbaum's δ for a High Dissipative Bouncing Ball Model. *Brazilian Journal of Physics*, v. 38, n. 1, p. 62-64, 2008.

OLIVEIRA, D. F. M.; ROBNIK, M.; LEONEL, E. D. Statistical properties of a dissipative kicked system: critical exponents and scaling invariance. *Physics Letters A*, v. 376, n. 5, p. 723-728, 2012.

OLIVEIRA, J. A.; LEONEL, E. D. A rescaling of the phase space for Hamiltonian map: Applications on the Kepler map and mappings with diverging angles in the limit of vanishing action. *Applied Mathematics and Computation*, v. 221, p. 32-39, 2013.

OLIVEIRA, J. A.; LEONEL, E. D. Locating invariant tori for a family of two-dimensional Hamiltonian mappings. *Physica A*, v. 390, p. 3727-3731, 2011.

OTT, E. *Chaos in dynamical systems.* Cambridge: Cambridge University Press, 2002.

PEREIRA, T.; BAPTISTA, M. S.; REYS, M. B.; CALDAS, I. L.; SARTORELLI, J. C.; KURTHS, J. Global Bifurcations Destroying the Experimental Torus T2. *Physical Review E*, v. 73, p. 01720(1)-01720(4), 2006.

PRESS, W. H.; FLANNERY, B. P.; TEUKOLSKY, S. A.; VETTERLING, W. T. *Numerical Recipes in Fortran 77*: The Art of Scientific Computing. 2. ed. Cambridge: Cambridge University Press, 1992.

PORTELA, J. S.; CALDAS, I. L.; VIANA, R. L.; MORRISON, P. J. Diffusive Transport Through a Nontwist barrier in tokamaks. *International Journal of Bifurcation and Chaos in Applied Sciences and Engineering*, v. 17, p. 1589-1598, 2007.

PUSTYLNIKOV, L. D. *Transactions of the Moscow Mathematical Society*, Providence, v. 2, p. 1, 1978.

ROMEIRAS, F. J.; OTT, E. Strange nonchaotic attractors of the damped pendulum with quasiperiodic forcing. *Physical Review A*, v. 35, p. 4404, May 1987.

SALTZMAN, B. Finite amplitude free convection as an initial value problem-I. *Journal of the atmospheric sciences*, v. 19, p. 329, July 1962.

SILVA, J. K. L.; LEONEL, E. D.; McCLINTOCK, P. V. E.; KAMPHORST, S. O. Scaling properties of the Fermi-Ulam accelerator model. *Brazilian Journal of Physics*, São Paulo, v. 36, n. 3a, p. 700-707, 2006.

SILVA, R. M.; MANCHEIN, C.; BEIMS, M. W.; ALTMANN, E. G. Characterizing weak chaos using time series of Lyapunov exponents. *Physical Review E*, v. 91, p. 062907, 2015.

SINAI, Ya. G. Dynamical systems with elastic reflections. *Russian Mathematical Surveys*, v. 25, n. 2, pp. 137-189, 1970.

STROGATZ, S. H. *Nonlinear dynamics and chaos*: with applications to physics, biology, chemistry and engineering. Bolder: Westview Press, 2015.

TABOR, M. *Chaos and integrability in nonlinear dynamics*: an introduction. New York: John Wiley & Sons, 1989.

TAVARES, D. F., ARAUJO, A. D.; LEONEL, E. D.; COSTA-FILHO, R. N. Dynamical properties for a mixed Fermi accelerator model. *Physica A*, v. 392, p. 4231-4241, 2013.

TAVARES, D. F.; LEONEL, E. D. A Simplified Fermi Accelerator Model Under Quadratic Frictional Force. *Brazilian Journal of Physics*, v. 38, n. 1, p. 58-61, 2008.

TAVARES, D. F.; LEONEL, E. D; COSTA-FILHO, R. N. Non-uniform drag force on the Fermi accelerator model. *Physica A*, v. 391, p. 5366-5374, 2012.

WIGGERS, V.; RECH, P. C. Multistability and organization of periodicity in a Van der Pol-Duffing oscillator. *Chaos, Solitons & Fractals*, v. 103, p. 632-637, 2017.

WIGGERS, V.; RECH, P. C. Chaos, periodicity, and quasiperiodicity in a radio-physical oscillator. *International Journal of Bifurcation and Chaos*, v. 27 n. 7, p. 1730023, 2017.

WIGGINS, S. *Introduction to applied nonlinear dynamical systems and chaos*. New York: Springer-Verlag, 1990.

Lista de figuras

Lista de tabelas

Índice remissivo